工程建设标准化系列丛书

工程建设标准化概论

GONGCHENG JIANSHE BIAOZHUNHUA GAILUN

中国工程建设标准化协会 编著

中国计划出版社

·北 京·

图书在版编目（ＣＩＰ）数据

工程建设标准化概论 ／ 中国工程建设标准化协会编
著. -- 北京 ： 中国计划出版社，2024.6
（工程建设标准化系列丛书）
ISBN 978-7-5182-1590-4

Ⅰ．①工… Ⅱ．①中… Ⅲ．①建筑工程－标准化－中
国 Ⅳ．①TU-65

中国国家版本馆CIP数据核字(2024)第021146号

责任编辑：刘　涛　　封面设计：韩可斌

中国计划出版社出版发行

网址：www.jhpress.com

地址：北京市西城区木樨地北里甲 11 号国宏大厦 C 座 4 层

邮政编码：100038　电话：(010) 63906433（发行部）

北京市科星印刷有限责任公司印刷

787mm×1092mm　1/16　26 印张　633 千字
2024 年 6 月第 1 版　2024 年 6 月第 1 次印刷

定价：89.00 元

"工程建设标准化系列丛书" 指导委员会

名誉主任委员：杨思忠　徐义屏

主 任 委 员：王　俊

副主任委员：徐　建　孙　英　张志新　王国华

委　　　员（按姓氏笔画排序）：

　　　　　　王清勤　毛志兵　刘加平　李存东

　　　　　　李　铮　李国强　张　辰　杨仕超

　　　　　　郁银泉　曾　滨　蔡成军

《工程建设标准化概论》编写委员会

组　　　长：贺　鸣　李　铮

成　　　员（按姓氏笔画排序）：

　　　　　　马肖丽　叶　凌　刘　彬　刘　闯

　　　　　　朱爱萍　齐　青　宋　婕　张　媛

　　　　　　张　宏　张少红　张廉奉　李元齐

　　　　　　李　晗　李翔宇　姜　波　赵文慧

　　　　　　蒋荣兴　傅　田

实施创新驱动发展战略
促进科技与标准化融合发展

中国工程院院士　黄　卫

2003 年，我到建设部工作的时候，就分管标准化工作，我在建设部工作了 5 年多的时间，分管标准化工作没有变过。我对标准工作和标准化工作者是很有感情的。我还编写过好几项国家标准。

党的二十大对中国式现代化做了深入阐述，对高质量发展做出系统部署，明确要求加快实施创新驱动发展战略，完善科技创新体系，强化国家战略科技力量。《国家标准化发展纲要》明确提出，要推动标准化与科技创新互动发展，以科技创新提升标准水平。标准科技创新是推动工程建设领域高质量发展的重要手段，在"一带一路"互联互通建设中发挥着重要的支撑引领作用。

作为一名科技和管理工作者，我曾长期在科学研究和工程建设领域工作，对科技和标准化工作有着很深的感情、切身的经历和深刻的体会，借此机会，对科技标准工作谈几点认识和学习体会，供大家参考。

一、加快实施创新驱动发展战略，促进科技与标准化工作有效互动和融合发展

科技是全面建设社会主义现代化国家的基础性、战略性支撑，标准是国家基础性制度的重要方面。当前，新一轮科技革命和产业变革正在重构全球创新版图，智能化、信息化、数字化、网络化日新月异。未来，标准的引领和先行使命将会更加突出，标准化与科技创新关系愈发紧密互动。面对新时代、新征程、新任务、新挑战，我们应紧紧抓住新一轮科技革命和产业变革加速演进，科学技术和经济社会发展加速渗透融合的历史性机遇，坚持把科技创新摆在更加突出的核心地位，不断完善科技创新体系，深化标准化改革创新，加快构建推动高质量发展的标准体系。

一是坚持面向世界科技前沿，以科技创新提升标准水平。要结合高新科技和"卡脖子"技术的自主创新、自立自强，加强关键技术领域标准研究，在两化融合、新一代信息技术、大数据、区块链、新能源、新材料等应用前景广阔的技术领域，同步部署技术研发、标准研制与产业推广，加快新技术产业化步伐，加快实现高水平科技自立自强。

二是坚持面向经济主战场，以标准创新提升产业链供应链韧性和安全水平。 要围绕传统产业的优化升级，重点行业的提质改造，以及新产品、新业态、新模式的快速健康发展，在重大基础设施和新型基础设施建设，城市更新和宜居、韧性、智慧城市建设，乡村振兴，绿色建筑，绿色建造等领域，以科技创新提升标准水平，将标准作为科技计划的重要产出，强化跨行业、跨领域产业链标准化协调，促进产业链上下游标准有效衔接。

三是坚持面向国家重大需求，以重大科技项目和技术标准落地实施，有效推动国家综合竞争力提升。 要以国家战略需求为导向，聚焦京津冀协同发展、长江经济带发展、长三角一体化发展、粤港澳大湾区建设、黄河流域生态保护和高质量发展等区域协调发展战略、区域重大战略、主体功能区战略、新型城镇化战略，优化配置创新资源，加快实施一批具有战略性、全局性、前瞻性的国家重大科技项目及标准化创新成果，促进科技成果标准化、工程化、产业化。

四是坚持面向人民生命健康，提升城乡建设和社会建设标准化水平。 围绕提高住宅建筑品质、提升住房服务水平、健全绿色生产生活，加强公共安全标准化工作，推进基本公共服务标准化建设，提升保障生活品质的标准水平，从好房子到好小区，从好小区到好社区，打造宜居、韧性、智慧城市，建设宜居宜业和美乡村。

二、充分发挥团体标准在建设现代化产业体系、完善科技创新体系和支撑高质量发展的新型标准体系中的地位和作用

当今世界正处于百年未有之大变局，全球格局重构引发国际规则重塑，标准作为国际规则的重要组成部分日益成为各国博弈焦点。团体标准作为自愿性技术标准的重要形式，是创新技术市场化、产业化、国际化的重要手段。我在建设部工作期间，曾长期分管标准定额工作。建设部历任领导同志，包括原国家计委、国家建委历任领导同志，都高度重视工程建设标准化工作，对协会团体标准化工作给予了许多关怀和指导，出台了一系列指导中国工程建设标准化协会团体标准发展和推广实施的政策和规定。我去建设部工作的时候，时任湖北省委书记、建设部老部长俞正声同志与我谈话时说："你要非常地重视标准，建设部，一个是标准，一个是建筑市场，第三个是规划，这是三项最重要的工作。"因此，协会的团体标准化工作先行先试了三十多年，积累了丰富的实践经验，取得了许多开创性成果。与其他领域相比，工程建设领域的团体标准历史悠久，走在全国前列。近几年来，团体标准已提升到国家标准化战略层面，得到了社会各界的广泛关注和更多参与。《国家标准化发展纲要》将团体标准定位为"原创性、高质量的标准"，足以说明党和国家对团体标准这一新型市场标准的高度重视。我们在建设创新型国家、建设现代化产业体系，完善科技创新体系，优化配置市场资源，原创性引领性科技成果推广应用等方面，都需要团体标准发挥更大作用。同时，我们在扩大规则、制度、管理、标准等制度型开放，深度参与全球产业分工和合作中，也需要团体标准发挥先行作用。中国工程建设标准化协会作为我国最早开展团体标准制定的社会组织，作为工程建设领域国家级标准化工作平台，已经制定发布了1800余项原创性、高质量团体标准，在编5000余项团体标准，对加大工程建设标准有效供给，推动新工艺、新技术、新产品、新材料等科技创新成果的工程应用，服务国家供给侧结构性改革，促进建筑业工业化、绿色化、智能化发展，推进城乡建设绿色低碳发展和乡村振兴战略实施，发挥了重要作用，做出了积极贡献。

习近平总书记指出："当前最重要的任务，就是撸起袖子加油干，一步一个脚印把党的二十大做出的重大决策部署付诸行动、见之于成效。"中国工程建设标准化协会作为我国团体标准化工作的重要标杆和示范单位，应切实肩负起党和政府联系标准化工作者的桥梁和纽带职责，有效集思、汇智聚力，不忘初心、铭记传统，紧密围绕"四个面向"，紧跟科技创新前沿步伐，深入实施标准化纲要，朝着国际性专业标准制定组织目标不断迈进。

一是要提高政治站位和战略定位。坚持以推动高质量发展为主题，进一步明确协会工作的使命、责任和定位，不断提升协会的组织力、凝聚力、创新力、影响力，增强对工程建设标准化科技工作者、从业者的政治引领和政治示范；更好地发挥政府与市场的桥梁纽带作用，打造高水平、高层次、高成效的科技标准创新交流平台，在标准化战略的制定和实施中当好生力军，在标准化改革创新中发挥更大的作用，做出更大贡献。

二是要做大做强、做精做优协会标准。不断加强"专精特新"和"急难险重"标准研制及实施应用，以标准为纽带，推动产学研深度融合，促进数字经济与实体经济深度融合，力求在更大范围、更宽领域发挥协会标准在推动科技创新成果标准化、市场化、产业化和国际化中的支撑引领作用。

三是要加强标准化与科技创新互动发展。坚持以自主创新为引领，更加注重协会标准发展的顶层设计，更加注重协会标准体系的结构优化，更加注重协会标准的质量和效益。要把人才作为科技标准创新的核心要素，充分发挥标准科技创新奖在激励自主创新、统筹创新要素和资源中的积极作用，弘扬新时代科学家精神和工匠精神，更好激励释放科技和标准化人才的创造力和创新活力，为支撑科技强国、人才强国建设注入正能量。

四是要坚持国际视野，不断提升中国标准国际化水平。要更好地发挥协会在推进团体标准发展的示范引领和国际化先行先试作用，积极参与国际标准化活动，加强与发达国家标准化组织及"一带一路"相关国家标准化组织之间的交流合作，通过合作编制标准、共同举办活动等，搭建多层级的广泛交流与合作平台，推动中国标准与国际先进水平对接，提升产品、工程和服务品质，帮助整个行业更加有效地融入全球化发展进程，树立中国制造、中国建造、中国智造品牌，为世界提供中国方案、贡献中国智慧。（中国工程院院士黄卫，现任全国政协常委、全国政协教科卫体委员会副主任，科技部原副部长、建设部原副部长）

前　　言

标准是经济活动和社会发展的技术支撑，是国家基础性制度的重要方面。标准化在推进国家治理体系和治理能力现代化中发挥着基础性、引领性作用，在便利经贸往来、支撑产业发展、促进科技进步、规范社会治理中的作用日益凸显。工程建设标准化在国家标准化工作中具有举足轻重的地位，在助力创新发展、协调发展、绿色发展、开放发展、共享发展中发挥着基础性、约束性、引领性作用。

党和国家历来高度重视标准化工作。《国家标准化发展纲要》对未来中长期标准化发展做出了全面系统的规划，为工程建设标准化高质量发展指明了方向。党的十八大以来，习近平总书记多次就"重视历史、研究历史、借鉴历史"做出一系列重要论述。为贯彻落实国家标准化发展战略，推动工程建设标准化事业高质量发展，全方位、多渠道宣传工程建设标准化工作，促进工程建设标准化人才培养，中国工程建设标准化协会和"工程建设标准化系列丛书"指导委员会，站在历史发展的高度，坚持以史为镜、开创未来，并加强工程建设标准化理论研究和专业学科建设，进而谋划提出了组织编纂"工程建设标准化系列丛书"的工作规划，包括《工程建设标准化概论》《工程建设标准化发展简史》《工程建设标准化人物志》《工程建设标准化示范单位风采》《工程建设标准典型案例汇编》，本书是"工程建设标准化系列丛书"的第一部。

《工程建设标准化概论》作为国内工程建设标准化的系统性专业论著，对工程建设标准化的相关理论和最新实践进行了梳理和总结，将标准化政策制度、标准化理论与标准化实践运用深度结合，既有深入浅出的标准化理论知识，又有丰富的工程建设标准化实践案例；既包含了工程建设标准化发展的历史回顾，又有工程建设标准化未来发展的前沿思考。全书包括绪论，标准制定、实施与监督，地方、团体、企业标准化工作，标准编写及体系建设，标准知识产权，标准信息化，标准化与科技创新，标准化经济效益，标准国际化等热点问题论述，以及未来标准化的改革与发展，共十四个主要章节。

本书聚焦工程建设标准化全领域，内容全面翔实，对各级各类标准化机构、企事业单位和广大工程技术人员开展工程建设标准化工作，提高标准化管理水平，具有较强的实用性和指导性。

本书可作为标准化职业教育系列教材——"1+X"职业技能等级证书配套

教材《工程建设标准化教程》的主要参考书目，可供工程建设标准化从业人员岗位培训和自学提高，也可供职业院校、应用型本科院校教学使用，亦可作为工程建设领域专业人员、标准化管理人员的参考用书。

参加本书编写的单位有：中国工程建设标准化协会、住房和城乡建设部标准定额研究所、中国建筑科学研究院有限公司、中国建筑标准设计研究院有限公司、建研科技股份有限公司、中国标准化研究院标准化理论战略研究所、山东省住房和城乡建设发展研究院、北京建筑大学、同济大学、中国计划出版社、上海市标准化协会建筑建材专业委员会、中国石化工程建设有限公司、中国航空综合技术研究所。在本书的编写过程中，得到了本书指导委员会领导和专家的全面指导，名誉主任委员、原建设部总经济师、标准定额司原司长徐义屏对全书进行了全面审核，在此表示诚挚敬意。同时，也得到了社会各界和标准化同仁的广泛参与和热情支持，谨此一并致以衷心感谢！

本书各章执笔人员如下：

第一章：贺　鸣、李　铮、赵文慧

第二章：朱爱萍、刘　彬

第三章：张　媛、宋　婕、叶　凌

第四章：张少红、张　媛

第五章：贺　鸣、李元齐

第六章：蒋荣兴、齐　青

第七章：贺　鸣

第八章：刘　彬

第九章：姜　波、马肖丽

第十章：刘　闯、张廉奉、李　晗、傅　田、李翔宇

第十一章：马肖丽、赵文慧、姜　波

第十二章：张　宏、李元齐

第十三章：宋　婕、张　媛

第十四章：刘　彬、李　铮

本书由贺鸣、李铮统稿。

由于时间所限，本书不免有疏漏之处，衷心希望读者提出宝贵意见，以便今后不断改进和完善。

本书编写委员会

2024 年 6 月

目　录

第一章 绪 论

第一节 基本概念

概念是思维活动的结果和产物，是以抽象的形式反映客观事物本质特性的一种思维形式。标准化作为人类在长期生产实践中逐渐建立起来的一门学科，必然有其特有的概念体系。随着社会的发展，标准化的对象、内容、工作方式在不断地发生变化，在不同国家、不同时期、不同机构对标准和标准化概念的描述也有差异，如美国约翰·盖拉德的《工业标准化原理与应用》、日本松浦四郎的《工业标准化原理》、英国桑德斯的《标准化的目的与原理》以及我国标准化专家李春田主编的《标准化概论》等都对标准及标准化的概念和内涵做了说明。我国国家标准、国际标准化组织（ISO）都给出了相关定义。本节只对标准、标准化、工程建设标准、工程建设标准化的定义加以介绍，其他概念在本书各相关章节中介绍。

一、标准的定义

最早给出"标准"定义的是1934年美国约翰·盖拉德撰写的《工业标准化原理与应用》一书，书中这样概括："标准是对计量单位或基准、物体、动作、过程、方式、常用方法、容量、功能、性能、办法、配置、状态、义务、权限、责任、行为、态度、概念或想法的某些特征给出定义、做出规定和详细说明。它是为了在某一时期内运用，而以语言、文件、图样等方式或模型、样本及其他表现方法而做的统一规定"。这个定义应该说全面概括了20世纪30年代标准化成果在当时的主要作用。

国际标准化组织在《标准化与相关活动——通用词汇》ISO/IEC GUIDE 2：2004中对标准这样定义："为了在既定范围内获得最佳秩序，经协商一致确立并由公认机构批准，为各种活动或其结果提供规则、指南或特性，供共同使用和重复使用的文件。

注：标准宜以科学、技术和经验的综合成果为基础，以促进最佳的共同效益为目的。"

我国现行国家标准《标准化工作指南 第1部分：标准化和相关活动的通用术语》GB/T 20000.1—2014以ISO/IEC定义为基础，给出如下定义：

"通过标准化活动，按照规定的程序经协商一致制定，为各种活动或其结果提供规则、指南或特性，供共同使用和重复使用的文件。

注1：标准宜以科学、技术和经验的综合成果为基础。

注2：规定的程序指制定标准的机构颁布的标准制定程序。

注3：诸如国际标准、区域标准、国家标准等，由于它们可以公开获得以及必要时通过修正或修订保持与最新技术水平同步，因此它们被视为构成了公认的技术规则，其他层次上通过的标准，诸如专业协（学）会标准、企业标准等，在地域上可影响几个国家。"

我国现行国家标准对标准的定义与ISO/IEC的定义主要有三点不同：一是表明标准是

标准化的产物，它是通过标准化活动产生的。二是强调按规定的程序制定。三是删除了"标准由公认机构批准"的含义。所谓公认机构，是指被广泛认可的标准发布机构，而企业、联盟和部分团体并未获得广泛认可，很难称得上"公认机构"。国际上并未把这部分"标准"纳入范畴，而我国在标准化改革进程中，根据来自不同层面标准制定主体的需要，把"非公认机构"制定的标准也纳入"标准"范畴。

不同组织和专家对"标准"的理解也存在差异。例如，《世界贸易组织贸易技术壁垒协议》（WTO/TBT 协议）中附件 1 "本协议的术语及其定义"对于"标准"的定义与 ISO/IEC 的定义存在不同。WTO/TBT 协议中这样定义标准："经公认机构批准的、规定供通用或重复使用的产品或相关加工和生产方法的规则、指南或特性的非强制执行的文件。该文件还可包括或专门规定用于产品、加工或生产方法的术语、符号、包装、标志或标签要求。

解释性说明：

ISO/IEC 指南 2 中定义的术语涵盖产品、加工和服务。本协议只涉及与产品或加工和生产方法有关的技术法规、标准和合格评定程序。ISO/IEC 指南 2 中定义的标准可以是强制性的，也可以是自愿性的。就本协议而言，标准被定义为自愿的，技术法规被定义为强制性文件。国际标准化团体制定的标准是建立在协商一致基础上的。本协议还涵盖不是建立在协商一致基础上的文件。"

WTO/TBT 协议对标准的定义与 ISO/IEC 给出的定义存在以下差异：

一是 WTO/TBT 协议定义不包括强制性标准，只含自愿性标准。

二是 WTO/TBT 协议定义不包括服务。

三是 WTO/TBT 协议定义涵盖非协商一致的文件。

围绕上述定义和注解，对标准的内涵可以归纳为以下几点：

（1）标准的出发点是"在一定范围内获得最佳秩序""促进最佳的共同效益"。这里的"最佳"有两种含义：一是指在现有条件下尽最大努力争取做到。二是要有整体观念或全局观念，追求整体最佳。不同级别的标准，对应的整体和全局也不同。

（2）标准的对象是对共同使用和重复使用的事物做规定。标准来源于实践，是对实践的总结和升华，又要回到实践中去指导实践才能发挥其作用，才能得到检验和进一步发展。因此，标准制定、修订的过程就是不断积累经验与不断深化的过程。只有具有共同使用和重复使用特性的事物和概念，才有制定标准的可能和必要。

（3）标准的产生是以科学、技术和经验的综合成果为基础，并经协商一致制定的。

（4）标准的属性是一种提供规则、指南或特性的文件。

二、标准化的定义

国际标准化组织在《标准化与相关活动——通用词汇》ISO/IEC GUIDE 2：2004 中对"标准化"这样定义："为了在既定范围内获得最佳秩序，对现实问题或潜在问题确立共同使用和重复使用的条款的活动。

注 1：这一活动主要包括编制、发布和实施标准的过程。

注 2：标准的主要效益在于为了产品、过程和服务的预期目的改进它们的适用性，防止贸易壁垒，促进技术合作。"

我国将 ISO/IEC 定义中注 1 中"标准化过程"的描述纳入定义中，在国家标准《标准化工作指南 第 1 部分：标准化和相关活动的通用术语》GB/T 20000.1—2014 中将"标准化"的定义修改为："为了在既定范围内获得最佳秩序，促进共同效益，对现实问题或潜在问题确立共同使用和重复使用的条款以及编制、发布和应用文件的活动。

注 1：标准化活动确立的条款，可形成标准化文件，包括标准和其他标准化文件。

注 2：标准化的主要效益在于为了产品，过程或服务的预期目的改进它们的适用性，促进贸易、交流以及技术合作。"

我国"标准化"的定义和 ISO/IEC 定义的内涵实质上是一致的，只是描述上有所变动。

通过对上述定义的理解和分析，对标准化的内涵可以归纳为以下几点：

（1）标准化是在既定范围内的活动。标准化按照范围可分为：国际标准化、区域标准化、国家标准化、行业标准化、地方标准化、团体标准化和企业标准化。国际标准化是指所有国家有关机构都参加的标准化；区域标准化指仅世界某个地理、政治或经济区域内的国家有关机构参与的标准化；国家标准化是在国家一级进行的标准化；行业标准化是指在国家的某一行业内进行的标准化；地方标准化是在国家的地区一级进行的标准化；团体标准化是指在某一社会团体（以下简称社团或团体）内部的标准化；企业标准化是指在某一企业内部进行的标准化。

（2）标准化不是孤立事物，而是活动的过程，即主要是制定标准、应用标准、修订标准的过程。这个过程不是一次就结束了，而是不断循环、螺旋上升的过程。每完成一个循环，标准水平就提高一步。

（3）标准化是一项有目的的活动。标准化的主要作用是为了达到预期目的，改进产品、过程和服务的适用性，也包括促进贸易、防止贸易壁垒、促进技术交流。

（4）标准化不仅是对现实问题，也对潜在问题制定共同使用和重复使用的条款。这就要求认真开展标准化的科学研究，使标准化工作具有前瞻性。这也是科技时代标准化的一个显著特点。

三、工程建设标准和工程建设标准化的定义

标准和标准化的概念是一个总的概念，它所包含的范围涉及国民经济和社会发展的各个领域。工程建设标准和工程建设标准化是标准和标准化的重要组成部分，也可以说是标准和标准化在工程建设领域的具体表现，其概念上的主要区别在于标准或标准化范围的限定上。

《工程建设标准编制指南》中对"工程建设标准"这样定义：为在工程建设领域内获得最佳秩序，对各类建设工程的勘察、规划、设计、施工、验收、运行、管理、维护、加固、拆除等活动和结果需要协调统一的事项所制定的共同的、重复使用的技术依据和准则，它经协商一致并由公认机构审查批准，以科学技术和实践经验的综合成果为基础，以保证工程建设的安全、质量、环境和公众利益为核心，以促进最佳社会效益、经济效益、环境效益和最佳效率为目的。

同样，《工程建设标准编制指南》这样定义"工程建设标准化"：工程建设标准化是为在工程建设领域内获得最佳秩序，对实际的或潜在的问题制定共同的和重复使用的

规则的活动。该活动包括标准的制定、组织实施和对标准实施的监督。在标准制定方面，包括标准的计划下达、编制、审批发布和印刷出版四个环节；在组织实施方面，包括标准的执行、宣传、培训、管理、解释、调研、意见反馈等工作；在标准实施的监督环节，主要是依据有关法律法规，对参与工程建设活动的各方主体实施标准的情况进行指导和监督。

参照现行国家标准《标准化工作指南　第 1 部分：标准化和相关活动的通用术语》GB/T 20000.1—2014，本书对上述"工程建设标准"和"工程建设标准化"给出如下修改定义：

工程建设标准是通过工程建设领域的标准化活动，按照规定的程序经协商一致制定，为各类建设工程的勘察、规划、设计、施工、验收、运行、管理、维护、加固、拆除等全过程活动和结果提供共同使用和重复使用的文件。它以科学技术和实践经验的综合成果为基础，以保障公众利益为根本，以保证安全、质量、节能减排为核心，以实现最佳经济效益、社会效益、质量效益、生态效益和最佳效率为目的。

工程建设标准化是为了在工程建设领域内获得最佳秩序，促进共同效益，对现实问题或潜在问题确立共同使用和重复使用的条款以及编制、发布、实施标准及对其进行监督管理的活动。

第二节　标准化理论与学科建设

随着标准化在经济社会发展中的作用日益凸显，认识、了解标准化的基本规律成为社会各界的广泛需求。对于标准化原理、方法和应用理论的研究也随着实践的快速发展而愈加深入，标准化知识形成了相对独立的体系，向专门的、独立的学科发展。

标准化作为一门学科，是从事标准化实践活动的科学总结和理论概括。标准化学科的研究对象，概括地说，就是研究标准化过程中的规律和方法。标准化学科研究的内容和目的，包括以下几个方面：一是研究标准化过程的一般程序和每一个环节的内容，即从制定标准化规划与计划，到标准的制定、修订、贯彻执行、效果评价、信息反馈等系列活动；探索这些活动环节的一般特点和规律，以及各环节之间的联系，使标准化活动符合客观规律，取得良好的社会、经济和生态效益。二是研究标准化的各种具体形式，如简化、统一化、系列化、通用化、组合化和模块化等；研究这些形式的应用，并根据需要创造新形式。三是研究标准系统的构成要素和运行规律。研究各种类型的标准、标准系统的结构与功能；研究对标准系统进行管理的理论和方法。四是研究标准系统的外部联系。这种联系是多方面的，有与企业之间、部门或行业之间以及国际间的联系；有与法律法规、企业的经营管理、国家经济建设、人民生活的联系等。这些联系是标准化发展的外部动力。五是研究对标准化活动的科学管理，包括管理机构体制、方针政策、规章制度，标准化的规划、计划，人才培训、国际合作、知识普及，科学研究及信息系统的建立等一整套对标准化活动过程实行科学管理的内容。

在理论构建方面，有关标准化的原理和方法构成了最核心内容。在科学研究中，随着标准化的发展，对标准化学科属性、效益和作用等的认识也不断推进；在教学活动中，通过标准化教育，培训培养了一批标准化人才，夯实了学科建设的基础。

一、标准化原理

（一）国际标准化组织标准化原理委员会的认识

国际标准化组织（ISO）于 1952 年成立了标准化原理委员会（ISO/STACO）。它的首要职责是在标准化原理、方法和技术方面充当 ISO 理事会的顾问。在 ISO/STACO 的影响下，有关标准化理论的研讨活动日渐增多，推动了关于标准化原理的认识。同时，也出现不少论文与著作。其中影响较大的是桑德斯的《标准化的目的与原理》和松浦四郎的《工业标准化原理》。

原 ISO 标准化原理委员会主席桑德斯，于 1972 年出版了《标准化的目的与原理》一书。该书将标准化活动的过程概括为"制定—实施—修订—再实施标准"，从标准化的目的、作用和方法上提炼了标准化的"七原理"，并阐明标准化的本质就是有意识地努力达到简化以减少目前和预防以后的复杂性。桑德斯提出的原理包括以下七个方面：①标准化从本质上看，是社会有意识地努力达到简化的行为；②标准化活动不仅是经济活动，也是社会活动；③标准的出版是为了实施，不实施就没有任何价值；④制定标准时要慎重地选择对象和时机，并保持相对稳定，不能朝令夕改；⑤标准在规定的时间内要进行复审和必要的修订；⑥在标准中规定产品性能和其他特性时，必须规定测试方法和必要的试验装置；⑦国家标准以法律形式实施应根据标准的性质、社会工业化程度、现行法律情况等慎重考虑。

日本政法大学教授松浦四郎，曾任 ISO 标准化原理委员会和日本规格协会标准化原理委员会（JSA/STACO）成员，于 1972 年出版了《工业标准化原理》一书。该书主要提出 19 条标准原理，覆盖了标准化的性质、标准化目的、制定标准的过程、制定的标准化方法以及标准化效果的评价等。相关原理基本涵盖了桑德斯对标准化原理的概括，并做了一些局部调整和进一步拓展，特别他将熵的概念引入了标准化领域，把人类为防止事物的复杂化，使社会生活从无序转向有序而进行的标准化活动，看成是人们为创造负熵所做的努力，丰富了标准化的理论范畴。

（二）我国学者的认识

1982 年，我国学者李春田提出了简化、统一化、协调和最优化四项标准化的方法原理：简化是标准化最古老、最一般的形式；统一化既影响深远，又要把握尺度；协调是标准系统功能最佳的方法；最优化的目的是获得最佳的效益。在《标准化概论》的修订版中，又提出了四项标准系统的管理原理，即系统效应原理、结构优化原理、有序发展原理和反馈控制原理。他认为，系统效应是从系统的相互协同中得到的，结构优化是使标准的结构和功能保持最佳的方式，有序发展是使标准系统保持稳定状态的有效方法，反馈控制是标准系统实现其目标的决定性因素。

二、标准化方法

为了在实际工作中根据满足不同的标准化任务，学者们提出了标准化形式，包括简化、统一化、系列化、通用化、组合化和模块化等，而综合标准化则是基于这些形式的运用。这些形式作为标准化的基本方法，不是相互独立的，它们之间存在着密切关系。

(一) 简化

简化是指在一定范围内缩减对象或事物的类型数目，使之在一定时间内满足一般需要的标准化方法。简化的实质是对客观系统的结构加以调整，并使之最优化的一种有目的的标准化活动。它是在事物多样化的发展超过一定界限后才发生的。进行简化时需要遵循以下原则：第一，只有在多样化的发展规模超出了必要范围时，才允许简化。第二，简化要合理、适度。合理的简化必须符合两个条件：一是必须保证在规定的时间内足以满足一般的需要，不能因简化而导致必需品的短缺；二是简化后产品系列的总体功能最佳。第三，简化应以确定的时间和空间范围为前提。简化的结果必须保证在既定的时间内足以满足消费者的一般需要，不能限制和损害消费者的需求和利益。第四，产品简化要形成系列。其参数组合应符合数值分级制度的基本原则和要求。

(二) 统一化

统一化是指将两种以上同类事物的表现形态归并为一种或限定在一定范围内的标准化方法。统一化的实质是使对象的形式、功能（效用）或者其他技术特征具有一致性，并把这种一致性通过标准确定下来。统一化的目的是消除由于不必要的多样化而造成的混乱，为人类的正常活动建立共同遵循的秩序。需要注意的是，统一化和简化并不相同。统一化着眼于取得一致性，即从个性中提炼共性，其结果是取得一致性，遵循等效原则；简化肯定某些个性同时存在，着眼于精练，简化的目的并不是简化为只有一种，而是在简化过程中保存若干合理的种类，以少胜多，遵循优化原则。

统一化的类型包括绝对统一和相对统一。所谓绝对统一，是指不允许有灵活性。如标志、编码、代号、名称、运动方向（开关的旋转方向，螺纹的旋转方向、交通规则）等。所谓相对统一，是指出发点或总趋势是统一的，但统一中还有一定的灵活性，根据情况区别对待。如产品质量标准是对质量要求的统一化，但具体指标（包括分级规定、公差范围等）却具有一定的灵活性。

(三) 通用化

通用化是指在互换性的基础上，尽可能地扩大同一对象（包括零件、部件、构件）的使用范围的一种标准化方法；或在互相独立的系统中，选择和确定具有功能互换性或尺寸互换性的子系统或功能单元的标准化方法。而互换性是指产品（或零部件）的本质特性以一定的精确度重复再现，从而保证一个产品（和零部件）可以用另一个产品（或零部件）来替换的特性。或者说在不同时间、地点制造出来的产品（或零部件），在装配、维修时，不必经过修整就能任意替换使用的性能。通用化的目的是最大限度地扩大同一产品的使用范围，从而最大限度地减少零部件在设计和制造过程中的重复劳动。

(四) 系列化

系列化是对同一类产品中的一组产品通盘规划的标准化方法。它通过对同一类产品产需发展趋势的预测，结合自身的生产技术条件，经过全面的技术经济比较，将产品的主要参数、型式、尺寸等做出合理的安排和规划，以协调系列产品和配套产品之间的关系。

通过系列化可以减少不必要的多样性，这与简化的目的是完全一致的。产品的系列化通常是在简化的基础上进行的，即通过简化，将产品的多样化发展由无序状态变成有序状态。因此，系列化是简化的延伸。系列化摆脱了标准化最初独立地、逐个地制定单项产品标准的传统方式，可从全局考虑问题。不仅能够简化现存的不必要的多样性，而且还能够有效地预防未来不合理的多样性的产生，使同类产品的系统结构保持一个相对稳定的最佳状态。产品系列化包括制定产品参数系列、编制系列型谱和开展系列设计等方面内容。

（五）组合化

组合化是按照统一化、系列化的原则，设计并制造出一系列通用性很强且能多次重复应用的单元，根据需要拼合成不同用途的物品的一种标准化方法。组合化的特点是可以多次重复应用统一化单元，根据需要拼合成不同用途的物品。这种统一化单元，称为组合元，即在产品设计、生产过程中选择和设计的，独立存在的，可以通用、互换的，并具备特定功能的标准单元和通用单元。

组合化本质是通过组合元组合为物体，这些组合元又可重新拆装，组成具有新功能的新物体或新结构，而组合元又可重新利用。因此，组合化的应变机理就是以组合元的变化来应对需求的变化，可以通过改变组合元的种类或者组合方式，来实现不同的组合功能或结构。

组合化设计包括分析用户对产品的需求，进行产品功能单元划分，尽量从标准件、通用件和其他可继承的结构和单元中选择新产品所需要的零件开展设计，并确定设计的审查评价要求等。

（六）模块化

模块化是综合了通用化、系列化、组合化的特点，把复杂的系统分拆成不同模块，并使模块之间通过标准化接口进行信息沟通的动态整合过程，用以解决复杂系统快速应变的标准化方法。模块化有广义和狭义之分：广义模块化指把一系列（包括产品、生产组织和过程等）进行模块分解与模块集中的动态整合过程；狭义模块化指产品生产和工艺设计的模块化。

模块是模块化的基础，模块通常是由元件或子模块组合而成的、具有独立功能的、可成系列单独制造的标准化单元，通过不同形式的接口与其他单元组成产品，而且可分、可合、可互换。模块化过程通常包括模块化设计、模块化生产和模块化装配等，模块化企业、模块化产业结构、模块化产业集群网络等已成为现实。

（七）综合标准化

综合标准化是一种开展标准化工作的方法，是苏联标准化工作者于 20 世纪 60 年代创造的。我国国家标准《综合标准化工作指南》GB/T 12366—2009 中关于"综合标准化"的定义为：为了达到确定的目标，运用系统分析方法，建立标准综合体，并贯彻实施的标准化活动。综合标准化的要点是：有确定的目标、可运用系统分析方法（确定与对象相关的要素）、建立标准综合体并全面实施。所谓"相关的要素"是指影响综合标准化对象的功能要求或特定目标的因素；而"标准综合体"，即综合标准化对象及其相关要素按其内在联系或功能要求以整体效益最佳为目标形成的相关指标协调优化、相互配合的成套标准。

综合标准化是一项标准化系统工程，融合各类标准化形式而进行。包括了准备阶段、规划阶段、制定标准阶段和实施阶段四个环节。在开展综合标准化工作时，需要遵守以下原则：把综合标准化对象及其相关要素作为一个系统开展标准化工作；综合标准化对象及其相关要素的范围应明确并相对完整；综合标准化的全过程应有计划有组织地进行；以系统的整体效益（包括技术、经济、社会三方面的综合效益）最佳为目标，局部效益服从整体效益；标准综合体的标准之间，应贯彻低层次服从高层次的要求；充分选用现行标准，必要时可对现行标准提出修订和补充要求；标准综合体内各项标准的制定与实施应相互配合。

三、标准化学科建设

学科，是把各领域的知识作为独立的研究对象，运用一定的研究方法，研究其规律性，使分散的科学知识构成一个有组织的、专门化的知识体系。近年来，标准化学科快速发展，在标准化学科认识、标准化效益、标准化与创新发展等方面取得了进展。

（一）关于标准化交叉学科属性的认识

欧洲学者亨克·德弗里斯提出，工商管理学是标准化学科发展的重要学术基础。同时认为：技术学（因为标准被认为是对技术匹配问题给出的解决方案）、经济学（标准从其定义看是一种经济活动）、法学（标准可以被认为是协议的确立）和社会学（标准化过程中存在着社会活动）是与标准化学科紧密相关的学科。

我国学者白殿一等认为，标准学知识体系包括标准化概念及通用知识、基本理论、方法论、应用技术知识、专门领域知识、特定标准知识 6 个模块，涉及标准和标准化活动中"是什么""为什么"和"如何做"等相关问题。从学者的观点，以及标准化实践应用来看，标准化学科具备交叉学科的属性。

（二）关于标准化效益的认识

标准的效益以及其经济学上的分析，是国际贸易组织、国际标准化组织、各国标准化机构最关注的重要问题之一。从主流经济学研究的角度看，标准被认为可以在以下三个领域促进公共福利：一是提高经济效率，确保兼容性、互操作性，并支持各种简化。标准通过规范材料、产品组件和配套产品的性能，来支持市场的发展。二是减少"市场失灵"的情况，例如通过最低质量和安全标准的执行来减少"生产者和买家之间的信息不对称"问题，降低市场失灵的风险。三是促进贸易。基于上述思路，近年来，包括 ISO、IEC 在内的国际组织，国家标准组织，高等院校和研究机构都进行相关领域的分析和研究。可把这一领域的主流研究简单分为两类：一是标准对产品制造等影响经济效益的微观研究。二是通过标准对国际贸易的影响、GDP 的贡献等观察标准经济效益的宏观研究。

在微观研究方面，分析重视事实和具体的效果，其逻辑为：从标准化的效益包括降低成本和提高销量两部分这一思路出发，结合一定时期的统计，分析结果、成本收益和投资。2010 年 3 月 ISO 发布了标准经济效益评估方法，通过价值链等方法进行研究。

标准化经济效益的宏观分析则集中在标准和创新、标准和国际贸易的关系上，更加关注数据、比例。分析方法主要基于宏观经济效益理论，以及数学分析方法。研究结论表明，标准已经成为构成一个国家经济增长的重要因素，也可称为评估一个国家竞争力的重要组成部分。

（三）关于标准化影响的认识

随着技术特别是信息技术产业的发展和进步，标准化对技术发展和市场竞争表现出新的作用和影响方式。标准化的网络效应就是其中重要的内容——当一个用户消费一种产品所获得的效用随着该产品及其兼容产品的消费者数量增加而上升时，就认为存在着"网络效应"。高新技术标准的网络效应也非常明显。标准的使用规模越大，用户越多，所带来的商业机会越大，收益呈现加速增长趋势。标准增进了兼容性和互联性，使与标准兼容的产品网络中的用户无需经过任何格式上的转换就能共享数据和信息，提高了该产品给现有用户所带来的效用。于是更多的消费者会选择使用该产品，这便扩大了该标准的网络效应。

同时，由于技术的持续创新是标准赖以确立和发展的基础，标准竞争体现了技术创新能力的较量。技术创新是推动标准变革的主要动力之一，技术创新客观上要求标准做相应的调整和变化。标准既可能会因为标准技术的陈旧而限制技术创新，也可能通过技术经验的规范化，形成新技术出现的基础，来推动技术创新。另外，众多的技术竞争通常会带来技术未来的不确定性，从而导致技术在市场上不能迅速地被消费者所接受，而标准的作用很大程度上可以减少消费者的信息不对称性，使得某些被接受的技术能够逐渐占领市场，以此促进基于这些技术的创新和发展。同时，标准能够使得技术产品之间具有更好的兼容性，这也进一步促进了兼容技术的发展。可以说，标准为技术创新提供基础和平台，同时也影响技术创新和扩散的进程。正是由于标准与创新的互动关系，在新一轮科技和产业革命蓄势待发的今天，标准作为经济活动和社会发展的技术支撑，成为了战略性创新资源。

四、标准化教育

随着标准化在经济活动和社会发展中发挥着越发重要的作用，国际标准化组织和各国国家标准化机构、高等院校正不断推动标准化教育发展。

（一）国外标准化教育

ISO 通过设立标准化高等教育奖、推动国家标准机构与教育机构之间的合作、搭建标准化教育信息平台等方式推动标准化教育的发展。IEC 则提供了与学术界合作开发的学习模块，帮助大学将标准化、合格评定等内容融入课程。ITU 也提供有系统化、中短期、有针对性的专门培训课程。此外，三大标准化组织联合成立了世界标准合作组织，通过学术周、学术日等活动加强标准化教育的推广，就标准化教育经验与成果进行讨论和分享。

各国也积极推动标准化教育。如在韩国，高等教育层面设有"大学标准化教育项目"，并研制了配套教材；中小学层面通过标准奥林匹克和夏令营等活动开展标准化知识普及，对在职人员则通过继续教育的方式开展专业培训。

（二）我国的标准化教育

在不同教育活动中，我国也开展了形式多样的标准化教育活动。在高等院校中，教育部于 2012 年发布的《普通高校本科专业目录（2012 年）》中首次纳入了"标准化工程"专业。近年来，多所高校在工程管理硕士（MEM）下开设标准化方向。高校间推动成立了"全国标准化学科建设联盟"。在职业院校中，2021 年"标准化技术"进入国家职业教育序列，在部分高职院校进行招生。各专业领域中，标准也作为重要的参考文献和教学资源被纳入了教学和科研活动中。

在职业教育领域中，"1+X 标准编审职业技能等级证书"制度已在全国多个省市推广；针对标准化管理人才、技术人才、国际标准化人才的培养培训工作也已广泛开展。

第三节　标准化发展简史

标准化源于人类生活和生产实践，贯穿于人类社会发展的全过程。自远古时代标准化思想的萌芽，经历了手工业生产为基础的古代标准化，到工业化时期的近代标准化，发展到了今天在全球化背景下的、以系统理论为指导的现代标准化。

在人类社会的发展历程中，人类基于自身的需求，逐渐学会了使用工具来狩猎和防御，并逐渐形成了一定的原始语言来交流和传达信息，后来又在原始语言的基础上，创造了符号、记号、象形文字等。这个阶段，用手指和脚趾计算是人们最初的发明，随着实践范围的扩大，人们开始结绳、刻记，直至后来发明了象形文字。在所有这些过程中，都需要不断地总结和统一人们的认识，形成规范统一的概念和规矩。

早在距今约六七千年的新石器时代，已有了标准化的萌芽。河姆渡遗址第四文化层出土的多个骨哨，是狩猎时吹出声响，用来诱捕禽兽的工具。骨哨多用禽类的肢骨中段制成，中空、呈细长圆管状，横断面为不规整圆形。器表光滑，器身略弧曲，在凸弧一侧，两端各钻一圆形或椭圆形音孔。骨哨的形状、工艺、功能特性已具有了标准重复使用、共同使用的特征。但这些标准化的萌芽，并没有形成文本，还不是真正意义上的"标准"。

一、古代标准化

古代标准化是指有人类文明记载以来到工业革命发生前的标准化活动，工具和技术的标准化是这一阶段的主要内容。这一阶段主要是建立在手工生产基础上的标准化活动。

人类有意识的标准化，是由社会分工引起的。交换过程中为了体现等价原则，带来了计量器具和单位的标准化。秦始皇统一中国后，规定"车同轨，书同文"，这是史书上对当时中国标准化方面的重要记载，也是对当时标准化的重要写照。度、量、衡的统一也是在那个时候实现的，当时颁布的《工律》就规定："与器同物者，其大小短长广必等"，这样的律条实质上就是关于标准的规定。而随着生产的发展和手工业技术的进步，手工业内部的分工和手工业技术的规范化，促进了手工业生产标准的出现。例如，春秋战国时期百工技艺用书《考工记》，统一了产品及部件名称、确定用料标准及选材方法、确定生产工艺及检验制度等，是我国古代机械加工标准化领域的集中体现。秦朝颁布的《工律》规定了手工业产品的标准，《金布律》规定了布匹的尺寸标准。到了宋代，由官方编写的110卷《军器法式》中更有47卷是军器制造技术标准。北宋时代的毕昇于1041—1048年发明了活字印刷术，成功地利用了标准件、互换性、分解组合、重复性原理；李诚编修的《营造法式》是我国建筑史上出现的一部集建筑设计、施工、劳动定额、标准规范为一体的专著，它的重要标准化贡献之一是建立了古代"材分模数制"，这种模数制把"材"作为尺寸基准，分为8个等级，相当于现代建筑标准化里面的模数。梁思成先生在《营造法式注释序》中说："《营造法式》是北宋官订的建筑设计和施工的专书。"明朝李时珍所著《本草纲目》，不仅记述了药物的种类、特性，还记述了药物的制备方法、方剂等，是药剂方面典型的标准化文献。

在国外，古代标准化活动也集中在度量衡、货币等方面。例如，古埃及将肘关节到中指指尖的长度作为一个基本单位，即"肘尺"。肘尺作为当时的计量标准器，被应用于金字塔建造中。埃及胡夫金字塔底边长约 500 肘尺。

二、近代标准化

从第一次工业革命开始到 20 世纪 40 年代，国际标准化组织成立之前，被认为是近代标准化阶段。相比于建立在手工业生产的物质技术基础之上的古代标准化，近代标准化是在机器大工业的基础上发展起来的。生产和科学技术的高度发展，不仅为标准化提供了大量的经验，而且提供了系统的实验手段，从而使标准化活动进入了以严格的实验数据为根据的定量化的阶段。

（一）以机器大工业为基础的企业标准化活动

近代工业标准化开始于 18 世纪末，机器大工业生产方式促使标准化发展成为有明确目标和有系统组织的社会性活动。

1798 年，美国的伊莱·惠特尼发明了工序生产方法，并设计了专用机床和工装用以保证加工零件的精度，首创了生产分工专业化、产品零件标准化的生产方式。他最初在制锁中采用标准化零件，保证零件可互换，而后推广到枪械生产中。由于实现产品标准化，大大提高生产效率，方便了产品在使用过程中的维修。

1841 年，英国人惠特沃思设计了被称为"惠氏螺纹"的统一制式螺纹，因其具有明显的优越性，很快被英国和欧洲采用。其后，美国、英国和加拿大协商将惠氏螺纹和美国螺纹合并成统一的英制螺纹。接着，英国人提出统一螺钉和螺母的型式和尺寸，为进一步实现互换性创造了有利条件。1902 年，英国纽瓦尔公司出版了纽瓦尔标准——"极限表"，这是最早出现的公差制。1906 年英国颁布了国家公差标准。此后，螺纹、各种零件和材料等也先后实现了标准化，成百倍地提高了劳动生产率。

1911 年美国的泰勒发表了《科学管理原理》，把标准化的方法应用于制定"标准作业方法"和"标准时间"，开创了科学管理的新时代，通过管理途径进一步提高了生产率。在一系列标准化和科学管理成就的基础上，美国福特汽车公司在 1914—1920 年间，打破了按机群方式组织车间的传统做法，创造了汽车制造的连续生产流水线，采用标准化基础上的流水作业法，把生产过程中的时间和空间组织统一起来，促进了大规模流水生产的发展，极大地提高了生产效率。

（二）行业和国家标准化的发展

工业革命的发展、竞争的加剧，带来了市场和交换范围的扩大。由于不同地区生产的同一用途的材料和零件互不统一，需要在更大范围内开展标准化。社会化大分工的迅猛发展是这个时期标准化迅速启蒙的重要推动力。各种学术团体、行业协会等组织纷纷成立，例如，为解决采购商与供应商在工业材料购销中的意见和分歧，1898 年成立了美国材料试验协会（ASTM），制定了材料性能、测试方法等标准，统一了材料交易中检验检测技术要求，实现了结果互认，规范了贸易活动，有效促进了行业发展。

由于工业和交通运输业发展，迫切需要实现零部件在不同产业内的统一和互换，1901年，英国土木工程师学会（ICE）、机械工程师学会（IME）、造船工程师学会（INA）与钢铁协会（ISI）共同发起成立了世界上第一个全国性标准化组织——英国工程标准委员会（BESC），它的成立标志着标准化从此步入了一个新的发展阶段。之后，在不长的时间内，先后有 25 个国家成立了国家标准化组织。1931 年英国工程标准委员会，作为国家标准机构最终更名为英国标准学会（BSI）。

三、现代标准化

自 ISO 成立至今，被视为现代标准化发展阶段。现代标准化的特点是系统性、国际性以及目标和手段的现代化。标准化的发展离不开信息技术的发展，离不开全球经济贸易的交流，并且在一定程度上标准化反过来促进了信息技术与经济贸易的发展。经济的发展、信息科学技术的发展，是这个阶段标准化发展的主要推动力。

（一）国际标准化组织的发展

1946 年 10 月，来自中国、英国、法国、美国等 25 个国家的 64 名代表齐聚伦敦，在国际标准化协会（ISA）和联合国标准协调委员会（UNSCC）的基础上，成立了新的国际标准化机构，以促进全球贸易与交流。1947 年 2 月 23 日，ISO 正式宣告成立，总部设在瑞士日内瓦。截至 2022 年，有 167 个国家成员体参与。

随着国际贸易的扩大、跨国公司的发展、地区经济的一体化，标准的国际化得到了迅速发展。各国都在积极地参与国际标准化活动，采用国际标准成为普遍的现象。这种标准的国际性，不仅是国际间经济贸易交往的必然要求，也是减少或消除贸易壁垒、促进国际经济发展的必要条件。1994 年，在"乌拉圭回合"中签署的《世界贸易组织贸易技术壁垒协议》（WTO/TBT 协议）指出，国际标准和合格评定体系能为提高生产效率和便利国际贸易做出重大贡献。明确协议的宗旨是为便利国际贸易，在技术法规、标准、合格评定程序以及标签标志制度等技术要求方面开展国际协调，遏制新形势下以带有歧视性的技术要求为主要表现形式的贸易保护主义，最大限度地减少和消除贸易中的壁垒，为世界经济全球化服务。

（二）区域标准组织的发展

1961 年，欧洲标准协调委员会（CEN）成立，法国、英国、意大利、德国等 13 个国家为创始成员国；1971 年 6 月，CEN 改名为欧洲标准化委员会；1975 年，其总部由巴黎迁至比利时布鲁塞尔。1972 年，欧洲电工标准化委员会（CENELEC）成立，总部也设在比利时布鲁塞尔。1988 年，欧洲电信标准学会（ETSI）成立，总部设在法国尼斯。在欧盟区域经济一体化模式中，欧洲标准化组织在欧盟的授权下，支撑技术法规制定协调标准，从而消除区域内技术性贸易壁垒，目前，欧盟标准中共有 3 600 多项协调标准支撑超过 23 项指令。可以说，欧洲标准是欧洲单一市场良好运行的核心要素之一，是欧盟区域经济一体化的重要基础。除此之外，区域标准组织还有 1949 年成立的泛美标准委员会（COPANT）、1977 年成立的非洲地区标准化组织（ARSO）等。

（三）国际性专业标准组织的发展

随着信息技术的发展，快速响应市场需求、机制灵活的国际性专业标准组织逐步发展。例如，成立于 1998 年的第三代合作伙伴计划（3GPP），最初的工作范围是为第三代移动通信系统制定全球适用的技术规范和技术报告。目前，该组织已成为全球移动通信领域最具影响力的专业标准组织之一，成员包括 7 个组织伙伴、24 个市场代表伙伴和 770 多个独立成员。在第五代移动通信系统技术标准的制定及商业化的推进过程中，该组织做出了重要贡献。

（四）现代标准化的发展趋势

科技革命的突破性进展和制度创新推动着世界经济格局、全球治理体系与治理规则的变革，标准化活动也随之发生着变化。

在功能上，标准已经开始发挥出引领性功能。5G等新兴产业的发展模式，已经从产品研发先行转向以标准研制为驱动。因此，国际、区域标准组织纷纷出台战略，支持贸易便利化，推动经济增长，促进创新、健康和安全，实现可持续发展。

在作用领域上，ISO提出标准无处不在，近年来发布的标准逐步从产业领域扩展到社会责任、组织治理、可持续发展和审计数据服务等领域，深刻影响着各国政治、经济和社会发展。2021年，《ISO战略2030》发布，描绘了ISO未来十年的愿景和使命，明确了ISO的发展目标和优先领域。

在表现形式上，随着数字技术的迅猛发展，各领域都显现出数字化趋势，标准也从载体、功能、制定方式等方面开始数字化转型。《ISO战略2030》将数字化转型列为ISO未来几年的重点工作。该战略提出，数字化与传统技术的融合，正在改变我们的工作方式。而数字技术的发展有助于提高效率和生产率。基于此，ISO提出要帮助社会和企业充分利用数字化，并以可持续的方式促进新技术的传播，同时利用数字技术的力量提高灵活性。

2022年2月2日，欧盟委员会正式发布了《欧盟标准化战略——制定全球标准以支撑韧性、绿色与数字化的欧盟单一市场》，这是首次由欧盟委员会这一超国家机构制定发布的标准化战略，旨在强化其在全球技术标准方面的竞争力，将数字化转型和绿色发展作为欧洲标准化战略的驱动力。未来，"战略"将关注五大关键领域：一是预测、优先考虑并解决战略领域标准化需求：新型冠状病毒疫苗和药品生产、关键原材料回收、清洁能源价值链、低碳水泥、芯片认证及数据标准。二是完善欧洲标准化体系治理能力。三是强化欧盟在全球标准方面的领导力。四是支持创新。五是培养标准化专家。

第四节 我国工程建设标准化发展历程

一、标准化发展阶段综述

标准化作为一门学科只有约二百年历史，但从人类发展史来看，标准化实践活动源远流长。它是伴随着人类开始制造工具从事生产活动而产生，是人们从事生产和生活的准则。

国内一些专家、学者对标准化的发展史从不同角度做过阶段划分。例如，标准化专家麦绿波在《标准化发展阶段划分新论》中提出按时间属性，将标准化历史阶段划分为古代标准化、近代标准化、现代标准化三个阶段；按推动力属性划分为感性直觉标准化（标准化的萌芽期，主要指旧石器、中石器、新石器时代）、理性直觉标准化阶段（标准化的孕育期，指青铜器时代到18世纪中叶工业革命开始前）、自觉标准化阶段（标准化的推广期，指18世纪中叶到20世纪中叶）、组织化的标准化阶段（标准化的发展期，指20世纪中叶至今）。这些不同角度的标准化发展历史阶段划分，都有助于我们从历史的角度、发展的角度去全面认识标准化学科的产生与发展。对新中国成立后的我国标准化发展历程，也有不少专家学者做过阶段划分研究。《中国技术标准发展战略研究》一书中，把新中国成立以来的标准管理划分为三个阶段：第一阶段从 1949 年到 1976 年，以引进和采用苏联标准为主，管理体制是适应计划经济需要建立的计划模式；第二阶段从 1977 年到 1988 年，是改革开放初期的计划经济体制下的标准化管理；第三段从 1988 年至今，是标准化进入到法制管理的阶段。国家标准化委员会田世宏提出新三阶段论：第一阶段从新中国成立到改革开放的起步探索期；第二阶段从改革开放到党的十八大的开放发展期；第三阶段为十八大后的全面提升期。也有学者提出了从分散到集中管理阶段、从曲折到制度化管理阶段、从挫折到新的制度化管理阶段、大发展阶段的四阶段划分。将我国标准化发展进行阶段划分，不管是分为三阶段还是四阶段，对我们研究标准化的历史和发展都具有重要作用。

二、新中国工程建设标准化发展历程

我国工程建设标准化工作是随着基本建设发展而发展，经历了从分散到集中、从引进国外标准到结合我国实际自行制定标准、由排除干扰破坏到坚持、发展、提高、改革提升的曲折过程。

根据上述发展阶段划分研究，结合工程建设标准化发展实际，本书将新中国成立后我国工程建设标准发展历程分为四个阶段：第一阶段从 1949 年到 1987 年，为起步探索阶段；第二阶段从 1988 年到 1999 年，为提速发展阶段；第三阶段从 2000 年到 2014 年，为改革推进阶段；第四阶段从 2015 年至今，为全面提升阶段。

（一）第一阶段（1949—1987 年）以引进为主到自主完善的起步探索阶段

1. 起步发展期（1949—1957 年）

新中国成立初期，我国工程建设标准化工作开始起步，国家尚未对工程建设标准实行统一管理，处于分散管理状况，有关标准主要是由各地区、各部门根据自己的需要，自行制定颁发。这一时期的标准多是根据解放前遗留的零散资料编写而成，使用期都很短，有的甚至只延续了几个月。随着国家大规模建设的开展，它们已不能适应建设发展的需要，相继为新编的或借鉴苏联的标准规范所替代。

1950 年，铁道部颁发了《中华人民共和国铁路建设规范（草案）》《铁路技术管理规程》和《蒸汽机车单线铁路设计规程》，对铁道等级的划分和铁路技术标准做了统一规定。同年，西南铁路工程局工务处颁发了《小跨度石砌连拱谷架桥》和《8～20 米半圆形钢筋混凝土拱桥》标准设计，对提前修通成渝铁路起了重要作用。

1951 年，铁道部颁发了《铁路桥涵设计规程》，交通部公路总局颁发了《公路工程设计准则（草案）》。

1952 年 3 月 6 日，东北人民政府工业部颁发了《建筑物结构设计暂行标准》，这是一本综合性标准，包括了荷载、砖石结构、木结构、钢结构、钢筋混凝土结构、地基设计等内容。1952 年 11 月 14 日，上海市人民政府工务局颁发了《上海市简单建筑暂行规则》，结合上海地区特点，对建筑高度、面积、四周空地、里弄宽度、工作安全、防火墙的设置和要求等做出了规定。

在 1953 年至 1955 年的三年中，建筑工程、公路工程、水电工程、水利工程、邮电工程等方面先后制定和颁布了《建筑统一模数制》《建筑设计规范》《公路工程设计准则》

《测量规范》《精密水准测量细则》《水文资料整编方法》《市内线路建筑及维护》《长途线路建筑及维护》等各类标准，为不同工程的设计、施工、验收提供了技术依据，并在实践中取得了良好的效果。

1952 年，我国胜利完成了国民经济恢复时期的建设任务，为了迎接全国大规模的有计划的经济建设新形势，中央人民政府于 1952 年 11 月 15 日通过决议成立国家计划委员会，1953 年 1 月开始办公。1953 年 5 月，国家计委成立了基本建设联合办公室，以后又成立了设计工作计划局、基建局等，主管全国基本建设综合工作。

1954 年在国家计委基建局、城市规划局、设计工作计划局、企业局、技术合作局等的基础上组建成国家建设委员会（简称一届建委）。这是新中国成立以后建立的第一届主管基本建设的中央工作机关。一届建委下设 14 个局，其中标准定额局、建筑企业局、城市规划局、民用建筑局、建筑材料局等先后对口主管标准规范工作。

由于国家建委设立了标准的专管机构，从而加强了对标准工作的领导，我国工程建设标准化工作由分散走向了集中。在第一个五年计划期间，为配合完成各项建设任务，国家建委组织制定并颁发了 44 本国家标准。与此同时，各有关部门和地区也分别制定颁发了 15 本标准和一批标准设计、定型设计。这些标准和标准设计、定型设计，在一定程度上满足了基本建设的需要，对完成"一五"计划起了积极作用。

上述标准和标准设计，基本上是在借鉴引用苏联的技术标准和标准设计基础上制定的，部分建筑结构设计规范直接采用苏联标准，有些施工及验收规范，则是结合我国当时的施工技术条件，通过翻译加注的方式颁布使用。这样做，主要是考虑到新中国成立前，根本没有像样的基本建设，仅有少量的工程，也都为外国所操纵，谈不上经验的积累。新中国成立后，大规模的基本建设要在废墟上展开，为保证工程质量和投资效益，工程建设标准化工作只能采取借鉴引用苏联标准的途径。胜利完成第一个五年计划的事实证明，这种做法在当时是正确的。

2. 曲折发展期（1958—1965 年）

1958 年 3 月一届建委撤销，工程建设标准化工作也相应受到影响，陷于停滞状态。

1961 年进入五年调整时期，在"调整、巩固、充实、提高"的八字方针指导下，我国的经济重新稳步向前发展，1961 年 1 月工程建设标准化工作转由国家计委主管。

1961 年 4 月 27 日，国务院发布了《工农业产品和工程建设技术标准暂行管理办法》（简称《暂行办法》），这是新中国成立后第一次发布的关于工农业产品和工程建设标准的管理法规。

1962 年 12 月 4 日，国务院又发布了《工农业产品和工程建设技术标准管理办法》（简称《管理办法》），该办法是《暂行办法》试行一年半后，修改完善而成。其内容包括总则、制订和修订技术标准的原则、技术标准的制订和修订、技术标准的审批和发布、技术标准的贯彻执行、附则。

为了贯彻执行上述《管理办法》，国家计委分别于 1963 年 1 月、3 月 11 日、3 月 18 日、6 月 11 日和 6 月 19 日相继颁布印发了《设计、施工技术标准规范的幅面与格式统一规定》《关于设计、施工规范中文字符号的采用和做好有关标准规范之间"对口"工作的通知》《关于设计、施工规范统一用词和用语的几点意见》《关于设计、施工规范审批等问题的通知》等文件。这些具体规定对保证我国标准的编制质量，起到了积极作用，其中不少规定一直沿用至今，成为编制标准的标准。

1961 年至 1963 年间，国家计委先后下达制订或修订国家和部设计、施工及验收标准规范 45 本，其中设计规范 28 本（国标 19 本，部标 9 本），施工及验收规范 17 本。在下达任务时，明确指定了主编部门和参加单位，强调了标准规范的编制或修订要进行调查研究等。各有关部门根据这一要求，都相应成立了标准规范的编制或修订组，开展了大量的调查研究，广泛吸取了我国工程建设实践经验和通过检验行之有效的科研成果，使标准规范更加符合我国的实际情况。

1964 年 3 月，国家计委主管工程建设标准工作的设计施工局，转入国家经委，并分设设计和施工两局，有关设计、施工方面的标准规范工作也分别由两局主管。1965 年 3 月 24 日，中共中央书记处决定成立第三届国家基本建设委员会，任务之一是组织制定基本建设方面的规章制度，包括工程建设标准化工作。

在这五年调整期间，工程建设国家标准主管部门先后颁发了 20 多项设计、施工方面的标准，如《工业企业设计卫生标准》《建筑制图标准》《钢筋混凝土工程施工及验收规范》《钢结构工程施工及验收规范》《地基和基础工程施工及验收规范》《土方和爆破工程施工验收规范》《工业炉砌筑工程施工及验收规范》《矿山井巷工程施工及验收规范》《机械设备安装工程施工及验收规范》等，这对当时我国的基本建设工作起到了关键作用。

从 1958 年至 1965 年，机构变动频繁，我国的基本建设工作仍处于探索、积累经验的过程，相应的工程建设标准化工作也必然是几经曲折。实践证明，搞好基本建设工作，确保工程质量，提高投资效益，没有稳定的标准化工作配合是不行的，尤其开展大规模的基本建设，更是需要加强、发展、提高、充实相应的工程建设标准化工作，发挥其应有的作用，而不允许有任何放松甚至削弱。

3. 徘徊停滞期（1966—1976 年）

这期间，基本建设工作无法正常开展，有的机构被拆散，队伍被冲垮，规章制度破坏殆尽。标准规范被斥之为"修正主义条条框框""管、卡、压"，标准规范工作陷入停滞状态，基本建设的技术管理无章可循，工程质量和安全事故屡屡发生。

1971 年开始，国家建委又下大力抓工程建设标准规范工作，8 月 20 日，经李先念、余秋里同志批准，国家建委印发了《关于修订全国通用的设计标准和技术规范的通知》（包括《建筑制图标准》《建筑统一模数制》《厂房结构统一化基本规则》等共 19 本）。1972 年，在北京召开了全国设计标准规范工作座谈会，总结、交流了关于标准规范的修订工作经验。会后于 5 月 25 日，印发了《关于进一步搞好设计标准规范修订工作的几点意见》[（72）建革施字 183 号] 文件，着重指出：要"搞好调查研究和科学试验工作，调查研究首先要着眼于国内，总结 20 年的经验，对国外资料要进行分析""规范应达到技术先进，经济合理、安全适用，确保质量；条文要简明扼要，通俗易懂"，并明确了审批权限，强调"加强经常性管理工作"。

1972 年底，国家建委恢复设立设计局，下设标准规范处，加强了标准规范的管理工作。

通过排除干扰、整顿机构、建立健全制度，使得在十年内乱时期的后期，工程建设标准化工作得以复苏，取得一定进展。这期间，国家建委下达了制订修订 20 本标准规范的任务，这些标准规范在 1973—1976 年先后发布，而通过制订修订与贯彻标准规范所积累的宝贵经验，为拨乱反正后迅速开创工程建设标准化工作的新局面，打下了良好基础。

4. 探索发展期（1977—1987 年）

结束十年内乱，特别是党的十一届三中全会以后，党中央和国务院对标准化工作更加重视，加强了对标准化工作的领导，做出了一系列重要决定和指示，工程建设标准化工作的地位进一步得到了肯定。

1979 年 7 月 31 日国务院发布了《中华人民共和国标准化管理条例》（简称《管理条例》，这是在总结新中国成立 30 年来标准化工作正反两方面经验的基础上，结合我国社会主义现代化建设所提出的新要求、新任务而制定的，它取代和发展了 1962 年国务院颁发的《工农业产品和工程建设技术标准管理办法》，为在新时期开展标准化工作，指明了方向。

截至 1979 年 10 月召开全国工程建设标准规范工作会议时，已发布 67 项工程建设国家标准和 106 项部标准。

为了贯彻《管理条例》，国家建委分别于 1980 年 1 月 3 日和 1981 年 1 月 2 日颁发了《工程建设标准规范管理办法》和《全国工程建设标准设计管理办法》。1980 年 3 月 31 日国家建委设计局和施工局还联名发布了《关于工程建设标准规范编制程序、科学研究、联系人工作和经费补助的几点意见》。

1982 年国务院机构改革后，全国基本建设工作转由国家计划委员会统一领导，经国务院批准在国家计委内先后设立了基本建设标准定额研究所和基本建设标准定额局，加强了全国工程建设标准化的研究与管理，这是为保证我国工程建设标准化工作快速发展，提高基本建设的投资效益所采取的有效的组织措施。

1984 年，国家计委召开了"全国标准定额工作会议"，对工程建设标准化工作的全面发展起到了巨大的推动作用。此后，工程建设标准化制度化管理体系建立起来，先后颁发了近 20 项规范性文件。工程建设标准的制订修订工作和重点科研项目纳入了国民经济和社会发展计划，在经费上，除财政部每年拨给一定的事业费外，国家计委还从固定资产投资中抽出少量费用给予补助。另外，一些地区、部门也千方百计开辟多种渠道，解决部分经费。

1985 年 2 月 18 日，国家计委印发了《工程建设优秀国家标准规范奖励暂行办法》《工程建设国家标准规范优秀科研成果奖励暂行办法》和《关于在工程建设标准规范中采用国际标准的几点意见》（计标〔1985〕252 号）三个文件。

1986 年 9 月 5 日，国家计委印发《关于请中国工程建设标准化委员会负责组织推荐性工程建设标准试点工作的通知》（计标〔1986〕1649 号）。该通知指出：为了探索工程建设标准规范管理体制的改革，对现行的单纯靠行政部门管理强制性标准规范的管理体制，拟通过试点逐步实行强制性与推荐性相结合、分别由行政部门管理与学（协）会负责推荐相结合的体制。有关推荐性标准的试点工作，请中国工程建设标准化委员会组织进行。

1987 年 12 月 7 日，国家计委印发《工程建设地方标准规范工作的若干规定》（计标〔1987〕2324 号）。其中规定，地方标准是指省、自治区、直辖市地区范围内需要和可能统一的标准。凡是工程建设国家标准、专业标准或部标准未做规定、规定不具体或规定不符合地方实际情况的，而地方工程建设规划、勘察、设计、施工及验收等需要统一的有关要求，均应制订地方标准。工程建设地方标准的制订一般不得与现行的工程建设国家标准、专业标准或部标准重复，且不得与其规定相抵触；地方标准的制订、修订、协调、审查、批准、发布和出版等事宜，均应由省、自治区、直辖市的主管部门负责；地方标准一经发布，自施行之日起，所在地区的工程建设的规划、勘察、设计、施工及验收等都应据此执行。这是工程建设地方标准最早的规定。

由于采取了上述有力措施，工程建设标准的制订修订，无论在数量上，还是在质量上都显示出自十一届三中全会以来，工程建设标准化工作所取得的巨大成绩。截至1986年底，全国已有各类工程建设标准1 156项。据不完全统计，在已颁布的125项国家标准中，67项系在十一届三中全会后审批发布的；已颁布的642项部标准中，十一届三中全会以后审批发布的共499项。在标准的质量和水平上，都有了不同程度的提高。有的标准在技术水平上已达到或接近国际水平；有些标准在系统性、实用性方面，均有独到之处。

截至1983年，由国家设立标准规范编制组、管理组400多个，配有专业人员3 000多人。另外，还有参与各级标准制订修订及其科研工作的数以万计的兼职科技人员。

从新中国成立到《中华人民共和国标准化法》（以下简称《标准化法》）出台以前，工程建设标准化工作经历了起步发展、曲折发展、徘徊停滞、探索发展的跌宕曲折过程；从基本"照抄照搬"苏联和欧美等国家标准到根据我国国情自主新编标准，逐步建立完善了我国的工程建设标准化规章制度。这一阶段发展，积累了宝贵丰富的经验，取得了显著成绩，同时也汲取了深刻历史教训。我们应以史为鉴，开创工程建设标准化工作新局面。

（二）第二阶段（1988—1999年）以强制性标准和推荐性标准相结合的提速发展阶段

为了发展社会主义商品经济，促进技术进步，改进产品质量，提高社会经济效益，维护国家和人民的利益，使标准化工作适应社会主义现代化建设和发展对外经济关系的需要，在总结历史经验的基础上，我国于1988年12月颁布了《标准化法》，于1989年4月开始实施。该法的颁布，确立了标准的法律地位，调整了标准化工作的各方面关系，规定了标准化的体制和制定标准的原则，明确了实施标准的办法以及违反标准应承担的法律责任。标准体制从完全强制实施的体制转变为强制性标准与推荐性标准相结合的体制。它标志着我国的标准化事业进入了一个新的历史阶段。1990年4月，国务院颁布了《中华人民共和国标准化实施条例》（以下简称《条例》）。《条例》中明确规定"工程建设标准化管理规定，由国务院工程建设行政主管部门依据《标准化法》和本条例的有关规定另行制定，报国务院批准后实施。"随着《标准化法》和《条例》的出台，推动了包括工程建设标准在内的中国标准的快速发展，适应了当时有计划的商品经济的需要，使我国标准化工作进入法治轨道。《标准化法》和《条例》颁布后，工程建设标准化管理制度逐步健全，运行机制也逐步完善。

在《标准化法》和《条例》基础上，建设部先后制定颁布了《工程建设国家标准管理办法》《工程建设行业标准管理办法》《工程建设标准局部修订管理办法》《工程建设标准编写规定》《工程建设标准出版印刷规定》《关于加强工程建设企业标准化工作的若干意见》《实施工程建设强制性标准监督规定》《工程建设标准复审管理办法》《工程建设标准翻译出版工作管理办法》等部门规章和规范性文件。为加强行业标准和地方标准的管理，建设部还印发了《关于实行工程建设行业标准和地方标准备案制度的通知》和《工程建设地方标准化工作管理规定》。

同时，国务院各有关部门、各省、自治区、直辖市建设行政主管部门也先后发布了有关工程建设标准化的规章制度。例如，交通部发布《交通部水运工程建设行业标准管理办法》，公安、水利、铁道等部门和行业，也都制定或完善了有关标准管理的规章制度。上海、山西、陕西、云南、湖南、浙江、河南、山东、青海等二十多个省市，根据国家的有关要求，相继印发了《上海市工程建设地方性标准规范管理暂行办法》《山西省工程建设地方标准化工作管理规定》《陕西省工程建设地方标准化工作管理办法》等地方管理规定及有关标准实施与监督工作的实施细则或办法，基本形成了比较完善的工程建设标准化法规制度体系。

不断完善的工程建设标准化法规制度带来了标准数量的快速增长。1979 年各类工程建设标准不到 130 项，而在 1988 年底，我国工程建设标准已有 1 296 项（数据来源：1989年 3 月 28 日建设部副部长干志坚在全国工程建设标准定额工作座谈会上的讲话），到 1999年底，我国工程建设国家标准、行业标准和地方标准数量已达 3 400 余项（数据来源：原建设部部长俞正声在 2000 年《工程建设标准强制性条文（房屋建筑部分）首发式上的讲话）。1980—1988 年这 9 年中，工程建设标准年平均数为近 130 项，而 1989—1999 年这 11年中，年平均数为近 191 项，是前 10 年的近 1.5 倍，从这两数可以看出《标准化法》出台后，工程建设标准的发展进入了提速阶段。

（三）第三阶段（2000—2014 年）集中编制强制性条文、试点全文强制性标准、完善强制性标准体系的改革推进阶段

为加强我国建设工程的质量管理、保证工程质量，2000 年 1 月 30 日国务院以第 279号令的形式公布了《建设工程质量管理条例》，第一次对强制性标准的实施做出了明确规定，并在"罚责"具体规定了"勘察、设计单位如未按工程建设强制性标准进行勘察设计者，处 10 万元以上、30 万元以下的罚款"。《建设工程质量管理条例》以法令的形式，肯定了强制性标准在保证工程建设质量中的作用，这是分析和总结我国近年发生的许多工程质量事故后得出的结论。任何工程质量事故发生的根本原因，尽管各自的具体情况不同，但总有一条最基本的原因，那就是或多或少地违反了相关的工程建设强制性标准。因此，为提高我国的工程建设质量，避免工程质量事故，必须强调强制性标准的作用。但是，条例在实际执行上也存在一些具体困难。由于当时工程建设标准总计约 3 600 项中的绝大多数是强制性标准，其中有关房屋建筑的内容，总计约 15 万条。这样多的条文给监督和管理带来诸多不便。而且，这些标准尽管是强制性的，但其中也掺杂了许多选择性的和推荐性的技术要求，很难在实际工程建设监督中真正地全面检查执行。为此，为配合《建设工程质量管理条例》的实施，改革原来的本本强制，实行条文强制，建设部于 2000年 3 月组织启动了《工程建设标准强制性条文》的编制工作。此项工作集中了众多专家，经反复筛选比较，挑选出对安全、环保、健康、公益有重大影响的条款，编制成城乡规划、城市建设、房屋建筑、人防工程等 15 部分工程建设强制性条文，覆盖了各工程建设主要领域。《工程建设标准强制性条文》尽管是作为向技术法规的一种过渡形式，但是标

志着我国工程建设标准体制改革的正式启动，而且迈出了关键性的一步。《工程建设标准强制性条文》的提出，可以说是工程建设标准化历史上和工程质量管理当中具有里程碑意义的一件大事。它是把工程质量工作纳入规范化、制度化和法律化轨道的重要环节，也是工程质量管理的法规体系的重要组成部分。

2000 年 8 月，建设部以第 81 号令发布了《实施工程建设强制性标准监督规定》，明确了强制性条文的性质、法律地位、建设各方责任，与《世界贸易组织贸易技术壁垒协议》中规定的技术法规基本对应，为工程建设技术法规的建立奠定了基础。在《实施工程建设强制性标准监督规定》中规定："在中华人民共和国境内从事新建、扩建、改建等工程建设活动，必须执行工程建设强制性标准。"不论是外资企业还是合资企业，都与国内企业一样，在中国境内从事工程建设活动都必须严格执行国家强制性标准。

2001 年 2 月《工程建设标准强制性条文》（房屋建筑部分）管理委员会成立，并制定了相应的章程，2002 年 3 月正式成立专家咨询委员会，标志着强制性条文的管理逐渐走上了正轨。

2001 年 12 月 11 日，我国正式加入世贸组织（WTO），在享受权利的同时，也要恪守世界贸易组织基本规则和各项协定、协议、承担相应的义务。为适应社会主义市场经济的发展和加入 WTO 需求，国家标准化管理委员会于 2002 年 3 月颁布了《关于加强强制性标准管理的若干规定》，要求"强制性国家标准应贯彻国家的有关方针政策、法律、法规，主要以保障国家安全、防止欺骗、保护人体健康和人身财产安全、保护动植物的生命和健康、保护环境为正当目标"，并对相关强制性标准的编制和管理做出了规定。为进一步推动工程建设标准体制的改革，在《工程建设标准强制性条文》的基础上，组织开展了房屋建筑技术规范、城镇燃气技术规范以及城市轨道交通技术规范等全文强制性标准的试点编制工作。2005 年，按照国际通行模式，将住宅建筑作为一个完整的对象，以住宅的性能、功能和目标的基本技术要求出发，组织编制了全文强制的国家标准《住宅建筑规范》GB 50368—2005，进一步体现了与国外技术法规相同的特点，使我国工程建设标准体制改革又向前推动了一步。

此后，工程建设标准化行政主管部门陆续组织《城镇燃气技术规范》《城市轨道交通技术规范》《城镇给水排水技术规范》《环境卫生技术规范》等全文强制性标准的制定，逐步完善了工程建设强制性标准。住房和城乡建设部提出要逐步理顺全文强制性标准、强制性条文和工程建设标准之间的关系，构建具有中国特色的技术法规与技术标准相结合的新体制。

（四）第四阶段（2015 年至今）标准由单一的政府供给向政府与市场并重转变，形成全文强制性标准为核心、推荐性标准和团体标准相配套的全面提升阶段

2015 年 3 月 11 日，国务院印发《深化标准化工作改革方案》（以下简称《改革方案》），部署改革标准体系和标准化管理体制。《改革方案》要求改进标准制定工作机制，强化标准的实施与监督，更好发挥标准化在推进国家治理体系和治理能力现代化中的基础性、战略性作用，促进经济持续健康发展和社会全面进步。《改革方案》提出改革的总体目标是，建立政府主导制定的标准与市场自主制定的标准协同发展、协调配套的新型标准

体系，健全统一协调、运行高效、政府与市场共治的标准化管理体制，形成政府引导、市场驱动、社会参与、协同推进的标准化工作格局，有效支撑统一市场体系建设，让标准成为对质量的"硬约束"，推动中国经济迈向中高端水平。近几年来，强制性标准清理整合、推荐性标准复审修订、团体标准和企业标准改革试点等重点任务稳步推进，初步建立政府主导制定的标准与市场自主制定的标准互为补充、衔接配套的新型标准体系，深化标准化工作改革取得了显著成效。为落实《改革方案》的要求和深入推进工程建设标准化改革，住房和城乡建设部于 2016 年 8 月 9 日印发了《深化工程建设标准化工作改革意见的通知》（建标〔2016〕166 号），对工程建设标准化改革方向和任务要求提出了明确的意见。在改革意见中，提出了改革强制性标准、构建强制性标准体系、优化推荐性标准、培育发展团体标准、全面提升标准水平、强化质量管理和信息公开、推进标准国际化七大任务要求。其中改革强制性标准是标准化改革的重中之重，其关键工作是将"条文强制"转变为"全文强制"。全文强制性标准，具有"技术法规"性质，是有中国特色的工程建设技术法规，是开展工程建设活动各方必须遵守的"底线"要求，是政府部门依法监督的技术依据。可以说，从 2015 年起，我国的工程建设标准化工作步入全面提升阶段，主要表现在以下几个方面：

1. 改革强制性标准

自 2015 年标准化改革工作启动以来，根据工程建设标准化改革思路，工程建设标准化工作重点放在全文强制性工程规范编制上，采取研编、正式编制两步走形式。2016 年工程建设标准制修订工作计划开始列入工程建设规范研编工作，2016—2017 年，住房和城乡建设部下达了水利工程、水运工程、民航工程、铁路工程、农业工程、通信工程、电子工程、化工工程、有色金属工程、石油化工工程、冶金工程、轻工工程、建材工程、纺织工程、医疗卫生工程、林业工程、广电工程、邮政工程、石油工程、煤炭工程、电力工程、公路工程、兵器工程共 23 个工程建设领域强制性标准体系研编计划；2018 年下达计划中均为全文强制性工程规范。根据《深化工程建设标准化工作改革意见》的要求，截至 2019 年底，城乡建设领域拟编全文强制性工程规范均列入编制计划，并进入正式编制阶段。截至 2023 年 6 月底，城乡建设领域全文强制性工程规范已批准发布 37 项，全文强制性工程规范体系基本建立。

2. 优化精简推荐性标准

2016 年以来，住房和城乡建设部启动了对现行工程建设标准的复审和优化工作，对现行工程建设标准进行梳理，提出整合方案，优化推荐性标准体系。将现行工程建设标准逐步聚焦到政府职责范围内的公益类标准，明确各领域、各层级推荐性标准的制定范围，缩减政府主导的推荐性标准数量和规模。推荐性国家标准将定位在突出公共服务的基本要求，重点制定国家层面的基础性、通用性和重大影响的标准；推荐性行业标准定位在推动产业政策、战略规划贯彻实施，重点制定本行业的基础性、通用性和重要的专用标准；推荐性地方标准定位于促进特色经济发展、生态资源保护、文化和自然遗产传承，重点制定具有地域环境与人文特点的标准，突出资源禀赋和民俗习惯。目前，我国现行工程建设标准复审的频次和力度正在不断增大，按照《国家标准化发展纲要》要求，逐步缩减现有推荐性标准的数量和规模，对 2013 年及以前批准的推荐性标准进行复审，梳理出可转化为团体标准项目。

3. 培育发展团体标准

在培育发展工程建设团体标准方面，主要从以下几个方面开展工作：一是按照"控增量减存量"的原则，将政府标准侧重于兜底线、保基本，为团体标准发展留出空间。二是按照满足市场和创新发展需要的要求，引导社会团体制定"竞争性、方法类"团体标准，与批准发布标准多、影响力大的社会团体建立联系机制，鼓励社会团体建立完善标准体系，与国家的标准体系有序衔接。三是开展团体标准应用调研，研究推动团体标准在工程项目中的应用，指导标准化技术管理机构发布团体标准信息。四是探索团体标准监管机制。

4. 标准水平全面提高

经过 70 多年的发展，我国工程建设标准体系已基本建立，标准质量水平也显著提高，部分标准具备了国际先进乃至国际领先水平。近些年来，我国注重在防灾减灾、工程安全、节能减碳、室内外环境质量、无障碍环境建设等方面提高指标，补齐短板，制定发布了相关标准，以高标准支撑和引导我国城乡建设、工程建设高质量发展。例如，在《建筑节能与可再生能源利用通用规范》GB 55015—2021 中，严寒和寒冷地区居住建筑平均节能率由 65% 提高到 75%；《绿色建筑评价标准》GB/T 50378—2019 在修订时，本着"以人为本"的初心，提出了"提高和新增对室内空气质量、水质、健身设施、垃圾、全装修、适老适幼、服务便捷等要求"，总体上达到了国际领先水平。

5. 标准国际化进程加快

为进一步推动我国工程建设标准化与国际接轨，促进工程建设标准国标化工作的健康发展，助力"一带一路"中国工程建设标准走出去，住房和城乡建设部组织开展了中国工程建设标准"一带一路"国际化政策研究，着重加强工程建设标准国际化试点和国际交流合作。此外，不同行业研究机构针对美国、欧盟、英国、德国、法国、加拿大、澳大利亚、日本、俄罗斯等国家和地区建筑技术法规体系开展了持续性跟踪研究，为工程建设标准国际化提供了有力支撑。

近些年来，我国还加强了对工程建设标准英文版的翻译工作。这些标准英文版的翻译为中国标准走出去创造了基础条件。此外，我国在参与制定 ISO 标准方面也不断增加，2017—2023 年间，就有《建筑模数标准》《智慧城市基础设施数据交换与共享框架》《幕墙术语标准》《智慧城市基础设施–城市治理与服务数字化管理框架与数据》《建筑制图》（修订 ISO 7519、ISO 4172、ISO 6284）《热回收和能量回收通风机组——季节性能系数的测试与计算方法——第 1 部分：热回收机组供热显热回收季节性能系数》等列入国际标准制定计划。

第五节　工程建设标准的特点和作用

一、工程建设标准的特点

工程建设是国民经济发展的重要支柱，为国民经济和社会发展提供了重要的物质技术基础，在经济建设中占有举足轻重的地位。与国民经济其他行业相比较，具有能源、资源消耗多，环境影响大；专业化分工明显，需多方协调配合；对相关行业的影响与拉动经济作用显著；寿命周期长，投资额度高，投资不可逆等特点。工程相对于产品来说，具有其特殊性，主要包括工程建设活动的复杂性、工程本身的重要性和专业多样性以及工程受自然环境、社会环境影响大等特性。可以说，一个工程就是一项特定形式的产品，这个"产品"具有独特性、复杂性、固定性和重要性等特点。工程建设所具有的特殊性决定了工程建设标准的特殊性。工程建设标准的特点主要有综合性强、政策性强、地域性强等。

（一）综合性强

工程建设标准是一庞大的系统，对象非常广泛。从涉及工程建设各个行业看，包括城乡规划、城乡建设、房屋建筑、电力工程、铁路工程、水利工程、公路工程、煤炭工程、建材工程、冶金工程、有色金属、林业工程、农业工程、医药工程、纺织工程、化工工程、电子信息工程、石油天然气工程、兵器工程、石油化工工程等。而每个行业中又会涉及更细的专业门类，例如，铁路工程中包括工程地质、测量、线路、路基、桥涵、隧道、轨道、站场、通信、信号、信息、电力、电力牵引供电、机务车辆、动车组、房建、给水、环保、试验检测等。从工程建设程序看，每个建设工程项目从策划、实施、建成，拆除等的全生命期中，又包括勘察、规划、设计、施工、验收、质量检验、维护、拆除等多个阶段，而每个阶段都需要制定工程建设标准供工程建设各阶段的市场主体有技术依据可循。

由于工程建设标准化涉及面广，制定标准考虑的因素就多，不仅要考虑技术条件，还要考虑经济条件和当时的管理水平。因此，工程建设标准综合性强的特点尤为显著，主要反映在以下两个方面：

（1）工程建设标准的内容多数是综合性的。例如，《建筑设计防火规范》，其内容不仅包括了民用建筑的防火安全措施，还包括了各类工业建筑中应当采取的一系列防火安全措施。在制定标准时，需要总结上述不同领域的科学技术成果和经验教训，进行综合分析研究，保证标准达到安全可靠。

再如，《室外排水设计规范》中的污水和再生水处理工艺，要涉及很多学科，要考虑水力学、物理、化学、生物、环境卫生、机电以及建材等多方面的综合因素。因此，大部分的工程建设标准需要应用多个领域的科技成果，经过综合分析，才可制定出。

（2）工程建设标准综合性的特点，还反映在制定标准考虑的因素多这一方面，包括技术条件、经济条件和现有的管理水平等。为什么我们不能一味地把国外的标准照搬过来，主要是因为要考虑我国的国情，如我国的地理气候条件、经济技术水平和管理水平等。可以说，技术、经济、管理等因素相互制约的结果，是造成工程建设标准综合性强的一个重要原因，如果不综合考虑这些因素，工程建设标准就很难得到有效的贯彻执行。因此，妥善处理好技术、经济、管理水平三者之间的制约关系，综合分析，全面衡量，统筹兼顾，以求在可能的情况下获取标准化的最佳效果，是制定工程建设标准的关键。

（二）政策性强

工程建设标准是工程建设的重要制度和依据，是引导和落实国家节约资源、保护环境，维护人民群众的生命财产安全和人身健康等一系列重大方针政策的有效手段，是保障社会利益和公众利益的根本措施。因此，工程建设标准必须贯彻国家技术、经济政策，紧紧围绕创新、协调、绿色、开放、共享五大新发展理念，充分体现节能、节地、节水、节材、环保的要求，充分体现以人为本的根本宗旨，充分体现经济合理、安全适用的技术政策。政策性强的特点主要体现在以下几个方面：

（1）工程建设的投资量大。我国每年用于基本建设的投资比例占国家财政总支出的比例较高，其中大部分用于工程建设，因此各项技术标准的制定应十分慎重，需适应相应阶段国家的经济条件。

（2）工程建设要消耗大量的资源（原材料、能源、土地等），直接影响到环境保护、生态平衡和国民经济的可持续发展，因此，标准要符合产业政策，建设水平要适度。

（3）工程建设直接关系到人民生命财产安全、人身健康和社会公众利益，以人为本就是最大的政策。标准制定要统筹兼顾安全、健康与经济的关系，找到既能保障人民生命财产安全、人身健康，又能经济上相对合理这样的平衡点。

（4）工程建设标准化的效益，不能单纯着眼经济效益，还必须考虑社会效益。如有关抗震、防火、环保等标准，首先是为了获得社会效益。

（5）工程建设要考虑百年大计。任何一项工程，其使用年限多则百年以上，少则几十年。因此，工程建设标准在工程质量、设计基准等方面，需要考虑这些因素，并提出相应的措施和要求。

（三）地域性强

工程建设的成果是固定的"产品"，是不可移动的，工程建设活动必须"因地制宜"，离开当地自然环境条件制定的标准是难以执行的。地域性强的特点主要体现在以下三个方面：

（1）受自然环境影响大。工程的不可移动性，就决定了工程建设必须符合当地自然环境与人文要求。我国幅员辽阔，各地的工程水文地质条件、气候不同，因此，在制定标准中应根据自然环境不同区别对待。

（2）各地的文化习俗不同。我国是个多民族的国家，每个民族的文化不同，生活习性也不同，工程建设标准的编制应考虑这一情况。

（3）地方的生产力水平发展不平衡。我国东部地区以平原为主，气候宜人，占据先天发展优势；而西部多为山地丘陵和沙漠，生态恶化，经济社会发展不利因素多，西部相对落后。也正是由于地域性强这一特点，导致我国在标准分级上设有地方标准一级。同时，针对一些特殊的自然条件，需要专门制定相应的工程建设标准，如湿陷性黄土地区，严寒、寒冷地区，膨胀土地区，山地城市地区等建筑技术标准。

（四）阶段性强

工程建设标准规范了工程建设的各个阶段要求，使工程建设各环节市场主体有标可循，易于实施，有效规范、引导工程建设的前期阶段、建设阶段和运营维护阶段的全周期全阶段的活动。纵观全部工程建设标准，均是针对不同环节、不同市场主体、不同标准使用者加以制定，这是客观生产建设的反映，符合生产建设需要。在城乡建设领域的规划环节，需要制定一系列规划标准。在勘察阶段，需制定相关勘察测量标准。在设计阶段，需制定大量工程设计标准。在施工及验收阶段，需制定施工方法标准、试验检验标准和质量验收标准。在工程投入运行后，还需制定运行维护、评价、拆除等标准。这些标准分别服务于不同阶段，具有明显的阶段性。

二、工程建设标准对国民经济和社会发展的影响

标准是经济活动和社会发展的技术支撑，是国家基础性制度的重要方面。随着经济、社会的飞速发展，标准化在推进国家治理体系和治理能力现代化中的基础性、引领性作用日益凸显。作为标准化工作的重要组成部分，工程建设标准化不仅关系新型基础设施、新型城镇化、美丽乡村建设的绿色发展，对整个经济社会的高质量发展也具有重要的意义。工程建设标准化对国民经济和社会发展的影响是通过对工程建设项目的影响来实现的，这些影响作用分布在从筹备立项开始到项目竣工投产、运营直至拆除或改变功能整个工程项目全生命周期的各阶段、各环节。

在立项审批阶段，工程建设标准作为工程建设的技术依据，能够有效提高决策的科学性、保障工程项目的经济效益和社会效益达到最佳，同时对总额投资水平具有约束性作用。在设计阶段，有效维护和保障了公共利益，推动了工程建设领域的技术进步，提高了这些企业的工作效率。在施工阶段，不仅推动了建筑业等行业技术进步，还拉动了相关产业（水泥、钢材等）技术进步，并且保障工程质量，提高投资使用效率。值得注意的是，从国民经济核算的角度看，在施工阶段，施工单位完成的产值计入建筑业；而交付使用的已完工程形成固定资产，则计入各行业的固定资产。因此，工程建设标准服务于全社会各行业各领域。在运营维护阶段，维护、鉴定、修缮、加固、拆除等都要执行工程建设标准，才能保证建（构）筑物功能、性能能够满足正常运营的要求。工程建设为国民经济提供基本物质基础，工程项目建成后交付建设单位使用，建设单位分属全社会不同行业，因此运营维护阶段的工作涉及行业非常广泛，实施效果的受益人分布在全社会。运营维护阶段，各类市场主体按照标准进行运营维护，保证了建（构）筑物的设计使用年限，延长了建（构）筑物使用寿命、维护了公众利益。

三、工程建设标准的地位和作用

（一）工程建设标准的地位

工程建设标准是国家治理体系和治理能力现代化建设的重要基础制度，是工程建设活动的重要技术支撑和依据，在我国的经济建设和社会发展中具有重要地位。

（1）在完善社会主义市场经济体制中，工程建设标准化工作具有重要地位。市场经济是法制经济，需要成千上万个标准对产品、工程、服务等进行规范。从工程建设来说，标准作为一项最基本的技术、经济规则，是判断建设各方责任主体行为，合理确定工程造价，有效发挥建设投资效益，处理各种工程事故，解决各类工程纠纷等的基本依据。完善市场经济体制需要完善这些规则，并运用这些规则规范市场秩序。

（2）在政府职能转变中，工程建设标准化工作具有重要地位。政府部门真正履行起"经济调节、市场监管、社会管理和公共服务"的职能，减少行政审批，规范建设活动，关键就是要加强行政立法和技术立法。法规和标准健全，都按法规和标准办事，行政审批就可以减少，就能推动政府职能的转变。《建设工程监理规范》GB/T 50319、《建设工程项目管理规范》GB/T 50326、《建设项目工程总承包管理规范》GB/T 50358、《建筑施工安全检查标准》JGJ 59 等标准的发布实施，将原部分行政管理手段转化为技术管理手段，有效加强了市场监管力度，促进了政府职能转变。

（3）在保障工程建设安全与质量中，工程建设标准化工作具有重要地位。工程建设的质量，涉及国家和人民群众的生命财产安全，没有标准就难以确保工程的质量和安全，强制性标准的规定都是用经验教训换来的。施工图审查、竣工验收备案、工程质量监督以及工程监理等，都离不开各类标准。通过加强加快建筑安全标准的编制与实施，如《施工现场临时用电安全技术规范》JGJ 46、《施工企业安全生产管理规范》GB 50656 有效降低了安全事故，特别是重大伤亡事故的发生概率。

（4）在推动城乡建设事业高质量发展中，工程建设标准化具有重要地位。党的十九大报告提出，我国经济已由高速增长阶段转向高质量发展阶段。2020 年 7 月 30 日中共中央政治局会议首次明确我国已进入高质量发展阶段。高质量发展需要有高水平标准支撑。近些年来，在新发展理念的指导下，业内人士一直在探讨研究加快建筑业转型升级、实现高质量发展的时代课题。建筑业转型升级、高质量发展，应着力做好建筑工业化、绿色化、信息化（包括智能化、数字化）"三化融合"。标准作为推进"三化融合"的技术依据，发挥了重要作用。在工业化方面，发布了《装配式混凝土建筑技术标准》GB/T 51231、《装配式钢结构建筑技术标准》GB/T 51232、《装配式木结构建筑技术标准》GB/T 51233 等标准；在绿色化方面，发布了《绿色建筑评价标准》GB/T 50378、《既有建筑绿色改造评价标准》GB/T 51141、《民用建筑绿色设计规范》JGJ/T 229 等标准；在信息化方面，发布了《建筑信息模型应用统一标准》GB/T 51212、《建筑信息模型分类和编码标准》GB/T 51269、《建筑信息模型设计交付标准》GB/T 51301 等标准。这些标准的实施对推动建筑业转型升级，促进城乡建设高质量发展具有非常重要的作用。

同时，对于推进基于数字化、网络化、智能化的新型基础设施建设和美丽宜居乡村建设也需要工程建设标准发挥基础性和引领性作用。

2018 年，住房和城乡建设部举办了"推动城市高质量发展系列标准发布"活动，发布了涵盖促进城市绿色发展、保障城市安全运行、建设和谐宜居城市 3 个方面的 10 项标准，包括《海绵城市建设评价标准》《绿色建筑评价标准》《城市综合防灾规划标准》《城镇内涝防治技术规范》等，旨在适应中国经济由高速增长阶段转向高质量发展阶段的新要求，以高标准支撑和引导我国城市建设、工程建设高质量发展。

（二）工程建设标准的作用

《国家标准化发展纲要》指出："标准是经济活动和社会发展的技术支撑，是国家基础性制度的重要方面。标准化在推进国家治理体系和治理能力现代化中发挥着基础性、引领性作用。"标准的基础作用既是总结科学技术与实践经验，又把人类的知识与经验规范化、普及化，为获得最佳秩序提供答案。"通过制定、发布和实施标准，达到统一"是标准化的实质，"获得最佳秩序和社会效益"是标准化的目的。"最佳秩序"应是对标准的作用和标准化目的最准确、最深刻的概括。伴随着新一轮科技革命和经济全球化的深入，标准化在便利经贸往来、支撑产业发展、促进科技进步、规范社会治理中的作用日益凸显。

工程建设标准是国家标准化的重要方面，积极推行工程建设标准化，对规范工程建设市场秩序、保障工程质量安全、促进产业转型升级、强化生态环境保护、推动经济提质增效、提升国际竞争力等方面发挥了重要的基础性、引领性作用。

工程建设标准的作用可以从不同角度去认识、总结和概括。从工程建设标准化对象的角度去看,标准的作用可概括为对标准化对象的统一、简化、协调、择优四个方面。从工程建设标准作用类型的角度看,可以细分为支撑、规范、约束、引领、转化、激励六个方面。应当注意到,标准的作用是潜在的,离开"化"的过程,任何作用也无法体现。本书从标准的作用重点领域去概括工程建设标准化的作用,主要有以下几个方面:

1. 落实国家有关方针政策

编写标准必须贯彻国家的法律法规和有关的技术和经济政策,这是编写标准要遵循的原则之一。由此,国家有关方针政策的落实就可通过标准得以实现。例如,国家为了加快落实绿色低碳发展的方针政策,制定了很多环保、节能、绿色的标准。

在保护环境方面,我国已发布了一系列污水、垃圾处理、生态保护等的工程建设标准,涉及了处理工艺、设备、排放指标等要求,为生态文明建设提供了有力的技术支撑,保障了绿色发展,保护了环境。

在建筑节能方面,工程建设标准为建筑节能工作的开展提供技术手段。在工程建设标准中综合当前的管理水平和技术手段科学合理地设定建筑节能目标,有效降低建筑能耗;在工程建设标准中规定了降低建筑能耗的技术方法,包括围护结构的保温措施、暖通空调的节能措施以及可再生能源利用的技术措施等,为建筑节能减碳提供保障。

在推动绿色建筑发展方面,住房和城乡建设部陆续发布了《绿色建筑评价标准》GB/T 50378、《既有建筑绿色改造评价标准》GB/T 51141、《民用建筑绿色设计规范》JGJ/T 229 等一系列的工程建设标准;中国工程建设标准化协会也陆续发布了《绿色住区标准》T/CECS 377、《绿色建筑检测技术标准》T/CECS 725 等有关绿色低碳工程建设团体标准,对各类民用建筑绿色评价,以及绿色设计、绿色施工、绿色改造等工作,提供了技术支撑。这些标准对推动绿色建筑的发展,促进城乡绿色建设起到了重要作用。

2. 规范工程建设市场秩序

规范工程建设市场秩序是完善社会主义市场经济体制的一项重要内容,即规范市场主体的行为,建立公平竞争的市场秩序,保护市场主体的合法权益。同时,市场经济就是法制经济,各项经济活动都需要法制来保障。工程建设活动是市场经济活动的重要组成部分,工程建设活动中,大量的技术、经济活动是以工程建设标准作为最基本的准则。工程建设标准贯穿于工程建设活动各个环节,是各方应当遵守的依据,特别是强制性标准还必须执行,因此,可以起到规范工程建设市场各方活动的作用。随着社会主义市场经济的逐步完善,广大人民群众对依法维护自身权益更加重视,如在遇到住宅质量、居住环境质量问题时,自觉运用法律法规和工程建设标准的技术规定来维护自身权益,客观上要求工程技术标准的有关规定应具备法律效力,在规范市场经济秩序中发挥一定强制性作用,为经济社会事务管理提供技术依据。

3. 保障社会公众利益

社会公众利益涉及工程质量安全、人民生命财产安全、人体健康、人民合法权益和公平正义,以及保护环境、节约和合理利用能源资源等。在基本建设中,有为数不少的工程,在发挥其功能的同时,也产生了污染环境;还有一些工程需要考虑防灾减灾要求,以保障国家、人民财产和生命安全。我国政府为了保护人民健康,保障国家、人民生命财产安全和保护环境以及保持生态平衡,除了在相应工程建设中增加投资或拨专款进行有关的治理外,主要还是通过工程建设标准化途径,做好治本工作。多年来,有关部门制定发布了这方面的很多标准，例如，我国在防震方面制定了《建筑抗震设计规范》GB 50011、《建筑机电工程抗震设计规范》GB 50981、《建筑与市政工程抗震通用规范》GB 55002 等；在防火方面制定了《建筑设计防火规范》GB 50016 等多项标准；在保护环境方面制定了一系列污水、垃圾处理的工程建设标准；在保障工程质量安全方面，也制定了一些如《建筑施工安全技术统一规范》GB 50870、《建筑施工脚手架安全技术统一标准》GB 51210、《建筑施工安全检查标准》JGJ 59、《建筑施工高处作业安全技术规范》JGJ 80、《建筑机械使用安全技术规程》JGJ 33 等标准。这些标准的实施和应用，对保障社会公众利益起到了重要作用。另外，为了方便残疾人、老年人，保障人身健康等，也组织制定了一系列标准，突出体现了保障社会公众利益方面的作用，例如，全文强制性工程规范《建筑与市政工程无障碍通用规范》GB 55019 对无障碍设施的舒适性、安全性进行了提升，不仅有利于残疾人等特殊群体走入社会，也有利于所有社会成员便利工作与生活，体现了社会文明进步。

4. 促进工程建设技术进步，实现工程项目科学管理

工程建设标准在加快科研成果转化，提高建设工程科技含量，推广应用新技术、新工艺、新材料、新设备，激励科技创新，实现科学管理等方面具有重要作用。标准是建立在生产实践经验和科研成果的基础上，具有科学性和前瞻性。标准应用于工程实践，对工程建设具有指导作用。科研成果和新技术一旦纳入标准，就会促进科研成果和新技术得到普遍应用和推广；此外，标准纳入科研成果和新技术，一般都进行了择优、统一、协调和简化工作，使科研成果和新技术更臻于完善，并且在标准实施过程中，通过信息反馈，提供给相应的科研部门进一步研究参考，这又反过来促进科学技术的发展。

科学管理，就是依据技术的发展规律和客观经济规律对工程项目进行管理。各种科学管理制度的形式，都以标准为基础，包括科学评估、科学决策、科学管理和科学使用等。工程项目的管理包含人员管理、设备管理、工期管理、质量管理、安全管理、成本管理、供方管理、风险管理、财务管理等多项内容。工程项目管理标准化可以将项目管理中复杂的问题程序化，繁琐的问题简单化，模糊的问题具体化，分散的问题集中化，能够实现工程项目各阶段的有效衔接，整体提高项目管理水平。

除了上述几个主要作用外，工程建设标准在提高投资效益、促进国际交流和消除贸易技术壁垒等方面也有着明显作用。

第六节　工程建设标准化综述

工程建设标准化是制定工程建设全周期全过程标准、组织实施标准以及对标准的制定、实施进行监督的活动。工程建设标准化是保障工程安全与质量、促进城乡绿色低碳发展、防灾减灾等的技术依据；是推广新技术、新工艺、新材料、新产品应用，促进科学技术向现实生产力转化的重要桥梁；是落实国家技术经济政策，节约与合理利用能源资源、保护生态环境、促进碳达峰碳中和战略实施的政策约束；是体现以人为本，维护人民生命财产安全和人身健康的关键手段。新中国工程建设标准化发展的实践表明，工程建设标准化在推进国家治理体系和治理能力现代化中已经发挥且必将发挥更大的基础性、引领性作用。

一、工程建设标准化管理体制、运行机制基本确立

新中国成立以来，工程建设标准化工作者积极探索、勇于实践，以改革促创新、以创新促发展，取得了辉煌成就，构建了适应社会主义市场经济发展的工程建设标准化管理体制、运行机制。

（一）工程建设标准化法规制度建设

工程建设标准化是政策性、技术性、经济性都很强的活动，涉及标准制定、实施与监督管理，因此，建立完善工程建设标准化法规制度体系，是工程建设标准化可持续发展的前提，是工程建设高质量发展的根本保证，也是实现国家治理体系和治理能力现代化的应有之意。

标准化管理制度框架大体分为三个层面：法律法规，部门规章与规范性文件及地方管理规定等。《标准化法》是标准化工作的上位法，工程建设标准化管理制度主要依据《标准化法》《标准化法实施条例》制定。在法律法规基础上，国务院建设行政主管部门先后制定颁布了工程建设国家标准、行业标准等管理规定；国务院各有关部门，各省、自治区、直辖市建设行政主管部门也发布了有关部门、地区工程建设标准化的规章制度。目前，工程建设标准化的法规制度体系已基本完善。

工程建设标准是工程建设与管理的技术基础，也受各项工程建设与管理法律法规的约束，这些法律法规也是工程建设标准化法规制度体系的重要组成。《建筑法》《建设工程质量管理条例》《建设工程勘察设计管理条例》等诸多法律法规均对工程建设标准化工作提出了具体要求，明确了工程建设应符合强制性标准规定，体现了工程建设标准对建设工程管理各项法规制度的支撑和保障作用。

（二）工程建设标准化管理体制

标准化管理体制是赋予不同组织在标准化工作中的职责和管理权限划分的制度。由于工程建设的特殊性，工程建设标准化工作由建设行政主管部门负责主要管理的制度沿袭至今，形成了"统一管理与分工负责相结合"的管理体制。

新中国成立初期，标准的制定、发布主要由各地区和有关部门自行负责，处于分散管理状况。此后，随着经济发展需要，设立了标准规范专门管理机构，工程建设标准化由分散管理步入集中管理。1962年国务院发布的《工农业产品和工程建设技术标准管理办法》明确国家计划委员会主管工程建设技术标准工作。此后，1979年国务院颁布的《中华人民共和国标准化管理条例》，以法规形式明确了工程建设标准化工作由全国基本建设综合主管部门主管；1990年国务院颁布的《中华人民共和国标准化法实施条例》明确工程建设标准由国务院工程建设行政主管部门负责；2015年国务院印发的《改革方案》明确，"环境保护、工程建设、医药卫生强制性国家标准、强制性行业标准和强制性地方标准，按现有模式管理。"

（三）工程建设标准化管理机构与工作内容

为解决政府与市场的角色错位，充分释放市场主体标准化活力，转变政府一元化标准管理，提高标准的有效供给，国家构建了由政府颁布标准和市场自主制定标准共同构成的新型标准体系，形成标准制定的二元结构。工程建设标准管理可分为政府颁布标准管理与

市场自主制定标准管理。

1. 工程建设标准化管理机构

（1）政府颁布标准的管理。国务院建设行政主管部门负责全国工程建设标准化工作管理；国务院有关行政主管部门负责本部门或本行业工程建设标准化工作管理；省、市、县人民政府的建设行政主管部门负责本行政区域工程建设标准化工作管理。此外，国务院各有关行政主管部门，除设有具体的管理机构外，对本部门、本行业的工程建设标准化工作，设立了形式不同、自下而上的归口管理及技术支撑机构、单位，如标准定额站、标准化中心、研究院所、技术委员会等，以协助化管理。

（2）市场自主制定标准管理。国务院建设行政主管部门制定工程建设团体标准发展指导意见，对团体标准进行必要的规范、引导和监督。在标准管理上，对团体标准不设行政许可，由社会团体自主制定发布，通过市场竞争优胜劣汰。市场自主制定标准的管理单位包括：具备相应能力的学会、协会、商会、联合会等社会团体，包括标准化专业团体及行业团体的标准化专门工作机构；工程建设企业的标准化管理部门。

2. 工程建设标准化管理工作主要内容

（1）工程建设标准化政府管理机构（单位）主要职能是组织贯彻国家有关标准化和工程建设法律、行政法规及方针、政策；制定工程建设标准化工作规章、规划和计划；建立科学规范的工程建设标准体系；组织实施标准及对制定、实施进行监督管理。

（2）工程建设标准化政府管理支撑机构主要职责是协助行政主管部门草拟工程建设标准化管理办法、发展规划、发展战略；受行政部门委托，草拟工程建设标准计划，组织标准的审查和报批及日常技术管理等。

（3）工程建设标准化社会组织主要工作是制定团体标准化工作制度、发展规划；制定标准制（修）订计划，发布、推广团体标准；组织开展标准化国内外交流合作。

（4）工程建设企业标准化主要任务是实施国家标准、行业标准和地方标准；建立和实施企业标准体系，编制和管理企业标准；协调企业内部各个部门的标准化工作。

（四）工程建设标准化运行机制

工程建设标准化运行机制是标准化管理体制的微观体现，是在实践基础上总结和提炼而成的有效的、系统的、较为固定的方式方法。经过不断实践探索，工程建设标准化运行机制已比较完善：建立了标准立项机制；形成完善的标准起草、征求意见和审查程序；实行多级审查，优化标准审批流程，保证标准的科学性、适用性、前瞻性、可行性；加强标准计划项目执行情况的监督检查，实现项目动态管理；形成多部门、多方式的标准实施及实施监督机制。

1. 政府颁布工程建设标准运行机制

国务院建设行政主管部门对工程建设国家标准实行统一计划、统一审查、统一编号、统一批准，与国务院标准化行政主管部门联合发布。工程建设行业标准由国务院有关行政主管部门负责管理，统一计划、统一审批、统一发布。工程建设地方标准的运行管理各地有所差异，总体是由省、自治区、直辖市建设行政主管部门独立或与地方人民政府标准化行政主管部门联合发布计划，独立或联合审批、发布。

经过不断实践，工程建设国家标准、行业标准、地方标准在计划立项、起草、征求意见、送审、批准发布、出版发行、复审及备案等诸环节均已形成较完备的运行机制；

逐步完善了标准的解释咨询、宣贯培训、信息查询、实施反馈及实施后评价的微观制度；形成了政府监督、社会专业机构监督、第三方监督、公众监督的相互补充、相辅相成的实施监督机制，采用行政审批、重点检查、抽查和专项检查等方式全方位、系统性推进。

2. 市场自主制定工程建设标准运行机制

市场自主制定的标准分为团体标准和企业标准。团体标准组织按照国务院标准化行政主管部门、建设行政主管部门制定的团体标准管理规定或发展指导意见以及标准化良好行为规范开展团体标准化活动。工程建设团体标准制定组织为加强团体标准化管理，均制定本组织相关管理规定，明确计划申报、立项可行性论证、计划批准、组建编制组、征求意见、送审、报批、复审等各环节工作程序与要求。各团体标准制定组织通过多种途径扩大团体标准的采信、转化、应用，接受政府监督、第三方监督、公众监督以及自我监督，良好的市场应用及监督机制正逐步形成。

良好的企业标准化工作能使工程项目做到保安全、质量优、工期短、消耗少、效益好。国家推动企业标准化运行机制创新，目前，工程建设企业标准已形成了企业定期发布立项计划、相关职能部门组织编制的自上而下方式为主的工作模式。标准制定需求也有许多是自下而上提出，或在工作中逐渐形成的事实标准提升为企业标准。

二、工程建设标准体制确立、体系不断完善

为助力高技术创新、促进高水平开放、引领高质量发展，构建符合国情、协调顺畅、国际兼容的国家工程建设标准体制是发挥标准化在推进国家治理体系和治理能力现代化中的基础性、战略性作用，促进城乡建设可持续发展的制度要求。同时，建设具有布局合理、领域全面、结构清晰、系统完善和功能协调特征的工程建设专业标准体系，是工程建设标准化可持续发展的本质要求。

（一）国家工程建设标准体制成型

国家工程建设标准体制与经济体制相关联，服务于经济社会建设需要。为适应计划经济和有计划的商品经济发展，在国家层面，建立了从初期的国家标准、部标准（专业标准）到国家标准与行业标准为主体、地方标准为补充的单一政府颁布工程建设标准一元架构；标准性质从"标准一经批准发布，就是技术法规"转变为强制性标准和推荐性标准相结合。

随着社会主义市场经济的完善，政府颁布标准与市场自主制定标准的二元结构逐步建立，团体标准纳入法律范畴，工程建设标准形成了以全文强制性标准为统领、以政府颁布推荐性标准为支撑、以市场自主制定标准为配套的工程建设标准体制架构，满足了政府引导、市场驱动、社会参与、协同推进的发展要求。

（二）工程建设标准体系不断完善

建立科学规范的工程建设标准体系是国务院建设行政主管部门的主要职责之一。一个具有系统性、协调性、适用性、前瞻性和面向国际的工程建设标准体系可以成为市场经济秩序良好运行的技术支撑，成为在工程建设领域完整、准确、全面贯彻创新、协调、绿色、开放、共享新发展理念的重要手段。

从工程类别上看，其对象包括了房屋建筑、市政、公路、铁路、水运、航空、电力、石油、化工、水利、矿业、人防等全部土木工程领域。从建设程序上看，其对象包括了勘察、规划、设计、施工、安装、验收、鉴定、维护、加固、拆除等全链条。从约束对象看，标准制定始终重视工程质量与安全、城市安全，织密安全生产、防灾减灾救灾等安全标准网；完善绿色发展标准化保障，加快节能减碳标准制定与更新升级；重点推进新型基础设施、新型城镇化建设、美丽乡村建设、生态系统建设和保护；加快补齐新一代信息技术在城市基础设施规划建设、城市管理、应急处置等方面的应用标准。从体系构建层级看，建立了以术语、符号、图形、模数等为主要内容的基础标准，以覆盖面较大的共性设计、施工、管理技术等为主要内容的通用标准，以某一具体标准化对象或作为通用标准的补充、延伸制定的专用标准，形成了以上统下、自下而上共性提升的体系框架。从标准性质看，重点构建完善了强制性标准体系，形成了政府颁布推荐性标准体系，加快发展了市场自主制定自愿采用标准。

（三）工程建设标准数量持续增长

新中国成立以来，国家始终重视工程建设标准化工作，组织编制了大量工程建设标准、规范和规程，较好地满足了工程建设需要，在确保建设工程质量安全、促进建设领域技术进步、保障公众利益、保护生态环境、促进节能减碳等方面发挥了重要作用。在推动新型工业化、信息化、城镇化、农业现代化深入发展的新时代，随着新领域的扩大、科技的迅猛发展，符合时代发展需求的工程建设标准数量还将会不断增长。

以政府颁布工程建设标准为例，2010—2020年工程建设国家标准、行业标准、地方标准的数量增长显著。10年间，总数增长近1倍，国家标准数量显著增长，地方标准数量增长幅度也较大。2010年、2015年、2020年工程建设标准数量见表1-1。

表1-1 2010年、2015年、2020年工程建设标准数量

年份	国家标准	行业标准	地方标准	总数
2010	586	2 849	1 917	5 352
2015	1 066	3 429	2 874	7 369
2020	1 346	4 086	5 024	10 456

三、工程建设标准推行保障体系不断健全

（一）工程建设标准实施监督体系已经建立

工程建设标准的实施就是标准得到实现、取得效果的过程，即是参与工程建设的各方主体通过一系列措施，将工程建设标准的各项技术与管理规定贯彻到勘察、规划、设计、施工、验收、管理、维护、加固及拆除的过程。工程建设标准实施是工程建设标准化工作的关键一环，是发挥工程建设标准基础性、引领性作用的关键步骤，是落实国家方针政策、保证工程质量安全、节约能源资源、保护生态环境、维护公众利益等方面的根本保障。为了保障标准的有效实施，就需要通过自我监督、社会监督和政府监督等方式对标准的贯彻执行情况进行督促、检查、处理，监督标准贯彻执行的效果，考核标准的先进性和

合理性，发现标准中存在的问题。

工程建设标准实施监督体系是影响标准实施监督的法规政策、组织机构、人才、资金、检验检测等各种相互联系、相互制约因素的总和。我国工程建设标准实施监督体系随着经济体制的转型而不断完善与发展，在推动有效市场和有为政府更好结合的总要求下，适应新时代发展的实施监督体系日臻完善。在保障标准实施监督的法规制度方面，《标准化法》《中华人民共和国建筑法》（以下简称《建筑法》）《建设工程质量管理条例》《建设工程勘察设计管理条例》《实施工程建设强制性标准监督规定》等都对实施标准及对标准实施的监督做出明确规定，如《建筑法》规定："建筑活动应当确保工程质量和安全，符合国家的建筑工程安全标准。"《建设工程勘察设计管理条例》规定："施工图设计文件审查机构应当对房屋建筑工程、市政基础设施工程施工图设计文件中涉及公共利益、公众安全、工程建设强制性标准的内容进行审查。"在组织机构建立方面，已经形成工程建设规划审查、勘察设计质量全过程信息化监管、质量安全监管、消防设计审查管理、施工图审查、建设监理和检测机构监管等全方位管理，对象覆盖了建设单位、施工单位、监理单位、勘察设计单位等责任主体。在促进标准实施方式上，形成了认证认可、标识制度，同时采用了试点示范、评价、评奖等激励措施。在监督手段上，强化了施工图设计文件审查、竣工验收备案、对审查机构的监督检查、"双随机、一公开"（随机抽取检查对象、随机选派执法检查人员、及时公开抽查情况及查处结果）等监管措施，形成行政监管、社会监督的氛围。在实施与监督机制上，进一步完善了实施信息收集与反馈机制、施工现场标准员制度试点、标准解释权限管理等。

以"双随机、一公开"监管为基本手段、以重点监管为补充、以信用监管为基础的新型监管机制正在形成，将从根本上改变标准"重制定、轻实施"的现象。

（二）工程建设标准保障、服务体系日臻完善

为促进国家工程建设标准化高质量发展，必须有相适应的保障体系与服务体系。保障体系是标准体系建设的必要支撑，是标准体系运转的技术和资源基础，主要包括机构设立、人才建设及经费保障等。服务体系也是工程建设标准化工作的重要组成，标准的产生、实施和信息反馈都离不开服务。服务机构、保证其运行的支撑条件，构成了标准服务体系。

多年来，工程建设标准保障体系建设以政府颁布标准的运行为核心。国务院建设行政主管部门、国务院有关行政主管部门及地方政府都设立了专职标准化支撑机构，受委托或协助管理工程建设标准化工作；成立了若干标准化技术委员会，负责日常技术管理工作。对标准化管理人员也有专业要求，并通过各种形式不断强化标准化再教育，努力打造一支既了解工程技术又熟悉标准化的复合型人才队伍；对标准制修订人员也有职称要求，精心选择，组建高水平编制团队。同时，高水平的标准化管理、研究队伍，在标准化管理上不断创新；在标准化研究上，结合新体制、新机制、新体系建设，开展了标准体制的中外对比等诸多课题研究。标准制定、修订通常有来自不同渠道的补助经费，许多地区还制定出台了相关标准化奖励政策和标准化经费补助政策。

在服务体系建设方面，重点完善了以政府网站、团体标准化网站为主的标准查询、标准下载以及其他标准化服务的信息化手段；强化宣传，形成网站、杂志、公众号等多方式宣传模式，《工程建设标准化》期刊已成为工程建设标准化的宣传主阵地；制定了工程建

设标准培训等管理规章，标准的中介服务体系、标准培训体系正不断完善，工程建设标准化领域职业技术等级证书应用试点工作开始起步，切实推进学历证书+职业技能等级证书制度的建设。

四、工程建设标准化的主要问题及改革发展

新中国成立以来，经过70多年发展，工程建设标准化工作取得显著成绩。法规制度体系进一步完善，形成了具有中国特色的工程建设标准体制、体系，强制性标准的实施与监督等各项工作不断完善、强化。进入新时代，工程建设标准化仍需不断解决一些不适应、不协调、不完善的问题，持续推进工程建设标准化体制、机制、体系的改革，实现新的发展。推进改革发展必须紧紧围绕"使市场在资源配置中起决定性作用和更好发挥政府作用"这一根本要求，着力解决与高质量发展不适应的问题，极大满足经济体制变革与科技快速发展的现实需求，使标准化真正成为"推进国家治理体系和治理能力现代化"的重要基石。

（一）工程建设标准化存在的主要问题

（1）工程建设标准化管理制度需要不断完善。在强制性标准管理、团体标准化管理、企业标准化促进等方面需进一步完善制度规定。与时俱进，不断修订完善工程建设标准制定、实施及监督管理的各项法规、制度。

（2）体系建设仍需强化。强制性标准体系仍需完善，推荐性标准的体系结构尚不合理，标准的协调配套性不强，不适应经济、社会、技术快速发展的需要。

（3）标准制定专项科研不足，应强化标准化工作与科研工作的紧密互动，增强工程建设重大科技项目与标准化工作的联动，以工程科技创新提升标准水平。新基建、新型城镇化、美丽乡村建设等重要领域标准尚需加强。

（4）标准制定、实施及监督管理机制仍需不断完善。标准研制、实施和信息反馈闭环管理仍待加强，实施全过程的追溯、监督和纠错机制尚需不断健全，法规引用标准制度、采信市场自主制定标准的机制尚未建立。

（5）标准国际化水平尚待提高。工程建设标准化领域实质参与国际标准化工作较少，标准国际影响力不高，工程建设标准引进来与走出去在政策、技术、管理、信息、服务、合作等制度型开放不足。

（二）工程建设标准化的改革发展

改革创新是工程建设标准化的灵魂和生命，是标准化发展的不竭动力。在创新标准化体制机制的实践中，始终坚持了深入调查研究、适应外部发展、统筹兼顾各方、形成配套措施、注重质量效率的原则。未来的改革发展将实现标准供给由政府主导向政府与市场并重转变；标准化对象由传统领域向新基建、新型城镇化等新领域转变；标准化发展由数量规模型向质量效益型转变；标准化工作由国内驱动向国内国际相互促进转变。

（1）不断完善工程建设标准化法规制度体系。法规建设具有根本性，制度建设具有保障性。随着新修订标准化法的出台，对与之相配套的工程建设标准化法规制度需要进行系统梳理、审视，加快修订完善、补齐缺项，以增强法规制度的及时性、系统性、针对性、有效性。

（2）不断完善工程建设标准体制。国外市场经济发达国家采用"技术法规——技术标准"相结合的模式已是趋同，但各国的技术法规表现形式不同。在我国，全文强制性工程规范是技术法规的重要表现形式，标准从"条文强制"到"全文强制"是工程建设标准的开创性实践，是建立有中国特色技术法规与技术标准相结合技术控制体制的重要探索。推动工程建设标准体制形成"全文强制性标准保底线、政府推荐性标准强支撑、团体自愿性标准打基础、企业标准强领跑"的基本模式。

（3）不断优化全文强制性工程规范体系。全文强制性工程规范体系已基本形成，有效解决了分散的强制条款的不系统、不同标准的规定重复或不一致、强制性内容把握差异大、强制性条文制定程序不规范等问题。在不断改革发展中，一要把握强制性标准的内容，找准政府监管"发力点"，明确技术约束"关键点"。二要始终坚持强制性标准的技术要求不影响技术进步，不限制技术实现路径。三要优化调整体系结构，做到构成合理、边界明确、全域覆盖。

（4）推进工程建设推荐性国家标准、行业标准和地方标准改革，强化推荐性标准的协调配套。在标准体系上，缩减现有推荐性标准的数量和规模，优化"存量"，严控"增量"，在已建立全文强制性工程规范体系的基础上，进一步梳理存量标准，完善、优化工程建设推荐性标准体系。

（5）加大工程建设标准供给侧结构性改革，推动工程建设团体标准的发展，大力增强工程建设企业标准化能力。坚持市场主导、政府引导，诚信自律、公平公开、创新驱动、国际接轨的原则，大力发展团体标准，引导社会团体制定原创性、高质量标准，推动团体标准"领先者"行动。构建技术、专利、标准联动的工程建设企业创新体系，着力强化工程建设企业标准体系构建，大力提升企业执行标准能力，瞄准国际先进标准提高标准水平，实施工程建设企业标准"领跑者"制度。

（6）持续推进工程建设标准国际化进程。工程建设标准国际化是以服务我国标准化战略、创建中国标准品牌为主要任务，以实质性参与国际标准化活动，跟踪、评估和转化国际标准、国外先进标准，扩大我国标准的国际应用与影响力，构筑良好的标准化国际合作关系为主要内容，从而实现相互转化、优势互补、互联互通、互利共赢的目的。推进标准国际化应遵循企业主体、系统观念、统筹布局、协调推进、突出重点的原则。

（7）强化标准实施与监督是工程建设标准化改革发展的永恒主题。工程建设标准的实施与监督要以完整准确全面贯彻新发展理念、促进高质量发展为出发点和落脚点，应坚持标准实施管理与建设工程管理相协调、政府监管机制与市场机制相配套、传统手段与数字化手段相结合的原则，采取多部门协同、多方式实施、全过程监管的方式，以"双随机、一公开"为主要手段，全方位、系统性推进。

五、工程建设标准化发展经验与启示

经验是人们对实践活动认识的概括和总结，是人们认识从感性发展到理性的基础，是人们的认识接近真理、把握规律的重要环节。总结工程建设标准化的历史发展经验，是认识、把握工程建设标准化发展规律，不断创新发展的必由之路。

（一）工程建设标准化发展经验

（1）党和国家高度重视，不断提高标准化意识，是工程建设标准化发展的重要前提。

标准是国家基础性制度的重要方面，在推进国家治理体系和治理能力现代化中发挥着基础性、引领性作用。为此，党中央、国务院对国家法治的重要组成和支撑的工程建设标准化工作给予了高度重视，为这项工作的改革和发展指明了方向。近年来，标准对促进能源资源合理利用、保护生态环境、保证城市安全与工程安全等方面的约束作用，对建立公平竞争的市场秩序、维护国家和公众利益等方面的规范作用，进一步为公众所了解，强化了公众对工程建设标准化作用的认识。这些都极大地促进了工程建设标准化的发展。

（2）完善的法规、制度体系，是工程建设标准化发展的重要保证。标准化工作依法依规，不仅是制度文明的发展，更体现着运用法治思维和法治方式推动可持续发展、高质量发展的治理智慧。新中国成立以来，标准化的发展表明，什么时候重视法规制度建设，标准化事业就会有序发展、持续发展。反之，标准化的发展就无序，甚至停滞。建立完善工程建设标准化法规制度体系，是实现国家治理体系和治理能力现代化的重要体现，是实现高质量发展的重要保障，是工程建设标准化可持续发展的本质要求与前提。

（3）勇于创新标准化体制机制，是标准化发展的不竭动力。体制机制的完善和不断创新是工程建设标准化发展的源泉，决定着标准化发展的速度、结构、质量和效益。结合我国国情和工程建设标准化的特点，注重体制改革，加快机制创新，就能有力推动工程建设标准化工作的持续发展。改革单一强制性标准体制、优化政府颁布标准与市场自主制定标准二元结构、推进标准条文强制转为全文强制等都极大地适应了社会主义市场经济的发展，充分发挥了工程建设标准化的支撑、约束、引领、转化等方面的作用，工程建设标准化不断焕发着新的活力。

（4）协调推进标准化体系的建设，围绕国家发展重点制修订标准，是工程建设标准化发展的本质要求。标准化是个系统，是完成标准化功能的标准化法规体系、标准体系、标准推行保障体系、标准服务体系等相互区别而又相互联系、相互制约而又相互依赖的有机整体。以系统分析的方法，观察、处理标准化问题，才能使之相互协调、相互支撑、相互配合，实现标准制定、实施和管理监督的整体推进。实践表明，标准化发展离不开完善的法规制度体系、有效协同的标准体系、强力的推行保障体系、配套的服务体系，离开了任何子系统，标准化体系都不能良好运行。在所有子系统中，标准体系是标准化体系建设的"龙头"，是基础，标准体系完备一是各类标准协同配合，二是标准内容与时俱进。制修订标准始终围绕国家发展重点、满足社会经济建设需要，规范了政府必须管理事项、解决了市场需解决的技术问题，标准就体现了价值、就发挥了应有作用。此外，标准化工作具有科学性、严谨性、延续性，加强标准化组织建设、人才建设，建立有延续的管理机构和一支相对稳定的技术队伍，仍是我们今天面临的主要任务，这也是标准化体系建设的应有内涵。

（5）有效实施标准，显现标准作用，是工程建设标准化发展的根本目的。标准的实施是整个标准化活动中最重要的一环，它是标准得到实现的过程，是检验标准的科学性、有效性、可操作性的过程，是标准的基础性、引领性作用发挥的过程。它不仅决定着已有标准能否发挥其效能，而且反映了市场对标准的需求，是决定标准的制定、修订和废止的重要因素。保障标准的有效实施，一要靠市场动力，二要靠政府推动，监督是标准有效实施的重要措施。我国是基建大国，更是基建强国，无数优质工程都是执行标准的结果。

（6）推动标准化与科技创新互动发展，加强标准化科研，借鉴国外先进经验，是工程建设标准化高质量发展的重要途径。标准化始终与科技创新紧密互动、互为支撑。标准是促进科技创新成果转化为现实生产力的桥梁和纽带，是科技成果的"扩散器""助推器"和产业发展的"风向标"；科技创新是提升标准水平的手段和动力，有效推动了标准的新旧更替，不断满足经济社会发展需要，当科技创新迈上标准化这个广为人知且具有公信力的平台时，创新成果就快速进入社会，其价值就能快速展现。同时，工程建设标准化的发展也是得益于加强标准化理论及重大问题的深入研究。工程建设标准化实践反复证明，工程建设标准来源于科技创新和工程建设实践，高质量标准必须有科研成果的支撑，必须有不断的实践经验总结，必须广纳世界先进技术成果为我所用，如此，工程建设标准才有旺盛的生命力，才能对工程建设的发展起到基础性、引领性作用。

（二）发展经验的现代启示

启示一：坚持继承与发展既有成果，借鉴国外先进经验，工程建设标准化才能又好又快地发展。继承是包含发展因素的继承，发展是继承前提下的发展。新中国成立以来，在工程建设标准化发展过程中，我们始终立足于基本国情，从实际出发，坚持将继承既有成果、借鉴国外经验和进行标准化制度创新有机结合，做到"古为今用、洋为中用"，不简单地照搬照抄，充分体现了中国特色、时代特征与国外经验的融合。

启示二：坚持与时俱进、不断创新，工程建设标准化才能适应经济社会的发展。坚持不断改革，与时俱进，就要正确认识我国经济社会发生的重大变化，充分估计这些变化对标准化事业提出的挑战，善于以全新视角重新审视传统的观念、做法和体制机制。创新是标准化的灵魂和生命，标准化的发展史就是创新史。新时代，工程建设标准化要面对新的环境、新的任务、新的挑战，加快观念、理论、战略等全方位改革创新，适应经济、社会、科技的发展要求，发挥工程建设标准化的应有作用。

启示三：以系统化方式整体推进，工程建设标准化才能全面协调可持续的发展。万事万物是相互联系、相互依存的，只有用普遍联系的、全面系统的、发展变化的观点观察事物，才能把握事物发展规律。标准化就是一种系统性活动。新中国工程建设标准化发展实践就昭示标准化体系组成的各子体系缺一不可。标准化法规需在不同层面系统推进，形成协同一致、相辅相成的体系；标准需要体系化发展，形成结构合理、相互支撑、协调一致的系统；为使标准落到实处，还需建立实施体系、支撑体系、信息服务体系等。

启示四：适应经济、社会、科技发展需要，工程建设标准化才能永葆活力。标准化作用显著与否是标准化发展适应性的检验，是标准化发展的结果体现和最终目标。标准化作用显著就要求标准化的法规、体制、机制、体系等必须随着经济社会的变革、科学技术的创新发展、信息时代的到来而适应、变化与发展，不断破除阻碍经济社会和科技发展的一切障碍。

启示五：加强标准化人才培养与队伍建设，工程建设标准化的发展才有基本保证。创新之道，唯在得人。创新驱动本质上是人才驱动，许多新思想、新举措、新机制、新组织形式就是来自广大生产人员、技术人员、管理人员的创造，因此，必须坚持人才引领发展的战略地位。标准化发展为了人，更依靠人。人是生产的主体，经济管理的主体，科技创新的主体。标准化作为一项基础性工作、软技术、跨专业综合性学科，其基础是广泛的社会实践，而人才，其中包括标准化人才，就是实践的主体。可以说，标准化事业在前进中遇到的许多困难都同人才问题呈强相关，没有人才就不可能成就标准化事业；没有高素质的人才，标准化就只能在低水平徘徊。必须看到，标准化已经进入了"以质取胜"的时代，这就对标准化人员提出了新的更高的要求。为此，鼓励更多符合条件的人员参与工程建设标准化工作，加强对标准化人员的奖励，培养更多精于技术、熟悉标准、通晓外语的复合型人才，加强对基层标准化工作人员的培训，建立健全标准化人才评价选用机制等，实践证明是符合未来标准化发展需要的重要措施。

启示六：始终重视标准有效实施、监督到位，工程建设标准化的发展才能立足根本。标准的实施就是标准得到实现的过程，是检验标准的定性与定量规定的科学性、有效性、可操作性的过程。标准的实施靠"自律"还不行，还必须有"他律"，"他律"就是监督，监督必须到位。有效实施是监督到位的必然结果，监督是标准有效实施的重要手段。任何时候，为了制定标准而定标准，制定不满足政府与市场需要的标准，不重视标准的现实应用与市场推广都是必须极力避免的。

本 章 小 结

在标准化概念体系中，最基本的概念是标准和标准化。概括地说，标准是一系列标准化活动的产物，是一种提供规则、指南或特性，供共同使用和重复使用的文件；标准化是制定标准、实施标准及监督管理标准的全部活动。

标准化作为一门学科，是从事标准化实践活动的科学总结和理论概括。标准化学科是一门交叉学科，涉及工商管理学、技术学、经济学、法学和社会学等学科。在理论构建方面，关于标准化的原理和方法构成了最核心内容，国内外学者从不同视角提出了标准化原理。标准化形式主要包括简化、统一化、系列化、通用化、组合化和模块化等，而综合标准化则是基于这些形式的运用。这些形式作为标准化的基本方法，不是相互独立的，它们之间存在密切的关系；随着标准化活动的发展，标准化学科属性、效益和作用等认识也不断有所推进。随着标准化在经济活动和社会发展中发挥着越发重要的作用，国际标准化组织和各国国家标准化机构、高等院校等，正不断推动标准化教育发展。在我国，"师傅带徒"、高校培养、在职培训是标准化人才培养的基本模式。

标准化源于人类生活和生产实践，贯穿于社会发展的全过程。从远古时代的标准化思想的萌芽，经历了手工业生产基础的古代标准化，再到工业化时期的近代标准化，发展到了今天在全球化背景下的，以系统理论为指导的现代标准化活动。

我国工程建设标准化工作随着经济社会发展而发展，新中国成立后，我国工程建设标准化发展历程了起步探索阶段（1949—1987年）、提速发展阶段（1988—1999年）、改革推进阶段（2000—2014年）和全面提升阶段（2015年至今）四个阶段。

工程建设标准具有综合性强、政策性强、地域性强、阶段性强等特点。工程建设标准在完善社会主义市场经济体制、政府转变职能、保障工程建设安全与质量以及推动城乡建设事业高质量发展方面具有重要的地位。工程建设标准的作用可以从不同侧面概括，主要有以下几个方面：①落实国家有关方针政策；②规范工程建设市场秩序；③保障社会公众利益；④促进工程建设技术进步，实现工程项目科学管理。

本章最后从几个方面对工程建设标准化工作进行了综述。适应社会主义市场经济发展的工程建设标准化管理体制、运行机制基本完善；以全文强制性标准为统领、以政府颁布推荐性标准为支撑、以市场自主制定标准为补充的工程建设标准体制基本形成并将不断发展；借鉴既往发展经验，面向未来发展的目标更加明确。

参 考 文 献

[1] 李春田，房庆，王平．标准化概论 [M]．第7版．北京：中国人民大学出版社，2022．

[2] 白殿一，王益谊，等．标准化基础 [M]．北京：清华大学出版社，2019．

[3] 沈同，邢造宇，张丽虹．标准化理论与实践 [M]．第2版．北京：中国计量出版社，2010．

[4] 住房和城乡建设部标准定额司．工程建设标准编制指南 [M]．北京：中国建筑工业出版社，2009．

[5] 逄征虎．标准化基本概念刍议 [J]．大众标准化，2018（03）：39-44．

[6] 杨瑾峰．工程建设标准化实用知识问答 [M]．第2版．北京：中国计划出版社，2004．

[7] 中国工程建设标准化协会学术委员会．工程建设标准化概论 [M]．北京：新世界出版社，1994．

[8] 全国标准化原理与方法标准化技术委员会．GB/T 20000.1—2014 标准化工作指南　第1部分：标准化和相关活动的通用术语 [S]．北京：中国标准出版社，2015．

[9] 建设部标准定额司．1949—2006 中国工程建设标准定额大事记 [M]．北京：中国建筑工业出版社，2007．

[10] 李铮．工程建设标准化发展的历史经验及其当代启示 [J]．工程建设标准化，2013（10）：5-12．

[11] 刘回春，田世宏．我国标准化工作实现三个历史性转变 [J]．中国质量万里行，2019（11）：8-10．

[12] 王忠敏．论中国标准化管理三阶段论 [J]．世界标准化与质量管理，2004（4）：9-12．

[13] 王忠敏．新中国标准化七十年 [J]．中国标准化，2019（9）：16-19．

[14] 麦绿波．标准化的发展阶段划分新论 [J]．中国标准化，2011（1）：34-37．

[15] 房庆，于欣丽．中国标准化的历史沿革及发展方向 [J]．世界标准化与质量管理，2003（3）：4-7．

[16] 刘彬，王蔚蔚，黎艳．我国工程建设标准改革和推进团标发展的实践及思考 [J]．中国给水排水，2021（24）：135-138．

[17] 住房和城乡建设部标准定额司，住房和城乡建设部标准定额研究所．中国工程建设标准化发展研究报告（2008）[R]．北京：中国建筑工业出版社，2009．

[18] 住房和城乡建设部标准定额司，住房和城乡建设部标准定额研究所．中国工程建设标准化发展研究报告（2020）[R]．北京：中国建筑工业出版社，2021．

[19] 李铮．工程建设标准化作用的再认识 [J]．工程建设标准化，2009（06）：19-23．

[20] 李大伟．工程建设标准对国民经济和社会发展的影响 [J]．工程建设标准化，2010（02）：6-8．

[21] 王清勤．绿色建筑标准引领我国绿色发展 [J]．工程建设标准化，2018（04）：6、7．

[22] 杨瑾峰．新形势下工程建设标准化地位和作用探析 [J]，工程建设标准化，2013（09）：4-9．

[23] 中国标准化研究院．国内外标准化现状及发展趋势研究 [M]．北京：中国标准出版社，2006．

[24] 中国标准化研究院．国家标准体系建设研究 [M]．北京：中国标准出版社，2007．

[25] 李铮．实现工程建设标准化又好又快发展的若干思考 [J]．工程建设标准化，2009（01）：27-30．

[26] 邵卓民．发展标准化　迎接工程建设新高潮 [J]．工程建设标准与定额，1989（4）：11、9．

第二章 工程建设标准制定程序与管理

第一节 概 述

标准是经济活动和社会发展的技术支撑，是国家治理体系和治理能力现代化的基础性保障。党和国家高度重视标准化工作，特别是党的十八大以来，提出政府要加强发展战略、规划、政策、标准等的制定和实施。随着经济社会发展和政府职能转变，国家对标准化工作提出了更高要求。《国家标准化发展纲要》对我国标准化发展做出整体部署，明确了我国标准化发展总体要求和重点任务，同时强调，标准在推进国家治理体系和治理能力现代化中发挥着基础性、引领性作用。新时代推动高质量发展，全面建设社会主义现代化国家，迫切需要进一步加强标准化工作。

工程建设标准化工作既是人民群众生活的重要安全保证，同时也是保障工程质量安全、促进产业转型升级、强化生态环境保护、推动经济提质增效等方面的重要技术依据。工程建设标准的制定是工程建设标准化工作的首要任务，是工程建设标准化的前提和基础，是科学技术成果和生产实践经验推广应用的目标要求。科研成果能否得到技术转化、工程实践经验能否在实践中得到应用、工程事故中的教训能否在工程建设中加以避免，非常重要的环节就是其能否被总结、归纳、提炼成为人们普遍认可的技术要求，而实现这一任务最便捷有效的途径就是制定相应的工程建设标准。只有制定技术先进、经济合理、安全适用的工程建设标准，同时在工程建设过程中贯彻执行，工程建设标准化的地位和作用才能真正得以显现。因此，加强工程建设标准的制定工作，提升工程建设标准的质量和水平，加快工程建设标准的编制进度，完善工程建设标准体系，优化工程建设标准化管理程序，对保证我国工程建设质量和安全，充分发挥工程建设标准化的效益，实现我国工程建设高质量发展，具有十分重要的现实与长远意义。

工程建设标准的制定是一项有组织、有计划、有目的的工作。制定一项工程建设标准，首先应系统地了解有关工程建设标准化管理的法律、行政法规及相关规范性文件，同时应结合国家相关领域的建设发展需求和国家宏观技术经济政策，针对拟定的标准化对象进行仔细的分析研究和充分的调查研究，确定该项工程建设标准制定的必要性、可行性及所属分类。工程建设标准正式开始编制后，应当进一步熟悉工程建设标准制定的整个程序，了解工程建设标准制定的有关具体管理制度。

第二节 工程建设标准分类

分类是人们认识事物和管理事物的一种方法，也是一门学科建设的基础。标准分类的目的是为了研究各类标准的特点以及相互间的区别和联系，使之形成完整、协调的标准系统。人们从不同的目的和角度，可以对标准进行不同分类。各国标准繁多，分类方法也不尽相同。根据我国标准分类的通常做法，一般将标准按以下几种方法分类：按标准制定主体，可划分为国际标准、区域标准、国家标准、行业标准、地方标准、团体标准和企业标准；按标准化对象，可划分为产品标准、过程标准、服务标准；按标准实施约束力，可划分为强制性标准和推荐性标准；按标准信息载体，可划分为标准文件和标准样品等。从不同的目的和角度出发，依据不同的准则，也可对工程建设标准进行分类，由此形成不同的工程建设标准种类。

一、按标准制定主体分类

根据标准制定主体，我国工程建设标准可划分为国家标准、行业标准、地方标准、团体标准和企业标准。

（一）国家标准

国家标准是指对需要在全国范围内统一的技术要求制定的标准。工程建设国家标准是指对在全国范围内需要统一或国家需要控制的工程建设技术要求，由国务院建设行政主管部门制定并在全国范围内实施的工程建设标准。

（二）行业标准

行业标准是指对没有国家标准而需要在全国某个行业范围内统一的技术要求制定的标准。工程建设行业标准是指对某个行业需要统一的工程建设技术要求，由国务院有关行政主管部门制定并在某一行业范围内实施的工程建设标准。

（三）地方标准

地方标准是指对没有国家标准和行业标准而又需要为满足地方自然条件、风俗习惯等特殊技术要求制定的标准。工程建设地方标准是指在国家的某个地区需要统一的工程建设技术要求，由省、自治区、直辖市有关行政主管部门制定并在某个地区内实施的工程建设标准。

（四）团体标准

团体标准是依法成立的社会团体为满足市场和创新需要，协调相关市场主体共同制定的标准。国家鼓励社会团体制定高于推荐性标准相关技术要求的团体标准，鼓励制定具有国际领先水平的团体标准。

（五）企业标准

企业标准是指对企业范围内需要统一的技术要求、管理要求和工作要求，由企业法人代表或其授权人批准发布并在企业范围内实施的标准。企业标准是企业组织生产和经营活动的依据。在工程建设领域内，企业工法也可视为企业标准的一种形式，是指导企业施工与管理的一种规范性文件。

二、按标准法律属性或约束力分类

我国工程建设标准按照标准的法律属性或标准实施的约束力可分为强制性标准和推荐性标准，这种分类一般适用于政府制定的标准。强制性标准具有强制约束力，是保障人民生命财产安全、人身健康、国家安全、工程安全、生态环境安全、公众权益和公共利益，以及促进能源资源节约利用、满足社会经济管理基本要求等方面的控制性底线要求。强制性标准必须执行，违反强制性标准的，依法承担相应的法律责任。现行《标准化法》规定：国家标准分为强制性标准和推荐性标准，行业标准、地方标准是推荐性标准。但是根据现行《标准化法》第六条和第三十三条，考虑工程建设标准的特点和实际情况，经建设行政主管部门与国务院标准化行政主管部门协商，确定工程建设标准仍按现行模式。因此，现阶段我国工程建设行业标准仍存在强制性标准和推荐性标准。强制性国家标准没有规定的内容，行业标准可以制定强制性补充条款。国家标准、行业标准或补充条款均没有规定的内容，地方标准可以制定强制性补充条款。目前，强制性标准包括强制性条文和全文强制性标准；推荐性标准包括推荐性国家标准、推荐性行业标准和推荐性地方标准。

三、按标准体系层次分类

按标准体系层次对工程建设标准进行分类，可以分为基础标准、通用标准、专用标准。

（一）基础标准

基础标准是在一定范围内作为其他标准的基础，具有普遍指导意义的标准。主要有术语、符号、计量单位、图形、模数、代码、分类和等级标准等。

（二）通用标准

通用标准是针对某一类标准化对象制定的覆盖面较大的共性标准，常作为制定专用标准的依据。例如，通用的安全、卫生和环境保护标准，某类工程的通用勘察、设计、施工及验收标准，通用的试验方法以及管理技术标准等。

（三）专用标准

专用标准是指针对某一具体标准化对象或作为通用标准的补充、延伸制定的专项标准，其覆盖面一般不大。例如，某一范围的安全、卫生和环境保护标准，某种具体工程的设计、施工标准，某种试验方法、某类产品的应用技术标准等。

四、按工程建设阶段分类

根据基本建设程序，按照每一项工程建设标准服务的阶段，将其划分为不同阶段的标准，通常把基本建设阶段划分为决策阶段和实施阶段。因此，按工程建设阶段分类，工程建设标准通常可分为决策阶段标准和实施阶段标准。

（1）决策阶段标准。决策阶段一般指可行性研究阶段和计划任务书阶段；为这两个阶段服务的标准称为决策阶段的标准。例如：《湿地保护工程项目建设标准》等。这类标准主要内容是根据特定的工程项目，规定其建设规模、项目构成、投资估算指标等。但是目前这类标准是以行政文件形式发布，不属于工程建设标准。

（2）实施阶段标准。实施阶段主要指工程项目的勘察、规划、设计、施工、验收及运行维护、管理、加固到拆除全过程；为这一阶段服务的标准称为实施阶段标准。例如：《混凝土结构设计规范》《混凝土结构工程施工规范》《混凝土结构工程施工质量验收规范》等，这类标准主要针对拟建项目或既有工程的勘察、规划、设计、施工、验收及运行维护、加固、拆除等技术要求，做出的相应规定。实施阶段标准构成工程建设标准的主体。

第三节　工程建设标准运行机制

工程建设标准运行机制是标准化管理体制的微观体现，是在实践基础上总结和提炼而形成的有效的、系统的、较为固定的方式方法。经过不断实践探索，工程建设标准运行机制已比较完善。一是建立了标准立项机制，加强标准立项论证，把握标准立项重点。二是有完善的标准起草、征求意见和审查程序，过程中重点做好广泛征求意见工作，确保标准制修订工作的公开性和透明度。三是强化标准质量管理，实行多级审查，优化标准审批流程，保证标准的科学性、适用性、前瞻性、可行性。四是缩短标准制定周期，加快标准更新速度，加强标准计划项目执行情况的监督检查，实现项目动态管理。五是多部门、多方式强化标准的实施与监督。

一、政府颁布工程建设标准运行机制

政府颁布工程建设标准分为工程建设国家标准、工程建设行业标准和工程建设地方标准。国务院建设行政主管部门对工程建设国家标准实行统一计划、统一审查、统一编号、统一批准，与国务院标准化行政主管部门联合发布。工程建设行业标准由国务院有关行政主管部门负责管理，统一计划、统一审批、统一发布。工程建设地方标准的运行管理各地有所差异，总体是由省、自治区、直辖市建设行政主管部门独立或与地方人民政府标准化行政主管部门联合发布计划，独立或联合审批、发布。

（1）计划、立项。主管部门提出年度工程建设标准计划立项的原则和要求，项目申报单位按照要求向主管部门提出申请，主管部门对申报项目进行审查、协调，并下达计划。

（2）起草、征求意见。主编单位按下达的计划组织实施，征求意见稿经主管部门同意后面向社会公开征求意见。编制组负责对反馈的意见进行归纳整理，修改形成送审稿，对其中有争议的重大问题可视情况采取补充调研、测试验证或召开专题会议等形式进行处理。主管部门对项目计划执行情况进行监督和检查。

（3）审查。主管部门同意后进行审查，审查应当由专家和编制组成员共同对标准送审稿进行审查，对有争议且不能取得一致意见的问题，应当提出倾向性意见。编制组根据审查意见，修改形成标准报批稿及其条文说明。

（4）批准、发布。主管部门对标准报批文件进行全面审查，单独或联合批准、发布。

（5）出版、发行。工程建设国家标准及城乡建设领域行业标准由有关技术管理单位组织中国计划出版社、中国建筑工业出版社、中国标准出版社出版、发行，同时在相关网站公开。其他部门工程建设行业标准或地方标准由主管部门根据出版管理的有关规定确定相关出版单位出版、发行。

（6）复审。复审周期一般不超过5年，由国务院建设行政主管部门、国务院有关行业主管部门、地方建设行政主管部门根据标准级别分别负责组织。主编单位或组织单位承担具体复审工作。复审结果由标准批准部门确认，确定其有效、修订或废止。

（7）备案。工程建设行业标准批准发布后30日内应报国务院建设行政主管部门备案。

国务院建设行政主管部门在接到备案申请报告 15 日内，决定是否准予备案，对同意备案的标准赋予备案号。工程建设地方标准按照国家有关规定到相关部门备案。

二、市场自主制定工程建设标准运行机制

市场自主制定的标准分为团体标准和企业标准。团体标准制定组织按照法律、法规和国务院标准化行政主管部门、建设行政主管部门制定的团体标准化管理规定或发展指导意见以及标准化良好行为规范开展活动。工程建设团体标准制定组织为加强标准化管理，均制定相关管理规定，明确计划申报、立项可行性论证、计划批准、组建编制组、征求意见、送审、报批、复审等各环节工作程序与要求。

工程建设企业标准是工程建设标准的重要组成与基础。国家推动企业标准化运行机制创新，积极建立标准创新型企业制度和标准融资增信制度，鼓励企业构建技术、专利、标准联动创新体系，支持领军企业联合科研机构、中小企业等建立标准合作机制，实施企业标准领跑者制度。工程建设企业标准已形成了自上而下方式为主的工作模式：企业定期发布立项计划→相关职能部门组织编制→征求意见→审批发布。标准制定需求也有许多是自下而上提出，或在工作中逐渐形成的事实标准提升为企业标准。

第四节 工程建设标准的制定

一、制定原则

国家标准化工作改革确立了"建立政府主导制定的标准与市场自主制定的标准协同发展、协调配套的新型标准体系，健全统一协调、运行高效、政府与市场共治的标准化管理体制，形成政府引导、市场驱动、社会参与、协同推进的标准化工作格局"的改革目标。根据现行《标准化法》《关于深化工程建设标准化工作改革的意见》，制定工程建设标准应当遵循以下基本原则：

（1）贯彻执行国家有关法律、法规和方针、政策，保障工程质量安全、促进产业转型升级、强化生态环境保护、推动经济提质增效、提升国际竞争力，促进经济社会更高质量、更有效率、更加公平、更可持续发展。

（2）制定标准应当在科学技术研究成果和社会实践经验的基础上，深入调查论证，广泛征求意见，保证标准的科学性、规范性、时效性，提高标准质量。

（3）借鉴国际成熟经验，立足国内实际情况和经济技术可行性，提高与国际标准或发达国家标准的一致性。

（4）坚守现行强制性标准的底线要求，做好与现行推荐性相关标准之间的协调，避免重复或矛盾。

（5）鼓励社会团体、企业制定高于推荐性标准相关技术要求的工程建设团体标准、企业标准。

二、制定内容和要求

按照现行《标准化法》，我国标准分为国家标准、行业标准、地方标准、团体标准、

企业标准五个层次。根据标准层次和适用范围，各类标准制定内容和要求也不同。

（一）基本要求

（1）对保障人民生命财产安全、人身健康、国家安全、工程安全、生态环境安全、公众权益和公共利益，以及促进能源资源节约利用、满足经济社会管理基本需要等方面的控制性底线要求应当制定强制性国家标准。

（2）对满足基础通用、与强制性国家标准配套、对各有关行业起引领作用等需要的技术要求，可以制定推荐性国家标准。

（3）对没有推荐性国家标准、需要在全国某个行业范围内统一的技术要求，可以制定行业标准。

（4）地方标准应当从本行政区域工程建设的需要出发，并应体现本行政区域的气候、地理、风俗习惯等特点。

（5）依法成立的学会、协会、商会、联合会、产业技术联盟等社会团体可以协调相关市场主体共同制定满足市场和创新需要的团体标准。

（6）企业可以根据需要自行制定企业标准，或者与其他企业联合制定企业标准。

（二）国家标准

1. 强制性国家标准

工程建设强制性国家标准是工程建设的底线要求，是政府及其部门依法治理、依法履职的技术依据，是全社会必须遵守的强制性技术规定。

（1）1988年颁布的《标准化法》规定，保障人体健康，人身、财产安全的标准和法律、行政法规规定强制执行的标准是强制性标准。现行《标准化法》第十条规定：对保障人身健康和生命财产安全、国家安全、生态环境安全以及满足经济社会管理基本需要的技术要求，应当制定强制性国家标准。对于在全国范围内需要统一、在全国范围内实施并涉及下列内容的工程建设标准应当制定强制性国家标准：

1）保障人身健康和人民生命财产安全。

2）保障国家安全、工程安全、生态环境安全。

3）保障公众权益和公共利益。

4）促进能源资源节约利用。

5）满足经济社会管理基本需要的技术要求。

（2）工程建设强制性国家标准应覆盖行业的规划、建设、管理全方位，工程项目的立项、建设、改造、维修、拆除等全生命周期。目前，探索做法是分为工程项目类（简称"项目规范"）和通用技术类（简称"通用规范"）。

1）项目规范以工程项目整体为对象，以总量规模、布局、功能、性能和关键技术措施（不含通用技术要求）等五大要素为主要内容。

2）通用规范以实现工程建设项目功能性能要求的各专业通用技术为对象，以通用技术要求为主要内容，涵盖规划、勘察、设计、施工、验收、维修、养护、拆除等。

2. 推荐性国家标准

现行《标准化法》第十一条规定：对满足基础通用、与强制性国家标准配套、对各有关行业起引领作用等需要的技术要求，可以制定推荐性国家标准。推荐性国家标准重点制定基础性、通用性和重大影响的专用标准，突出公共服务的基本要求。推荐性国家标准的技术要求不得低于强制性国家标准的相关技术要求。

（三）行业标准

现行《标准化法》第十二条规定：对没有推荐性国家标准、需要在全国某个行业范围内统一的技术要求，可以制定行业标准。行业标准重点制定本行业的基础性、通用性和重要的专用标准，推动产业政策、战略规划贯彻实施。行业标准的技术要求不得低于强制性国家标准的相关技术要求。根据深化标准化工作改革方案，工程建设强制性行业标准，按现有模式管理。因此，现阶段我国工程建设行业标准仍存在强制性标准和推荐性标准。住房和城乡建设部关于印发《深化工程建设标准化工作改革意见》的通知中明确了强制性国家标准没有规定的内容，行业标准可以制定强制性补充条款。

（四）地方标准

现行《标准化法》第十三条规定：为满足地方自然条件、风俗习惯等特殊技术要求，可以制定地方标准。地方标准重点制定具有地域特点的标准，突出资源禀赋和民俗习惯，促进特色经济发展、生态资源保护、文化和自然遗产传承。对没有国家标准、行业标准或国家标准、行业标准规定不具体，且需要在本行政区域内做出统一规定的工程建设技术要求，可制定相应的工程建设地方标准。工程建设地方标准的技术要求不得低于强制性国家标准、行业标准的相关技术要求，不得妨碍全国统一市场的建立。根据《深化标准化工作改革方案》，工程建设强制性地方标准，按现有模式管理。因此，工程建设地方标准在现阶段还存在少量强制性标准。住房和城乡建设部关于印发《深化工程建设标准化工作改革意见》的通知中明确了工程建设标准国家标准、行业标准或补充条款均没有规定的内容，经国务院建设行政主管部门确定后，地方标准可以制定强制性补充条款。

（五）团体标准

团体标准的制定原则和内容参见本书第五章。

（六）企业标准

企业标准的制定原则和内容参见本书第六章。

三、制定程序

一般来说，工程建设标准的制定程序划分为立项申请、立项、准备阶段、征求意见、送审、报批、批准发布、复审等环节。重要标准在正式立项编制前还可能有研究编制阶段。团体标准、企业标准的制定程序见本书第五、六章。

（一）立项申请

立项申请是标准项目建议提出部门或单位根据标准级别，分别向国务院工程建设行政主管部门、国务院有关行政主管部门和省、自治区、直辖市工程建设行政主管部门提出立项申请的过程。提出立项申请时，标准项目建议提出部门或单位应当报送项目申报书，工程建设标准在立项申请阶段一般不需要提交标准草案。项目申报书应包括：标准制定的必要性、可行性，主要技术内容，国内外技术发展情况及研究基础，国内相关强制性标准和推荐性标准制定情况，国际标准化组织、其他国家或地区相关法律法规和标准制定情况，可能涉及的相关知识产权情况，起草单位、制定周期及起草人，经费预算及进度安排，需要申报的其他事项等内容。

（二）立项

立项是由各级工程建设标准主管部门对标准项目建议进行审查、汇总、公示、协调、确定，直至下达制、修订项目计划的过程。标准立项计划应当明确项目名称、主要内容、主管部门、归口单位、起草单位、完成时限等。

1. 国家标准、行业标准

住房和城乡建设领域标准制、修订工作实行年度计划项目与即时计划项目相结合的立项方式。对住房城乡建设领域亟需的标准制、修订项目可采用即时下达编制计划。住房和城乡建设部每年定期组织下一年度国家标准制、修订计划项目申报工作。

国务院有关行政主管部门，根据国务院建设行政主管部门当年的统一部署，结合本行业标准发展规划、标准体系建设及工作需要等因素，拟定本行业标准立项计划。

目前，工程建设国家标准和城乡建设领域行业标准由住房和城乡建设部标准定额司会同有关部门标准主管单位、相关业务司局，对国家标准、城乡建设领域行业标准申报项目进行研究协调，提出同意、暂缓、不同意等意见，形成年度标准制、修订计划征求意见稿。征求意见稿在住房和城乡建设部门户网站向社会进行不少于 30 天的公开征求意见。住房和城乡建设部标准定额司汇总分析征求意见，协商确定年度标准制、修订计划草案，经住房和城乡建设部标准化工作领导小组审议后按程序签发。其他部门行业标准计划由国务院有关行政主管部门组织编制和下达。

工程建设强制性国家标准在正式立项前，可根据需要增加研究编制环节，其工作内容主要包括汇总现行工程建设强制性条文，调研分析国外技术法规，研究提出基本权益保障需要、行政监管和市场竞争需求的工程建设强制性要求等。

2. 地方标准

设区的市级以上地方建设行政主管部门、标准化行政主管部门对拟立项地方标准的必要性、可行性进行论证评估，并对立项申请是否符合地方标准的制定范围进行审查。根据论证评估、调查结果以及审查意见，制定地方标准立项计划。地方标准立项计划应当明确项目名称、提出立项申请的主管部门、起草单位、完成时限等。

（三）准备阶段

准备阶段的工作是与项目计划的前期工作密切联系的，主要由主编单位负责。准备阶段是指主编单位根据计划要求，从筹建编制组、起草工作大纲、召开编制组成立会到形成初稿的过程。本阶段工作的主要内容和要求是：

（1）筹建编制组。按照参加编制工作人员的条件与各编制单位协商，进行组织落实。参编人员应具备与编制标准相应的专业技术水平。

（2）起草工作大纲。在项目计划前期工作和进一步搜集资料的基础上，根据标准的适用范围和主要技术内容进行编制，其内容一般包括：标准的主要章节结构、编制原则、需要调查研究的主要问题、必要的测试验证项目、工作进度计划及编制组成员的分工等。

（3）主管部门或各标准化技术支撑机构审核工作大纲及相关材料。

（4）召开编制组成立暨第一次工作会议。国家标准、行业标准由标准化技术委员会或委托主编单位主持召开编制组第一次工作会议。其内容包括：宣布编制组成员名单、学习有关标准化的文件、讨论确定工作大纲，并形成会议纪要等。

（5）编写初稿。标准主编单位应按讨论确定的工作大纲组织标准起草，开展调查研究和必要测试验证，在分析论证的基础上编写标准初稿。

地方标准由各省、自治区、直辖市建设行政主管部门按照有关法律法规的规定，组织专业标准化技术委员会或标准主要起草单位成立标准起草工作组，组织标准起草工作。具体程序和要求按照当地的地方标准管理办法执行。

（四）征求意见阶段

征求意见阶段为标准编制组将标准征求意见稿及相关文件按有关规定公开征求意见的过程。征求意见包括搜集整理有关的技术资料、开展调查研究或组织试验验证、编写标准的征求意见稿、公开征求各有关方面的意见。征求意见阶段是标准制定工作的重要环节，标准的主要技术内容，都需要在这个阶段得以落实，并对标准的内容进行合理的编排，为标准编制的后续工作创造良好的基础。征求意见阶段包括以下几个方面工作：

（1）调研工作。编写标准征求意见稿需要进行的调研活动，应当根据已经通过的工作大纲进行。调查的对象应当具有代表性和典型性，并应当就调研的结果提出专门的报告。

（2）测试验证工作。当需要就某些技术内容开展测试验证时，应当制定测试验证项目的工作大纲，明确统一的测试验证方法；必要时，应对测试验证的结果进行鉴定或论证。

（3）专题论证工作。对标准中的重大问题，或当有分歧的技术问题难以取得统一意见时，应邀请有代表性和有经验的专家进行专题论证，并形成会议纪要和相应的论证报告。

（4）编写征求意见稿。征求意见稿应按编制组第一次工作会议确定的编制大纲，并结合调研、测试验证、专题论证等工作进行编写。要做到适用范围与技术内容协调一致。征求意见稿应经编制组讨论通过。一般情况下，编写征求意见稿的同时，应当同步编写相应的条文说明。

（5）征求意见。征求意见的范围应当具有广泛的代表性，征求意见的期限一般为一个月。

1）主管部门或各标准化技术支撑机构审核标准征求意见稿合格后才可发送有关单位及专家征求意见，同时应在住房和城乡建设部门户网站上公开征求意见。

2）地方标准征求意见的范围应当覆盖全省各相关地区和领域，并在设区的市级以上地方标准化行政主管部门门户网站向社会公开征求意见。

变更调整事项（进度调整除外）原则上应在征求意见之前完成。标准名称变更、主编单位变更、适用范围调整、主要技术内容调整、编制工作进度调整等事项应由主编单位向其标准主管部门报送请示，主管部门商有关单位研究，并函复主编单位。

（五）送审阶段

送审阶段是对标准送审稿组织审查，并形成审查会议纪要的过程。包括补充调研或试验验证、编写标准的送审稿、筹备审查工作、组织审查。送审阶段的工作，除按征求反馈回来的意见修改形成送审稿外，还包括以下几点：

（1）意见处理工作。编制组应将收集到的意见，逐条归纳整理，并提出处理的意见和理由。对其中有争议的重大问题，可以根据情况进行补充调研、测试验证、专题会议等形式进行处理。

（2）试设计和施工试用工作。当标准需要进行综合技术经济比较时，编制组应当按标准的送审稿组织试设计，或根据需要选择有代表性的工程进行施工试用。

（3）完成送审文件。标准的送审文件一般包括：送审报告、标准送审稿及其条文说明、征求意见处理汇总表、专题报告、试设计或施工试用报告、审查方案等。送审报告的内容主要包括：任务来源、编制过程所做的主要工作、标准中重点内容确定的依据及其成熟程度、与国外相关标准水平的对比、标准实施后的效益、标准中尚存在的主要问题和今后需要进行的主要工作等。

1）国家标准、行业标准：标准送审文件应当在开会前发至主管部门或各标准化技术支撑机构审核，审核合格后应于开会至少一周前发至有关单位和专家。

2）地方标准：根据各省、市地方标准管理办法的规定，应向各地区的标准化管理部门或组建的标准化技术委员会提出标准审查申请，经管理部门审核后，方可组织进行审查。

（4）组织审查。标准送审稿的审查形式，一般采取召开审查会议的形式进行。召开审查会议进行审查时，审查会议的代表应当具有广泛的代表性，具体包括：相关政府管理部门的代表、标准化技术委员会的代表、有经验的专家代表、标准编制组成员。标准的审查应当成立审查专家委员会，并与编制组成员共同对标准送审稿进行审查。对其中重要的或有争议的问题，应当进行充分讨论和协商。审查会应当形成会议纪要。

审查会议纪要的内容一般包括会议概况、主要审查意见、对标准送审稿的评价、会议代表名单，并由审查专家委员会全体成员签字。审查意见应当围绕标准的先进性、科学性、协调性、可操作性等展开论述。

（六）报批阶段

报批阶段是标准化技术委员会对标准报批文件进行技术审核，并上报各级工程建设标准主管部门的过程。包括编写标准的报批稿、完成标准的有关报批文件、组织审核等。报批阶段的工作和要求，主要包括以下三个方面：

（1）编写标准报批稿。应当按照标准审查意见，对标准的送审稿及条文说明进行修改。

（2）完成报批文件。包括报批函、报批报告、标准报批稿及其条文说明、审查会议纪要、审查意见处理汇总表；根据需要还可包括专题报告、调整变更事项的审批函等。报批报告的内容主要包括：任务来源、编制过程所做的主要工作、与国内外相关标准水平的对比分析、标准实施后的效益预测等。

（3）报送。主编单位以纸质材料和电子材料的形式向国务院建设行政主管部门或国务院有关行政主管部门或省、自治区、直辖市工程建设行政主管部门正式报送报批文件。

（七）批准发布

批准发布是由国务院建设行政主管部门、国务院有关行政主管部门和省、自治区、直辖市建设行政主管部门对标准进行统一编号、批准、发布的过程。标准的批准发布是标准主管部门或机构的一项重要工作，通过对标准的批准发布，既反映了标准化工作的严肃性，同时也为标准的实施赋予了权威性和法律地位。在这个过程中，主要包括三项工作，一是标准报批稿经主管部门或机构的领导进一步审核认可，正式批准。二是按规定以特定形式发布。三是赋予标准以特定的编号。但是各类标准的批准发布部门或机构、发布方式等有所不同。下面对各类标准批准发布的异同点作阐述。

1. 各类标准批准发布的异同点

（1）工程建设国家标准由国务院建设行政主管部门批准、编号，由国务院建设行政主管部门和国务院标准化行政主管部门联合发布。

（2）工程建设行业标准由国务院有关行业主管部门批准、编号和发布，涉及两个及以上国务院行政主管部门的行业标准，一般联合批准发布，由一个行业主管部门负责编号。行业标准批准发布后30日内应报国务院建设行政主管部门备案。

（3）地方标准主要由各省、自治区、直辖市建设行政主管部门批准、编号和发布。批准发布后应按相关规定备案。目前，各省、自治区、直辖市在地方标准的批准发布和编号方面，做法不尽相同，具体内容详见本书第四章。

2. 标准编号

标准编号由标准代号、发布标准的顺序号、发布标准的年号组成。当标准中无强制性条文时，标准代号后应加"/T"表示。标准编号是标准身份的标识，通过标准的代号表示其所属的类别和属性，通过标准的顺序号表示其在所属类别中的序位，通过标准的年号表示其批准的年份。标准的代号应统一，同一类标准是指同属国家标准、行业标准或地方标准的代号应统一，在相同类别的标准中，属于同一领域的标准代号应统一。下面简要介绍国家标准和行业标准的编号，地方标准、团体标准和企业标准的编号在本书相关章节中介绍。

（1）国家标准。国家标准的编号由国家标准代号、发布标准的顺序号和发布标准的年代号三部分组成。强制性国家标准编号见图2-1，推荐性国家标准编号见图2-2。

图2-1　强制性国家标准编号　　　　图2-2　推荐性国家标准编号

（2）行业标准。工程建设行业标准的编号由行业标准代号、发布标准的顺序号和发布标准的年代号构成。国家标准化管理委员会对我国的行业标准代号进行了规范（见表2-1）。工程建设领域的部分行业在上述代号的基础上，采用代号后增加字母"J"的方式表示工程建设行业标准，如建筑工程行业标准的代码为"JGJ"，城乡建设行业标准的代号为"CJJ"。强制性行业标准编号见图2-3，推荐性行业标准编号见图2-4。

表 2-1　中华人民共和国行业标准代号

序号	行业标准名称	行业标准代号	序号	行业标准名称	行业标准代号
1	安全生产	AQ	38	煤炭	MT
2	包装	BB	39	民政	MZ
3	船舶	CB	40	能源	NB
4	测绘	CH	41	农业	NY
5	城乡建设	CJ	42	轻工	QB
6	新闻出版	CY	43	汽车	QC
7	档案	DA	44	航天	QJ
8	地震	DB	45	气象	QX
9	电力	DL	46	认证认可	RB
10	电影	DY	47	国内贸易	SB
11	地质矿产	DZ	48	水产	SC
12	核工业	EJ	49	司法	SF
13	纺织	FZ	50	石油化工	SH
14	公共安全	GA	51	电子	SJ
15	国家物质储备	GC	52	水利	SL
16	供销合作	GH	53	出入境检验检疫	SN
17	国密	GM	54	税务	SW
18	广播电视和网络视听	GY	55	石油天然气	SY
19	航空	HB	56	铁路运输	TB
20	化工	HG	57	土地管理	TD
21	环境保护	HJ	58	体育	TY
22	海关	HS	59	物资管理	WB
23	海洋	HY	60	文化	WH
24	机械	JB	61	兵工工品	WJ
25	建材	JC	62	外经贸	WM
26	建筑工程	JG	63	卫生	WS
27	金融	JR	64	文物保护	WW
28	机关事务	JS	65	稀土	XB
29	交通	JT	66	消防救援	XF
30	教育	JY	67	黑色冶金	YB
31	矿山安全	KA	68	烟草	YC
32	旅游	LB	69	通信	YD
33	劳动和劳动安全	LD	70	减灾救灾与综合性应急管理	YJ
34	粮食	LS	71	有色金属	YS
35	林业	LY	72	医药	YY
36	民用航空	MH	73	邮政	YZ
37	市场监督	MR	74	中医药	ZY

注：本表根据国家标准化管理委员会门户网站整理。

图 2-3　强制性行业标准编号　　　　图 2-4　推荐性行业标准编号

（八）复审

复审是指对现行工程建设标准的适用范围、技术水平、指标参数等内容进行复查和审议，以确认其继续有效、修订、废止或转化的活动。标准复审是标准化工作的一项制度。由于科技的发展和科技新成果的不断涌现，一项标准在开始制定或实施时应该是先进的，但经过一段时间的实施应用，其内容可能就不再先进合理了，因此，适时对工程建设标准进行复审是非常必要的。

1. 复审依据和方式

复审工作应按照《工程建设标准复审管理办法》的规定执行。

标准复审周期一般不应超过 5 年。近些年来，由于科技发展较快，增加了复审的频次，一般 2~3 年复审一次。

工程建设标准的复审可以采取会审、函审或网上审议方式。参加复审人员应当包括标准的管理机构代表、主要编制人员和熟悉该标准的有关专家。

有下列情形之一时，应当及时对工程建设标准进行复审：

（1）法律法规、国家产业政策、产业结构发生重大变化的。

（2）涉及的国际标准、国家标准、行业标准、地方标准发生重大变化的。

（3）关键技术、适用条件发生重大变化的。

（4）标准实施中有重要反馈意见的。

（5）应当及时复审的其他情形。

2. 复审意见处理

（1）工程建设标准复审的审议意见应当按下列原则确定：

1）部分技术内容不再适用、与上级标准重复或矛盾、不满足现行法律法规规定等，应当建议全面修订或局部修订。

2）全部技术内容不再适用、与上级标准重复或矛盾、不符合现行法律法规规定等，应当建议废止。

3）技术内容不属于基础性、通用性和重要的专用标准范围的标准，应当建议转化为团体标准。

4）技术内容仍然适用的标准，应当建议继续有效。

（2）通过复审，对标准提出继续有效、修订、废止或转化的结论。工程建设标准的修订，按照相应的制定程序执行。当属于下列情况之一时，可以进行局部修订：

1）标准中的部分规定已制约了科学技术新成果的推广应用。

2）标准的部分规定经修订后可取得明显的经济效益、社会效益和环境效益。

3）标准的部分规定有明显缺陷或与相关的标准相抵触。

4）根据工程建设的需要而又可能对现行的标准做局部补充规定。

对于需要局部修订的工程建设标准，应按照《工程建设标准局部修订管理办法》的规定执行。

第五节　工程建设标准管理制度与管理机构

一、标准化管理体制

标准化管理体制是赋予不同组织在标准化工作中的职责和管理权限划分的制度。由于工程建设的特殊性，工程建设标准化工作由建设行政主管部门负责主要管理的制度沿袭至今。工程建设标准化工作是随着经济建设的发展而发展，适应了经济体制的变革，经历了由分散管理到集中管理的过程，并形成了"统一管理与分工负责相结合"的管理体制。

新中国成立初期，我国工程建设标准化工作开始起步，国家建立了专门机构进行宏观指导，标准化活动根据建设工作的实际需要在个别地方、个别行业开展，标准的制定、发布主要由各地区和有关部门自行负责，处于分散管理状况。此后，随着经济发展需要，设立了标准规范专门管理机构，工程建设标准化由分散管理步入集中管理。国家基本建设管理部门、国家计划管理部门先后综合管理工程建设标准化工作，制定标准化政策、规章、制度、全国统一标准；国家有关部门制定部级标准并组织实施国家标准化政策和全国统一标准等；省市基本建设管理部门主要是组织实施。

1962年，国务院发布了《工农业产品和工程建设技术标准管理办法》，其中规定："技术标准分为国家标准、部标准和企业标准三级。技术标准的审批，采取分级负责的办法；国家标准由主管部门提出草案，视其性质和涉及范围报请国务院或者科学技术委员会（主管工农业产品技术标准）和国家计划委员会（主管工程建设技术标准）会同国家经济委员会、国务院财贸办公室、国务院农林办公室审批；部标准由主管部门制订发布或者由有关部门联合制订发布，并报科学技术委员会或者国家计划委员会备案"。1979年，国务院颁布了《中华人民共和国标准化管理条例》，以法规形式明确了工程建设标准化工作由全国基本建设综合主管部门主管。1989年实施的《标准化法》规定国务院标准化行政主管部门统一管理全国标准化工作，国务院有关行政主管部门分工管理本部门、本行业的标准化工作。1990年，国务院颁布《中华人民共和国标准化法实施条例》，其中进一步明确工程建设、药品、食品卫生、兽药、环境保护的国家标准，分别由国务院工程建设行政主管部门、卫生主管部门、农业主管部门、环境保护主管部门组织草拟、审批，其编号、发布办法由国务院标准化行政主管部门会同国务院有关行政主管部门制定。工程建设标准化管理规定，由国务院工程建设行政主管部门依据《标准化法》和本条例的有关规定另行制定，报国务院批准后实施。2015年国务院印发的《深化标准化工作改革方案》明确，环境保护、工程建设、医药卫生强制性国家标准、强制性行业标准和强制性地方标准，按现有模式管理。2018年1月1日，修订后的《标准化法》实施，环境保护、工程建设、食品安全、医药卫生等领域仍按现有模式管理，由国务院相关行政主管部门分工负责；军用标准由国务院、中央军事委员会负责。

二、工程建设标准化管理体系

我国工程建设标准化管理体系主要由工程建设标准化管理机构和工程建设标准化管理制度构成。工程建设标准化管理机构由政府机构和非政府机构组成，其中，政府机构包括：国务院建设行政主管部门、国务院有关行政主管部门、地方建设行政主管部门；非政府机构包括：行业组织单位、各标准化技术支撑机构以及社会团体或组织。工程建设标准化管理制度包括：相关法律、行政法规、部门规章、规范性文件等。新中国成立后 70 多年的发展，结合我国经济体制的改革、政府机构改革，我国工程建设标准化管理体系已逐步健全；随着标准化改革的深入推进，在新发展阶段、新发展理念、新发展格局的要求下，我国工程建设标准化管理体系也正在向着更加完善的方向迈进。

三、工程建设标准化管理机构及职能

国务院建设行政主管部门目前为住房和城乡建设部，其中，由标准定额司履行工程建设标准化管理职责，其主要职能包括：①组织贯彻国家有关标准化和工程建设的法律、法规、方针、政策，并制定工程建设标准化的管理制度；②建立工程建设标准体系，组织制定工程建设标准化工作规划和计划；③组织制定工程建设国家标准和城乡建设领域行业标准；④指导工程建设标准化工作，协调和处理工程建设标准化工作中的有关问题；⑤组织实施标准；⑥对标准的实施情况进行监督检查；⑦负责工程建设行业标准和地方标准的备案；⑧参与或组织有关国际间标准化活动。工程建设标准化的有关技术管理更多由住房和城乡建设部标准化技术管理单位负责。

国务院有关行政主管部门，例如，工业和信息化部、水利部、国家铁路局、国家广播电视总局等，分工管理本部门、本行业的工程建设标准化工作，其主要职能包括：①组织贯彻国家标准化工作和工程建设的法律、法规、方针、政策，并制定在本部门、本行业工程建设标准化工作的管理办法；②制定本部门、本行业工程建设标准化工作规划和计划；③承担制定、修订工程建设国家标准的任务，组织制定本部门、本行业工程建设行业标准；④组织本部门、本行业实施标准；⑤对标准实施情况进行监督检查；⑥参与或组织有关国际间标准化活动。随着我国政府机构改革和职能调整，国务院有关行政主管部门在履行其工程建设标准化管理职责方面也出现了不同的管理方式，特别是在工业领域工程建设标准化的管理上，部分行政主管部门更多职责集中在对标准计划和标准制定、修订的组织上，有关职责更多则委托本行业有关单位或协会履行。

省、自治区、直辖市建设行政主管部门，例如，各省、自治区住房和城乡建设厅，直辖市住房和城乡建设（管）委及有关部门，新疆生产建设兵团住房和城乡建设局等，统一管理本行政区域内工程建设标准化工作，其主要职能包括：①组织贯彻国家有关标准化和工程建设的法律、法规、方针、政策，并制定本行政区域内工程建设标准化的管理制度；②制定本行政区域内工程建设地方标准化工作的规划、计划；③组织制定本行政区域内的工程建设地方标准；④在本行政区域内组织实施工程建设标准和对工程建设标准的实施进行监督。目前，各省、自治区、直辖市工程建设行政主管部门在履行管理职责方面差异较大，有的是由省级工程建设行政主管部门负责，有的是由省级市场监督行政管理部门和工程建设行政主管部门共同负责，也有的是由省级市场监督行政管理部门负责。

市场自主制定标准的管理组织包括：具备相应能力的学会、协会、商会、联合会等社会组织和产业技术联盟，其中含标准化专业团体及行业团体的标准化专门工作机构；企业标准制定主体——工程建设企业标准化管理部门。相关内容见本书第五章、第六章。

标准化技术支撑机构主要职责包括：①遵循国家有关方针政策，向主管部门提出符合工程建设发展的标准化工作方针、政策和技术措施的建议；②负责拟订本专业的标准体系，提出本专业国家标准、行业标准的制（修）订规划和年度计划的建议；③参与组织本专业国家标准、行业标准的制定、修订工作，受委托组织标准送审稿的审查，协调处理相关问题，承担报批稿及强制性条文的技术初审工作；④开展本专业的标准化信息交流和咨询服务工作；⑤承担本专业的国际标准化业务；⑥主管部门交办的其他工作。住房和城乡建设部标准化技术委员会业务范围如表2-2所示。

表2-2 住房和城乡建设部标准化技术委员会业务范围

序号	专业标准化技术委员会名称	业务范围	
1	住房和城乡建设部城乡建设专项规划标准化技术委员会	城乡建设专项规划	工程建设国标、行标
2	住房和城乡建设部工程勘察与测量标准化技术委员会	勘察、测量及岩土工程	工程建设国标、行标，产品标准
3	住房和城乡建设部建筑设计标准化技术委员会	建筑设计（含室内设计）	工程建设国标、行标
4	住房和城乡建设部建筑地基基础标准化技术委员会	建筑地基基础	工程建设国标、行标产品标准
5	住房和城乡建设部建筑结构标准化技术委员会	建筑结构	工程建设国标、行标、产品标准
6	住房和城乡建设部建筑给水排水标准化技术委员会	建筑给水排水	工程建设国标、行标，产品行标
7	住房和城乡建设部建筑环境与节能标准化技术委员会	建筑环境、节能、设备（含暖通、空调与净化设备）	工程建设国标、行标，产品行标
8	住房和城乡建设部建筑电气标准化技术委员会	建筑电气与设备	工程建设国标、行标，产品行标
9	住房和城乡建设部建筑工程质量标准化技术委员会	质量控制 质量验收 项目管理 检测仪器与设备	工程建设国标、行标，产品行标
10	住房和城乡建设部建筑施工安全标准化技术委员会	施工安全（含脚手架、模板及其他施工机具）	工程建设国标、行标，产品行标

序号	专业标准化技术委员会名称	业务范围	
11	住房和城乡建设部建筑维护加固与房地产标准化技术委员会	既有建筑维护加固与房地产	工程建设国标、行标，产品行标
12	住房和城乡建设部市政给水排水标准化技术委员会	市政给水排水	工程建设国标、行标，产品行标
13	住房和城乡建设部道路与桥梁标准化技术委员会	城镇道路桥梁（含公共交通）	工程建设国标、行标，产品行标
14	住房和城乡建设部燃气标准化技术委员会	城镇燃气及设备	工程建设国标、行标，产品标准
15	住房和城乡建设部供热标准化技术委员会	供热工程及设备	工程建设国标、行标，产品行标
16	住房和城乡建设部市容环境卫生标准化技术委员会	市容环境卫生及其设备	工程建设国标、行标，产品行标
17	住房和城乡建设部风景园林标准化技术委员会	风景园林工程及产品	工程建设国标、行标，产品行标
18	住房和城乡建设部城市轨道交通标准化技术委员会	城市轨道交通工程及产品	工程建设国标、行标，产品行标
19	住房和城乡建设部信息技术应用标准化技术委员会	建设领域信息技术应用	工程建设国标、行标，产品行标
20	住房和城乡建设部建筑制品与构配件标准化技术委员会	建筑门窗、幕墙、非结构构配件、装饰装修材料、保温防水材料	产品行标
21	住房和城乡建设部建设工程消防标准化技术委员会	建设工程消防	工程建设国标、行标，产品行标

四、工程建设标准化管理制度

标准化管理制度框架大体分为三个层面：法律、法规，部门规章和规范性文件，地方管理规定等。自 1989 年《标准化法》和《标准化法实施条例》实施以来，我国工程建设标准化管理制度也逐步得到了发展，包括工程建设标准化管理机制、管理原则、管理办法以及管理机构设置等一系列管理规则不断完善。

《标准化法》是标准化工作的上位法，确定了标准层级以及强制性标准与推荐性标准相结合的标准体制；明确了"统一管理、分工负责"的管理体制；明确了强制性标准与推荐性标准的管理职责；规定了标准制定、实施与监督管理要求等。工程建设标准化管理制度主要依据《标准化法》《标准化法实施条例》制定。在法律法规基础上，国务院建设行政主管部门先后制定颁布了工程建设国家标准、行业标准、地方标准、团体标准管理规定；工程建设标准局部修订、复审、备案、翻译等管理规定；工程建设标准实施、监督管理规定；工程建设标准编写、出版印刷管理规定等。国务院各有关行政主管部门，各省、自治区、直辖市建设行政主管部门也先后发布了有关部门或地区的工程建设标准化规章制度。目前，我国现行工程建设标准管理制度体系见表2-3。

表2-3　现行工程建设标准管理制度体系

序号	名称
法律（不限于所列）	
1	中华人民共和国标准化法
2	中华人民共和国建筑法
3	中华人民共和国城乡规划法
4	中华人民共和国节约能源法
5	中华人民共和国防震减灾法
6	中华人民共和国安全生产法
7	中华人民共和国房地产管理法
行政法规	
1	标准化法实施条例
2	建设工程质量管理条例
3	建设工程勘察设计管理条例
4	建设工程安全生产管理条例
5	无障碍环境建设条例
6	民用建筑节能条例
7	建设工程抗震管理条例
部门规章	
1	工程建设国家标准管理办法（1992年建设部令第24号）
2	工程建设行业标准管理办法（1992年建设部令第25号）
3	实施工程建设强制性标准监督规定（2000年建设部令第81号发布，2015年住房和城乡建设部令第23号、2021年住房和城乡建设部令第52号修改）
4	民用建筑节能管理规定（2005年原建设部令第143号）
5	建设工程勘察质量管理办法（2002年建设部令第115号发布，2007年建设部令第163号、2021年住房和城乡建设部令第53号修改）
6	建设工程消防设计审查验收管理暂行规定（2020年住房和城乡建设部令第51号）
规范性文件	
1	关于印发《工程建设标准局部修订管理办法》的通知（建标〔1994〕219号）
2	关于印发《工程建设标准复审管理办法》的通知（建标〔2006〕221号）

续表

序号	名称
3	关于印发《工程建设标准英文版出版印刷规定》的通知（建标标函〔2008〕78 号）
4	关于印发《工程建设标准翻译出版工作管理办法》的通知（建标〔2008〕123 号）
5	关于印发《工程建设标准编写规定》的通知（建标〔2008〕182 号）
6	住房和城乡建设部关于进一步加强工程建设标准实施监督工作的指导意见（建标〔2014〕32 号）
7	住房和城乡建设部关于印发《工程建设标准解释管理办法》的通知（建标〔2014〕65 号）
8	住房城乡建设部标准定额司关于印发《工程建设标准英文版翻译细则》的通知（建标标函〔2014〕96 号）
9	住房和城乡建设部关于印发《工程建设标准培训管理办法》的通知（建标〔2014〕162 号）
10	国务院关于印发《深化标准化工作改革方案》的通知（国发〔2015〕13 号）
11	住房城乡建设部办公厅关于培育和发展工程建设团体标准的意见（建办标〔2016〕57 号）
12	住房城乡建设部关于印发深化工程建设标准化工作改革意见的通知（建标〔2016〕166 号）
13	住房城乡建设部办公厅关于印发《工程建设标准涉及专利管理办法》的通知（建办标〔2017〕3 号）

本 章 小 结

工程建设标准的制定是一项有组织、有计划、有目的的工作，为了让读者更加清晰地了解一本标准"从无到有"是如何编制出来、编制过程中各方的职责和任务以及编制依据等相关内容，本章分别从工程建设标准分类、工程建设标准运行机制、工程建设标准的制定、管理制度与管理机构等方面进行了详细的介绍。

工程建设标准按制定主体不同，可分为国家标准、行业标准、地方标准、团体标准和企业标准；政府颁布标准按法律属性或约束力，可分为强制性标准和推荐性标准；按标准体系层次可分为基础标准、通用标准、专用标准；按工程建设阶段，可分为决策阶段标准和实施阶段标准。

工程建设标准运行机制是标准化管理体制的微观体现，经过多年的实践探索，形成了一整套相对成熟的政府颁布标准的运行机制和市场自主制定标准的运行机制。

工程建设标准的制定从制定原则、内容和程序三个方面入手，着重对制定程序包括的立项申请、立项、准备阶段、征求意见、送审、报批、批准发布、复审八个环节做了介绍。

最后对工程建设标准化管理机构的组成以及各自的管理职责做了介绍，从法律、法规，部门规章和规范性文件三个层面汇总了工程建设标准化管理制度。

参 考 文 献

［1］卫明. 工程建设标准编写指南［M］. 北京：中国计划出版社，1999.

［2］杨瑾峰. 工程建设标准化实用知识问答［M］. 第 2 版. 北京：中国计划出版社，2004.

第三章　工程建设标准的实施与监督

标准化工作的任务是制定标准、组织实施标准以及对标准的制定、实施进行监督。组织实施标准是指标准化机构宣传、推广标准，社会各方应用、实施标准的活动。对标准的制定、实施进行监督是指法定监管部门依法对标准的制定程序、标准的内容以及实施标准的行为等进行监督，并对相关违法行为追究法律责任。

1989 年实施的《标准化法》仅提出对标准实施进行监督。2018 年实施的《标准化法》，增加了对标准制定环节的监督，并为此增加了标准制定要求，以及制定方面的法律责任。对标准制定的监督，主要围绕着标准的制定程序、标准的内容进行监督。针对国务院标准化行政主管部门、国务院有关行政主管部门、地方政府、社会团体和企业，都提出了相关法律责任，对不符合标准制定程序和标准内容的行为，要承担违法后果。现行《标准化法》重点对于违反强制性国家标准制定过程中的项目提出、立项、组织起草、征求意见、技术审查、编号、批准发布和对外通报的行为，以及制定标准技术要求低于强制性国家标准的、违反标准制定原则、未按照规定对标准进行编号、复审和备案的行为，都一一明确了相应的法律责任。

标准制定程序和内容的具体要求在第二章已经进行了阐述，对标准制定的监督就贯穿在标准制定的管理过程中，本章不再赘述对于制定的监督，重点介绍标准的实施和对实施的监督。

工程建设标准服务于工程建设全过程，围绕着质量安全、节能环保核心要求，逐步形成和完善出一系列的规划、勘察、设计、施工、验收、运维、管理和改造标准，以及相配套的设备、产品、材料等应用标准。工程建设标准的实施与监督便是将标准规定的各项要求，通过一系列具体措施，贯彻到工程建设全过程中去，并对贯彻执行情况进行督促、检查和处理。标准的实施与监督和工程建设过程息息相关，对标准的实施与监督就贯穿在对建设工程质量和安全要求的实施和监督中。从某种意义上说，工程建设标准的实施与监督和工程建设质量安全、节能环保等要求的保证与监督管理过程是高度一致的。

第一节　国外工程建设标准实施与监督

各国工程建设标准的实施与监督根据各自的政治、经济、市场、技术法规和标准体系不一而各具特色，比如政府参与程度会呈现不同的市场化特征，而技术法规和标准的差异也决定了实施与监督上不同的特点。总的来说，每个国家工程建设标准的实施与监督体系，大都是经过长期的市场和实践检验，不断总结经验教训后逐渐形成，并有其特点。例如，英国和法国为最早开始标准化活动的国家，其与实施监督相关的建设立法、工程质量检查，以及人员资质管理方面具有深厚的历史渊源；美国因地理环境差异导致的地域特色，以及政府和地方具有多层级管理的特点；日本和中国同为亚洲国家，在监督管理上具有纵向集中管理的特点。

一、国外技术法规和标准的实施

（一）技术法规的实施

技术法规实施的组织管理部门一般为政府主管部门。欧盟的法规实施由各成员国转化落实，欧盟国家一般是由中央政府制定法规，对原则性事项进行规定，具体的实施落实管理由地方政府负责，如英国、法国。美国是联邦制国家，也由于地理差异较大，各州在法规的制定和实施管理上由州政府自行决定。

各国对于技术法规的实施，基本都是政府主导，通过行政审批、行业准入、合格评定、认证认可、执法监督等手段，从行政和市场层面进行推动。虽然管理机构、实施力度和方式方法稍有差异，但相关举措主要如表3-1所列。技术法规的实施往往和标准的实施是伴随一起的。

表3-1　技术法规和标准的实施对比

文件类别		技术法规	标准
实施组织管理部门		政府主管部门	标准制定机构
实施执行主体		工程项目参建各方和各利益相关体，包括业主、建设单位、勘察设计单位、施工单位、总承包商及各分包商、材料生产及供应方、咨询公司、监管机构、保险和担保机构等各类企业以及建筑师、工程师等各类职业资格人员	
实施举措	实施文件的质量保障	（1）国会审批或发布，明确为法制文件； （2）制定时多方参与协调，管理要求和技术要求清晰合理	（1）及时复审修订，优化创新周期； （2）提高标准的本地适应性，如增加标准的国家附录或国家参数； （3）制定时多方参与协调，多方征求意见； （4）遵循法规要求制定
	实施配套/辅助文件	（1）制定技术法规的实施配套文件； （2）配套大量标准贯彻落实技术法规的要求	（1）制定标准配套的技术指南和手册等文件，帮助理解和实施； （2）开发实施应用软件，方便随时随地使用； （3）提供标准打包产品或系统产品
	实施手段和措施	（1）合同约束，责任制明确； （2）职业资格人员认可，纳入会员和职业资格人员管理要求； （3）保险机制约束和保障； （4）畅通标准发布、出版和销售渠道，善用网络渠道； （5）宣贯和应用培训，尤其发挥各类行业团体的组织培训作用； （6）通过学生在校教育和职业教育推广； （7）多层面、多方式对实施情况进行监督	

文件类别		技术法规	标准
实施举措	实施手段和措施	（1）推广各类强制性产品认证、建筑性能认证、质量认证； （2）质量担保促进实施； （3）企业资格审查和许可； （4）司法制度保障法规实施，并对实施结果进行裁决	（1）通过各类自愿性认证如建筑性能和质量认证推动实施； （2）政府示范带动； （3）被法规引用，或是有法律法规保障； （4）扩大实施范围，如升级为国家、区域或国际标准，或是被其他标准采用，包括团体标准、联盟标准和企业标准； （5）纳入合同，通过合同格式模板推广； （6）通过法令和政策规定标准的强制实施； （7）法规明确标准可作为仲裁纠纷的依据； （8）法律规定企业引进质量管理，并将标准纳入质量要求

（二）标准的实施

标准的实施推广由其制定和发布机构主导，通过认证认可、符合性检测、升级引用、合同推广、机构采信、团体推广等手段推进实施。在工程建设活动过程中，技术法规和标准的实施措施是有很大重合的，因为技术法规需要通过标准的实施得以实现，技术法规是强制实施，而标准是自愿性采用。标准的实施措施可参见表3-1，简要介绍以下几种：

（1）政府示范带动。当政府在其投资建设的公共工程中要求执行某些标准时，这些标准会被大家认为是能够充分保障建筑工程质量的，政府的行为要求就容易带动这些标准在其他工程项目中的实施，起到良好的示范作用。同理，当政府对公共工程中建筑产品有认证要求时，这类通过认证的产品在民间也极具威信和说服力，会提高这种自愿性认证的实施力度，也从而能推动一批产品标准的实施。比如法国规范（DTU）本身是不具有强制性的，但是在政府投资建设的公共工程中却是强制要求实施的，政府在公共工程中对法国标准的采用和示范，带动了其他项目和民间机构也随之采用这些标准。

（2）通过合同格式模板推广。标准被合同采用时，因为契约关系也必须执行，且受到协调机制和司法程序的保护，还有专门的合同争端解决方案确保纳入合同的标准的实施。国际通行的各类合同格式模板中，通用条款和专用条款部分皆采用了大量标准，通过合同格式模板在世界范围内的广泛应用，这些标准也随之得到了大量的推广实施。如英国土木工程师学会和英国合同审定联合会分别制定的 ICE 和 JCT 系列合同文件中引入了大量英国国家标准和团体标准，针对不同工程模式、项目和服务都有配套的合同格式供参考，且专用条件部分根据工程项目品质的要求采用不同的标准，并通过双方的契约关系将标准引入到具体工程项目中并强制实施。

（3）各类认证推动实施。一方面各类认证活动依据大量标准执行，尤其强制性认证所采纳的标准更容易得到大面积推广实施，如欧盟协调标准是进行 CE 认证所采纳的标准，因此欧盟协调标准从自愿性变成了一种强制性实施，并得以在欧盟各国广泛使用；另一方面，按照高标准生产的产品或建设的工程也更容易获得各类认证，并获得消费者或投资者的青睐。

目前，标准制定机构更多的是推广自愿性认证，这些自愿性认证一旦被纳入保险担保要求，或是政府采购要求等，就会成为具有行业影响力的认证，从而带动一批标准的实施。

（4）人员认可。人员认可多由社会机构组织进行，对某些标准的掌握和熟悉情况成为人员考察和审核的重要环节。一旦掌握标准作为人员认可的考察方式，其实施在专业人员间很容易得到推广执行，且经认可的人员会定期接受认可机构关于标准的宣贯培训和管理监督，确保贯彻执行最新标准。

（5）团体约束和推广。标准的实施主要依托制定单位来推广和管理，尤其是一些团体标准，会要求其会员或认可的资格人员遵守行业协会章程和行为守则，并使用其制定的团体标准，如此，这类标准就具备了强制实施的特点。此外，一些协会借助自身影响力及其认证认可的职能，针对新的团体标准会开展一系列的宣贯培训、新闻发布会、研讨论坛、职业考试等推广活动。

（6）保险制度推动实施。保险公司对建设投保方会提出检测、产品、设计和施工标准要求以及认证要求并进行监督，以确保建材产品、建设过程、服务和管理等环节严格遵循保险公司要求的标准。这些标准多为保险公司自制或采用外部标准，通常都高于技术法规的要求。如美国的 FM 保险公司要求其投保工程所使用的产品要满足 FM 认证和 FM 系列标准，尤其是消防电气设备。经 FM 认证、符合 FM 标准的建设产品在受到火灾或地震灾害时能有效抵御灾害，避免保险公司遭受更大的损失。英国在英国国家房屋建筑委员会（NHBC）投保的企业都必须执行 NHBC 制定的施工和材料标准。法国保险公司会要求投保单位在遵循法规的底线要求之外，还必须执行法国标准 NF 和规范 DTU。

（7）制定实施配套文件和工具。制定与实施标准相配套的技术指南和手册等文件，开发标准实施应用软件，帮助使用者更好地理解标准和执行标准，提高实施效率和保障实施准确性。如英国的 NHBC，针对 NHBC 施工标准制定了 150 本技术指导文件，并开发了两款标准实施 APP，可以指导用户更好地实施标准；其开发的 NHBC 基础深度计算器，可以帮助用户评估计算要符合标准所需的地基深度，可以实现移动办公，随时随地便捷使用。

（8）被法规引用，或是其他法律法规保障。一旦标准被法律法规引用，就变成强制性，必须执行，接受政府主管部门的监管，成为具有法律效力的实施文件。此外，也可通过法令规定标准的强制实施，或是明确某些标准可作为仲裁纠纷的依据，这是法国比较常用的手段。而日本则通过法律规定企业必须要引进质量管理，将部分标准纳入质量管理要求，从而促进了相关标准的实施。

二、国外技术法规和标准的监督

（一）技术法规的监督

技术法规的监督管理部门是政府主管部门。一般是联邦或中央政府为统一监督管理部门，地方政府落实具体监督事务。如英国的社区和地方政府部，日本的国土交通省，美国的联邦政府和州政府，当然，也有多个主管部门联合执法，如英国能耗法规的执行，同时接受社区和地方政府部以及能源和气候变化部的监管。

根据不同的监督主体、监督对象，监督形式和举措可以概括为以下几种：

（1）政府监督。包括联邦或中央政府、地方各级政府、政府下属机构、执法机构的监督。监督举措主要为行政管理和执法活动，多以各类行政审批和各类监督检查方式进行，如规划许可、发展许可、建筑法规许可、完工证明和使用许可、验收检查、市场抽查、项目检查、机构资质认可、人员资格认可和企业资质许可等。机构资质认可包括政府对第三方检查、认证和认可机构进行授权，通过对第三方的许可和管理，让第三方行使监督职责。

（2）授权机构或第三方监督。包括经政府授权或认可的监督检查机构、发证机构、检验机构、第三方认证认可机构，以及检查员对工程及参与方进行的图纸审查、施工审批、竣工验收检查、工程检测验收、产品认证、机构或人员认可。通过对机构、企业、人员的认可监管实现对法规的监管。

（3）行业自律/团体监督。团体机构将法规的执行纳入规章制度和会员守则等管理文件，并以此作为监管依据对会员进行监督。这些团体机构主要是各类建筑行业的协会或学会，多为民间非政府机构，主要通过对人员的监督实现技术法规的监督。这类行业团体和第三方机构具有一定的重合性，因为行业团体发展到具有一定实力和影响力时，可以向政府申请第三方认证认可职能，得到授权就可以开展认证或检验活动，从而强化其监督职能。

（4）业主监管。业主作为项目的发起人、组织者、决策者、使用者和受益者，对建设项目负有监督管理职责。对于可能出现的违规风险，通过与工程保险公司签订合同对风险进行管控。在技术方面，则聘任专业咨询公司代替业主方对整个项目进行控制监管，确保按照相关法规和标准要求进行。

（5）社会公众监督。所有从事法规实施和监督的人员和机构信息多是公开的，遇到违规现象，人人可以成为监督主体。公众对工程的规划、建设或对相关机构、人员的行为均可提出意见和建议，有些国家的公示制度，可使公众在很大程度上能影响到政府的规划决策，一旦发现有违反法规行为，公众皆有权投诉和举报。

（6）自我监督，建设主体各方一旦违规违法，将受到司法、政府、市场、机构和保险公司等多方制约和影响，资质、诚信都将受到损害，严重影响集体利益或是个人职业生涯，因此，各建设方也会进行自我监管和约束，以期获得良好的信誉和口碑。

在实际工程活动中，技术法规的监督往往也是伴随着特定工程建设标准的监督，监管过程也具有高度的重叠性，但侧重点和具体监督方式又略有不同。

（二）标准的监督

标准监督形式和举措如表3-2所示，标准的监督有三种情况：

（1）对于纳入法规和法令强制要求执行的标准，其监督体系即为技术法规监督体系，接受政府主管部门的监督管理。

（2）有契约关系存在的标准，包括合同形成的契约，以及采信机构与机构成员、社团组织与会员之间形成的约束，这类标准是有实施要求的标准。

1）基于合同的契约关系，即标准被纳入合同条款，往往存在于业主和承包商、承包商和分包商之间，这时的监管团体一般为对标准有特定要求的业主方，以及业主方的咨询团队，这种契约关系受到法律保障。

表 3-2　标准的监督体系

监督形式和举措	政府层面监督	①通过对技术法规的监督确保标准的合法性底线； ②对标准化组织认证评估实现对标准的间接监管； ③政府对标准的直接监管； ④对第三方机构的资质审批许可，让第三方行使监管职责
	团体层面监管（发布/采用机构的监督）	①发表免责声明； ②团体自律：良好行为引导； ③对工程项目执行标准的情况直接进行检查； ④合格评定，各类认证； ⑤会员监管和约束； ⑥人员认可，对职业资格人员的监管实现对标准的监管； ⑦建立标准质量评价体系
	基于合同契约关系的监管（采信方的监管）	①业主的监督； ②建筑师等咨询团队的监督； ③委托专业检查机构和人员进行监管； ④第三方机构的监督
	自我监督	责任制、诚信机制、职业生涯、法律约束

2）社团对会员的要求，采信机构对旗下人员要求，即标准被一些特定组织机构采纳并在机构范围内要求推广实施，或是由于规章制度约束形成的某种契约，其监督管理部门为这些标准的发布和采用机构，多为一些行业社团组织、保险机构。

除合同外，也有投资协议、贷款协议中列入标准要求从而形成的契约关系，当把协议中关于标准的内容以合同形式明确时，其实施监督便受合同机制约束。

（3）没有实施要求和契约关系的标准。这种情况占多数，国外更多是自愿性采用的工程建设标准，其制定发布组织并没有要求某个机构或群体执行；另一方面，某些企业或个人未经标准发布组织许可而自行使用时，标准发布组织和标准使用方之间并不形成契约约束，为避免监督义务和违规责任，标准发布组织通常会针对制定的标准出一份"免责声明"，谁使用谁负责。这种情况下，标准是没有监督的，主要依靠政府对技术法规的实施和监督要求保障标准的合法性底线。

技术法规是标准的制定依据，也是底线要求。政府虽然对自愿性标准不直接实施监督，但是通过技术法规的监督确保了标准的安全、质量和可持续等底线要求。技术法规和标准监督有相似之处，但略有不同，具体见表 3-3。

表 3-3 技术法规和标准的监督对比

文件类别	技术法规	标准
监督组织管理部门	政府主管部门	标准制定和采用机构
监督执行主体	联邦或中央政府、各级政府、专业监管机构或检查员、业主（或委托咨询公司和建筑师）、第三方机构等法定、政府授权和社会监督机构	标准的采用机构，多为一些行业社团组织、保险机构、对标准有特定要求的业主方，以及业主方的咨询团队
监督形式	政府监督 授权机构或第三方监督 业主监管 行业自律/团体监督 大众监督 自我监督	政府层面的监督 采用组织或机构的监督 基于合同契约关系的监管 行业自律/团体监督 自我监督

　　建筑技术法规和标准的实施和监督都是从不同方面、不同层级通过多种手段来推行和进行质量保证的。实施监督是贯穿到具体的工程建设活动中的，其实施监督体制根据各国国情、政治体制、管理环境和经济发展水平不一分别具有政府主导、政府授权、合同约束、行业自律、市场监管、法律约束等多重特点。我国由强制性标准和推荐性标准构成的法规和标准体系在政府主导下已运行多年，随着标准化工作改革的深化，工程建设团体标准也开始蓬勃发展，对比发达国家经验，从体系完善、机构职能、实施举措到监督方式等多个方面，我国工程建设标准实施监督机制与国外既有相似之处，也有不同之处。后续将分别从国内相关规定、标准实施和监督角度来分析。

第二节　我国工程建设标准实施与监督相关规定

　　作为标准化工作中最重要的两项活动，标准的实施及其监督，在各类工程建设相关的法律、行政法规、规章制度中都有相关规定和要求，包括各个地方的标准管理办法中也有涉及。比较重要的法律、法规有《建筑法》《建设工程质量管理条例》《建设工程安全生产管理条例》《建设工程勘察设计管理条例》《标准化法》《标准化法实施条例》等以及重要的部门规章《实施工程建设强制性标准监督规定》。除国家和行业层面的规定，各地方也会有相应的条例和规章制度，共同组成了标准实施和监督相关的系列规定。这些文件，从不同角度对标准的实施与监督提出了原则性或具体的规定，这些文件相辅相成、互相渗透、互为补充，都是为了落实和推动某个领域、某个阶段或某个地方的标准实施和监督工作。

　　工程建设标准还涉及不同类型的建设工程，比如消防、交通、港口等，国家也颁布相关法律，各个不同行业行政主管部门也发布了不少与工程建设息息相关的管理规章。例如，《中华人民共和国消防法》《中华人民共和国公路法》《中华人民共和国城乡规划法》

《中华人民共和国港口法》等法律，《公路水运工程质量监督管理规定》《公路工程建设标准管理办法》等部门规章。这些文件都是实施和监督工程建设标准的依据。不同行业之间有不同，也有相似共通之处，本节将以适用面最广的建设工程领域文件为重点进行介绍。这些建设工程领域法律、法规和规章制度作为实施工程建设标准以及进行监督的依据，具有普适性，可作为标准化实施监督工作开展的最基本的指导文件。

一、《建筑法》关于标准实施与监督的规定

1997 年由第 91 号主席令发布的《建筑法》是我国建设领域第一部法律文件，最新一次修订是在 2019 年。法律中明确规定了工程建设标准的实施要求和监督责任。《建筑法》的立法重点落脚在质量和安全上，控制建筑工程的质量，既要使建筑活动的整个过程，又要使最终的建筑产品，符合国家现行的有关法律、法规、技术标准、设计文件及工程合同中的安全、使用、经济等方面的要求。

（1）针对建设活动的规定。法律规定，建筑活动应当确保建筑工程质量和安全，符合国家的建筑工程安全标准。这条规定涵盖了全部条款中关于标准的规定，有关建筑工程安全的国家标准或行业标准，是保障建筑工程安全的基本要求，建筑工程的发包方和承包方可以在合同中约定严于国家标准或行业标准的工程质量要求，但不得以合同约定低于国家标准或行业标准的质量安全要求。对建筑工程勘察、设计、施工的质量等也明确必须符合国家有关建筑工程安全标准的要求。

（2）针对最终交付建筑工程的规定。法律规定，交付竣工验收的建筑工程，必须符合规定的建筑工程质量标准。

这里讲的规定的建筑工程质量标准，包括依照法律、行政法规的有关规定制定的保证建筑工程质量和安全的强制性国家标准和行业标准，建筑工程承包合同约定的对该项建筑工程特殊的质量要求，以及为体现法律、行政法规规定的质量标准和建筑工程承包合同约定的质量要求而在工程设计文件中提出的有关工程质量的具体指标和技术要求。只有完全符合上述质量标准，不存在质量缺陷的建筑工程，才能作为合格工程予以验收。

（3）针对建设单位的规定。法律规定，建设单位不得以任何理由，要求建筑设计单位或者建筑施工企业在工程设计或者施工作业中，违反法律、行政法规和建筑工程质量、安全标准，降低工程质量；建设单位违反规定，要求建筑设计单位或者建筑施工企业违反建筑工程质量、安全标准，降低工程质量的，责令改正，可以处以罚款；构成犯罪的，依法追究刑事责任。

（4）针对勘察设计单位的规定。法律规定，建筑工程的勘察、设计单位必须对其勘察、设计的质量负责。勘察、设计文件应当符合有关法律、行政法规的规定和建筑工程质量、安全标准、建筑工程勘察、设计技术规范以及合同的约定；建筑设计单位不按照建筑工程质量、安全标准进行设计的，责令改正，处以罚款，直至依法追究刑事责任。

（5）针对施工企业的规定。法律规定，建筑施工企业必须按照工程设计图纸和施工技术标准施工，不得偷工减料。建筑施工企业必须按照工程设计要求、施工技术标准和合同的约定，对建筑材料、建筑构配件和设备进行检验，不合格的不得使用。建筑施工企业在施工中偷工减料的，使用不合格的建筑材料、建筑构配件和设备的，或者有其他不按照工程设计图纸或者施工技术标准施工的行为的，责令改正，处以罚款，直至依法追究刑事

责任。

（6）针对建筑工程监理的规定。法律规定，建筑工程监理应当依照法律、行政法规及有关的技术标准、设计文件和建筑工程承包合同，对承包单位在施工质量、建设工期和建设资金使用等方面，代表建设单位实施监督。

二、《建设工程质量管理条例》关于标准实施与监督的规定

2000年国务院发布了《建设工程质量管理条例》（国务院令第279号）和《建设工程勘察设计管理条例》（国务院令第293号）。2003年又发布了《建设工程安全生产管理条例》（国务院令第393号），明确了建设单位，勘察、设计、工程监理、施工单位及其他单位实施工程建设强制性标准的要求，并明确了建设行政主管部门、有关行政部门，以及地方政府的监督管理职责，同时也对违反和不符合强制性标准的行为承担的法律责任进行了约束。这些法规性文件都明确了在建设活动中标准实施和监督的要求。这里将以《建设工程质量管理条例》为重点阐述对象，介绍各实施主体的标准实施要求和监督主体的监督义务，以及相关的法律责任。

《建设工程质量管理条例》第二条明确，该条例适用于中华人民共和国境内从事建设工程的新建、扩建、改建等有关活动和实施对建设工程质量的监督管理。条例所称的建设工程，是指土木工程、建筑工程、线路管道和设备安装工程及装修工程。根据国务院发布的《建设工程质量管理条例》释义，这里所指的土木工程包括矿山、铁路、公路、隧道、桥梁、堤坝、电站、码头、飞机场、运动场、营造林、海洋平台等工程；建筑工程是指房屋建筑工程，即有顶盖、梁柱、墙壁、基础以及能够形成内部空间，满足人们生产、生活、公共活动的工程实体，包括厂房、剧院、旅馆、商店、学校、医院和住宅等工程；线路、管道和设备安装工程包括电力、通信线路、石油、燃气、给水、排水、供热等管道系统和各类机械设备、装置的安装活动；装修工程包括对建筑物内、外进行以美化、舒适化、增加使用功能为目的的工程建设活动。

（1）针对建设单位的规定。条例规定，建设单位不得明示或者暗示设计单位或者施工单位违反工程建设强制性标准，降低建设工程质量。明示或者暗示设计单位或者施工单位违反工程建设强制性标准，降低工程质量的，责令改正，处20万元以上50万元以下的罚款。

（2）针对勘察设计单位的规定。条例规定，勘察、设计单位必须按照工程建设强制性标准进行勘察、设计，并对其勘察、设计的质量负责。勘察单位未按照工程建设强制性标准进行勘察的，设计单位未按照工程建设强制性标准进行设计的，责令改正，处10万元以上30万元以下的罚款。

（3）针对施工单位的规定。条例规定，施工单位必须按照工程设计图纸和施工技术标准施工，不得擅自修改工程设计，不得偷工减料。施工单位在施工中偷工减料的，使用不合格的建筑材料、建筑构配件和设备的，或者有不按照工程设计图纸或者施工技术标准施工的其他行为的，责令改正，处工程合同价款2%以上4%以下的罚款；造成建设工程质量不符合规定的质量标准的，负责返工、修理，并赔偿因此造成的损失；情节严重的，责令停业整顿，降低资质等级或者吊销资质证书。

（4）针对工程监理单位的规定。条例规定，工程监理单位应当依照法律、法规以及有

关技术标准、设计文件和建设工程承包合同，代表建设单位对施工质量实施监理，并对施工质量承担监理责任。监理工程师应当按照工程监理规范的要求，采取旁站、巡视和平行检验等形式，对建设工程实施监理。

（5）针对直接责任人的规定。条例规定，建设单位、设计单位、施工单位、工程监理单位违反国家规定，降低工程质量标准，造成重大安全事故，构成犯罪的，对直接责任人员依法追究刑事责任。

（6）针对政府的监督管理规定。条例规定，国务院建设行政主管部门和国务院铁路、交通、水利等有关部门应当加强对有关建设工程质量的法律、法规和强制性标准执行情况的监督检查。县级以上地方人民政府建设行政主管部门和其他有关部门应当加强对有关建设工程质量的法律、法规和强制性标准执行情况的监督检查。

三、实施和监督相关的政策文件

2000 年 8 月，《实施工程建设强制性标准监督规定》（中华人民共和国建设部令第 81号）发布，并分别于 2015 年、2021 年进行了修订。文件中提出在中华人民共和国境内从事新建、扩建、改建等工程建设活动，必须执行工程建设强制性标准。这里所称工程建设强制性标准是指直接涉及工程质量、安全、卫生及环境保护等方面的工程建设标准强制性条文。部令对实施监督职责、强制性标准监督检查的内容、监督机构和人员要求等做出规定。例如，明确"国务院建设行政主管部门负责全国实施工程建设强制性标准的监督管理工作。"

为贯彻国务院发布的《建设工程质量管理条例》，建设部组织编制《工程建设标准强制性条文》，并印发了《关于加强〈工程建设标准强制性条文〉实施工作的通知》（建标〔2000〕248 号），要求各省市做好宣贯培训，确保各级建设、规划行政主管部门中涉及建设项目规划、设计审查、工程开工审批的有关管理人员和技术人员，以及工程质量监督机构、安全监督管理机构、施工图设计文件审查机构的工程技术人员熟悉和掌握《强制性条文》的相关内容，并在建设活动中自觉地严格执行和进行有效的监督，保证《强制性条文》在工程建设的规划、勘察、设计、施工和竣工验收的各个环节得以有效实施，同时通过多种渠道，加强社会舆论监督。国务院有关行政主管部门、各地方建设行政主管部门针对强制性条文也陆续发布了相应文件要求加强标准的实施和监督。

2014 年，住房和城乡建设部印发《关于进一步加强工程建设标准实施监督工作的指导意见》（建标〔2014〕32 号），提出要从推动重点领域标准实施、完善强制性标准监督检查机制、建立标准实施信息反馈机制、加强标准解释咨询工作、推动标准实施监督信息化工作、加大标准宣贯培训力度、规范标准备案管理、逐步建立标准实施情况评估制度、加强施工现场标准员管理共 9 个方面加强标准的实施监督工作。这些工作要求在全国各地得到了进一步落实，并被纳入地方的标准管理要求中。

实施管理方面，建设部 2006 年印发《工程建设标准复审管理办法》（建标〔2006〕221 号），旨在通过实施过程中的复审管理，提高标准质量和技术水平。为加强实施管理，2014 年住房和城乡建设部印发了《工程建设标准解释管理办法》（建标〔2014〕65 号）；为推动标准有效实施，随后又发布了《工程建设标准培训管理办法》（建标〔2014〕162号），用以指导各级住房和城乡建设行政主管部门、国务院有关主管部门组织开展标准培训活动，并明确由各级住房和城乡建设行政主管部门、国务院有关行政主管部门的工程建设标准化管理机构，负责制定标准培训计划，有重点、有组织地开展培训活动。

部分地方也出台了地方工程建设强制性条文的汇编，以及相应的工程建设标准实施监督管理办法，进一步明确标准实施要求、监督检查机制、检查内容和计划要求、检查方式和程序以及信息化手段的落实等内容。纵观地方政府现有的各项规章制度，有 20 多个省、直辖市和自治区都发布有相应的标准管理办法。大多数政府的条例政策更侧重标准的制修订和监督，而且是工程建设强制性标准的监督。关于实施提及较少，主要聚集在标准培训方面。实施的指导依据主要还是依赖于住房城乡建设部的相关政策和指导文件。这些国家、行业和地方层面的制度文件便是开展工程建设标准实施和监督工作的重要依据。

根据现有法律法规和规章制度，可以明确全国工程建设标准的实施和监督管理工作由国务院建设行政主管部门统一负责，国务院国土规划、交通、水利等有关行政主管部门负责各领域工程建设标准的实施和监督管理。县级以上地方人民政府建设行政主管部门和其他有关主管部门按各自职责分工负责区域内工程建设标准的实施和监督管理工作。每个工程建设标准都对应着不同行业主管部门，它们对标准的实施和监督承担具体的组织管理和推进工作。而根据标准类型的不同，具体的实施和监督方式和举措也存在差异性，后续的实施和监督章节会分别展开讲述。

第三节　工程建设标准的实施

一、标准实施的意义、原则与体系

工程建设标准的实施是指将标准规定的各项要求，通过一系列具体措施，贯彻到工程建设全过程中去，以及围绕此目标产生的一系列活动。制定标准，解决标准的有无问题和标准水平的高低问题，是标准化工作的重要前提和基础；实施标准则是标准化工作的目的，也是标准化活动中最为关键的一环。

（一）标准实施的意义

标准得不到实施，标准确定的目标就不可能在工程建设活动中得到实现，标准化的作用就没有发挥的可能。只有实施应用的标准才有生命力，每项标准也只有通过实施才能充分发挥其应有的作用，达成最终的质量、安全、节能、环保、经济等各类目标。

1. 标准实施才能保障工程安全与质量的基本目标

大部分工程事故都与违反安全与质量标准的行为密切相关。保证工程安全与质量是工程建设最基本的要求，围绕着工程建设所开展的活动都必须满足这个底线要求。不严格执行标准就会导致重大事故屡屡发生，例如，汶川地震中，一些建筑没有很好执行抗震设计相关标准，造成房屋严重倒塌；2022 年，长沙自建房违反了结构安全标准，倒塌致 53 人死亡，造成了生命与财产的巨大损失。标准是工程建设技术和经验的积累，是开展各项建设活动的依据，只有在规划、设计、施工、验收各个阶段严格实施标准，审查人员能根据标准要求进行审批，工程技术人员理解并正确执行这些标准，而验收人员能严格根据标准要求验收，才能确保工程最终的安全与质量。

2. 标准实施才能达到制修订目的和产生效应

标准化的目的是获得最佳秩序和社会效益，标准的实施则是标准化工作核心的任务，是标准能否取得成效、实现其预定目标的关键。标准实施目的各不相同，除了保证安全与质量这一底线要求，还有节能环保、规范市场、保障公众利益、统一工艺和方法、提升效率等，没有贯彻实施标准，就谈不上这些目标的达成，以及随之而来的各种效益。而标准在实践中不断完善、修正，不断创新，与时俱进，也才能使标准更契合实际需要，确保合理的公众利益，从而创造更大的效益。

3. 标准实施是检验标准科学性的重要方式

标准就是标准化科研以及实践经验总结的产物，结合工程实际需要而制定，并用以指导具体的实践工作。标准的科学性包括适用性、合理性、可操作性、先进性等，而这些都只有在实施中才能得到检验和验证。不合理和落后的标准轻则会给实施执行者增加负担，重则会损害经济的发展，甚至影响最终交付工程的质量和水平。只有符合各方利益、符合经济社会技术发展水平、科学合理的标准才更容易被认可，进而扩大实施范围，而这些都是需要在实践中验证的。标准好不好用，实施效果和影响如何，都需要通过一段时间的实践才能知晓。

4. 标准实施才能促进标准和整体技术水平的提升

新标准实施时，建设各方主体为适应新标准要求，需要改善生产或是工艺，提升自身实力和竞争力，进而推动工程质量和水平的提升；同时，标准实施过程中不断积累的实践经验和实施反馈，也会形成新的经验，需要体现在下次修订或是新标准中。标准实施中存在的技术、管理和应用等问题，会迫使技术的创新和标准的完善，反过来促进标准的进步更新。可以说，标准改进和发展的动力来自实施，标准的实施和质量水平提升是一个互为因果、循环互动的关系。

（二）标准的实施原则

我国工程建设标准包括国家标准、行业标准、地方标准、团体标准、企业标准。但各类标准的实施要求是不同的，建设活动各方要把握以下几个原则。

1. 强制性标准，必须严格执行

强制性标准都涉及工程安全、质量、节能减排等内容，根据《建筑法》《建设工程质量管理条例》《建设工程安全生产管理条例》《标准化法》等，任何建设活动主体都必须严格执行强制性标准，否则将依法承担法律责任，其行为人也将受到法律处罚。

2. 推荐性标准和市场标准，一旦纳入合同，必须执行

这里的市场标准包括团体标准和企业标准。无论何种标准，一旦作为条款纳入工程建设相关的正式合同文本中，就形成了契约关系，合同双方都将受到约束，而纳入合同的标准也就具备了强制性的实施要求，而且受到《中华人民共和国民法典》（以下简称《民法典》，以前是《合同法》）的保护，违反合同规定就是违反法律规定，将会受到处罚。

3. 推荐性标准，积极采用；团体标准，自愿采用

政府推荐性标准是基本要求，推荐性行业标准和地方标准的技术要求按规定不能低于国家标准；供市场自主选择使用的团体标准不能低于政府推荐性标准的要求。更多市场自主制定标准的实施，需要依赖其他市场活动主体的采信引用、制定组织的推广。这些原则上没有实施要求的标准，一旦被政府规章制度引用或通过政府文件要求实施、被强制性标

准引用，作为强制性认证所使用，或者被写入合同中、被企业采用纳入企业质量体系，便有了实施要求。

（三）标准的实施体系

1. 标准实施体系构成

政府颁布标准侧重于保基本，市场自主制定标准侧重于提高竞争力。但无论是哪类标准，若要具备很强的实施力度、能广泛应用并具有生命力，必定都离不开良好的实施管理、推广和执行。标准的实施原则，实施管理机构与实施主体，实施管理、推广和贯彻执行共同构成了标准的实施体系，见表3-4。

表3-4 标准实施体系

标准性质	强制性标准	推荐性标准	团体标准	企业标准
实施原则	必须严格执行	积极采用	自愿采用	企业内部实施
实施管理机构与实施主体	各级建设行政主管部门及有关主管部门（标准主编部门）、各实施主体	各级建设行政主管部门及有关主管部门（标准主编部门）、使用者	团体组织（标准发布机构）、采信方	企业
实施管理、推广和执行举措：借助标准化服务+互联网+信息化手段	（1）实施管理： 1）实施前保障：质量保障和宣贯保障，标准批准发布、备案管理、出版发行、宣贯培训； 2）实施中管理：解释咨询、宣贯培训、信息查询、实施反馈、标准复审、实施监督； 3）实施后评价：>1年，标准实施状况评价：推广标准状况、执行标准状况；>2年，标准科学性评价：可操作性、协调性、先进性；>3年，标准实施效果评价：经济效果、社会效果、环境效果。 （2）实施推广和执行举措： 1）标准实施配套文件：标准设计图集、技术措施、导则、实施指南、手册、实施配套软件； 2）扩大采信引用：其他标准引用或升级、法律法规和规章制度、企业质量管理体系和标准体系、工程保险公司、合同格式模版推广、试点示范； 3）标准员制度：标准实施计划、施工前期标准实施、施工过程标准实施、实施评价、标准信息管理； 4）标准化服务：咨询服务，各类组合式或系统式服务，包括实施管理、推广和执行			

2. 标准实施管理、推广和执行的关系

实施管理包括实施前的保障、实施中管理和实施后评价，目前的实施管理相对比较成熟和完善。实施管理的最终目的是标准的推广和执行，也可认为实施管理是标准推广和执行的重要举措之一。标准的推广由标准发布机构和采信机构组织开展，标准的执行由具体实施主体落实。标准的推广和执行是相辅相成、互为补充的关系。标准的推广有利于标准最终落地执行；反之，标准的执行配套、举措和制度的完善也可以进一步推动标准的推广应用。与此同时，借助标准化服务、互联网和信息化手段，可以更好地开展实施相关工作。

3. 实施前的保障

包括标准的实施质量保障和推广保障。质量保障意味着标准要具有协调性、适用性、可操作性，这是决定标准具有良好可实施性的前提，这些是由标准制修订过程来控制的。标准的出台，除了要符合法律法规和技术经济政策，还要进行技术层面的试验论证，并根据公开、透明、平等的规则，区分不同级别标准，要经过主管部门、监督机构、实施代表、行业协会、科研院所和相关企业等各相关利益方的征求意见和协调沟通，最大程度上达成一致，以确保工程建设标准的可实施性。制修订过程中任何一方的偏颇和导向，都可能导致标准的实用性大打折扣，从而影响实施力度和应用推广。

实施前的推广保障包括标准批准发布、备案管理、出版发行、宣贯培训，确保标准在社会面的广泛知晓和可获得性。宣贯培训还决定了相关工程技术人员能否理解标准、用好标准，相关单位和工程是否能正确有效执行标准。

这些实施前保障更多属于标准制定管理的范畴，本章不做讨论，主要从实施过程中的管理和实施后评价两个方面展开。其中，宣贯培训不仅存在于实施前，也可以在实施中开展，因此将在实施管理中一并介绍。

4. 实施中管理

实施中管理包括标准的解释咨询、宣贯培训、信息查询、实施反馈及畅通反馈和信息渠道、标准复审、对实施进行监督等。可根据实施中存在的问题和难点，组织培训释疑，或是组织复审修订；借助互联网、信息化的手段，优化实施中各个环节的流程管理，提高沟通和实施反馈效率；推动标准化服务机构的发展，做好实施的组织和后勤保障工作。

5. 实施后评价

实施后评价往往根据科技进步、市场的变化、标准实施中的反馈、标准复审情况以及工程应用中的问题等，综合评价标准的实施状况、标准的科学性以及一系列经济、社会、环境效益等。事实上，随着技术的快速发展，标准的修订周期也在缩短，只有及时修订完善，保证技术先进性、市场适应性，标准才更容易被各方市场主体采用、采信，从而得到更好的实施。

6. 实施执行和推广

（1）执行方面，可以制定标准设计图集、技术措施、导则、实施指南、手册等标准实施配套文件和应用软件、工具，协助实施者更好地理解和执行标准；通过企业标准员制度组织和落实标准的执行；通过标准化服务保障标准的执行。

（2）推广方面，特别针对团体标准可以通过各种途径扩大标准的采信引用范围，比如被其他标准引用，通过规章制度要求实施应用，被企业、保险机构采纳，被纳入合同条款等；或者通过标准化服务达到推广目的；标准执行配套和相关制度的落实，也有助于标准的进一步执行。

前述实施管理其实也是为了最终标准的推广和执行，后文将分别从标准实施配套文件、标准实施管理举措、标准的采用和推广、标准员制度、标准实施评价五个方面展开。标准实施管理的信息化内容在本书第十章介绍。

二、促进标准实施的配套文件

标准实施配套文件对于准确理解标准、有效执行标准、促进标准实施具有重要作用。配套文件主要包括各种标准衍生物，如标准设计图集、技术措施、技术导则、实施指南、手册等文件，以及和标准相配套的软件工具等。

1. 标准设计图集

标准设计图集，是按照相关政策、标准的要求编制而成，针对工程建设构配件与制品、建（构）筑物、设施和装置等编制的应用技术文件，是对标准合理、科学解读的细化和延伸。一般情况下，标准设计图集都是为新产品、新技术、新工艺和新材料推广使用而编制的，对于工程建设急需的，而相关标准又缺少具体相关的内容，标准图集也补充了相应的具体做法。这样既从实操层面贯彻了标准，又推动了标准化工作的发展。由于大部分标准设计图集是可以直接引用到工程图纸中，因此，对消除质量通病、提高工程建设质量、提高设计速度、促进行业技术进步、推动工程建设标准化，提供了有力的技术支持。

自20世纪50年代至今，我国共编制了国家建筑标准设计图集2 500多项，内容涉及建筑工程的各个方面，在工程建设中得到了广泛应用，成为建设行业不可或缺的重要技术资源，成为工程建设标准化的重要组成部分和一项重要基础性工作。标准设计图集既考虑了设计、施工、生产材料、资源等各种因素，又考虑了标准化要求，可称为一种标准化、通用化、系列化的设计技术文件。

2. 技术措施

技术措施通常是针对工程实践中急需的、相关标准暂未细化而实际工程中无法回避的问题，以现行国家标准和行业标准为依据，基于工程设计经验而制定的相关技术要求或方法。技术措施重在为解决工程实际问题提供切实可行、操作有效的具体方案或方法。

3. 技术导则

技术导则通常是用于规范工程咨询与设计的手段和方法，以进一步提高建筑工程设计质量和设计效率。一般情况下，技术导则是针对某一专项技术要求或专项问题而编制。技术导则可引导设计单位使用，也可供有关建设行政主管部门、建设单位和教学、科研、施工、监理等人员使用。

4. 实施指南

实施指南通常是为了更好发挥标准的作用，使标准有效服务于工程建设各个环节而编制的。实施指南以现有建设产品标准为核心，围绕工程建设标准的实施，对工程建设标准进行总结和分析，指出产品标准应用中存在的难点和问题，使产品标准与工程实践有机相融，服务于工程建设各个环节。

5. 实施配套软件

根据标准要求开发的软件，将标准中提出的性能要求和关键技术措施，固化于工具软件中，便于工程建设技术人员更好地理解并执行标准。针对现行的国家、行业和地方的碳排放计算标准、绿色建筑标准、节能设计标准、造价标准、结构设计、BIM系列应用标准等，市面上都有各种相应的配套应用软件。随着标准的变更，软件也会随之进行更新升级，以配合新标准的实施推广。

目前，建设行业通用的PKPM软件，随着工程结构、工程抗震、地基基础等全文强制性通用规范的陆续发布，软件也随之进行版本升级。

针对各级绿色建筑评价标准，由于从国家到地方实施力度加大，软件开发机构制定配套软件时，针对绿色建筑标准的要求，使得从设计阶段就能满足各项标准规定。不仅如此，市场上针对绿色建筑标准编写出版了细则、指南等配套技术文件，并在此基础上开发了相应的绿色建筑评价软件和评审系统、绿色建筑标准实施测评系统等软件工具，同步建立了绿色建筑标准的实施支撑系统，有效提高了标准实施能力和效果。正是基于多层面的实施推动，截至 2022 年，我国新建绿色建筑面积占新建建筑的比例已经超过 90%。

三、标准实施管理举措

（一）畅通标准信息渠道

（1）做好标准信息的对外传递和实施信息的收集。

具体来说，就是标准实施前的标准化动态要及时更新，批准发布、出版发行等情况要及时对外公开；标准实施后的查询、实施反馈和解释咨询渠道，也要保持畅通。标准发布到出版往往有一段滞后期，借助网络和信息化手段，标准发布、查询都可以第一时间公开获得。实施反馈和建议应在标准文本中给出联系信息或反馈平台。

（2）做好标准的实施管理，落实实施管理责任。

实施管理责任的落实，可以帮助实施主体有效对接责任主体，从而解决实施中遇到的问题，有利于后续进一步的推动实施。因此在实施管理中，应畅通标准实施信息反馈渠道，广泛收集建设活动各责任主体、社会监管机构和社会公众对标准实施的意见建议，及时进行分类整理，提出并落实处理意见。对涉及标准咨询解释的，由相应标准的解释单位处理；对涉及标准贯彻执行的，由相关监督机构处理；对涉及标准内容调整或制定、修订的，由相应标准的批准部门处理。处理结果要及时反馈。要定期开展综合分析，重点对标准制定提出建议，形成标准制定、实施和监督的联动机制。

（3）借助信息化手段，提高信息传递效率和实施管理水平。

建立便捷的标准查询检索以及有效的网络反馈渠道，同时利用信息化手段做好标准实施管理；可在标准实施过程和关键环节，探索标准实施的达标判断、实时监控、责任绑定和追溯；将各方责任主体执行强制性标准情况记入单位和个人诚信档案，作为评定个人和企（事）业单位从事工程建设活动诚信的重要依据等。

（二）强化标准宣贯培训

标准发布后，应及时进行宣贯和培训，发挥标准主编单位和技术依托单位的主渠道作用，采取宣贯会、培训班、远程教育等线上线下多种形式，帮助工程技术人员更好地了解、熟悉和掌握标准。将标准培训纳入执业人员继续教育和专业人员岗位教育，也是有效方法，可提高工程技术人员、管理人员实施标准的水平。积极利用报刊、电视、网络及新媒体等途径，扩大标准化知识宣传，增强全社会标准化意识。

除政府机构主导的宣贯培训，很多标准化服务机构、科研院所、行业协会、企业内部等也可自行组织开展相应的培训活动，常见的几种形式包括主管部门召开宣贯发布会、线下的培训讲解、标准网络教学等。

（三）做好标准解释咨询

做好标准的解释咨询是确保标准有效实施的手段。按照"谁批准、谁解释"的原则，标准解释往往由标准批准部门负责，但也可以指定有关单位比如主编单位或技术依托单位出具解释意见。对涉及强制性条文或标准最终解释，由标准批准部门负责，也可指定有关单位负责，解释内容应经标准批准部门审定。目前发布的标准文本，都会在前言页注明具体技术内容的解释单位和联系地址。

（四）及时反馈标准实施信息

标准制定是否合理、执行是否到位、操作性是否良好及实施效果如何，都需要在实施中检验，并根据实施情况、实施过程中的反馈信息做出后续决策。随着社会的进步、技术的革新、上位法的变更，技术、产品、设备、服务和工艺也在不断推陈出新并逐步应用到工程建设中，与此同时建设工程随着发展也需要达到更高的要求、更好的品质、追求更好的效果，这就使得最初实施良好的标准在持续实施过程中会出现不适应新技术发展、不能满足不断变化的工程需求的情况。因此，标准实施信息的及时搜集、反馈尤为重要，并根据实施反馈意见，及时复审修订标准。

（五）建立标准化试点示范制度

《标准化法》中强调县级以上人民政府应当支持开展标准化试点示范和宣传工作，传播标准化理念，推广标准化经验，推动全社会运用标准化方式组织生产、经营、管理和服务，发挥标准对促进转型升级、引领创新驱动的支撑作用。实际上，标准化试点示范工作由来已久，住房和城乡建设部推动节能、装配式建筑时便以相应标准的实施为抓手，开展了不少试点示范项目。地方政府也有相应的试点项目申报，围绕着示范项目实施执行某项标准，以及由此产生的效益作为试点，借此推动某项标准的应用实施，以达到节能或推广某项新技术、新工艺的目的。为推动绿色建筑、节能建筑、超低能耗建筑、近零能耗建筑、零碳建筑及对应标准的应用，不少省市都实施了相应的试点示范项目，并列入"十四五"节能或碳达峰碳中和专项规划中。

（六）加强标准实施的监督

对标准的实施进行监督是推动标准实施最为有效的手段之一。标准实施监督就是检查相关人员、机构是否在各阶段活动中执行了标准要求，建设产品是否满足标准要求，标准的贯彻执行情况如何，存在哪些问题。标准监督的最终目的也是推动实施和贯彻执行。有关标准监督的更多内容将在本章下一节进行详细介绍。

（七）促进标准化服务

标准发布机构在标准实施中提供的管理和服务有限，尤其是政府机构，难以满足大量的、应急的市场化需求。标准化服务机构则能根据客户需求，提供一种或多种服务项目，或者是通过组合拳，为客户提供标准化定制方案，甚至是提供从研究、制定、管理到实施、监督、维护的全过程服务。标准化服务主要面向工程建设各类企业，服务主要包括：指导企业正确、有效执行标准，提供标准的解释咨询、对实施要点和难点培训讲解，为其提供定制化解决方案，为标准的实施提供检测和认证、资质认定、项目的监督检查等服务。

标准化服务初期更多聚焦在标准查询、宣贯培训方面，查询服务可以实现条文比对、废止标准提醒、中英文简介。随着发展，目前可提供实施反馈、解释咨询等内容，标准化服务更为细致、及时和具有针对性，且提供更多的信息和学习渠道。此外，消防、交通等专业领域的标准化平台，不仅以数字化形式收录了工程建设标准及其技术导则、英文版等出版物，还提供标准音频、视频培训和学习课程，以助于从业人员高效便捷地查询标准和使用标准。随着经济、技术快速发展，标准化需求也更多样化，国外企业走进来或国内企业走出去都需要标准化咨询服务，这些已经不是一个标准数据库或平台能解决的。由此，各种各样的标准化技术服务机构应运而生，提供标准的实施管理、贯彻执行、实施推广、标准监督检查、标准化科研、标准化咨询等全方位服务。

近年来，我国高度重视培育发展标准化服务业，已将此列为国家重点支持的高新技术领域。标准验证、标准比对、标准外文版翻译、制定标准、标准实施工具开发、质量评价、实施咨询和监督检查等服务，均是培育发展的重点。通过整合资源、扩展范围、丰富类型，标准化服务正朝着全链条扩展。随着我国经济转向高质量发展阶段，标准化服务的全链条还可向着质量技术基础的"一站式"服务进一步延伸，将标准化与计量、认证认可、检验检测等资源要素深度融合。

提供标准化服务的主体，大多为各级各类科研单位、协会组织、标准化技术委员会及秘书处承担单位、标准出版发行单位等机构，这些机构深谙标准规则，熟悉标准，并借助自带的平台提供推广服务。诸如各类行业协会、建筑工程领域技术标准创新基地、标准信息化服务平台都会定期举办标准培训解读、标准推广、标准信息发布、公告、咨询服务。专业领域的标准化服务也在蓬勃发展中，如绿色建筑是城乡建设领域全面推动绿色发展的主要载体和重要战场，部分标准服务机构利用绿色建筑领域的研究开发与标准编制经验，依托绿色建筑咨询团队、质量监督检验中心等机构，进一步扩展和丰富了标准配套出版物与软件编制、标准化技术咨询、产品认证、工程及设备质量监督检验等服务，并且提供新建建筑全过程的绿色咨询服务，确保新建建筑满足合同约定的星级要求。BIM技术的发展，也催生了一批提供BIM标准化咨询服务的机构。

随着建筑行业绿色化、工业化、信息化、智能化的发展，各类机构也都在积极探索工程建设标准化服务的新模式和新方向，标准的信息化、数字化、网络化也是未来趋势。标准化服务的信息化问题在第十章中着重介绍。

四、工程建设标准的采用与推广

标准的有效引用和采纳是标准化实现的重要环节，是实施推广的重要方式，也是对标准科学性和适用性进行验证不可或缺的一环。标准被各种机构采信和引用，其实施应用范围就更广泛，当然，这与标准质量、标准科学性和各类实施举措也是分不开的，是一个互相成就的关系。这里重点介绍几种被采用情况，也是标准实施举措的几个重要方面，未来标准的推广，包括团体标准的推广，也可以从这几个方面推动。

（一）被其他标准引用或升级转化

（1）引用采信。标准间的相互引用能提高标准的实施力度，尤其是被强制性标准或者具有影响力的标准引用。这里主要指的弱实施性标准被强实施性标准引用，比如推荐性政府标准被实施力度更强的政府标准引用，会强化其实施力度；而团体标准被政府标准引用，也会促进团体标准的应用实施。目前，团体标准引用政府标准较多，而政府标准引用团体标准相对较少，还有待政策上的鼓励和引导。

（2）升级转化。不同于美国的团体标准可以升级为国家标准，并冠以国家标准和团体标准双编号，国内目前没有地方标准或团体标准直接转化为国家标准的案例，为确保标准质量和可实施性，会重新经历一轮制修订过程，也不会出现协会的标准代号。但如果团体标准或地方标准填补了空白或是具有明显的技术进步性，往往政府标准的新立项会参考这些标准，许多合理的指标内容也会延续下来，也可以认为是一种标准的升级转化。2023年8月，国家标准化管理委员会印发了《推荐性国家标准采信团体标准暂行规定》，为团体标准的转化提供了政策依据。

（二）法律法规和规章制度推动

包括被法律法规和规章制度引用，法律法规和政策制度要求或者财政激励政策的推动实施。江苏省《绿色建筑评价标准》虽然是推荐性的，但2015年3月颁布的《江苏省绿色建筑发展条例》要求：新建民用建筑的规划、设计、建设，应当采用一星级以上绿色建筑标准，使用国有资金投资或者国家融资的大型公共建筑，应当采用二星级以上绿色建筑标准进行规划、设计、建设。鼓励其他建筑按照二星级以上绿色建筑标准进行规划、设计、建设。对达到二星级以上的绿色建筑，由县级以上地方人民政府对建设单位进行奖励。条例的要求和配套奖励政策强有力地推动了江苏省《绿色建筑评价标准》的实施，并取得了良好的实施效果。根据发布的《江苏省"十四五"绿色建筑高质量发展规划》中公布的数据，城镇新建绿色建筑占比从"十三五"初期的53%增长到"十三五"末的98.0%。一星级及以上绿色设计标识比例达到100%，二星级及以上绿色设计标识比例达到87%。这样的实施力度得益于条例中对绿色建筑标准的实施要求。

北京市通过政策制度要求，加上财政补贴和激励政策，也成功推动了绿色建筑系列标准的实施。2013年北京市发布《关于转发市住房城乡建设委等部门绿色建筑行动实施方案的通知》《关于印发发展绿色建筑推动生态城市建设实施方案的通知》，要求2013年6月1日起，所有新建民用建筑执行一星级绿色建筑标准要求，此后发布的若干文件重申了这一要求。这一系列举措极大地推动了北京市绿色建筑系列标准的实施。

团体标准也是如此，一旦被政府规章制度引用，实施力度大大增强。上海市政府发布的《上海市装配整体式混凝土建筑防水技术质量管理导则》（沪建质安〔2020〕20号），便引用了中国工程建设标准化协会标准《装配式建筑密封胶应用技术规程》T/CECS 655—2019，规定施工现场的接缝防水密封胶材料的相容性、耐久性、污染性性能检测将依据《装配式建筑密封胶应用技术规程》T/CECS 655—2019执行，一时之间，上海的各大小第三方检测机构进行检测资质能力扩项，将该标准的检测能力纳入业务范围中，各生产企业、施工企业和监理单位也对照该标准检查产品、工程是否符合规定，并将标准要求在生产、检测、工程建设过程中贯彻执行。

（三）纳入企业质量管理体系和标准体系

企业是标准化活动的主体，标准如能被大量企业纳入质量管理体系作为受控文件，或者是企业标准体系中，实施力度就能大幅提高。企业标准体系是以技术标准为主体，包括管理标准和工作标准在内的一套体系，为企业质量管理体系的实施提供支撑。质量管理体系是企业各项技术、质量管理制度、措施的集合。

采用先进的工程建设标准能引导企业引进先进的技术和新材料、新工艺，有利于提高企业竞争力，因此，不少龙头企业会主动关注并采纳最新标准，推动在企业内部实施。对于先进性标准的推行，往往以利益最大化作为基本出发点，需要同时综合考虑企业现有的生产力、技术水平、人员配备和素质，采纳后的贯彻实施性，以及权衡由此增加的各类前期成本投入、后期成本的缩减和质量的提升、最终的经济效益等。目前，对企业采纳标准的研究，包括博弈理论、成熟度模型、层次分析法、收益分析、数学论证法、约束力分析、多元线性回归模型等；也包括专门针对企业是否应采纳标准的行为分析与决策研究，涵盖了各种模型构建、综合成本和投资回收的计量考核等，会根据市场结构与分布、标准属性和监督检查情况等进行综合考量。这些都为企业采纳工程建设标准提供了指导和决策依据。强制性标准必须实施，但推荐性标准、自愿采用标准一旦纳入企业质量管理体系文件，包括管理手册、程序文件中，作为企业内部质量管控的依据和企业标准体系的一部分，就会得到实施，尤其是经过认证的一套质量体系。

优秀企业对于先进标准的采纳无疑会具有社会导向性，进而优化市场结构，提高产能和创新性。所以，越来越多的龙头型企业会制定企业标准化战略规划，不仅是跟进追踪标准的新变化新发展趋势，同时还会通过这些标准革新自己的内部工艺、产品和服务，以期获得市场长期持久性的竞争力。

（四）工程保险约束和推广

工程保险制度在国外已发展多年，其对标准实施的作用，多是根据投保要求，迫使投保方或投保项目执行某保险公司指定的标准，从而确保工程质量，同时也将投保损失降到最小。保险的推行涉及工程建设标准的推广实施，也是引入市场化监管手段的重要方式。保险公司对于标准实施的贡献主要有两点：第一是推广标准。保险公司大多有一套自己的标准体系，或为自己开发，或为引用其他标准，投保企业都得按保险公司的标准要求开展工作。第二是贯彻执行标准。为了控制理赔损失，会要求各个阶段各参与方严格执行标准、准确执行标准，并进行监督。简言之，保险背后的技术支撑是标准，保险公司的利益是靠工程建设标准的实施来维系和保障的。

目前开展的相关保险主要有工程质量潜在缺陷保险、绿色建筑性能责任保险、建筑工程安全责任险、产品责任险等。保险类别不能穷举，这里简单介绍几种典型保险。

1. 工程质量潜在缺陷保险

工程质量潜在缺陷保险（也称 IDI，Inherent Defects Insurance，以下简称"缺陷保险"），有的地方也称为建筑工程十年责任险，是指由建设单位投保的，保险公司根据保险条款约定，对在保险范围和保险期间内出现的因工程质量潜在缺陷所导致的投保建筑物损坏，履行赔偿义务的保险。工程质量潜在缺陷是指因勘察、设计、施工、监理及建筑材料、建筑构配件和设备等原因造成的工程质量不符合工程建设标准、施工图设计文件或合同要求，并在使用过程中暴露出的质量缺陷。常见的屋面、厕浴间防水渗漏，外墙渗漏、外墙面脱落等多数都属于质量潜在缺陷，也就是不符合相关施工和验收标准。

保险制度是由保险公司委托独立于设计和施工机构之外的第三方建筑工程技术风险管理机构实施，针对每个建筑工程的特点，从建筑工程的方案设计、施工图设计和施工过程的各个阶段进行质量风险控制，使之严格符合保险公司标准要求。保险制度使得质量风险在工程设计和建设阶段就得到了较好的控制，并得到了较好的处理和解决。

国外的保险制度已发展多年，保险公司同样参与制定和提供应遵循的检测和产品标准，按照其所列标准进行建造或改造的房屋在保险费用等方面享有价格优惠。如美国 FM Approvals 同时也是 ANSI 授权的标准制定组织 SDOs。

我国自 2002 年，建设部提出借鉴国外经验，在国内引入 IDI，2005 年开展试行工作。目前，上海、深圳、北京、江苏、浙江、安徽、山东、河南、广东、广西、四川、海南等省市区就缺陷保险制度在稳步推进中，承保的标的类型涉及保障房、商品房、公寓、学校、消防站、地铁、桥梁、体育场馆等工程类型。

2. 绿色建筑性能责任保险

绿色建筑性能责任保险是指在保险责任期内，正常使用条件下，在由当地住房城乡建设行政主管部门认可的评价机构进行的绿色星级评价中，建筑物未取得保险合同中载明的绿色星级标识或未达到标准，由被保险人承担对建筑物进行绿色性能整改或货币赔偿的责任，由保险人按照约定负责赔偿的保险。该保险旨在从规划、设计、建设到运行整个项目过程中贯彻绿色建筑标准的实施。目前，绿色建筑风险服务在北京、浙江等地已有项目案例。2021 年 9 月，中国建筑标准设计研究院有限公司凭借在风险管理咨询领域内的丰富经验和深厚实力，成功承接了北京市住宅混合公建用地项目绿色建筑保险的风险管理服务，成为"国内第一单"住宅领域绿色建筑保险的风险管理服务商。绿色建筑评价相关的标准作为技术依据支撑相关评估活动。

3. 建筑工程安全责任险

2021 年 6 月 10 日，全国人大常委会表决通过了《关于修改中华人民共和国安全生产法的决定》，并已于 2021 年 9 月 1 日施行，其中新增了"高危行业领域强制实施安全生产责任保险制度"的要求。根据中共中央、国务院《关于推进安全生产领域改革发展的意见》，高危行业领域主要包括八大类行业：包括矿山、危险化学品、烟花爆竹、交通运输、建筑施工、民用爆炸物品、金属冶炼、渔业生产。全国各省市在建筑施工行业已逐步推行强制的安全生产责任保险。而安全生产的标准实施要求也在《建设工程安全生产管理条例》中明确，投保的底线要求就是对安全生产强制性标准的实施要求。

4. 责任险

包括针对企业的责任险和针对个人的责任险。对从事建设活动的企业或各种专业工程人员、职业资格人员自身所需要承担的职业责任进行投保，也可以认为是对企业和人员职业资格和能力进行的一种保险。保险公司对投保企业和人员的资质能力进行甄选评估，并根据其过往经验和资质能力给予不同保率。

目前，职业责任险在我国的普及性并不高，但国家目前正在推行的终身责任制也是一种很好的责任约束，也有利于职业责任险的推广发展。工程设计责任险是一种很典型的职业责任险，分为综合年度保险、单项工程保险和多项工程保险三种。但投保需通过保险公司的审查，只有具备一定实力、设计质量可靠、设计水平高的设计单位才可能获得投保资格，变相提高了投保门槛，这有利于确保工程项目的质量，而且可以根据事故率调整保费，约束投保方严格执行工程建设标准或合同约定的要求。施工单位投保的施工责任险也是类似的机制。

各地针对目前推行的终身责任制，也纷纷出台政策文件鼓励配套的保险制度。比如山东省明确自 2020 年 8 月 1 日起，在全省推行勘察设计责任险；北京市明确推广工程设计保险制度，提升建筑行业对工程设计保险的认识，推动建设单位主动投保工程质量潜在缺陷保险，设计单位投保工程设计责任险，实现建设流程保险全覆盖，通过市场机制促进勘察设计质量提升。

（五）合同格式模版推广

一般来说，主体包括发包方（业主或其代理方）和承包方（勘察、设计、咨询、施工、供货）。国际上普遍采用合同模板，如世界银行合同文本、美国建筑师学会（The American Institute of Architects，简称 AIA）制定的 AIA 系列合同条件等。通过将标准纳入合同格式模板，对技术标准进行实施推广，是目前国外普遍的做法。

在我国，一些建筑总承包类型的合同中，有专门的质量要求部分或标准部分。其中就包括了构成合同的施工应当遵守的或指导施工的国家、行业或地方的技术标准和要求，以及合同约定的技术标准和要求。而这些引用的标准和要求通常在特定的合同类型和工程中，经过长期的实践逐步固化下来，形成了合同示范文本，或者成为一种合同格式模板，并在行业内广为推荐应用。也有建设方根据自己特定的质量标准要求，制定通用的合同格式模板，并在各类项目中广泛推广应用，正如开发商都有自己的一套装饰装修配置标准一样。

工程建设合同受到《民法典》保护。2020 年 5 月 28 日，《民法典》正式颁布，第三篇取代了原来的《合同法》，并于 2021 年 1 月 1 日实施，其中就包括建设工程合同的内容。依法成立的合同，对当事人具有法律约束力，且自成立时生效。这就意味着，一旦纳入合同中的工程建设标准，就必须得到执行。

勘察、设计和施工合同中会明确质量要求和执行标准。根据《民法典》，建设工程竣工后，发包人应当根据施工图纸及说明书、国家颁发的施工验收规范和质量检验标准及时进行验收。勘察、设计质量不符合标准要求，因施工人员的原因致使建设工程质量不符合约定标准的，违约方应承担违约责任。发包人提供的主要建筑材料、建筑构配件和设备不符合强制性标准或者不履行协助义务，致使承包人无法施工，经催告后在合理期限内仍未履行相应义务的，承包人可以解除合同。按照《民法典》违约责任的规定：当事人一方不履行合同义务或者履行合同义务不符合约定的，应当承担继续履行、采取补救措施或者赔偿损失等违约责任。

如果合同中有遗漏的或者没有约定执行的标准，《民法典》中也规定了执行标准的兜底要求：质量要求不明确的，按照强制性国家标准履行；没有强制性国家标准的，按照推荐性国家标准履行；没有推荐性国家标准的，按照行业标准履行；没有国家标准、行业标准的，按照通常标准或者符合合同目的的特定标准履行。强制性标准本身具备法律约束力，而推荐性标准和团体标准，只要其具体要求被合同当事双方明确引用便可产生法律约束力。

五、标准员制度

（一）标准员制度的发展和试点情况

在工程建设标准的实施方面，不同建设活动方、各类职业资格人员和专业人员利用其自身专业技能和对标准的掌握了解，在工程建设的不同阶段起着正确执行标准的作用。施工现场标准员是一个和标准高度相关的专业人员岗位，从事着工程建设标准的实施、监督、反馈和评价等工作。鉴于其在推动实施标准方面的角色，这里将标准员放在实施环节介绍，事实上监督环节标准员也发挥着作用。

根据《建筑与市政工程施工现场专业人员职业标准》JGJ/T 250—2011，标准员定义为在建筑与市政工程施工现场，从事工程建设标准实施组织、监督、效果评价等工作的专业人员，可分为土建施工、装饰装修、设备安装和市政工程四个子专业。

早在 2014 年，住房和城乡建设部在《关于进一步加强工程建设标准实施监督工作的指导意见》中提到要加强施工现场标准员管理，并率先在山东、安徽、河南、云南、重庆5个省市推动标准员的试点工作。随着标准员试点的陆续扩展，截至2022年6月，施工现场专业人员（含标准员）培训试点方案已上报省市包括：浙江、湖北、河北、上海、河南、甘肃、安徽、西藏、海南、宁夏、山西、福建、湖南、广西、广东、黑龙江、天津、江西、陕西、四川、新疆、山东、辽宁、青海、北京、内蒙古、贵州、云南、重庆。

在施工企业中要求配置标准员，也有地方要求设计和施工两类企业都应配置标准员。以安徽为例，推出了《安徽省工程建设标准员制度试点工作实施方案》，组织编制并发布了省地方标准《工程建设标准员职业标准（试行）》DB34/T 5028—2015。在该地方标准中标准员定义略有不同，是指承担建筑与市政工程建设任务的建设单位、勘察单位、设计单位、施工单位、监理单位等工程建设各方责任主体从事工程建设标准实施组织、监督和效果评价等工作的专业人员。职责与行业标准规定一样，只是将标准员范围扩展到了建设、勘察、设计、施工、监理及监督管理各个领域。安徽省要求从事工程建设活动的具备工程设计专业甲级及以上资质、施工总承包和专业承包一级及以上资质企业，中层及以上管理人员都要具备标准员知识能力。

目前，强化工程建设标准员运用信息手段开展标准实施、监督、评价、信息收集和反馈已提上日程，要求工程建设标准员熟练掌握和操作工程建设标准化信息管理系统，实现企业标准化工作的全过程信息化管理。"互联网+标准"的管理模式已基本形成。

（二）标准员工作职责与技能要求

标准员要根据标准的要求，同时关注最新发布的标准，及时对工程项目执行的建设标准进行更新，监督检查标准执行情况，对于不符合标准的行为及时纠正。标准员负责的是工程项目从实施计划到实施评价全过程中涉及标准的部分。工作职责和专业技能见表3-5。

表3-5　标准员的工作职责

项次	分类	主要工作职责	专业技能
1	标准实施计划	（1）参与企业标准体系表的编制； （2）负责确定工程项目应执行的工程建设标准，编列标准强制性条文，并配置标准有效版本； （3）参与制定质量安全技术标准落实措施及管理制度	（1）能够组织确定工程项目应执行的工程建设标准及强制性条文； （2）能够参与制定工程建设标准贯彻落实的计划方案
2	施工前期标准实施	（4）负责组织工程建设标准的宣贯和培训； （5）参与施工图会审，确认执行标准的有效性； （6）参与编制施工组织设计、专项施工方案、施工质量计划、职业健康安全与环境计划，确认执行标准的有效性	（3）能够组织施工现场工程建设标准的宣贯和培训； （4）能够识读施工图

续表

项次	分类	主要工作职责	专业技能
3	施工过程标准实施	（7）负责建设标准实施交底；① （8）负责跟踪、验证施工过程标准执行情况，纠正执行标准中的偏差，重大问题提交企业标准化委员会； （9）参与工程质量、安全事故调查，分析标准执行中的问题	（5）能够对不符合工程建设标准的施工作业提出改进措施； （6）能够处理施工作业过程中工程建设标准实施的信息； （7）能够根据质量、安全事故原因，参与分析标准执行中的问题
4	标准实施评价	（10）负责汇总标准执行确认资料、记录工程项目执行标准的情况，并进行评价；② （11）负责收集对工程建设标准的意见、建议，并提交企业标准化委员会	（8）能够记录和分析工程建设标准实施情况； （9）能够对工程建设标准实施情况进行评价； （10）能够收集、整理、分析对工程建设标准的意见，并提出建议
5	标准信息管理	（12）负责工程建设标准实施的信息管理③	（11）能够使用工程建设标准实施信息系统

注：①工程建设标准实施交底是指标准员向施工现场的其他专业人员就标准实施事项进行的交底，对象为施工员、质量员、安全员、材料员、机械员等，交底的内容是所承建的工程项目应执行工程建设标准的主要技术要求。

②对工程项目执行标准的情况进行评价，是指按照分部工程的划分，对不同分部工程施工过程中执行标准的情况分别进行评价，得出各分部施工是否符合标准要求的结论，对于没有达到标准的要求，要分析原因。

③工程建设标准实施的信息管理，是指标准员利用信息化手段对工程建设标准实施情况进行监管。

标准员是由地方政府组织评定、培训考核，并颁发由住房和城乡建设部统一监制的"住房和城乡建设领域专业人员岗位培训考核合格证书"。为了发挥标准员在标准实施方面的作用，对其专业技能和专业知识的考核也都是围绕着标准开展，要求掌握、熟悉标准及标准体系、标准的管理和监督检查。

为确保标准员在组织标准实施和监督方面发挥作用，政府也在不断完善标准员继续教育和监督管理制度。继续教育最重要的一部分内容就是标准，包括标准实施的基本规定和重要标准、新发布标准的宣贯。根据住房和城乡建设行业从业人员教育培训资源库2021年公布的标准员继续教育内容，对其中《民用建筑工程室内环境污染控制标准》GB 50325—2020、《火灾自动报警系统施工及验收标准》GB 50166—2019等10本标准要达到掌握的程度；对《建筑节能工程施工质量验收标准》GB 50411—2019等7本标准要达到熟练程度；对《建筑信息模型设计交付标准》GB/T 51301—2018等4本标准要达到了解的程度。

六、标准实施评价

(一) 标准实施评价概述

1. 标准实施评价的意义

一项标准有没有实施、怎样实施、实施总体效果如何、对经济与社会产生什么样的影响、标准中还有什么问题需要改进等，需要一个科学、有效的评判。对标准的实施进行评价，对于加强和改进标准化工作，更好地发挥标准化对工程建设的引导和约束作用，推进标准化工作的高质量、可持续发展具有重要意义。

工程建设标准作为工程建设活动的依据，其各项指标要求和方法是技术、经济、管理水平的综合体现。很多标准一般仅规定了工程建设过程中部分环节的技术要求，实施后所产生的效果也会有一定的局限性。因此，对标准的实施进行评价，尤其是影响力最大、涉及面最广的强制性标准的实施进行评价，十分必要。

2. 标准实施评价的要求

国家层面，《标准化法》中明确提出应当建立标准实施信息反馈和评估机制。2015年，国务院在《深化标准化工作改革方案》中，也提出要开展标准实施效果评价。《国家标准化发展纲要》提出，"健全覆盖制定实施全过程的追溯、监督和纠错机制，实现标准研制、实施和信息反馈闭环管理。开展标准质量和标准实施第三方评估，加强标准复审和维护更新。"

行业层面，2014年，住房和城乡建设部在《关于进一步加强工程建设标准实施监督工作的指导意见》（建标〔2014〕32号）提出，要逐步建立标准实施情况评估制度，按照标准实施评价规范的要求，在节能减排、工程质量安全、环境保护等重点领域，对已实施标准的先进性、科学性、协调性和可操作性开展评估。以政府投资工程为重点，对工程项目执行标准的全面、有效和准确程度开展评估；选择有条件的规划、设计、施工等企业，对标准体系建设、标准培训及实施管理等企业标准化工作情况开展评估。

地方层面，各地方响应了国家和行业要求，并针对重点标准项目开展了实施评价。以上海为例，上海在2016年修订颁布的《上海市工程建设地方标准管理办法》中，专门纳入了实施评估的要求，规定标准主编单位应在标准批准实施3年内，针对标准的先进性、科学性、协调性和可操作性以及实施情况进行评估，并将评估报告作为标准复审的参考依据。通过文献和实地调研、访谈、问卷调研等方法，在标准复审和评估中，会对标准使用频率、技术指标的可操作性和本地区适应性、实施中的反馈意见、上位法的更新、与国内外先进技术标准对比、规范编制的水平、规范的强制性条文执行和实施监督情况，以及规范实施后对工程质量的提升等多个维度进行综合实施评价。

(二) 实施评价类别与指标

1. 标准实施评价的类别

国内外对标准的实施评价研究都比较多，且有不同的评价指标体系。国内对工程建设标准的实施评价最有代表性，且应用最广泛的依据是《工程建设标准实施评价规范》GB/T 50844。标准实施评价主要包括实施状况、实施效果和科学性三类，评价类别和指标如图3-1所示。这三类评价的开展时间、针对对象和目的如下：

（1）开展标准实施状况评价，宜在所评价标准实施满 1 年后进行，主要针对标准化管理机构和标准应用单位推动标准实施所开展的各项工作，目的是通过评价改进推动标准实施工作。

（2）开展标准实施效果评价，宜在所评价标准实施满 3 年后进行，主要针对标准在工程建设中应用所取得的效果，为改进工程建设标准工作提供支撑。

（3）开展标准科学性评价，宜在所评价标准实施满 2 年后进行，主要针对标准内容的科学合理性，反映标准的质量和水平。

这三类评价是从不同方面反映工程建设标准化工作的情况划分的，可结合工作实际需要，选择一类或者多个类别进行评价。

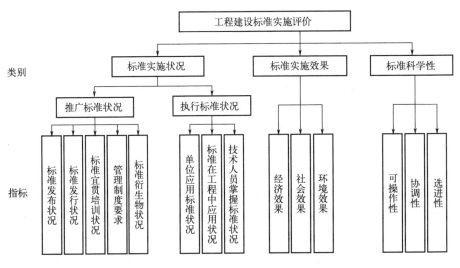

图 3-1　评价类别和指标

2. 标准实施评价的调查方法

调查实施情况一般采用抽样调查方法。调查方式应由评价工作组根据评价指标选择抽样问卷调查、专家调查、实地调查或其他方式，并可按下述方法进行：

（1）抽样问卷调查：评价工作组应根据所评价内容编制调查问卷，根据评价类别，在使用所评价标准的全部单位、个人和工程项目中，确定调查目标群体，采用分板块抽样方法确定调查对象，发放问卷进行调查，问卷反馈的数量应能保障评价结论的准确性。回收率如果仅有 30% 左右，资料只能做参考；50% 以上，可以采纳建议；回收率达到 70% 以上时，可作为研究结论的依据。

（2）专家调查：评价工作组根据所评价内容拟定调查提纲，选择专家进行调查。专家应有合理的规模，所选择的专家应熟悉所评价的工程建设标准，有丰富的工程实践经验。

（3）实地调查：根据评价内容拟定调查内容和目标，选择典型的企业或工程项目进行调查。实地调查对象要有代表性，数量能满足评价的需要。主要用于标准应用状况评价和标准实施效果评价。

（4）其他调查方式：评价工作组应根据评价内容进行充分论证，确定调查方式，并制定详细的调查大纲和调查方案。确定调查的范围和对象应能满足评价的需要。

3. 标准实施评价分类与指标

根据被评价标准的内容构成及其适用范围，工程建设标准可分为基础类、综合类和单项类。对基础类工程建设标准，一般只进行标准的实施状况和科学性评价，对综合类及单项类标准，一般根据其适用范围所涉及的环节，按表3-6的规定确定其评价类别与指标。

表3-6　综合类及单项类标准涉及环节及对应评价类别与指标

评价类别与指标 环节	实施状况评价		效果评价			科学性评价		
	推广标准状况	执行标准状况	经济效果	社会效果	环境效果	可操作性	协调性	先进性
规划	√	√	√	√	√	√	√	√
勘察	√	√	√	√	√	√	√	√
设计	√	√	√	√	√	√	√	√
施工	√	√	√	√	√	√	√	√
质量验收	√	√	—	√	—	√	√	√
管理	√	√	√	√	√	√	√	√
检验、鉴定、评价	√	√	√	√	√	√	√	√
运营维护、维修	√	√	√	√	—	√	√	√

注："√"表示适用于本规范对相应指标进行评价；

"—"表示不适用本规范对相应指标进行评价。

（三）标准实施状况评价

标准的实施状况是指标准批准发布后，各级工程建设管理部门推广标准、组织出版发行以及工程建设规划、勘察、设计、施工图审查机构、施工、安装、监理、检测、评估、安全质量监督以及科研、高等院校等相关单位实施标准的情况。标准实施状况评价包括评价推广标准状况和执行标准状况。

1. 推广标准状况评价

推广标准状况是指标准批准发布后，标准化管理机构及有关部门和单位为保证标准有效实施，开展的标准宣传、培训等活动以及标准出版发行等情况。对基础类标准，应采用评价标准发布状况、标准发行状况两项指标评价推广标准状况。对单项类和综合类，应采用标准发布状况、标准发行状况、标准宣贯培训状况、管理制度要求、标准衍生物状况等五项指标评价推广标准状况。推广标准状况评价内容见表3-7。

表3-7　推广标准状况评价内容

指标	评价内容
标准发布状况	（1）是否面向社会在相关媒体刊登了标准发布的信息； （2）是否及时发布了相关信息
标准发行状况	标准发行量比率（实际销售量/理论销售量）*

续表

指标	评价内容
标准宣贯培训状况	（1）工程建设标准化管理机构及相关部门、单位是否开展了标准宣贯活动； （2）社会培训机构是否开展了以所评价的标准为主要内容的培训活动
管理制度要求	（1）所评价区域的政府是否制定了以标准为基础加强某方面管理的相关政策； （2）所评价区域的政府是否制定了促进标准实施的相关措施
标准衍生物状况	是否有与标准实施相关的指南、手册、软件、图集等标准衍生物在评价区域内销售

注：＊理论销售量应根据标准的类别、性质，结合评价区域内使用标准的专业技术人员的数量估算得出。

2. 执行标准状况评价

执行标准状况是指标准批准发布后，工程建设各方应用标准、标准在工程中应用及专业技术人员执行标准和专业技术人员对标准的掌握程度等方面的情况。执行标准状况评价一般采用单位应用状况、工程应用状况、技术人员掌握标准状况等三项指标进行评价，评价内容见表3-8。

表3-8　执行标准状况评价内容

标准应用状况	评价内容
单位应用状况	（1）是否将所评价的标准纳入单位的质量管理体系中； （2）所评价的标准在质量管理体系中是否"受控"； （3）是否开展了相关的宣贯、培训工作
工程应用状况	（1）执行率＊； （2）在工程中是否能准确、有效应用
技术人员掌握标准状况	（1）技术人员是否掌握了所评价标准的内容； （2）技术人员是否能准确应用所评价的标准

注：＊执行率是指被调查单位自所评价的标准实施之后所承担的项目中，应用了所评价的标准的项目数量与所评价标准适用的项目数量的比值。

（四）标准实施效果评价

标准的实施效果一般体现在经济、社会和环境效果上。综合类标准的实施效果，应将所涉及的规划、勘察、设计、施工、质量验收、管理、检验、鉴定、评价和运营维护维修等各环节的经济效果、社会效果、环境效果分别进行评价，再根据各类效果的权重系数进行加权平均，综合确定所评价标准的实施效果。实施效果评价内容见表3-9。

表3-9　实施效果的评价内容

指标	评价内容
经济效果	（1）是否有利于节约材料； （2）是否有利于提高生产效率； （3）是否有利于降低成本

续表

指标	评价内容
社会效果	（1）是否对工程质量和安全产生影响； （2）是否对施工过程安全生产产生影响； （3）是否对技术进步产生影响； （4）是否对人身健康产生影响； （5）是否对公众利益产生影响
环境效果	（1）是否有利于能源资源节约； （2）是否有利于能源资源合理利用； （3）是否有利于生态环境保护

（五）标准科学性评价

基础类标准的科学性评价按表 3-10 规定的评价内容进行。单项类和综合类标准科学性评价则按表 3-11 进行，其中综合类标准宜将所涉及的每个环节的可操作性、协调性、先进性分别进行评价，再综合确定所评价标准的科学性。

表 3-10　基础类标准科学性评价内容

	评价内容
科学性	（1）标准内容是否得到行业的广泛认同、达成共识； （2）标准是否满足其他标准和相关使用的需求； （3）标准内容是否清晰合理、条文严谨准确、简练易懂； （4）标准是否与其他基础类标准相协调

表 3-11　单项类和综合类标准科学性评价内容

指标	评价内容
可操作性	（1）标准中规定的指标和方法是否科学合理； （2）标准条文是否严谨、准确、容易把握； （3）标准在工程中应用是否方便、可行
协调性	（1）标准内容是否符合国家政策的规定； （2）标准内容是否与同级标准不协调； （3）行业标准、地方标准是否与上级标准不协调
先进性	（1）是否符合国家的技术经济政策； （2）标准是否采用了可靠的先进技术或适用科研成果； （3）与国际标准或国外先进标准相比是否达到先进的水平

第四节　工程建设标准实施的监督

一、标准实施监督的意义、主体与体系

（一）标准实施监督的意义

工程建设标准实施监督是指对标准贯彻执行情况进行督促、检查、处理的活动。它是建设行政主管部门和其他有关行政主管部门管理标准化活动的重要手段，也是标准化工作的重要任务之一。其目的是，检查标准贯彻执行的效果、督促推动标准的贯彻实施、考核标准的先进性和合理性。通过标准监督，随时发现标准中存在的问题，为进一步修订标准提供依据。

1. 对标准实施进行监督是确保标准实施的必要手段

对标准实施进行监督是贯彻执行标准的手段，起着推动标准实施的重要作用；而标准的贯彻执行情况，是否实施到位或者准确执行，或者实施中存在的问题，也可以通过监督机制进行检验和确认。所以，监督检查对于标准下一步的修订，确保后续更好的实施执行尤为重要。不实施监督，完全靠自律来推动标准实施并不现实，一旦面临利益、成本的抉择，完全有可能将标准要求抛诸脑后，造成有标不依、无法达成既定标准化目标的局面，标准的实施也完全失去动力，对标准制修订工作也会造成负面影响。只有监督才是最有效的实施手段。

2. 标准实施监督是工程建设质量监管的重要环节

标准实施监督不仅包括工程建设全过程中是否符合标准的规定，也包括工程项目采用的材料、设备是否符合标准规定，工程项目的安全、质量是否符合规定，工程中采用的导则、指南、手册、计算机软件等内容是否符合规定，还包括有关工程技术人员是否熟悉、掌握这些标准。标准实施监督涉及人、机、料、法、环以及相应的安全、质量、节能等各个方面，而所有这些都是最终"工程建设产品"质量的决定因素，对标准的监督就是对最终产品质量的监督和保障。

（二）标准监督的主体

1. 不同类型标准的监督主体

（1）强制性标准：各级政府或其委托机构负有主要监督责任，确保质量、安全等底线要求。由于强制性标准是对所有工程活动相关方的要求，所以除政府之外，其他代表不同企业利益的监督方也会行使监督职责，以确保不会出现任何违法责任。

（2）纳入合同的推荐性标准和团体标准：由甲方代为行使监督职责，比如代表业主方的监理、工程咨询团队、代表保险方的技术检查团队，按合同要求作为监督依据。

（3）纳入企业标准体系的标准：无论是强制性和推荐性标准，还是团体标准和企业标准，由企业内部管控监督。具体由标准员或企业专业团队和人员行使实施监督之职。

2. 不同监督方的监督重点

（1）政府监督：主要对强制性标准进行监督，还对一些政府规章制度明文规定要执行的其他标准进行监督。

（2）社会专业机构监督：对强制性标准和合同约定的标准和要求进行监督，合同中约

定的标准可以是推荐性标准，也可以是团体标准，或者特定企业标准。

（3）第三方机构监督：依据委托要求开展相关监督活动，多是合同约定的标准。

（4）企业自我监督：不仅对强制性标准进行监督，还对包括企业标准、纳入企业标准体系中的推荐性标准和团体标准进行监督。

（三）标准实施监督体系

1. 标准实施监督体系的发展

工程建设标准的监督通常围绕着项目展开，与工程建设的质量和安全控制、建筑性能管控、建设企业和人员监管等息息相关，并贯穿于工程建设全过程。因此，工程建设标准的实施监督不仅指建设过程中的直接监督，还包括对建材产品、建设企业和人员的直接和间接监管，以及约束保障措施的采用。建筑性能和产品监管主要采用认证方式，企业和人员监管主要通过资质认可的方式。直接监管分为政府监管、建设方/业主委托的监督管理、第三方监管、保险监管、政府对第三方的认可管理等。

在发达国家，由于总体市场化程度很高，而且在建筑市场领域已经形成了成熟的"自我约束"体系，是一种"合约+保险"的契约型的"自监管"体系。通常是一方面采用合同来明确责任，另一方面是通过工程保险、工程担保等方式来规避和转移工程中的管控风险。

在我国，由于政府管理具有较大的权威性，可采用的管理手段又是最全面的，公众对政府监管的依赖度又比较高，因此对于建设领域，一方面在项目内部构建合同契约关系，另一方面在外部，又建立了一个问责型的全面强大的政府行政监管体系。但鉴于目前建筑业体制的改革发展，我们的标准监管体系也在逐步从政府监管为主向市场化的方向转变。因此，目前既有政府方，也有法律要求的监理方进行监督，同时也有全过程工程咨询和工程保险引入的监督机制，共同形成了目前的标准监督体系，如图3-2所示，围绕着建设工程项目，

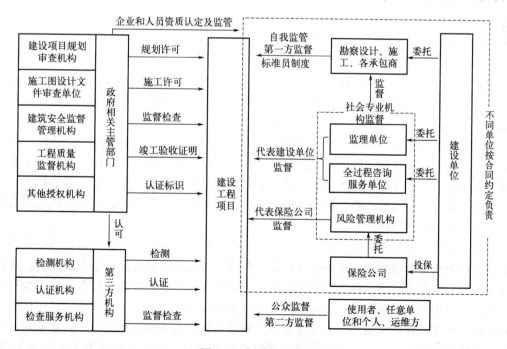

图3-2　标准监督体系

以标准为监督依据，通过行政审批、监督检查、检测认证的方式开展各类监督活动。其中，开展监督活动的机构和人员背后又会受到政府的约束和管控，由此形成一个闭环。

随着引进各类标准化服务、互联网+信息化的使用以及 BIM 技术的应用，可实现传统管理与现代技术的融合，能让实施和监督变得更便利化和高效化。采用现代化方式，无论是标准实施前、实施中管理、实施评价，还是政府行政审批、信用管理、监督检查、抽查，都给实施和监督的管理带来了便利，节约了不必要的沟通成本，更有利于宏观、实时、动态监控，为未来的发展提供优化便利，实现对工程建设标准实施和监督水平的综合提升。

2. 标准的多种监督形式

工程建设标准的监管通常涉及多个监管方；对于同一个工程项目，通常是存在着多种类型的监督，如政府监督、社会专业机构监督、第三方监督、企业自我监督、公众监督。这些监督形式是相互补充、相辅相成的。

政府监管是基本形式，它以法律法规和强制性标准为基准，以维护公众利益和建设工程的质量、安全、节能、环保为目标，以工程项目为抓手，通过关键节点的行政审批、重点检查、抽查和专项检查等方式对所管辖区域内工程建设标准的实施主体和实施结果进行执法监督。同时对企业、人员、第三方机构实施资质认可和管理，以实现对工程建设实施结果的间接监管。

多年来，一直在监管第一线的是工程监理。我国的工程保险制度正在试点并逐步发展完善中，将来专业化的社会化监管将会是以工程咨询和工程保险为主的有偿服务形式，提供全过程、全方位、全方面的监督检查。当然，保险方也可以提供针对供应商的保险，以及伴随着保险的长期监管。

提供工程质量检测、检查和认证服务的第三方贯穿在建设过程中，为关键节点审批、材料入场、阶段验收、分部分项验收、竣工验收提供材料、部品、系统和最终交付的整个建筑产品的符合性判定，同时也为政府监管、监理监管提供报告和依据。

施工单位和各分包承建单位的所有参与人员都是第一线的实施活动主体，对标准的贯彻执行最为重；而企业自我监管也是第一道监管，实施和监督工作做得好，在提升企业整体能力水平的同时，能避免后续更多的工作量和其他方的监管负担。我国现行的标准员制度就是推进工程建设标准在企业内部的实施和监督。

推行工程保险、第三方服务以及标准员制度，本质上是政府简政放权、市场化改革的重要举措。单纯依靠政府的监管难以满足市场化、多样化的需要，政府监管只侧重于强制性标准的保底，而建设行业高质量的发展还是有赖于市场化的发展和自发形成的各种约束机制。正如标准化工作的改革，我国建设行业也正在从政府监管为主，逐步转向政府监管和市场化机制并重的新格局。

总之，政府监督是对工程质量、安全和可持续发展的底线监督，为提高整体的建设工程质量、保障消费者的权利，从国家和行业的角度进行的保底监督；社会专业机构监督代表建设单位、保险机构等不同的建设活动主体开展监督，有国家要求的监督模式，也有市场机制下发展出来的监督模式，往往要求高于国家的底线监督要求，与其他活动主体形成相互制约、相互成就的关系，与其他监督类型相互补充、过程却又相互统一；企业自我监督是一切监督的基础，也是企业提高自身产品和服务质量，加强市场竞争力的重要手段；

公众监督是对所有监督类型的补充，具有法律赋予的权利，同时具有广泛的群众基础。各种监督对保证建设工程项目最终质量和性能的目的是一致的。

二、政府的直接监管

（一）行政审批

1. 监管分工和关键节点

政府监管包括中央政府、地方政府，以及下属的审查中心、审查机构。在工程项目建设过程中，每个关键节点都会有政府的相关部门进行审批，不同工程建设阶段，也有对应不同机构实施监督，监督分工依据源自《实施工程建设强制性标准监督规定》：

（1）建设项目规划审查机构应当对工程建设规划阶段执行强制性标准的情况实施监督。

（2）施工图设计文件审查单位应当对工程建设勘察、设计阶段执行强制性标准的情况实施监督。

（3）建筑安全监督管理机构应当对工程建设施工阶段执行施工安全强制性标准的情况实施监督。

（4）工程质量监督机构应当对工程建设施工、监理、验收等阶段执行强制性标准的情况实施监督。

政府负责兜底工作，也就是强制性标准的监督。规划审查机构、施工图设计文件审查机构、建筑安全监督管理机构和工程质量监督机构各司其职，对各阶段强制性标准的实施进行监督。整个阶段对应三个政府的行政审批：规划许可、施工许可、竣工验收备案证明。每个阶段的监管就贯穿在三个审批节点之间，并不是孤立对应一个审批许可，而是相互关联的，仅在设计阶段，一般就分为方案设计、扩初设计和施工图设计，每个设计阶段都需要经过审批和监管，下一个阶段都是在上一个阶段批准的基础之上进行，逐步深化。在不断深化的阶段过程中，若出现对原设计的实质性变化，将被认为方案变更，则审批手续需要从头再来。而审核内容中非常重要的一项就是是否符合强制性标准的要求，否则无法拿到三个审批许可，建设工程也就无法投入使用。

2. 行政审批过程中标准的监管

以节能标准监管为例，阐述三个行政审批节点如何进行标准的监督检查。检查原则是不符合强制性节能标准要求的，不得颁发许可证和验收竣工证明。上位法《节约能源法》中明确规定，建筑工程的建设、设计、施工和监理单位应当遵守建筑节能标准；不符合建筑节能标准的建筑工程，建设行政主管部门不得批准开工建设，已经开工建设的，应当责令停止施工、限期改正；已经建成的，不得销售或者使用。《民用建筑节能条例》也进一步明确了各节点审批要求、相关方实施节能标准的要求和法律责任。

（1）规划许可：县级以上地方人民政府规划行政主管部门在进行建设工程规划许可审查时，应当就设计方案是否符合建筑节能标准征求同级建设行政主管部门的意见。设计方案不符合建筑节能标准的，不得颁发建设工程规划许可证。

（2）施工图审查和施工许可：施工图设计文件审查机构应当对施工图设计文件中的建筑节能内容进行审查，未经审查或者经审查不符合建筑节能标准的，不得出具施工图设计文件审查合格证明；审查合格的，应当在审查合格证明中单列建筑节能审查内容。设计单位应当将施工图设计文件及审查合格证明等相关资料送建筑节能管理机构备案。建设单位申请施工许可证时，应当提交施工图设计文件审查合格证明。未提交的，县级以上地方人民政府建设行政主管部门不得颁发施工许可证。

（3）竣工验收：建设单位在组织建筑物竣工验收时，应对是否符合节能标准进行查验，验收建筑节能标准实施情况，并在向建设行政主管部门备案的工程竣工验收报告中，注明建筑节能的实施内容。建设工程质量监督机构应当会同建筑节能管理机构，提出有关建筑节能的专项监督意见。建设行政主管部门发现有违反建筑节能标准和管理规定行为的，应当责令限期改正，达不到建筑节能标准的，不得出具竣工验收合格报告。

（二）执法检查

国务院建设行政主管部门和其他有关行政主管部门的监督检查除了日常的行政审批和监督管理外，还包括各类执法检查，如建设行政主管部门与有关行政主管部门组织的工程建设项目执法检查、全国工程质量检查等。这一规定，有利于强化政府的监督力度，有利于更好地督促各级地方政府行政主管部门认真履行职责，确保建设工程质量；有利于推动国家有关建设工程质量法律、法规和强制性标准以及质量责任制的落实；有利于建设工程质量的提高。

执法检查方式包括建设行政主管部门组织的各类重点检查、抽查和专项监督检查。《标准化法》中规定，国务院有关行政主管部门分工管理本部门、本行业的标准化工作，根据建筑法律法规，建设行政主管部门和其他有关行政主管部门对本部门、本行业内工程建设标准实施情况有进行监督检查的责任，这也是行政管理的重要内容之一。

目前，对工程建设强制性标准执行的监督手段主要是文件和资料检查及现场检查两种；监督检查的方式，如上所述，也是包括重点检查、抽查、专项检查三类。"双随机、一公开"是目前应用较多的监督检查方式，即在监管过程中随机抽取检查对象，随机选派执法检查人员，抽查情况及查处结果及时向社会公开。这种监管方式是为了深化"放管服"改革，减轻企业负担，同时提高监管效率，优化营商环境，因此也广泛应用于政府对工程建设标准的监管中。

建设行政主管部门或其他有关行政主管部门及其委托的工程质量监督机构，对建设工程质量的检查主要以抽查方式。在履行监督检查职责时，参与工程建设的有关责任主体，应予积极配合，同时，为保证监督检查工作得以正常进行，法律赋予了监督检查人员必要的权力。县级以上人民政府建设行政主管部门和其他有关行政主管部门履行监督检查职责时，有权采取下列措施：要求被检查的单位提供有关工程质量和安全生产的文件和资料；进入被检查单位的施工现场进行检查；发现有影响工程质量和安全生产的问题时，责令改正。标准的监督检查内容如下：

（1）有关工程技术人员是否熟悉、掌握强制性标准；

（2）工程项目的规划、勘察、设计、施工、验收等是否符合强制性标准的规定；

（3）工程项目采用的材料、设备是否符合强制性标准的规定；

（4）工程项目的安全、质量是否符合强制性标准的规定；

（5）工程中采用的导则、指南、手册、计算机软件的内容是否符合强制性标准的规定。

建设行政主管部门或者其他有关行政主管部门及其委托的工程质量监督机构依法执行

监督检查公务活动时，应受到法律保护。有关单位和个人对县级以上人民政府建设行政主管部门和其他有关行政主管部门进行的监督检查应当支持与配合，不得拒绝或者阻碍建设工程质量监督检查人员依法执行职务。

地方政府根据工作实际每年确定重点工程建设标准并以此为依据进行全面建筑市场执法和工程质量大检查，旨在通过监督检查，增强了各方学习、掌握、应用标准的自觉性，以确保并促进工程质量安全整体水平的提高。通常会根据重点标准或重点项目组织成立监督检查小组，成员由质量安全监督、标准定额部门联合相关领域分管部门的人员组成，形成省、市、区/县多层级的工程建设标准监督管理体系，以落实标准的实施监督检查工作。监督检查重点是强制性标准，围绕着涉及安全、质量等重要分部分项工程的施工安全进行。检查范围实现各区/县全覆盖，并以施工单位为重点，配合项目现场进度，对各项目市场行为（项目部人员配置）、建筑节能、工程质量（材料质量）等方面进行抽查：一是检查是否有违反强制性条文的情况；二是检查是否实施到位，对于部分项目存在的标准实施不到位的现象，及时开具整改单，要求企业限期整改落实，并进行后续跟进跟踪。

（三）认证标识

认证标识是通过符合性评价，判定产品、质量或者服务是否符合标准的一种方式，也是比较通用的一种标准监管方式，一般由行业协会、科研院所等社会第三方机构开展。由于绿色建筑在节约资源、推动可持续发展方面的重要性，且在碳达峰碳中和目标下，国家一直大力发展绿色建筑，目前绿色建筑的认证是由政府主导开展，确认申报工程项目是否符合国家或地方《绿色建筑评价标准》的要求。

根据《绿色建筑标识管理办法》，住房和城乡建设部负责制定完善绿色建筑标识制度，指导监督地方绿色建筑标识工作，认定三星级绿色建筑并授予标识；省级住房和城乡建设部门负责本地区绿色建筑标识工作，认定二星级绿色建筑并授予标识，组织地市级住房和城乡建设部门开展本地区一星级绿色建筑认定和标识授予工作。在具体开展时，也有地方政府将认定权限授权给地方科研院所或者协会来组织开展，并通过地方认定标识管理办法明确这一评价权限。

三、政府的间接监管

政府负责托底工作，主要负责监督工作的组织管理、规章制度制定、监督机构管理等，且更多的工作职责是聚焦在强制性标准的监督。由于标准监督工作量庞大，因此会大量委托或者认可第三方机构从事合格评定和监督检查工作，或者购买第三方服务，代替政府行使各种不同的监督职能，同时通过企业和人员资格的认定、考核和管理，实现间接的标准实施监督。

（一）委托执法或购买服务

所谓行政执法的委托是指享有行政执法权的行政机关将其拥有的行政执法委托给其他行政机关或组织行使。受委托实施行政执法的行政机关或组织在委托范围内，以委托的行政机关的名义实施行政执法。行政执法的授权与委托存在着质的区别。在行政执法的授权中，被授权者的执法权直接来源于法律、行政法规的授权，被授权者取得行政执法主体的资格，能以自己的名义行使行政执法，并以自己的名义承担法律后果；在行政执法的委托中，受委托人的执法权来源于行政机关的委托，受委托人没有行政执法主体资格，受委托人只能以委托机关的名义行使行政执法权，其行为后果也由委托机关承担。

1. 工程质量监督机构

建设行政主管部门或者其他有关行政主管部门可以将施工现场的监督检查委托给建设工程安全监督机构具体实施。建设工程质量监督管理，可以由建设行政主管部门或者其他有关行政主管部门委托的建设工程质量监督机构具体实施。从事房屋建筑工程和市政基础设施工程质量监督的机构，必须按照国家有关规定经国务院建设行政主管部门或者省、自治区、直辖市人民政府建设行政主管部门考核；从事专业建设工程质量监督的机构，必须按照国家有关规定经国务院有关行政主管部门或者省、自治区、直辖市人民政府有关部门考核。经考核合格后，方可实施质量监督。

建设工程周期长、环节多、点多面广，工程质量监督工作是一项专业性强、技术性强，而且又很繁杂的工作，日常检查工作需要委托由政府认可的第三方，即具有独立法人资格的单位来代行工程质量监督职能。工程质量监督机构的性质和基本条件是：工程质量监督机构是经建设行政主管部门或其他有关部门考核认定，具有独立法人资格的单位；建设工程质量监督机构必须拥有一定数量的质量监督工程师，有满足工程质量监督检查工作需要的工具和设备。考核工作按建设工程质量监督管理有关规定的要求进行，考核内容包括质量监督机构的资格条件、监督员的资格条件和监督机构必须具备的管理制度。

工程质量监督机构的基本职责中标准监督相关内容：一是依照国家有关法律、法规和工程建设强制性技术标准，对建设工程的地基基础、主体结构及相关的材料、构配件、商品混凝土的质量进行检查。二是对与被检查实物质量有关的工程建设参与各方主体的质量行为及工程质量文件进行检查，发现有影响工程质量的问题时，有权采取局部暂停施工等强制性措施，直到问题得到改正。三是对建设单位组织的竣工验收程序等实施监督，查看其验收程序是否合法，资料是否齐全，实物质量是否存有严重缺陷。四是工程竣工后，工程质量监督机构应向委托的政府有关部门报送工程质量监督报告，主要内容为地基基础和主体结构检查的结论、工程竣工验收是否符合规定，以及历次抽查发现的质量问题及处理情况。

目前，大多数地方政府都是委托地方建设工程质量安全监督站开展监督管理工作。但审图机构有的是政府委托的地方审图中心开展工作，也有的是政府购买专业审图机构比如设计院的服务。

2. 施工图审查机构

施工图设计文件审查也是政府质量监督管理的一项重要内容，审查机构要经政府有关部门认可，受政府委托开展审查工作。建筑工程设计的审查机构通常要求具有健全的技术管理和质量保证体系，一定数量的结构审查人员，勘察、建筑和其他配套专业的审查人员，且审查人员应当熟悉国家和地方现行的强制性标准。

审查机构应当对施工图审查下列内容，前5项都与标准相关：

（1）是否符合工程建设强制性标准。

（2）地基基础和主体结构的安全性。

（3）消防安全性。

（4）人防工程（不含人防指挥工程）防护安全性。

（5）是否符合民用建筑节能强制性标准，对执行绿色建筑标准的项目，还应当审查是否符合绿色建筑标准。

（6）勘察设计企业和注册执业人员以及相关人员是否按规定在施工图上加盖相应的图章和签字。

（7）法律、法规、规章规定必须审查的其他内容。

2017年，国务院令修改了《建设工程质量管理条例》《建设工程勘察设计管理条例》，依然强调了施工图设计文件未经审查批准的，不得使用，但取消了施工图设计报政府审查这一内容。2018年12月住房和城乡建设部修订的《房屋建筑和市政基础设施工程施工图设计文件审查管理办法》，提出逐步推行以政府购买服务方式开展施工图设计文件审查。2019年3月，国务院办公厅《关于全面开展工程建设项目审批制度改革的实施意见》中，提出精简审批环节，要求试点地区在加快探索取消施工图审查、实行告知承诺制和设计人员终身负责制方面，尽快形成可推广经验。为此，山东、山西等地取消了施工图审查；浙江实行自审备案制；广东则是要求简化施工图审查，全部实行数字化审图，深圳房屋建筑和市政基础设施（含水务、交通）工程则实行告知承诺制，建设单位对勘察、设计的质量安全管理负首要责任；北京市于2022年7月1日起，推行施工图告知承诺制，将房屋建筑施工图由事前审查调整为事后抽查，改革过渡期内对项目进行跨部门联合抽查、100%抽查，同时构建勘察设计质量信用管理体系，推行建筑师负责制和工程设计保险制度。

3. 其他机构

从国家到地方，包括建设行政主管部门在内的各类行政主管部门，委托或购买服务已非常普遍。例如，2019年消防审查职能从应急管理部转移到住房和城乡建设部之后，不少地方都是由政府向消防技术服务机构购买相应服务。消防技术服务机构是依法成立的从事消防产品技术鉴定、消防设施检测、电气防火技术检测、消防安全检测的专业技术服务机构。北京市施工图审查制度改革后，根据《建设工程消防设计审查验收管理暂行规定》（住房城乡建设部51号令）中对特殊建设工程的要求，消防设计审查继续采取政府购买服务方式，委托具有相应技术能力的第三方机构开展。对除特殊建设工程外，其他项目的消防设计审查，全面采取事中事后抽查方式。

各地方政府在开展绿色建筑一、二星级评价标识工作时，也会将评价权限委托给协会、检测或科研机构等。比如，上海是由上海市绿色建筑协会评定一、二星级工作，安徽省则由安徽省建筑节能与科技协会组织开展，四川省土木建筑学会负责公共建筑一、二星级绿色建筑评价，天津市建筑设计院和天津建科建筑节能环境监测有限公司开展天津市一、二星级绿色建筑评价。

（二）认可合格评定机构

认可，是指由认可机构对认证机构、检查机构、实验室以及从事评审、审核等认证活动人员的能力和执业资格，予以承认的合格评定活动。认可主要是通过认可机构的评定，确保认证的公正和可信，认可机构必须经政府部门授权，其认可活动受政府部门直接监管，其认可结果得到政府和社会的普遍承认，具有权威性。可以说，认可是认可机构对认证机构业务能力的"认证"。

目前依据工程建设标准开展认证、检测、质量评价等合格评定工作的第三方机构，多是政府认可的第三方机构，包括建设行政主管部门的认定，以及市场监管部门的认可。我国《标准化法》也明确了对标准的实施进行监督检查，并设立有专门的检验机构。国家检验机构由国务院标准化行政主管部门（市场监管部门）会同国务院有关行政主管部门（建设行政主管部门）规划、审查；地方检验机构由省、自治区、直辖市政府标准化行政主管部门会同省级有关行政主管部门规划、审查。这些检验机构的设置，为行政执法提供了必要的技术支持和保障。

1. 市场监管部门的认可和资质认定

市场监管部门的认可按照认可的对象分为认证机构认可、实验室及相关机构认可和检验机构认可等。从事工程建设标准的检测和认证机构都要获得认可才能合理开展相关工作并出具报告。认可活动是正式表明认证、检测、检验等机构具备实施待定合格评定工作的能力的第三方证明。中国合格评定国家认可委员会（CNAS）是由国家认证认可监督管理委员会批准设立并授权的国家认可机构，统一负责对认证机构、实验室和检验机构等相关机构的认可工作。合格评定机构通过获得认可机构的认可，证明其具备了按规定要求在获准认可范围内提供特定合格评定服务的能力，有利于促进其合格评定结果被社会和贸易双方广泛相信、接受和使用。在工程建设领域，中国合格评定国家认可委员会也专门设有针对工程建设与建材检验机构的专业委员会。

实验室和检验机构通常还需要经过资质认定，包括计量认证和审查认可，即对某种条件和能力的认可和肯定，或者说是对某种规范或者标准实施的评价和承认活动。实验室和检验机构资质认定，是指针对向社会出具具有证明作用的数据和结果的实验室和检验机构应当具有的基本条件和能力，由国家认证认可监督管理委员会和各省、自治区、直辖市人民政府质量技术监督部门对实验室和检查机构的基本条件和能力是否符合法律、行政法规规定以及相关技术规范或者标准实施的评价和承认活动。

合格评定作为常规的监督方式，是推动标准实施的重要手段，标准是认证认可和检验检测的依据。合格评定本质上是对评定对象进行标准符合性的评定，因而也可称为"标准符合性评定"。从政府监管角度而言，认可增强了政府使用认证、检测和检验等合格评定结果的信心，减少了做出相关决定的不确定性，并在行政许可中的技术评价环节，降低了行政监管风险和成本。此外，也有助于获得合格评定的企业、产品和服务提高社会认知度和市场竞争力，持续实现自我改进和自我完善。

2. 建设行政主管部门的认定

认定监督审查机构、检测机构等可以辅助建设行政主管部门从事监管类工作，包括审查、检测和认证。例如，施工图审查机构的资质和等级便是由住房和城乡建设部、各地方政府认定，根据《房屋建筑和市政基础设施工程施工图设计文件审查管理办法》，省、自治区、直辖市人民政府住房城乡建设行政主管部门应当会同有关行政主管部门按照本办法规定的审查机构条件，结合本行政区域内的建设规模，确定相应数量的审查机构。省、自治区、直辖市人民政府住房城乡建设行政主管部门应当将审查机构名录报国务院住房城乡建设行政主管部门备案，并向社会公布。对审查人员有工作年限和主持项目的要求，应具有注册建筑师、结构工程师或勘察设计师资格，以及近5年未因违反工程建设法律法规和强制性标准受到行政处罚。各地方根据该管理办法中对机构和人员要求，开展审查机构的资质认定工作。

以能效测评机构为例，为了监督检查建设项目是否满足绿色建筑和建筑节能标准的要求，需要专业的能效测评机构对新建、实施节能综合改造的国家机关办公建筑和大型公共建筑、申请国家级或省级节能示范工程的建筑、申请绿色建筑评价标识的建筑进行能效测评，并出具能效测评报告。根据《民用建筑能效测评标识管理暂行办法》《民用建筑能效测评机构管理暂行办法》，住房和城乡建设部负责对全国建筑能效测评活动实施监督管理，并负责制定测评机构认定标准和对国家级测评机构进行认定管理。省、自治区、直辖市建设行政主管部门依据本办法，负责本行政区域内测评机构监督管理，并负责省级测评机构的认定管理。因此，各地方的规定会略有不同。

测评机构按承接业务范围，分能效综合测评、维护结构能效测评、采暖空调系统能效测评、可再生能源系统能效测评及见证取样检测。获得政府认定资格的基本条件是：应当取得计量认证和国家实验室认可，且检测机构要有专门的检测部门，并具备对检测结果进行评估分析的能力；有近两年来的建筑节能相关检测业绩；测试机构工作人员，应熟练掌握有关标准的规定。

住房和城乡建设部对国家级测评机构的工作情况进行考核，省级建设行政主管部门对省级测评机构的工作情况进行考核。监督考核不合格的，测评机构应限期整改，并将整改结果报相应的考核部门。住房和城乡建设部每 3 年组织对国家级测评机构资格进行重新认定，地方也要定期对行政区域内省级测评机构进行重新认定复核，并将结果及时报住房和城乡建设部备案。

（三）企业和人员资质认定与管理

前述认定是针对社会专业机构和第三方机构从事特定监督活动的认定，这里的认定对象是工程建设标准的实施主体，即从事建设活动的各类企业和人员。对人员和企业资质的认定管理与标准的监督没有直接关系，主要是通过对实施活动主体的管理实现对标准实施的间接监管。这是因为人员取得资质的要求中，非常重要的一项就是对相关工程建设标准的熟悉和掌握，且需要进行持续的教育，才能维系其职业资格；而企业资质认定非常重要的一项就是职业资格人员的配备要求。通过对人员和企业资质的认定、考核和管理，迫使这些实施主体能掌握标准，正确有效执行标准。

1. 建设活动企业资质认定

根据《建筑法》中对从业资格的规定，从事建筑活动的建筑施工企业、勘察单位、设计单位和工程监理单位，应当具备一定条件。达到标准的方可进入建筑市场、承接工程，为保证建筑业的有序发展和保证建筑工程质量奠定重要基础。住房和城乡建设部为此发布了《房地产开发企业资质管理规定》《建筑业企业资质管理规定》《建设工程勘察设计资质管理规定》《工程监理企业资质管理规定》等一系列企业资质管理规定，企业按照其拥有的注册资本、专业技术人员、技术装备和已完成的建筑工程业绩等资质条件，划分为不同的资质等级，经资质审查合格，取得相应等级的资质证书后，方可在其资质等级许可的范围内从事建筑活动。在这些部门规章中虽没有明确标准的要求，但对于专业技术人员和从业实践经验都有相应规定，间接确保其符合性操作。对专业技术人员最为重要的技能要求之一便是对工程建设标准的掌握、熟悉和了解。

2. 专业技术人员职业资格认定

从事建筑活动的专业技术人员，应当依法取得相应的执业资格证书，并在执业资格证书许可的范围内从事建筑活动。住房和城乡建设部执业资格注册中心，作为全国注册建筑师管理委员会、全国勘察设计注册工程师管理委员会的办事机构，主要承担注册建筑师、勘察设计注册工程师的考试、注册、继续教育和国际交流工作，协调并指导各地、各专业委员会开展执业资格相关工作。也受住房和城乡建设部委托，开展建造师的考试、注册工作，注册监理工程师的注册工作，住房和城乡建设行业职业技能鉴定工作，注册安全工程师建筑施工安全专业类别职业资格专业科目考试及中级注册安全工程师初审相关工作。

在标准执行和监督方面，由各地方政府认定的施工现场专业人员也承担了相应职责。建筑与市政工程施工现场专业人员包括：施工员、质量员、安全员、标准员、材料员、机械员、劳务员、资料员八大员，这八大员在专业知识方面都要求熟悉国家工程建设相关的法律法规，其职业能力评价和资格认定由省级住房和城乡建设行政主管部门统一组织实施。职业能力的评价，采取专业学历、职业经历和专业能力评价相结合的综合评价方法，其中专业能力评价又包括专业知识和专业技能，重点是解决工程实际问题的能力，大多数的问题都与标准的有效实施息息相关。只有能力测试合格，才会颁发职业能力评价合格证书。为确保标准的实施和实施结果，在这些资质人员认定和管理之外，有些地方政府也通过行政规章对施工现场人员的配备提出了要求。

施工现场专业人员通过资格认定后，将取得住房和城乡建设领域施工现场专业人员职业培训合格证，可通过证书上二维码验证其证书真假，也可通过住房和城乡建设行业从业人员培训管理信息系统进行查询，以便于相关方核验和监管。为满足建筑市场监管及实名制管理工作需要，培训管理系统技能人员证书信息即将与"全国建筑市场监管公共服务平台"及"全国建筑工人管理服务信息平台"进行数据共享。这些施工现场专业人员后续继续教育的内容也多是以标准为主，只是标准侧重点根据从事工种有所不同。

对于企业和人员资质的认定，以前多是政府组织开展，但现在也开始逐步转向了一些有实力和影响力的协会、科研院所等机构开展。随着时间的推移和市场化改革的进一步深化，未来资质认定和管理还会朝着越来越市场化的方向发展。

3. 质量体系认证

为便于从事建设活动主体的管理，确保其服务能力和质量，《建筑法》明确规定：国家对从事建筑活动的单位推行质量体系认证制度。从事建筑活动的单位根据自愿原则可以向国务院产品质量监督管理部门或者国务院产品质量监督管理部门授权的部门认可的认证机构申请质量体系认证。经认证合格的，由认证机构颁发质量体系认证证书。另外，住房和城乡建设部为完善质量管理体系，也发布了系列质量管理标准，如《工程建设勘察企业质量管理标准》GB/T 50379、《工程建设设计企业质量管理规范》GB/T 50380、《工程建设施工企业质量管理规范》GB/T 50430等。

质量体系是企业为保证其产品质量所采取的管理、技术等各项措施所构成的有机整体，即企业的质量保证体系。质量体系认证，是依据国际通用的质量管理和质量保证系列标准，经过国家认可的质量体系认证机构对企业的质量体系进行审核，对于符合规定条件和要求的，通过颁发企业质量体系认证证书的形式，证明企业的质量保证能力符合相应要求的活动。认证的过程是对质量体系的整体水平进行科学的评价，以判定企业的质量保证能力是否符合相应标准的要求。通过开展质量体系认证工作，有利于促进企业在管理和技术等方面采取有效措施，在企业内部建立起可靠的质量保证体系，以保证产品质量。

建设产品是一种特殊的产品，对从事建设活动的单位推行质量体系认证制度，对保障和提高建设工程的质量也是颇有益处的。在社会主义市场经济的条件下，从事建筑活动的单位要想使自己在激烈的市场竞争中立于不败之地，一个重要方面，就是必须加强企业的质量管理，提高质量保证能力。

4. 企业和个人信用管理体系

利用信息化手段和大数据平台，加强数据采集及相关单位信用管理，是常用的监督管理手段，广泛应用于造价系统、项目质量管理系统等监管系统中。针对工程建设参与企业建立的信用评价库，可用于记录信息源单位的服务质量，比如参与各阶段文件备案工作的情况、被监督抽查以及返工整改情况等；企业如有违规或者质量不符合标准将被记录为不诚信行为，直至进入黑名单，清除出信息源单位库，无法开展后续的建设活动。政府组织的监督检查结果不仅会记录在信用评价库，通常还会在网站公开，对失信违规的单位和人员信息进行公示，引导建设单位或总承包商选择水平高、信用好的企业。同时，各行业协会对违规项目不会列入评奖范围。这些失信企业一旦进入黑名单，就再也无法参与政府招投标活动，形成"一处失信、处处受限"的监管机制，从而约束企业严格遵守法律法规和标准的要求，提高贯彻执行水平，并保证最终的工程质量水平。

信息管理可以贯穿整个工程项目，也可以用于特定阶段和领域，比如勘察设计阶段、施工阶段、甚至是政府委托机构的监管。例如，北京市在推行施工图告知承诺制，并不是政府放任不管，政府会组织开展监督管理，其中很重要的一项监督举措便是构建勘察设计质量信用管理体系。构建以信用为基础的勘察设计质量信用管理体系和监管制度，建立面向勘察设计单位和人员的"双信用"分级分类监管制度，根据不同失信等级，采取公示、批评教育、约谈、整改等不同行政措施。行政处罚信息推送至市公共信用信息服务平台和中介服务网上交易平台，计入该主体信息记录，在信用中国（北京）网站给予公示。根据市场主体信用情况实施差异化监管，进一步强化勘察设计行业监督管理，按照企业信息等级，加强资质准入审核和动态监管，在招投标环节增设"勘察设计质量信用分"权重。

四、社会专业机构的监管

（一）代表建设方的监管

1. 工程监理

（1）工程监理简述。建设工程监理是指工程监理单位受建设单位委托，根据法律法规、工程建设标准、勘察设计文件及合同，在施工阶段对建设工程质量、造价、进度进行控制，对合同、信息进行管理，对工程建设相关方的关系进行协调，并履行建设工程安全生产管理法定职责的服务活动。我国从 1988 年开始工程监理工作的试点，1996 年在建设领域全面推行工程监理制度。1997 年颁布的《建筑法》中规定国家推行建筑工程监理制度，第一次以法律的形式对工程监理做出规定。监理的主要工作依据是工程建设标准，因此也可以认为是对建设过程中工程建设标准的实施以及实施情况进行监督的活动。

工程监理单位作为第三方，代表建设单位实施整体过程监管，包括过程中标准的监管。监理工程师按照国家强制性标准和合同要求来监管工程质量，进行竣工验收，然后再报政府有关部门备案。政府监管部门往往把工程监理视作质量安全的"第一道"监管防线，通过对工程监理的行政监管就可以主导项目在质量安全方面处于受控状态。对于国内监理工程师所承担的工作，在国外一般是由业主委托不同资质的工程师、建筑师、造价工程师等咨询顾问来共同承担，按照与受托方的合同约定，负责在各自的专业领域对承包商的施工工作进行巡视，检查和监督。

建筑工程监理对建筑工程的监督，与政府有关主管部门依照国家有关规定对建筑工程进行的质量监督，二者在监督依据、监督性质以及与建设单位和承包单位的关系等方面，都不相同，不能相互替代。工程监理单位对工程项目实施监督的依据，是建设单位的授权，代表建设单位实施监督；在性质上是社会中介组织作为公正方进行的监督，工程监理单位与建设单位、工程承包单位之间是平等的民事主体之间关系，监理单位如果发现承包单位的违法行为或者违反监理合同的行为应当向建设单位报告，没有行政处罚的权力。政府主管部门对工程质量监督的依据则是法律、法规和强制性标准的规定；在性质上属于强制性的行政监督管理，与建设单位和建筑工程承包单位之间属于行政管理与被管理的关系，不论建设单位和工程承包单位是否愿意，都必须服从行政主管部门依法进行的监督管理，政府主管部门有权对建设单位和建筑工程承包单位的违法行为依法做出处罚。

（2）工程监理的监督方式、依据和审查内容。项目监理机构应制定和实施相应的监理措施，采用旁站、巡视、平行检验和见证取样等方式对建设工程实施监督管理。旁站是指项目监理机构对工程的关键部位或关键工序的施工质量进行的监督活动；巡视是项目监理机构对施工现场进行的定期或不定期的检查活动；而平行检验是项目监理机构在施工单位自检的同时，按有关规定、建设工程监理合同约定对同一检验项目进行的检测试验活动；见证取样则是项目监理机构对施工单位进行的涉及结构安全的试块、试件及工程材料现场取样、封样、送检工作的监督活动。

工程监理单位执行监理任务应遵循的基本依据是：

1）法律和行政法规中对工程建设的有关规定；

2）与建筑工程有关的国家标准、行业标准及设计图纸、工程说明书等文件；

3）建设单位与承包单位之间签订的建筑工程承包合同，内容一般包括投标书、合同条件、设计图纸、工程说明书、技术标准、工程量清单及单价表等。

监理人员要熟悉工程设计文件，熟悉设计、施工相关文件和工程建设标准，参加图纸会审和设计交底，更要在工程质量、造价、安全生产管理过程中负责审查确认是否满足工程建设强制性标准和合同中的标准要求。审查内容包括：施工方案；新材料、新工艺、新技术、新设备的质量认证材料和相关验收标准的适用性；隐蔽工程、检验批、分项工程和分部工程验收，竣工验收报审表及竣工资料等；影响工程质量的计量设备的检查和检定报告等。应按有关规定和合同约定，对用于工程的材料进行见证取样、平行检验。以法律法规、工程建设强制性标准为依据，项目监理机构还要履行安全生产管理的监理职责，审查施工方案及其实施情况、勘察方案和进度计划执行情况、勘察设计合同等信息和落实执行情况以及设计单位提交的设计成果，并给出评估报告。

监理单位在行使监督责任时，建设行政主管部门也要对监理单位履行监督检查职责。检查时，要有两名以上监督检查人员参加。检查内容包括单位现场检查，查阅资料，纠正违反有关法律、法规和有关标准的行为，检查企业内部管理制度文件，如企业资质证书、人员职业证书、业务文档、质量管理、安全生产管理、档案管理等文件；监督检查的处理结果要向社会公布，环环相扣实现工程建设标准的监督闭环和约束机制。

2. 工程项目管理

工程监理是国家通过法律推行的监督管理制度，工程项目管理则是国家倡导实施的另一项制度，与工程监理有不少共同之处。根据《建设工程项目管理规范》GB/T 50326—2017，建设工程项目管理是指运用系统的理论和方法，对建设工程项目进行的计划、组织、指挥、协调和控制等专业化活动。工程监理是受建设单位委托提供服务，服务对象限于建设单位或工程业主，确保施工单位按照图纸、质量验收标准及相关法律法规进行施工。而工程项目管理按其管理主体，分为建设项目管理、设计项目管理、施工项目管理，受建设单位委托时，要代表建设单位办理报建手续，确定设计、施工和监理单位，并在建设过程中协调三方，组织质监验收等建设程序，在标准的实施和实施管理上也发挥着重要的作用。工程项目管理在国际工程市场上属于工程咨询范畴。

3. 全过程工程咨询服务

全过程工程咨询是指工程咨询服务企业受建设单位委托，在授权范围对建设项目全生命周期提供组织、管理、经济和技术等各有关方面的工程专业化咨询和服务，具体包括为建设方提供决策咨询、勘察设计、造价咨询、招标代理、工程管理、施工过程监理、竣工验收和运营后项目评估全过程的集约化咨询服务。这个过程也会贯穿着标准的实施和监督服务。全过程工程咨询服务覆盖了监理的工作内容，可以说，监理是作为全过程工程咨询的一个重要组成环节。

建设单位选择具有相应工程勘察、设计、监理或造价咨询资质的单位开展全过程咨询服务的，除法律法规另有规定外，可不再另行委托勘察、设计、监理或造价咨询单位。全过程工程咨询服务避免了传统"碎片化"、各自为政和缺乏全面沟通协调的弊端，是对目前管理模式的一种优化组合。

我国采用监理制度，但发达国家则是实行全过程工程咨询服务。2017年2月国务院办公厅印发《关于促进建筑业持续健康发展的意见》（国办发〔2017〕19号），首次明确提出"全过程工程咨询"这一概念。并于同年选择了北京、上海、江苏、浙江、福建、湖南、广东、四川8省（市）以及40家企业开展全过程工程咨询试点。2019年3月15日，国家发展和改革委员会、住房和城乡建设部联合印发《关于推进全过程工程咨询服务发展的指导意见》：鼓励投资咨询、勘察、设计、监理、招标代理、造价等企业采取联合经营、并购重组等方式发展全过程工程咨询，培育一批具有国际水平的全过程工程咨询企业。

随后的文件中，多次重申了这一变革。在国家、行业、地方政策的支持下，现已建立起了相应机构和人员的认证和考评制度，全过程工程咨询也在越来越多的地方开展了试点工作。全过程咨询服务单位可以同时取代勘察、设计、监理和造价咨询单位的职能，这一点尤为重要，意味着原本建设单位要和多方签订协议，由不同单位完成不同的任务分工，但现在可以委托一家开展全过程服务，把分散式管理进行有序整合，可以有效解决不同单位间的协调难度大、责任界定困难的问题，交流沟通更加快捷畅通，有效减少建设单位负担，大幅提高工作效率，实现有效管控，同时组织标准的实施交底和监督管理也能执行得更为彻底。

（二）代表保险方的监管

1. 工程保险监管机制的引入

引入工程保险监管机制是目前国内正在推行和发展的一项制度。建设单位在委托勘察、设计、施工单位之外，通常还需要委托审图机构、监理和检测机构等单位履行监管之责，但如果建设单位购买工程质量缺陷险，那么保险公司就会行使监管责任。在工程建设标准的实施环节，保险公司委托的专业检查机构会对工程勘察、设计、施工全过程的工程质量安全进行监督管理，每个关键阶段经确认符合标准规定后才能进入下一个环节；如果任何环节有误，保险公司极可能会为工程质量安全隐患承担赔付责任。工程质量缺陷险有十年期，未来在运行期间出现问题，只要在保险期限内都要承担赔付责任。因此，为降低自身风险，保险公司不会有节约建设成本的投机心态，在投保前负责评估甄选，建设中负责过程监管，完工后还会有综合评价。

工程保险的引入，有助于降低工程质量风险，一方面是保险公司会对投保的建设单位的资金、资质和能力进行评估甄选，建设单位的不良表现会导致保费提高，进而拒绝投保；另一方面保险公司会委托独立于设计和施工机构之外的专业建筑工程技术检测机构代表保险公司对工程建设全过程进行监督管理，包括标准的实施情况。成熟的工程保险制度，从执行标准要求，到建筑工程的方案设计、施工图设计和施工过程等各个阶段、节点的检查和监督要点，都有一套完整的流程规定和要求。

不少发达国家都是通过立法强制要求工程建设项目和参与企业必须引入保险，我国还在试点和摸索阶段。我国企业在工程保险方面的参险率较低，一是险种缺乏，有待进一步优化完善。二是对建设工程保险的监管有待完善，包括保险公司的市场准入和经营行为的监管。三是企业风险防范的意识不强，缺少社会市场机制体系下的监管方。通过推行引入工程质量保险引入的监管机制，是市场化监管体系发展的重要一环，也是政府简政放权、创新监管机制的有效举措。

除了对企业，针对个体的职业责任险也发挥着类似的监管和约束作用，投保个体也会被保险公司评估和甄选，即便投保后，也需要受到保险公司的监管。

2. 上海工程质量潜在缺陷保险的试点

（1）定义和试点模式。工程质量潜在缺陷，是因设计、材料和施工等原因造成的工程质量不符合工程建设强制性标准以及合同的约定，并在使用过程中暴露出的质量缺陷。建设工程质量潜在缺陷保险（以下简称"工程质量缺陷险"），是指由住宅工程的建设单位投保的，保险公司根据保险条款约定，对在保险范围和保险期限内出现的由于工程质量潜在缺陷所导致的投保建筑物损坏，履行赔偿义务的保险。

借鉴国外经验，考虑国内实际情况，上海采取了"现有工程项目管理模式+工程质量缺陷险"的模式，并要求在土地出让合同中，将投保工程质量缺陷险列为土地出让条件。同时，明确了住宅工程质量缺陷险的基本承保范围，包括国家和上海市法律、法规、规章和工程建设强制性标准规定的各种情形。

（2）风险管理机构的监管。工程质量缺陷险合同签订之后，保险公司聘请的建设工程质量安全风险管理机构（以下简称"风险管理机构"）及符合资格要求的工程技术专业人员对保险责任内容实施风险管理。风险管理机构按照合同要求实施现场检查，及时编写检查报告报主承保公司，包括检查情况、存在的质量缺陷、缺陷处理建议和潜在风险分析。监理单位应当督促施工单位开展质量缺陷整改并做好验收把关，整改也将由风险管理机构最终确认并网上完成销项。投保工程质量缺陷险的建设单位，将最终检查报告作为竣工验收的内容之一；风险管理机构最终检查报告中列出的重大质量潜在缺陷，未整改到位的，不得组织竣工验收。

标准是由保险公司委托风险管理机构进行前期评估和后期监督时的依据。而完工后的综合评估还包括标准的贯彻执行情况。风险管理机构受保险公司委托，根据工程项目的保单责任范围，对工程质量的潜在风险因素实施辨识、分析、评估、报告，提出质量缺陷改善建议，对保险公司承担合同责任。以防水和保温工程设计的评估为例，需要针对围护结构、地下、屋面、厕浴间、外墙等位置及其依据的相关标准进行前期评估和建设时监督，如《屋面工程技术规范》GB 50345、《坡屋面工程技术规范》GB 50693、《建筑外墙外保温防火隔离带技术规程》JGJ 289、《保温防火复合板应用技术规程》JGJ/T 350、《岩棉薄抹灰外墙外保温工程技术标准》JGJ/T 480 等。保险公司则建立风险管理机构评价机制和项目台账机制，定期对风险管理机构的工作进行追踪和分析评价。保险公司对风险管理机构的监督结果都要录入工程质量潜在缺陷保险信息平台并定期向城乡建设、保险监管部门报告。而保险公司是否如实、及时、完整上报或上传信息至信息平台，也将作为考核保险公司的依据之一。上海发布的文件也同时鼓励施工单位投保建设工程施工责任险，鼓励工程质量缺陷险与建筑安装工程一切险、参建方责任险等工程类保险综合实施，全面降低工程质量风险。

（3）监督管理责任。风险管理机构对建设全过程、各建设活动单位和人员的行为开展监督，保险公司和建设管理部门负责约束风险管理机构，与此同时，保险公司也接受银保监局和金融监管局的资质认定、考核和管理。总的来说，上海银保监局、市地方金融监管局、上海市住房城乡建设管理委等按照职责分工，加强对保险公司、风控管理机构、项目相关单位的监督管理。各有关行政管理部门通过加强信用体系建设，对在工程质量潜在缺陷险实施过程中存在不诚信的有关单位和个人，按照有关规定将其失信行为记入诚信档案。

五、第三方监督：检测和认证

（一）检测

工程建设过程中，各种材料入场检测、工地现场抽检、分部分项验收、阶段验收和竣工验收时，都需要委托第三方检测机构进行材料、部件、工艺、工程或最终建筑的质量和性能的检测鉴定，包括建筑节能、空气质量、声光环境、绿色和健康性能，皆需通过检测判定最终要交付的"建筑产品"是否符合工程建设标准的要求。检测结论和报告是开展认证的重要依据和手段。检测和认证都是对工程建设标准的实施以及实施结果是否符合要求进行监督检查最常用的方式。在工程项目运行使用阶段，有业主或使用方对项目是否符合工程标准质疑的，也都可以通过第三方出具的有标准符合性判定的检测报告作为凭证和依据进行维权。

以工程质量相关标准的监管为例，根据《建设工程质量管理条例》，建筑材料、建筑构配件、设备和商品混凝土必须进行检验；涉及结构安全的试块、试件以及有关材料，应当在建设单位或者工程监理单位监督下现场取样，并送具有相应资质等级的质量检测单位进行检测。根据国家现行有关工程施工质量验收标准，工程建设有关材料、构件和设备不仅需要查验型式检验报告、性能检验报告，还要在施工现场随机抽样复验，部分已完成施工作业的工程也要进行现场实体检验。

在住房和城乡建设领域，设有国家建筑工程质量检验检测中心、国家建筑工程室内环境检测中心、国家建筑节能质量检验检测中心等国家级的建筑工程检验检测机构。此外，还有大量通过 CMA 资质认证的地方检测机构，承担着建设过程中的各类检测任务，工程项目送检信息和结论在各地统一的检测平台上也会录入登记，不符合验收标准要求的需要进行整改，否则不予以验收。

（二）认证

1. 认证的定义和监督意义

按照《中华人民共和国认证认可条例》的定义，认证是指由认证机构证明产品、服务、管理体系符合相关技术规范、相关技术规范的强制性要求或者标准的合格评定活动。认证一般是在对象进入市场前进行，以特定的标准和规范为评判依据，最终以认证机构颁发的认证证书和标识为体现。

法规、标准与认证认可制度三者相辅相成，形成了一个综合体系。正如曾任国际标准化组织合格评定委员会（ISO/CASCO）主席的约翰·唐纳森（John Donaldson）所说，没有标准，合格评定将是没有目的、没有意义的；但没有合格评定，标准的价值将受到限制。因而，两者在促进国际贸易上是必不可少的。

引入认证的标准会得到有效的实施，与此同时，因认证而组织开展的核查和检测也促进了相关标准的实施。认证是实施标准的最直接推动力之一，是极具成本效益的实施手段，是政策法规实施和标准化工作的重要环节；认证也是一种监督手段，检查确认认证对象是否符合标准要求。通过认证工作，法规、标准的适用性得以检验；结合认证认可机构人员的专业知识和实践经验，认证认可活动的信息通过反馈，进入法规、标准的制定环节，从而拓宽其应用的广度和深度，促进了法规和标准的改进与完善。

2. 工程建设相关的认证

工程建设企业的质量管理体系、能源管理体系、服务过程、工程建设所用相关产品等均可开展认证。工程建设涉及的部分电器照明设备、安全玻璃等必须进行中国强制性 3C 产品认证。针对工程建设企业或项目活动的碳排放、用能情况、清洁生产，以及所用软件的过程及能力成熟度，各类自愿性认证也在依托检测、核查或审核等方式广泛开展。对于建设活动企业，以及提供材料和部件的生产商、供应商，认证在招投标、投保方面是优势加分项，更容易获得建设单位认可，以及保险公司的投保受理。

认证按照性质区分，可以分为自愿性认证和强制性认证。强制性认证采用的标准不一定是强制性标准，但可根据管理需要通过法规形式赋予其强制属性。自愿性认证的标准多为推荐性标准或团体标准，比如近零能耗建筑认证、健康建筑认证，多由协会组织开展。有些自愿性认证也可通过政府的规章制度或立法规定来推行，如全国和各地方都在推行的绿色建筑认证。

按认证对象分类，一般可分为产品认证、管理体系认证、服务认证和人员认证。产品认证是工程建设监管中最常用的认证形式。这里的产品不仅指用于工程建设过程中的各类材料、部件和设备，还包括最终要交付使用的"建设产品"本身。主要包括如下两类：

（1）绿色建材产品认证。绿色低碳认证是目前比较广受认可的认证，绿色建材方面，以中国工程建设标准化协会绿色建材评价系列标准作为认证等级与认证依据标准，截至 2023 年 7 月已开展 5 300 余项绿色建材产品认证工作。2017 年 11 月 24 日，中国工程建设标准化协会公布了 2017 年第三批产品标准试点项目计划，包括 100 项绿色建材评价系列标准项目，此后，又多次组织立项绿色建材评价系列标准项目。截至 2023 年 6 月，系列标准项目总计达 222 项，其中 87 项标准已发布。在此基础上，市场监管总局办公厅、住房和城乡建设部办公厅、工业和信息化部办公厅于 2020 年 8 月发布了《绿色建材产品分级认证目录（第一批）》，包括围护结构及混凝土、门窗幕墙及装饰装修、防水密封及建筑涂料、给排水及水处理、暖通空调及太阳能利用与照明、其他设备等 6 个大类 51 种产品，种类与前述绿色建材评价标准一一对应，明确以此系列标准作为分级认证的技术依据。

（2）建筑性能认证。包括绿色、健康、节能等建筑性能的认证。借鉴国外经验和国内实践及需求，我国建立了一套绿色建筑评价体系，并于 2006 年发布了《绿色建筑评价标准》GB/T 50378，用以指导国内的绿色建筑评价标识工作。从国家部委到各省市皆在大力推行，甚至江苏、河南、湖南、福建、广东、辽宁、河北、深圳多地还制定了相应的条例以推动绿色建筑的发展，加之各类财政补贴，认证、标识数量逐年攀升，个别地区一星级以上绿色建筑比例达到了 90% 以上。

针对中国建筑学会标准《健康建筑评价标准》T/ASC02 所开展的健康建筑认证已在全国范围内推广应用；针对《近零能耗建筑技术标准》GB/T 51350—2019 开展超低能耗建筑、近零能耗建筑、零能耗建筑的认证，也随着节能减排和双碳目标的推进逐步推广开来，并在各地都有相应的机构开展认证工作。这些针对建筑产品的性能认证，其实也是对相应工程建设标准实施效果的一种有效监督手段，反过来也会促进这些标准的实施，尤其是一些地方对超低能耗建筑、绿色建筑的财政补贴更是加速推动了相应标准的实施，增强了监督力度。

六、企业自我监督

（一）企业自我监督简介

根据本章第二节，从事建设活动的各类企业都有实施相应标准的法定义务，有实施要求就必然需要监督，而自我监督是所有监督环节和监督方式中的最基本的、第一道监督。作为工程建设企业的一种内部监督，自我监督是基于强制性标准、纳入企业标准体系和质量体系中的推荐性标准、团体标准和企业标准的实施，自行组织开展的第一方监督。

对建设单位而言，自我监督就应当按照规定做好建设工程全过程的管理工作，并对其他合同契约方的履约行为做好约束管理，虽然具体监督管理事务可以委托给社会专业机构，但建设单位自身也要严格遵守标准的规定。建设单位应当派专人负责，定期检查施工工程的质量状况，发现问题及时解决，以保证已完成施工部分的工程质量。同时，建设单位还应督促施工单位做好该建筑工程的安全管理工作，防止因违反标准导致的工地脚手架、施工铁架、外墙挡板腐烂、断裂、坠落、倒塌等安全事故，采取切实可行的措施消除安全隐患。

对勘察、设计单位而言，要建立自查自纠的监督工作机制。一旦违反标准要求，尤其是强制性标准要求，意味着要承担法律责任，造成单位的经济损失和名誉损失；从企业质量管理体系角度来讲，也不符合企业内部的管理要求，对重点项目工程更应该建立双重自我监督机制。

对施工企业而言，就是从进入工地开始，到工程结束，在各个阶段、工序和分部分项之间都必须依据标准进行自我监督和必要的检验。这种监督和检验是把好质量的第一关，是第三方监督、政府监督和社会机构监督等所有其他类型监督的基础。

（二）施工企业的自我监督机制

（1）施工企业的标准管理和监督。施工人员的活动及每一步施工质量的环环相扣，直接决定着最终的建设工程质量是否符合验收标准要求。一旦有违反标准的情况，就需要整改，意味着很多工作得推翻重来，增加施工人员的工作量，也将影响后续的工程周期，施工企业的自我监督机制尤为重要。这里将重点以施工企业为例，简要说明企业的自我监督机制。

根据《施工企业工程建设技术标准化管理规范》JGJ/T 198—2010，施工企业应设置工程建设技术标准化工作领导机构和工作管理部门，建立工程建设标准化委员会；在根据企业施工范围组织建立企业工程建设标准体系表的同时，也负责强制性标准和纳入体系表的国家标准、行业标准、地方标准、团体标准和企业技术标准的实施和监督；对标准化工作和从事标准化工作的人员的监督检查。大部分施工企业也制定了企业内部自查、互查、抽查的制度，岗责分明、层层把关，形成了一套完整有效的监督机制，营造了良好的标准化工作氛围。

施工企业对标准实施情况的监督检查，应分层级进行，由工程项目经理部组织现场的有关人员以工程项目为对象进行检查；由企业工程建设标准化工作管理部门组织企业内部有关职能部门以工程项目和技术标准为对象进行检查。监督检查要以贯彻技术标准的控制措施和技术标准实施结果为检查重点。在工程施工前，应检查相关工程技术标准的配备和落实措施或实施细则等落实技术标准及措施文件的执行情况；在施工过程中，检查有关落实技术标准及措施文件的执行情况；在每道工序及工程项目完工后，检查技术标准的实施结果情况。施工企业工程建设标准的监督检查应符合下列要求：

1）每项国家标准、行业标准和地方标准颁布后，对在企业工程项目上首次首道工序上执行时，应由企业工程建设标准化工作管理部门组织企业内部有关职能部门重点检查。

2）在正常情况下每道工序完工后，操作者应自我检查，然后由企业质量部门检验评定；在每项工程项目完工后，由企业质量部门组织系统检查。

3）施工企业对每项技术标准执行情况，可由企业工程建设标准化工作管理部门组织按年度或阶段计划进行全面检查。

4）施工企业工程建设标准化工作管理部门，还可以对工程项目和技术标准随时组织抽查。

施工企业工程建设标准监督检查，宜以工程项目为基础进行。每个工程项目应统计各工序技术标准落实的有效性和标准覆盖率，并应对工程项目开展工程建设标准化工作情况进行评估；施工企业应统计所有工程项目技术标准执行的有效性和标准覆盖率，并应对企业开展工程建设标准化工作情况进行评估。

施工企业工程建设标准监督检查发现的问题，应及时向企业工程建设标准化工作管理部门报告，并应督促相关部门和项目经理及时提出改进措施。

（2）施工企业技术人员的监督。施工现场是建筑施工企业从事工程施工作业的特定场所，由建筑施工企业负责全面管理，包括施工现场的安全和质量管理，并围绕着标准的实施和监督开展。施工现场监督管理情况比较复杂，且人员繁多难以管理，对于标准的贯彻执行尤为重要。建筑施工企业应当组织所有施工人员严格按标准要求开展工作；因现场违反标准，疏于管理，导致施工现场发生安全事故的，要由施工企业依法承担法律责任。因此，施工现场技术人员就有8种，对应不同的工作重点。施工员、质量员、安全员、标准员都要求熟悉和掌握标准，按标准要求组织开展实施和监督工作。如安全方面，施工单位应当设立安全生产管理机构，配备专职安全员，负责对安全生产进行现场监督检查。

标准员制度最初便是为施工企业设立，旨在建筑与市政工程施工现场，组织工程建设标准的实施、监督和效果评价，做好第一方的监督。标准员的监督工作，一是监督施工现场各管理岗位人员是否认真执行标准。二是监督施工过程各环节是否全面有效执行标准；三是解决标准执行过程中的问题。标准员分别针对施工方法标准、工程质量标准、产品标准、工程安全环境卫生标准有不同的监督方法、监督要求和监督检查重点。监督检查过程中，要做好记录，并对照标准，分析问题产生的原因，提出整改措施，填写整改通知单发相关岗位管理人员，说明不符合标准要求的施工部位、存在的问题、不符合的标准条款以及整改的措施要求。对于因标准理解不正确造成的问题，标准员还应向主编单位或主管部门进行标准咨询，掌握正确的执行要求，并传达给相关岗位的管理人员。这里简要说明的是标准的监督职责，更多标准员制度的信息可以参见实施章节的介绍。

七、社会公众监督

所有社会群体和个体，包括国家机关、社会团体、企事业单位及公民均有权检举、揭发违反法律法规和强制性标准的行为。这是一种社会性的公众监督，也包括第二方用户和顾客的监督。社会公众监督通常由新闻媒介、民间团体、社会组织、建筑产品的经销者、使用者等对标准实施情况及实施结果进行，包括对交付后的建筑产品的不符合行为，或建设活动中直接影响民众生活及社会公共利益的行为所进行的检举、控告和投诉。例如，房屋漏水、噪声问题等明显不符合标准要求的现象，可通过使用者、业主、物业部门的自发送检和问题反馈，以及广大消费者的意见反映和投诉行为等开展后续维权和督促整改活动。公众对各种违反标准的现象，可以利用社会舆论、新闻报道、网络发酵、群众投诉、举报等多种形式进行公开揭露和批评，迫使工程建设各活动方严格遵守标准的底线要求。

在建筑相关法律法规和规章制度里，都有类似规定赋予公众的监督权利，例如：

《标准化法》规定：任何单位或者个人有权向标准化行政主管部门、有关行政主管部门举报、投诉违反本法规定的行为。标准化行政主管部门、有关行政主管部门应当向社会公开受理举报、投诉的电话、信箱或者电子邮件地址，并安排人员受理举报、投诉。对实名举报人或者投诉人，受理举报、投诉的行政主管部门应当告知处理结果，为举报人保密，并按照国家有关规定对举报人给予奖励。

此外，《标准化法》中强调了企业标准自我声明公开和监督制度：企业应当公开其执行的强制性标准、推荐性标准、团体标准或者企业标准的编号和名称；企业执行自行制定的企业标准的，还应当公开产品、服务的功能指标和产品的性能指标。这一条自我声明公开的要求，也便于接受社会各界的监督。

《实施工程建设强制性标准监督规定》规定：任何单位和个人对违反工程建设强制性标准的行为有权向建设行政主管部门或者有关部门检举、控告、投诉。

《建设工程勘察设计管理条例》规定：任何单位和个人对建设工程勘察、设计活动中的违法行为都有权检举、控告、投诉。

《建设工程质量管理条例》规定：任何单位和个人对建设工程的质量事故、质量缺陷都有权向建设行政主管部门或者其他有关部门进行检举、控告、投诉。

《建筑法》规定：任何单位和个人对建筑工程的质量事故、质量缺陷都有权向建设行政主管部门或者其他有关部门进行检举、控告、投诉。

违法行为、质量事故、质量缺陷，都意味着没有执行标准或者执行标准不到位。根据《建筑法》释义，质量缺陷，是指工程不符合国家或行业的有关技术标准、设计文件以及合同约定的质量要求的状况。质量事故是因为违反标准造成建筑工程质量不合格而引起的人员伤亡、经济损失等事件。

法律赋予单位和个人的监督权利，是全社会对建筑工程质量实行监督的形式，也是为了更好地发挥公众监督和社会舆论监督的作用，来保证建设工程质量的一项有效措施。另外，在《消费者权益保护法》中也规定了"消费者有权检举、报告侵害消费者权益的行为。"建设工程质量问题也同样适用此规定。特别是违反质量和安全强制性标准的建设项目，建设工程的质量直接关系到公众人身安全，对于建设工程存在质量缺陷和所发生的质量事故，任何单位和个人都有权利向各级建设行政主管部门或者其他有关部门进行检举、控告和投诉。这有利于形成对建筑工程质量的社会监督，督促从事建筑活动的勘察单位、设计单位、施工企业和监理单位加强质量管理，确保建筑工程的质量和安全。

如果发现建筑工程质量事故和质量缺陷是由于某个单位或者某些人的责任造成，特别是与严重不负责任、贪污、受贿或者其他牟取非法利益行为有关，还可以向有关部门，比如监察机关、检察机关等进行检举。建设行政主管部门和其他有关行政主管部门在接到任何单位和个人的检举、控告、投诉后，应当及时依法进行处理。

本 章 小 结

实施标准、对标准的实施进行监督是标准化工作的两大重点任务，也是实现标准化目标不可或缺的重要环节。对于政府颁布标准，除政府的实施监督管理之外，如被不同建设活动主体采用，也会由标准使用方同时开展实施和监督管理；对于团体标准，由发布机构和采信方负责实施和监督管理工作；对于企业标准，由企业负责实施和监督管理。

标准的实施主体包括所有采信执行标准的建设活动方：建设单位、勘察单位、设计单位、施工单位、监理单位、风险管理机构、咨询服务单位、保险机构、工程建设产品的生产单位和从事建设活动的职业资格人员等，这些标准实施主体也是被监督对象。标准发布机构和采信机构作为组织和推动标准实施的机构，一方面通过实施前的质量保障、有效的实施管理、标准实施配套文件、标准员制度等确保标准的实施；另一方面通过宣贯保障、实施管理、扩大采信引用途径和标准化服务等实现标准的实施推广，并通过实施后评价改进完善标准，确保标准实施效果的持续提升。

标准的监督同样由发布和采信机构主导，政府机构主要负责强制性标准的监督，其他监督机构包括社会专业机构提供的监督服务。社会专业机构主要包括保险公司委托的风险管理机构、建设单位委托的监理机构、项目管理单位或者全过程工程咨询单位，以及第三方的检验和认证机构，第二方的社会公众，第一方的内部监督团队。这些第一方、第二方、第三方，以及政府机构、社会组织共同构成了工程建设标准的监督主体。对标准实施的监督，主要是通过检查人员、机构是否掌握和熟悉标准、能否正确执行标准，项目是否满足标准的要求来开展。各类资质和准入要求也是为了确保标准的有效实施和监督。标准的实施执行与监督管理，与工程建设过程和工程质量监督管理是高度统一的，对标准监管也是工程监管的重要内容。

参 考 文 献

[1] 甘藏春，田世宏. 中华人民共和国标准化法释义 [M]. 北京：中国法制出版社，2017.

[2] 张媛，陆津龙，宋婕，等. 国外建筑技术法规和标准体系实施监督分析 [J]. 工程建设标准化，2017（7）：66-71.

[3] 张媛，宋婕，顾泰昌. 国外建筑领域团体标准的实施和监督分析 [J]. 工程建设标准化，2017（2）：61-65.

[4] 国务院法制局农林城建司，建设部体改法规司，等. 中华人民共和国建筑法释义 [M]. 北京：中国建筑工业出版社，1997.

[5] 中国建设教育协会，苏州二建建筑集团有限公司. 建筑与市政工程施工现场专业人员职业标准：JGJ/T 250—2011 [S]. 北京：中国建筑工业出版社，2011.

[6] 住房和城乡建设部标准定额研究所. 工程建设标准实施评价规范：GB/T 50844—2013 [S]. 北京：中国建筑工业出版社，2013.

[7] 中国建设监理协会. 建设工程监理规范：GB/T 50319—2013 [S]. 北京：中国建筑工业出版社，2013.

[8] 中国工程建设标准化协会建筑施工专业委员会，中天建设集团有限公司. 施工企业工程建设技术标准化管理规范：JGJ/T 198—2010 [S]. 北京：中国建筑工业出版社，2010.

第四章　工程建设地方标准

第一节　概　　述

一、工程建设地方标准概念

地方标准是指在国家的某个地区制定并发布的标准。现行《标准化法》明确规定：地方标准由省、自治区、直辖市人民政府标准化行政主管部门制定；设区的行政市级人民政府标准化行政主管部门根据本行政区域的特殊需要，可以制定本行政区域的地方标准。因此，结合现行《标准化法》，将工程建设地方标准定义为：对没有工程建设国家标准、行业标准，而又需要在省、自治区、直辖市或设区的行政市范围内统一的工程建设标准。

工程建设地方标准概念首次提出是 1980 年 1 月国家基本建设委员会发布的《工程建设标准规范管理办法》，当时并未称作"地方标准"，而是称为"省（市、自治区）标准"。该办法将标准分为国家标准，部标准，省（市、自治区）标准和企事业标准四级，并明确省（市、自治区）标准是指地区性的在本地区范围内需要和可能统一的标准。1987年 12 月，国家计委为加强工程建设地方标准工作，专门印发了《关于工程建设地方标准规范的若干规定》的通知（计标〔1987〕2324 号），强调指出："工程建设地方标准规范是工程建设标准的重要组成部分，是地方进行工程建设规划、勘察、设计、施工及验收等的重要依据之一，是地方实行工程建设科学管理的重要手段。"地方标准在法律文件中首次提到，则是 1988 年 12 月颁布的《标准化法》，但当时《标准化法》中的地方标准主要限于工业产品领域；2017 年修订了《标准化法》，修订后的《标准化法》涵盖了工程建设地方标准，明确提出为满足地方自然条件、风俗习惯等特殊技术要求，可以制定地方标准。

随着工程建设地方标准化的发展，工程建设地方标准不仅存在于没有国家标准和行业标准的情况下，还存在于一些虽已有国家标准和行业标准，但更具有地方技术进步性、经济适应性或更能体现特殊地理气候条件与人文历史特点的情况下。

二、工程建设地方标准的必要性

不同于产品标准，工程建设标准具有很强的地域性特点。尤其对于跨越多个经纬度、地理气候差异大、文化多样性、技术和经济发展不同步的地区和国家，要制定统一的满足不同地方自然条件、风俗习惯等特殊技术要求的工程建设标准往往很难，除非只做原则性、方法性和基准性的规定。例如，从国际看，美国以州法规为主，可以自行制定或采用适合本地的技术规范，如加州对建筑物抗震防震要求较高，马里兰州对防洪排涝提出要求，墨西哥湾地区对台风（飓风）要求高，而纽约州关注冰雪灾害；欧盟标准化委员会发布的欧洲规范（Eurocodes 系列），旨在制定统一的工程建设规范，但由于各国地理气候等差异，部分国家依然需要额外制定配套的国家附件，即在欧洲规范后面增加本国国家附录，其内容为本国数据参数（NDPs），如风压、雪分布，结构安全度等。

（一）满足地方特殊地理环境和气候条件的要求

由于我国地域辽阔，各地自然环境和气候条件不一样，东西部技术水平、施工工艺水平和节能举措等也存在着不同程度的差异，一些情况下，很难对工程建设的某些事项提出全国统一的技术要求。因此，在工程建设中，需要根据各地特殊地理条件和当地的建设经验，采用不同的技术措施，明确不同要求。国家标准和行业标准因其覆盖范围广、通用性强，而不能针对性地完全满足不同地域条件下的建设需要；地方标准则可针对一些特殊的自然和气候条件，专门制定相应的技术标准。例如，我国地质条件差异较大，沿海地区以软土和岩石为主，中西部有黄土，西南省份以岩石为主，所以岩土类及同岩土相关的建设工程必须要有地方标准，这也导致地基基础方面，对北方土质是以干作业和人工挖孔桩为主，而软土地区就必须采用泥浆护壁钻孔桩，相关工艺技术要求大不相同。地质差异，也导致勘察、设计、施工方面各地都要有当地标准指导，甚至主要以地方标准为主。以深基坑工程为例，北方土质变形一般几厘米，但在沿海软土地区变形大的可达十几厘米，故设计控制标准及控制手段大为不同。根据地方水文地质条件，上海基坑设计和施工规范可以满足软土深厚承压水条件下基坑施工安全的要求，上海深厚的软土层决定了桩基础很深，施工及质量控制难度大，桩的质量检测比例要求高于行业标准。上海作为国内特大型城市，基础工程面临的环境保护问题更复杂，特殊性多，环境保护等级、变形控制标准的严格程度要高于国家标准。上海的基坑工程设计一直以上海市的地方标准为主，有大量成功的工程经验，软土工程盾构隧道，很大一部分位于3层、4层软土层中，所面临的各种工程问题、环境保护问题，都体现在上海的地方标准中。上述诸类工程问题仅靠国家标准和行业标准是无法很好解决的。

再比如：我国严寒寒冷地区、夏热冬冷地区、夏热冬暖地区、温和地区采用的节能设计和节能措施也有很大差异。寒冷地区注重外保温，而夏热冬暖地区重视遮阳。黄河以北冬天有连续供暖，居住建筑的外保温效果就会比较好，而长江流域和一些商业建筑则效果一般。气候差异也导致各地节能措施不一，北京更注重空气源热泵、地源热泵的使用，上海则强调冷热电联供、地源热泵的使用。这些涉及可持续发展、节能减排的要求都是国家标准、行业标准加上各地方标准的组合形式才能解决工程建设中的问题。

（二）满足城市发展水平和地方建设特征的需要

我国城市发展水平很不平衡，有些地方受制于城市快速发展，已经转向超高、超深、超大规模发展，而且对建设管理和环境要求也更高，全国统一化的平均水平不能满足所有的建设要求。如深圳、上海地区，商业建筑多、超高层建筑多，还有大量大面积的玻璃幕墙，因此产生了一些具有地方建设特征的，且涉及安全要求的地方标准，比如超高层建筑施工安全要求、施工场地狭窄条件下的逆作法施工技术要求等相关的实用标准，更要考虑高空坠落等风险控制问题。密集城区施工的环境影响控制和相应的施工工艺也要满足城市管理与环境的要求。

（三）满足地方人文历史特色性需求

由于各地人文历史的不同，导致各地方有不同的传统建筑特点。如广东的岭南建筑、上海的石库门建筑、安徽的徽派建筑、藏区的寺院建筑、陕西文物建筑众多；还有一些与民族特性息息相关的传统建筑，而我国又是一个多民族的国家。这些颇具地方特色和民族特色的建设工程，其在建造、维护与保护方面都具有不同的特殊要求，不可能全部采用全国统一的一个尺度。因为只存在于部分地区，所以相较于国家标准和行业标准，地方标准更为适用，更具针对性，也更能体现量力而行、保持和发扬民族特色的原则。

（四）满足地方更高的城市管理要求

四川对抗震要求更高，这一点也体现在工程建设标准中。上海对外墙保温材料燃烧性能等级要求为不低于 B_1 级，也要高于国家标准不低于 B_2 级的要求。节能标准在国家和行业层面有统一要求，但每个省市在碳达峰碳中和的规划中要求的时间节点是不一样的，有些城市为了尽快实现碳中和的目标，在标准要求上也更加严格。再比如，有些地区受梅雨季节影响，雨水天气多，对建筑物的使用功能在渗漏防治和混凝土裂缝影响的要求就比较高。这些特殊需求除了有地方因素和施工工艺的考虑，更多是结合当地的管理要求而提出。

（五）满足地方经济发展和技术进步的要求

从全国的经济发展来看，我国各地区的经济发展水平是不平衡的，例如，沿海与内地、城市与乡村、山区与平原等，再加上技术发展的不同步，导致部分发达和技术先进省市的指标要求高于平均水平，这也是国家层面所鼓励和希望看到的。经济和技术发达的地区能先试先行，勇于突破，发挥带头作用提高标准水平，从而实现国家层面逐步提高整体水平的目标要求。部分领域的标准是地方先发展先行制定，才有了国家标准。如经济发达地方会大量采用工业化、装配式施工工艺等，地方的先进技术和经验可通过先行制定标准推广新技术、新产品、新材料和新设备的应用，尤其涉及安全、环保、节能等领域提出更高要求。

三、工程建设地方标准的地位和作用

（一）工程建设地方标准的地位

1. 工程建设地方标准是工程建设标准体系的重要组成部分

工程建设地方标准是工程建设标准体系的重要组成部分，也是不可或缺的一个标准层级，是对工程建设国家标准、行业标准的必要补充，是规范地方经济和社会发展的重要手段。各级地方住房和城乡建设行政主管部门如何加强对建设活动的管理，还需要工程建设地方标准这个抓手，其技术支撑地位也在建设活动中稳步提升，承担着推进本地区建设事业发展的重任。我国工程建设地方标准数量已经占到了工程建设总量约50%，并且这个比率在过去十年间逐年递增。对于地方而言，工程建设地方标准的实施性和指导性更强，得到了工程建设标准化主管部门的管理支持。截至2022年底，中国现行工程建设标准共有11 082项。其中，工程建设国家标准1 404项，工程建设行业标准3 938项，工程建设地方标准5 740项，共同构成了具有中国特色的工程建设标准体系。

2. 工程建设地方标准是地方建设事业发展中不可或缺的重要一环

建设工程最终品质的好坏，很大程度上取决于标准的质量以及实施情况。工程建设地方标准，推动了地方建设领域的技术进步；而作为地方建设事业的重要一环，地方标准是开展一切建设活动的依据。可以说，没有科学合理的标准，就没有规范有序的建设活动和最终质量可控的建设产品。建设活动是一切最终建设工程产品交付的必经历程，但建设活动必须依据标准开展。因此，工程建设地方标准，以及随之产生的系列标准化活动，包括标准的制定与发布、宣贯与培训、解释与反馈、实施与监督，才是建设事业高质量发展的根源和基础。工程建设地方标准作为工程规划、勘察、设计、施工、验收和维护管理的重要依据和技术保证之一，以及地方建设行政主管部门实现工程建设科学管理的重要手段，其重要性不言而喻。而地区建设领域技术的进步、建设产品的质量提升、城市管理水平的提高，都需要通过标准得以实施、落地生根，进而实现整个地区建设水平的提升。

（二）工程建设地方标准的作用

工程建设地方标准是地方政府实现工程建设科学管理的重要手段。首先，由于我国地域辽阔，各地区的自然条件差异较大且经济、技术发展不平衡，因此，需要因地制宜地制定出具有地方特色的工程建设技术要求。其二，随着工程建设不断发展，科学技术不断进步，一些新技术、新产业、新业态、新模式的工程应用，通过制定地方标准，往往组织起来更容易、周期更短，而且指导性和现实性更强。其三，国家标准和行业标准的某些规定，通过地方标准的具体化，更能符合实际、更具有可操作性。其四，工程建设标准的宣贯、培训、实施与监督检查，需要通过强化地方标准化工作来予以落实。工程建设地方标准在以下几个方面发挥重要作用：

1. 为实施可持续发展、保护人民群众利益提供技术保障

围绕全面建设社会主义现代化国家，坚持以满足人民日益增长的美好生活需要为根本目的，立足新发展阶段，完整、准确、全面贯彻新发展理念，构建新发展格局，推动高质量发展，必须充分发挥工程建设标准在推动基础设施建设、新型城镇化、产业转型升级、实现住房和城乡建设事业高质量发展的重要技术支撑和引擎作用。改善和提高人民群众的居住生活质量水平是建设工作不可回避的责任。因此，应努力做好标准化工作，将诸如住宅建筑设计、室内环境污染控制、水资源再生利用等一系列涉及公共利益、资源和环境保护方面的标准有效地贯彻实施，同时，根据需要补充完善相关的地方标准，有效地保障人民群众的利益。

2. 规范建设市场秩序，提升管理效能

工程建设地方标准是通过系统总结相关工程实践经验，摸索强化管理的内在规律，从理念、思路、措施等各个层面，提出明确的规范管理要求，已成为参与建设各方共同遵循的技术行为准则，对保障建设行为科学、有序进行发挥了积极作用。运用好标准，将有助于更好地规范建设市场秩序，尽快适应并推动社会主义市场经济体制的完善。同时，随着标准化改革的继续深化，政府部门的职能更着重于"经济调节、市场监管、社会管理和公共服务"。法规和标准健全，行政审批就可以减少，就能推动政府职能的转变。作为《行政许可法》准许设立的行政许可事项，工程建设地方标准融入管理内容、加大管理力度的作用和能力势必逐步凸现。

3. 促进"四新"成果推广，提高行业竞争力

工程建设地方标准在促进本区地区建设领域的技术进步和新技术新产品的推广应用等方面，发挥着极其重要的作用，同时也为国家标准或行业标准的制定提供了实践基础。标准用以指导生产实践和反映科学技术发展，因此，新技术、新材料、新设备及新工艺等科技成果一旦纳入标准，就具有了相应的法定地位，将对其普遍推广和广泛应用产生积极的作用。同时，标准制定过程中对科技成果的择优、统一，以及标准实践应用的信息反馈，也有利于促进科技成果更加完善。在保持标准先进性和科学性的同时，对建设企业整体技术管理水平的要求也不断提高，行业竞争力随之增强。

4. 为工程建设质量管理和城市建设管理提供手段

在工程建设领域中，市场管理和质量管理是通过标准化来实现的。无论是淘汰落后技术、推广"四新"成果，还是提高工程质量和城乡建设水平，最主要的"抓手"就是标准化。地方标准化的水平直接反映了地方建设与管理的发展状况。因此，工程建设地方标准化工作应始终围绕当地建设发展的总体目标，在国家标准与行业标准总体框架下，针对地方特点及时提出相应的标准内容，为建设和管理提供依据和手段。

5. 为协调、完善国家标准、行业标准提供必要的补充

工程建设地方标准在地方建设领域中可充当协调、完善国家标准、行业标准的角色，保证国家和行业标准在本地区得以全面实施，并结合地方特点包括地理、经济、社会、文化等状况制定并实施。在实施过程中，可针对标准的薄弱点和相互之间不协调之处，提出修订标准的建议，以达到完善工程建设标准体系的目的。

四、工程建设地方标准的发展沿革

（一）工程建设地方标准的兴起与发展

地域性的建筑文化背后是建造全过程中材料、工艺和工法的标准化，这也是为什么每个地方都能保留独一无二的建筑特色并在多个区域和多年的发展更新中进行传承，每个阶段的历史建筑都能体现每个阶段的标准化发展，而每个阶段的标准化发展又与科技、经济发展和社会变革息息相关。随着新技术、新材料、新工艺和新设备在变革发展，标准也随之更新。

工程建设地方标准经历了漫长的历史发展阶段。从一些地方的古建筑和少数民族建筑的形制、结构、风貌来看，仍然可以发现地域性的建筑文化和标准化特征。浙江省余姚市河姆渡村出土的干栏式木结构建筑遗迹中，发现有梁柱卯榫式木构件数十件，构造类同，楼板采用企口镶拼，构造协调，是我国古建筑采用建筑标准件的最早范例。由于产生于地方、产生于民间，所以是地域文化的产物，也可以看成是我国地方建筑标准件的最早范例。成书于元末明初的《鲁班营造正式》《鲁班经》等著作，取自我国南方建筑经验和习惯做法，具有地方建筑工艺标准特色，是工程建设地方标准发展中一个珍贵的剪影。在清代，民间流传着不少建筑匠师据以设计和施工的秘传本，包括各类建筑的造型、结构、用料、预算等，可以称得上某个地方流行的标准读本。

以上的一些事例，见证了我国古代工程建设地方标准的兴起和发展，在某些方面对现代工程建设标准化仍有一定的借鉴作用。

（二）新中国成立后工程建设地方标准的发展

工程建设地方标准的发展历程和脉络与国家工程建设标准发展一脉相承却又有自己的独特之处，经历过新中国成立后的起步和摸索阶段、逐步制度化管理阶段、蓬勃发展阶段和标准化改革后的精简优化阶段。

　　新中国成立后，部分省份陆续根据需要发展出了相应的工程建设地方标准。虽然法律和政策层面没有明确地方标准的概念，但实际上各地根据相应的工程实践都有地方范围内使用的标准。1980 年 1 月，国家建委（国家基本建设委员会）发布了《工程建设标准规范管理办法》，将标准分为国家标准、部标准，省、市、自治区标准和企事业标准四级，首次正式提出了地方标准的概念——"省、市、自治区标准"，即地区性的在本地区范围内需要和可能统一的标准。省、市、自治区标准应由主编单位提出标准送审文件，报省、市、自治区基本建设委员会审批、颁布，并报国家基本建设委员会备案。该管理办法中也明确提出，省、市、自治区建委，要建立健全工程建设标准的管理机构；制定、颁布省、市、自治区建委《工程建设标准规范管理实施办法》；编制本地区工程建设标准的制定、修订规划；组织制定、审批、颁布和管理部标准或省、市、自治区标准。根据这一规定，地方各级先后设立了标准化管理机构，制定完善了相关政府规章，极大地促进了工程建设标准化事业从国家到地方的发展。

　　1987 年 12 月，国家计委为加强工程建设地方标准工作，专门印发了《关于工程建设地方标准规范的若干规定》的通知（计标〔1987〕2324 号），强调指出："工程建设地方标准规范是工程建设标准的重要组成部分，是地方进行工程建设规划、勘察、设计、施工及验收等的重要依据之一，是地方实行工程建设科学管理的重要手段。随着经济体制改革的深入发展，地方的工程建设管理工作任务势必日益繁重，地方标准工作亟待加强"。这是第一个针对工程建设地方标准的政府文件，该规定对工程建设地方标准的对象、制定原则和要求、审批发布和管理、标准的执行和开展地方标准的经费等，都做出了详细的规定。围绕这些要求和规定，地方建设行政主管部门组织编制了大量的地方标准，完善了有关地方标准管理的工作制度，使我国工程建设地方标准化管理发生了质的飞跃，向前迈进了一大步，工程建设地方标准进入逐步制度化管理阶段。

　　1988 年 12 月《标准化法》发布，首次在法律文件中提到地方标准，并明确提出"对没有国家标准和行业标准而又需要在省、自治区、直辖市范围内统一的工业产品的安全、卫生要求，可以制定地方标准"。这一标准界重磅级文件并未提及工程建设地方标准，但也明确表示了"法律对标准的制定另有规定的，依照法律的规定执行"，这也导致了部分地区通过地方法规明确了工程建设地方标准的地位和必要性。例如，《上海市建设工程质量和安全管理条例》中规定市建设行政管理部门可以结合本市实际，组织编制优于国家标准的地方工程建设质量和安全技术标准。

　　由于地方建设管理工作的实际需要，工程建设地方标准化工作得到了快速发展，为地方建设活动的开展提供了强有力的技术保障。随着标准化工作力度进一步加大，为满足工程建设地方标准化协调推进需要、适应各地在组织地方标准制修订中的差异化以及提高工程建设地方标准质量和技术水平等受到越来越多的关注。2004 年，建设部适时出台了《工程建设地方标准化工作管理规定》（建标〔2004〕20 号文，后于 2017 年 12 月废止），规定中提到，"工程建设地方标准项目的确定，应当从本行政区域工程建设的需要出发，并应体现本行政区域的气候、地理、技术等特点。对没有国家标准、行业标准或国家标准、行业标准规定不具体，且需要在本行政区域内做出统一规定的工程建设技术要求，可制定相应的工程建设地方标准。"该规定的出台，使得工程建设地方标准化工作向蓬勃发展阶段迈进。

进入 21 世纪，我国工程建设地方标准化工作不断改革创新，加速新技术向标准的转化，有关新技术、新工艺、新材料、新设备推广应用的专用标准数量大大增加；科研单位、高等院校积极参与工程建设标准编制，形成了区域特色，极大地推动了地方工程建设事业的发展。截至 2021 年底，现行工程建设地方标准数量突破 5 000 项，丰富、完善并支撑了我国的工程建设标准体系。2015 年 3 月，国务院印发《深化标准化工作改革方案》（国发〔2015〕13 号），正式开启了标准化工作的改革之路，这一改革目标在大力发展团体标准的同时，也对包括地方标准在内的政府颁布标准形成了一定影响。按照标准化改革要求，政府颁布标准要严控增量，精简存量，为此，从行业到地方，纷纷开展了工程建设标准的精简优化工作。由此，工程建设地方标准开始步入数量精简、质量优化的阶段。

第二节　工程建设地方标准化现状

一、工程建设地方标准化管理

（一）管理机构

在我国，大多数省、自治区和直辖市的建设行政主管部门是本行政区工程建设地方标准化工作的行政主管部门，其具体业务一般由标准定额处、建筑节能与科技处等相关处室承担。部分省、自治区和直辖市的工程建设标准化工作由其地方建设行政主管部门归口管理，同时成立具有独立法人地位的事业单位，对本区域内的工程建设标准化工作实行统一管理。详见表 4-1。

近年来，在标准化改革和各地机构调整的影响下，各地方工程建设地方标准的管理模式略有不同，如在工程建设地方标准立项、发布方面，分为五种模式：一是由省、自治区住房和城乡建设厅或直辖市住房和城乡建设委员会单独立项并单独发布，如河北省、广西壮族自治区、上海市等 19 个省、自治区、直辖市。二是由省、自治区住房和城乡建设厅单独立项，并与省、自治区市场监督管理局联合发布，包括陕西省、甘肃省、吉林省、江苏省、宁夏回族自治区。三是省住房和城乡建设厅与省市场监督管理局（或省市场监督管理厅）联合立项并联合发布，包括青海省、山东省、辽宁省、黑龙江省。四是省或直辖市市场监督管理局立项，并与省住房和城乡建设厅或直辖市住房和城乡建设委员会或规划和自然资源委员会联合发布，包括湖北省、北京市等。五是由省市场监督管理局单独立项并单独发布，包括安徽省。详见表 4-1。

表 4-1　工程建设地方标准管理机构

序号	省/自治区/直辖市	标准立项部门	标准批准发布部门	管理机构	
				住建厅（委）/规自委主管处室	相关支撑机构
一、由地方建设行政主管部门单独立项、单独发布					
1	天津市	市住房和城乡建设委员会	市住房和城乡建设委员会	标准设计处	天津市绿色建筑促进发展中心

序号	省/自治区/直辖市	标准立项部门	标准批准发布部门	管理机构	
				住建厅（委）/规自委主管处室	相关支撑机构
2	上海市	市住房和城乡建设委员会	市住房和城乡建设委员会	标准定额管理处	市建筑建材业市场管理总站
3	重庆市	市住房和城乡建设委员会	市住房和城乡建设委员会	科技外事处	市建设技术发展中心
4	河北省	省住房和城乡建设厅	省住房和城乡建设厅	建筑节能与科技处	省建设工程标准编制研究中心
5	山西省	省住房和城乡建设厅	省住房和城乡建设厅	标准定额处	省建设数据服务中心
6	内蒙古自治区	自治区住房和城乡建设厅	自治区住房和城乡建设厅	标准定额处	自治区标准定额总站
7	浙江省	省住房和城乡建设厅	省住房和城乡建设厅	科技设计处	省标准设计站
8	福建省	省住房和城乡建设厅	省住房和城乡建设厅	科技与设计处	无
9	江西省	省住房和城乡建设厅	省住房和城乡建设厅	建筑节能与科技设计处	省建筑标准设计办公室
10	河南省	省住房和城乡建设厅	省住房和城乡建设厅	科技与标准处	省建筑工程标准定额站
11	湖南省	省住房和城乡建设厅	省住房和城乡建设厅	建筑节能与科技处	无
12	广东省	省住房和城乡建设厅	省住房和城乡建设厅	科技信息处	省建设科技与标准化协会
13	广西壮族自治区	自治区住房和城乡建设厅	自治区住房和城乡建设厅	标准定额处	无
14	海南省	省住房和城乡建设厅	省住房和城乡建设厅	无	省建设标准定额站
15	四川省	省住房和城乡建设厅	省住房和城乡建设厅	标准定额处	省工程建设标准定额站
16	贵州省	省住房和城乡建设厅	省住房和城乡建设厅	建筑节能与科技处	无
17	云南省	省住房和城乡建设厅	省住房和城乡建设厅	科技与标准定额处	省工程建设技术经济室

序号	省/自治区/直辖市	标准立项部门	标准批准发布部门	管理机构	
				住建厅（委）/规自委主管处室	相关支撑机构
18	西藏自治区	自治区住房和城乡建设厅	自治区住房和城乡建设厅	科技节能和设计标准定额处	无
19	新疆维吾尔自治区	自治区住房和城乡建设厅	自治区住房和城乡建设厅	标准定额处	自治区建设标准服务中心
二、由地方建设行政主管部门单独立项、与地方市场监督管理部门联合发布					
20	吉林省	省住房和城乡建设厅立项并抄送省市场监督管理厅	省住房和城乡建设厅、省市场监督管理厅	勘察设计与标准定额处	省建设标准化管理办公室
21	江苏省	省住房和城乡建设厅	省住房和城乡建设厅、省市场监督管理局	绿色建筑与科技处	省工程建设标准站
22	陕西省	省住房和城乡建设厅	省住房和城乡建设厅、省市场监督管理局	标准定额处	省建设标准设计站
23	甘肃省	省住房和城乡建设厅	省住房和城乡建设厅、省市场监督管理局	无	省工程建设标准管理办公室
24	宁夏回族自治区	自治区住房和城乡建设厅立项，并报备自治区市场监管厅	自治区住房和城乡建设厅、自治区市场监督管理厅	标准定额处	自治区工程建设标准管理中心
三、由地方建设行政主管部门和地方市场监督管理部门联合立项、联合发布					
25	辽宁省	省住房和城乡建设厅、省市场监督管理局	省住房和城乡建设厅、省市场监督管理局	建筑节能与科学技术处	无

续表

序号	省/自治区/直辖市	标准立项部门	标准批准发布部门	管理机构	
				住建厅（委）/规自委主管处室	相关支撑机构
26	黑龙江省	省住房和城乡建设厅、省市场监督管理局	省住房和城乡建设厅、省市场监督管理局	建设标准和科技处	工程建设标准化技术委员会（非法人机构）
27	山东省	省住房和城乡建设厅、省市场监督管理局	省住房和城乡建设厅、省市场监督管理局	无	省工程建设标准造价中心
四、由地方市场监督管理部门立项、与地方建设行政主管部门联合发布					
28	北京市住房和城乡建设委员会	市市场监督管理局	市市场监督管理局、市住房和城乡建设委员会	科技与村镇建设处	无
	北京市规划和自然资源委员会	市市场监督管理局	市市场监督管理局、市规划和自然资源委员会	城乡规划标准化办公室	无
29	湖北省	省市场监督管理局	省住房和城乡建设厅、省市场监督管理局	勘察设计处	省建设工程标准定额管理总站
30	青海省	省市场监督管理局	省住房和城乡建设厅、省市场监督管理局	建筑节能与科技处	省工程建设标准服务中心
五、由地方市场监督管理部门立项和发布					
31	安徽省	省市场监督管理局	省市场监督管理局	标准定额处	省工程建设标准设计办公室

（二）管理制度

据统计，截至 2021 年底，已有 27 个省、自治区、直辖市通过不同的方式发布了地方标准化管理文件（详见表 4-2），基本形成了比较完善的工程建设地方标准化的管理制度体系。

表 4-2　工程建设地方标准管理制度一览表

序号	省/自治区/直辖市	管理制度
1	北京市	《北京市工程建设和房屋管理地方标准化工作管理办法》（京建发〔2010〕398 号）
2	天津市	《天津市工程建设地方标准化工作管理规定》（津政办发〔2007〕55 号）
3	上海市	《上海市工程建设地方标准管理办法》（沪建标定〔2016〕1203 号）
4	重庆市	《关于加强工程建设标准化工作管理的通知》（渝建发〔2009〕61 号）
		《重庆市实施工程建设强制性标准监督管理办法》（渝建发〔2011〕50 号）
		《重庆市工程建设标准化工作管理办法》（渝建标〔2019〕18 号）
		《重庆市建设领域新技术工程应用专项论证实施办法（试行）》
		《重庆市建设领域禁止、限制使用落后技术通告》（2019 年版）
5	河北省	《河北省工程建设标准管理规定》
		《河北省房屋建筑和市政基础设施标准管理办法》（省政府〔2019〕第 3 号令）
6	山西省	《山西省工程建设领域地方标准编制工作规程》（晋建标字〔2017〕88 号）
7	辽宁省	《辽宁省地方标准管理办法》
		《辽宁省专业标准化技术委员会管理办法》
8	吉林省	《吉林省工程建设标准化工作管理办法》（吉建办〔2010〕9 号）
9	黑龙江省	《黑龙江省工程建设地方标准编制修订工作指南》
10	江苏省	《江苏省工程建设地方标准管理办法》（苏建科〔2006〕363 号）
11	浙江省	《浙江省工程建设标准化工作管理暂行办法》（浙建法〔2006〕27 号）
		《浙江省工程建设地方标准编制程序管理办法》（浙建设〔2008〕4 号）
12	安徽省	《安徽省工程建设标准化管理办法》（建标〔2017〕266 号）
		《关于加强工程建设强制性标准实施监督的通知》（建标函〔2017〕616 号）
		《安徽省工程建设地方标准制定管理规定》（建标〔2018〕114 号）
		《安徽省工程建设团体标准管理暂行规定》（建标〔2019〕90 号）
13	福建省	《福建省工程建设地方标准化工作管理细则》（闽建科〔2005〕20 号）
14	江西省	《关于进一步加强工程建设地方标准管理的通知》（赣建科设〔2020〕53 号）
15	山东省	《山东省工程建设标准化管理办法》（山东省人民政府令第 307 号）
		《山东省工程建设标准编制管理规定》（鲁建标字〔2011〕8 号）

序号	省/自治区/直辖市	管理制度
16	河南省	《河南省工程建设地方标准化工作管理规定实施细则》（豫建设标〔2004〕96 号）
17	湖南省	《湖南省工程建设地方标准化工作管理办法》（湘建科〔2010〕245 号）
		《湖南省工程建设地方标准编制工作流程》（湘建科〔2012〕192 号）
18	广东省	《广东省工程建设地方标准编制、修订工作指南》
19	广西壮族自治区	《广西工程建设地方标准化工作管理暂行办法》（桂建标〔2008〕10 号）
20	海南省	《海南省工程建设地方标准化工作管理办法》（琼建定〔2017〕282 号）
		《海南省工程建设地方标准制（修）订工作规则》
21	四川省	《四川省工程建设地方标准管理办法》（川建发〔2013〕18 号）
22	贵州省	《贵州省工程建设地方标准管理办法》（黔建科标通〔2007〕476 号）
23	陕西省	《关于加强工程建设标准化发展的实施意见》（陕质监联〔2015〕12 号）
24	青海省	《青海省工程建设地方标准化工作管理办法》（青建科〔2014〕572 号）
25	宁夏回族自治区	《宁夏回族自治区工程建设标准化管理办法》（政府令第 79 号）
26	新疆回族自治区	《新疆维吾尔自治区工程建设标准化工作管理办法》（新建标〔2017〕12 号）
27	西藏自治区	《西藏自治区工程建设标准化工作管理办法》
		《西藏自治区实施工程建设强制性标准监督管理规定》

二、工程建设地方标准制定

（一）地方标准数量情况

截至 2021 年底，现行工程建设地方标准 5 636 项。各省、自治区、直辖市的现行工程建设地方标准数量见表 4-3 和图 4-1。2005—2021 年各地工程建设地方标准发布数量见表 4-4 和数量增长趋势见图 4-2，通过图上数据可以看出标准数量是逐年增加的。

表 4-3　各地现行工程建设地方标准数量（截至 2021 年底）

序号	省/自治区/直辖市	数量（项）	比例（%）	序号	省/自治区/直辖市	数量（项）	比例（%）
1	北京市	289	5.13	6	山西省	185	3.28
2	天津市	197	3.50	7	内蒙古自治区	102	1.81
3	上海市	461	8.18	8	辽宁省	181	3.21
4	重庆市	297	5.27	9	吉林省	118	2.09
5	河北省	360	6.39	10	黑龙江省	111	1.97

续表

序号	省/自治区/直辖市	数量（项）	比例（%）	序号	省/自治区/直辖市	数量（项）	比例（%）
11	江苏省	247	4.38	22	海南省	48	0.85
12	浙江省	232	4.12	23	四川省	226	4.01
13	安徽省	181	3.21	24	贵州省	72	1.28
14	福建省	407	7.22	25	云南省	105	1.86
15	江西省	69	1.22	26	西藏自治区	23	0.41
16	山东省	222	3.94	27	陕西省	175	3.11
17	河南省	175	3.11	28	甘肃省	183	3.25
18	湖北省	123	2.18	29	青海省	66	1.17
19	湖南省	149	2.64	30	宁夏回族自治区	143	2.54
20	广东省	192	3.41	31	新疆维吾尔自治区	121	2.15
21	广西壮族自治区	176	3.12		总计	5 636	100

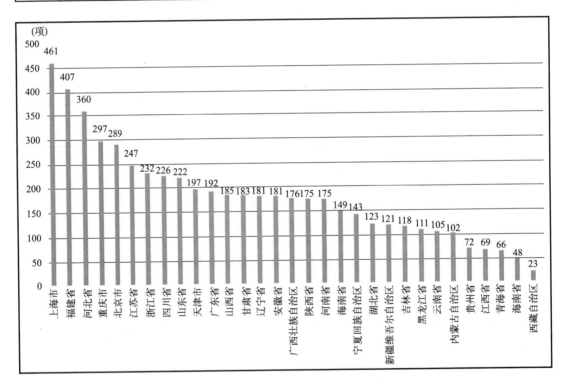

图 4-1　2021 年各地现行工程建设标准数量统计图

表 4-4　2005—2021 年工程建设地方标准发布数量

年	2005	2006	2007	2008	2009	2010	2011	2012	2013
数量（项）	161	168	180	193	195	267	243	287	300

续表

年	2014	2015	2016	2017	2018	2019	2020	2021	合计
数量（项）	391	416	526	488	558	581	648	906	6 508

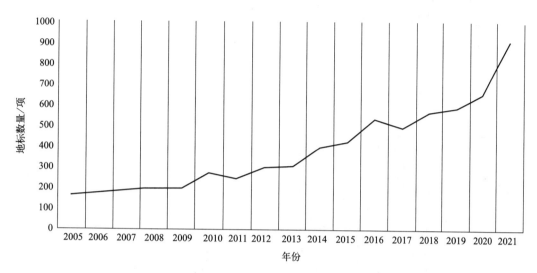

图 4-2　2005—2021 年工程建设地方标准发布数量增长趋势图

（二）工程建设地方标准编号

工程建设地方标准的编号在全国范围尚未做出统一规定。各地对工程建设地方标准的编号虽不统一，但各省、自治区、直辖市均具有各自的统一编号。从主流来看，主要存在两种方式。

（1）采用国家市场监督管理总局《地方标准管理办法》中规定的地方标准编号方式，即地方标准的编号有地方标准代号、发布标准的顺序号和发布标准的年代号三部分组成。省级地方标准代号，由汉语拼音字母"DB"加上其行政区划代码前两位数字组成。市级地方标准代号，由汉语拼音字母"DB"加上其行政区划代码前四位数字组成。以北京市工程建设地方标准编号为例，强制性工程建设地方标准编号见图 4-3，推荐性工程建设地方标准编号见图 4-4。

图 4-3　强制性工程建设地方标准编号

图 4-4　推荐性工程建设地方标准编号

（2）采用国务院建设行政主管部门规定的地方标准编号方式，即工程建设地方标准的编号有工程建设地方标准的代号、省/自治区/直辖市的数码代号、标准发布的顺序号和发布标准的年代号四部分组成。以福建省工程建设地方标准编号为例，强制性工程建设地方标准编号见图 4-5，推荐性工程建设地方标准编号见图 4-6。

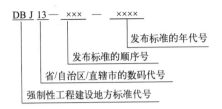

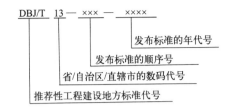

图 4-5　强制性工程建设地方标准编号　　图 4-6　推荐性工程建设地方标准编号

截至 2021 年底，各地工程建设地方标准编号具体表示方法如表 4-5 所示。

表 4-5　各地工程建设地方标准编号

序号	省/自治区/直辖市	编　号
1	北京市	DB11/××××—20××、DB11/T ××××—20××
2	天津市	DB 29-×××—20××、DB/T 29-×××—20××
3	上海市	DGJ 08-×××—20××、DG/TJ 08-×××—20××
4	重庆市	DBJ 50-×××—20××、DBJ 50/T-×××—20××
5	河北省	DB13（J）××××—20××、DB13（J）/T ××××—20××
6	山西省	DBJ04-×××—20××、DBJ04/T ×××—20××
7	内蒙古自治区	DBJ03-×××—20××、DBJ/T 03-×××—20××
8	黑龙江省	DB23/××××—20××、DB23/T ××××—20××
9	吉林省	DB22/××××—20××、DB22/T ××××—20××
10	辽宁省	DB21/××××—20××、DB21/T ××××—20××
11	江苏省	DB32/××××—20××、DB32/T ××××—20××
12	安徽省	DB34/××××—20××、DB34/T ××××—20××
13	浙江省	DB33/××××—20××、DB33/T ××××—20××
14	福建省	DBJ13-×××—20××、DBJ/T 13-×××—20××
15	江西省	DBJ/T 36-×××—20××
16	山东省	DB37/××××—20××、DB37/T ××××—20××
17	河南省	DBJ41/×××—20××、DBJ41/T ×××—20××
18	湖北省	DB42/××××—20××、DB42/T ×××—20××
19	湖南省	DBJ43/×××—20××、DBJ43/T ×××—20××
20	广东省	DBJ15-×××—20××、DBJ/T15-×××—20××
21	广西壮族自治区	DBJ45/×××—20××、DBJ/T 45-×××—20××
22	海南省	DBJ46-×××—20××
23	云南省	DBJ53-×××—20××、DBJ53/T-×××—20××
24	贵州省	DBJ52 ×××—20××、DBJ52/T ×××—20××
25	四川省	DB51/××××—20××、DB51/T ××××—20××、DBJ 51/T ×××—20××
26	陕西省	DBJ61 ×××—20××、DBJ61/T ×××—20××

序号	省/自治区/直辖市	编　号
27	宁夏回族自治区	DB64/××××—20××、DB64/T ××××—20××
28	青海省	DB63/T××××—20××、DB63/××××—20××
29	西藏自治区	DB54/××××—20××、DB54/T ××××—20××
30	新疆维吾尔自治区	XJJ ×××—20××、DB65/T××××—20××
31	甘肃省	DB62/T ××××—20××、DB62/T 25-××××—20××

（三）信息化建设情况

随着信息化的迅猛发展，各地方积极探索、加强工程建设标准的信息化建设，基本与各地方建设行政主管部门政务信息基本同步，主要通过建设行政主管部门官方网站发布工程建设标准相关动态，个别地区还加强了微信公众号等电子媒体建设，快速、高效、高质量解决技术人员的标准使用需求。具体情况见表4-6。

表4-6　各地信息化建设情况

序号	省/自治区/直辖市	信息化平台/数据库名称（包括公众号、网站、微博等）	是否公开	查阅方式（包括网站链接、公众号名称等）
1	北京市	首都标准网 北京市市场监督管理局	是	http://www. capital-std. com/xwzx/zytz/ http://scjgj. beijing. gov. cn/cxfw/
2	天津市	天津市住房和城乡建设委员会	是	http://zfcxjs. tj. gov. cn
3	上海市	微信公众号"上海工程标准"	是	上海工程标准
		上海市建设市场信息服务平台	是	https://ciac. zjw. sh. gov. cn/ https://ciac. zjw. sh. gov. cn/JGBStandard-Web/Content/dist/#/home
		上海工程建设标准管理信息系统小程序	否	内部链接
		标准评审专家信息档案	否	内部链接
4	重庆市	重庆市住房和城乡建设技术发展中心、重庆市建筑节能中心	是	http://www. jsfzzx. com/job/jsbz/
5	河北省	河北省住房和城乡建设厅	是	http://zfcxjst. hebei. gov. cn
6	山西省	山西省住房和城乡建设厅	是	http://zjt. shanxi. gov. cn
7	内蒙古自治区	内蒙古自治区住房和城乡建设厅	是	http://zjt. nmg. gov. cn
8	辽宁省	辽宁省地方标准管理平台	是	https://www. lnsi. org：8081/Main. aspx
9	吉林省	吉林省住房和城乡建设厅	是	http://jst. jl. gov. cn
		微信公众号"吉林建设标准"	是	吉林建设标准

序号	省/自治区/直辖市	信息化平台/数据库名称（包括公众号、网站、微博等）	是否公开	查阅方式（包括网站链接、公众号名称等）
10	黑龙江省	黑龙江省住房和城乡建设厅	是	http：//zfcxjst. hlj. gov. cn
11	江苏省	江苏建设科技网	是	http：//www. jscst. cn/KeJiDevelop/
12	浙江省	浙江省住房和城乡建设厅	是	http：//zjt. zj. gov. cn/
13	安徽省	安徽省住房和城乡建设厅	是	http：//dohurd. ah. gov. cn
14	福建省	福建省住房和城乡建设厅	是	http：//zjt. fujian. gov. cn
15	江西省	江西省住房和城乡建设厅	是	http：//zjt. jiangxi. gov. cn/
16	山东省	山东省住房和城乡建设厅	是	http：//zjt. shandong. gov. cn
17	河南省	河南省住房和城乡建设厅河南省工程建设标准化信息网	是	http：//hnjs. henan. gov. cn/http：//222. 143. 32. 83：9002/index
18	湖北省	湖北省住房和城乡建设厅	是	http：//zjt. hubei. gov. cn/
19	湖南省	湖南省住房和城乡建设厅	是	http：//zjt. hunan. gov. cn/
20	广东省	广东省工程建设标准化管理信息系统	是	https：//bzgl. gdcic. net/
21	广西壮族自治区	广西壮族自治区住房和城乡建设厅	是	http：//zjt. gxzf. gov. cn/
22	海南省	海南省工程建设标准定额信息	是	http：//zjt. hainan. gov. cn/szjt/gcjsbzde/dez. shtml
23	四川省	四川省住房和城乡建设厅	是	http：//zjt. sc. gov. cn/
24	贵州省	贵州省住房和城乡建设厅	是	http：//zfcxjst. guizhou. gov. cn
25	云南省	云南省工程建设地方标准管理系统	是	http：//dfbz. ynbzde. com/ems/index
26	西藏自治区	西藏自治区住房和城乡建设厅	是	http：//zjt. xizang. gov. cn/
27	陕西省	陕西省住房和城乡建设厅陕西工程建设标准化信息网	是	http：//js. shaanxi. gov. cn/http：//www. jbxx. cn/
28	甘肃省	甘肃省住房和城乡建设厅	是	http：//zjt. gansu. gov. cn/
29	青海省	青海省住房和城乡建设厅	是	http：//zjt. qinghai. gov. cn/
30	宁夏回族自治区	宁夏回族自治区住房和城乡建设厅	是	http：//jst. nx. gov. cn/
31	新疆维吾尔自治区	新疆维吾尔自治区住房和城乡建设厅	是	http：//zjt. xinjiang. gov. cn/

第三节　工程建设地方标准化存在的问题和发展对策

工程建设地方标准化工作经过几十年的实践，积累了许多经验，取得了显著成绩，但也存在诸多问题。一方面存在发展方向不清晰、管理制度不健全、运行机制不顺畅等问题。另一方面，各地方也不同程度存在机构设置缺位、人力资源匮乏、工作重心偏离、投入不足、管理措施不力、发展不平衡等问题。这种状况，与工程建设地方标准化工作应当具有的地位及发挥的作用不相适应。因此，有必要认真总结工程建设地方标准化工作取得的经验，分析存在的问题，提出工程建设地方标准化工作的发展对策。

一、工程建设地方标准化工作取得的经验

（一）各级政府高度重视工程建设标准化工作

工程建设地方标准化工作能否持续稳定健康发展，有关政府机构和领导的高度重视是关键。主管部门和有关领导重视，标准化管理队伍和技术队伍就方向明、人心稳、干劲足；重视不够，相关各项工作就相对滞后。上海等地的地方标准化工作之所以能在较长的时期内持续发展，首要的一条就是获得了重视，始终把标准化工作放在突出位置，从政策、机制、资金等各个方面对标准化工作予以积极支持，反复强调标准化工作的地位、意义和作用，使标准化意识逐步深入人心。重庆市建设行政主管部门一把手亲自担任市工程建设标准化领导小组负责人，分管领导积极协调相关部门，使重庆的工程建设标准化工作在短期内获得显著进步。云南的经验又是一个鲜明的例证。2001 年，云南在全省范围内开展了以"标准是核心、质量是生命"为主题的"云南省工程建设标准化知识竞赛"系列活动，先后有近千名建设者组成近百支代表队参加竞赛，决赛当天，省人大、政府、政协领导和省直机关 20 多位厅、局负责人亲临现场，形成了宣传标准化工作的强劲舆论氛围。

（二）组织机构、人员的有力保障

同其他各项工作一样，工程建设地方标准化工作的有效开展离不开机构和人员这个根本。目前，全国大部分省、自治区、直辖市设有省级工程建设标准化工作日常管理机构，部分省市设有地、市一级的标准化工作日常管理单位。其中上海、河北、四川、陕西、山东、辽宁、甘肃、吉林等省的省级标准化日常管理机构的人员配备比较到位。实践证明，组织机构和人员健全的地区，其地方标准化工作就比较有成效。

（三）各地结合当地特色开展工程建设地方标准化工作

我国地域辽阔，各地在自然、经济、科技、教育、文化、习俗等方面存在一定乃至较大的差异。工程建设地方标准作为一种科学合理的规范，它和本地区的地理环境、气候条件、文化风情、经济技术结合得越紧密，就越能体现出浓厚的地方特色，越能体现其价值。陕西省结合当地文物大省的地区特色，出台了《建筑场地墓坑探查与处理暂行规程》；云南出台了《云南省膨胀土地区建筑技术规程》《烟草建筑设计防火规范》；重庆市出台了《重庆市坡地高层民用建筑设计防火规范》等标准。这些地方标准无不凸显鲜明的地方特色，也展示了地方科技发展的新面貌。标准的编制如此，标准出版发行、宣贯、监督实施等也都充分反映出各地鲜明的地方特色。正是结合各地实际情况、体现当地特色，才使

得地方标准化工作得以发展。

（四）加强贯彻与监督，促进标准的实施

工程建设地方标准化工作要取得预期效果，重在贯彻与监督。经过几十年的发展，我国已形成了由建设工程安全质量部门、施工图审查机构、工程建设监理机构、工程质量检测机构等组成的遍及各省、市、县的标准实施监督网络，基本建立了较配套的工程质量巡查制度、施工图设计文件审查制度和工程验收备案制度相结合的监督体制。这是标准监管的重要组成部分。部分省市还建立并完善了专门的工程建设标准监管机制，例如，山东省在16个市建立了工程建设标准化工作机构，形成了省、市、县三级管理体系，全面负责组织贯彻执行国家、行业、地方工程建设法规和技术标准，监督检查各类工程建设标准的实施，有力地保证了工程安全与质量。

全国各省、自治区、直辖市都把贯彻工程建设强制性标准作为一项重点工作来抓，加强标准的实施、监督和检查，使之贯穿于工程建设全过程。《工程建设标准强制性条文》自2001年发布实施后，各地迅速行动，采用新闻发布会、报告会、培训班等多种形式，认真贯彻执行，从施工图设计文件审查、施工过程监督到竣工验收备案，认真做好每一环节的工作，有力地推进了工程建设强制性标准的贯彻实施。随着全文强制性工程规范的发布实施，各地积极贯彻，其精神实质和主要内容已渗透到建设领域的各个层面和各个环节，贯彻执行全文强制性工程规范必将成为建设从业单位和从业人员的自觉行为。同时，各地结合当地实际，有序推进现行国家标准、行业标准和地方标准的宣传贯彻，不断加大对实施过程的监管力度，普遍取得了较好的实施效果。辽宁省组成由省建设厅牵头、省直有关专业厅局参加的工程建设标准化监督管理领导小组，调动专家和区县的力量，加大对标准执行情况的监管力度，对标准的全面有效实施发挥了较好的促进作用，大大提高了贯彻执行标准的严肃性。

通过加强管理，质量管理体系的建立，质量责任制、施工图审查制、竣工验收备案制、项目监理制等系列制度的建立和实施，系列专项检查与治理以及采用其他系列行政和技术手段，各类工程建设标准得以实施，在工程建设中发挥了实实在在的作用，为国家高质量发展做出了贡献。

（五）多渠道筹集标准化工作资金

我国工程建设标准化工作是由政府主导向政府与市场并重过渡，地方标准化工作的经费来源也由主要靠地方工程建设行政主管部门拨款向政府拨款和市场筹措并存转变。如上海市建委从20世纪90年代中期起，每年投入数百万元用于标准化工作，并在20世纪90年代末设立了总数达1 000万元的标准化工作专项基金。较为充足的经费支持，使上海工程建设地方标准化工作走在了全国前列。

随着工程建设标准化工作的改革，政府拨款逐渐缩减，但同时工程建设地方标准化工作量逐渐加大，经费已经远远满足不了标准化工作发展需求。各地根据自身不同情况，积极开展多元化、多渠道筹集标准化工作经费机制。一是积极协调争取各项激励奖励政策，对积极参与标准化工作、承担重大项目的主编单位和在标准化工作中做出成绩的单位给予奖励；对于优秀的标准，尤其是经过实施检验的工程建设标准，可参评标准化优秀成果奖，给予一定的标准资助与奖励。二是以为企业提供展示自身发展平台为出发点，鼓励他

们参与工程建设地方标准化，积极动员和鼓励具备标准编制条件的企业编制工程建设标准。三是充分体现公平竞争的原则，择优选定编制单位，并鼓励企业间与科研院所间的强强联合、积极合作。四是与高等院校、大中企业开展联合标准化研究，积极向上级主管部门和科技部门申报课题，取得科研经费支持，弥补经费不足。另外，个别省市也通过标准的出版发行、标准的技术咨询和信息服务等工作回收部分资金，筹集标准化工作经费。目前，从各地情况看，工程建设地方标准化工作经费由政府拨款和市场筹集并存的方式，有利于工程建设地方标准化工作的快速发展。

（六）采取多种措施，结合国家、地方的相关政策推进地方标准化工作

各地紧密结合国家、地方的相关政策，利用相关活动、专项检查和专项治理积极进行标准化的宣传贯彻，开展各具特色的工程建设地方标准化工作。2000 年后，按照国家与住房和城乡建设部的统一部署，各地结合国家、地方的相关政策先后开展了整顿和规范建筑市场检查、建筑工程质量大检查、安全生产专项治理、建筑工程抗震专项检查、无障碍环境创建活动、高强钢筋和高性能混凝土推广应用、光纤到户国家标准贯彻实施等一系列检查治理活动，通过贯彻落实工程建设标准、监督检查工程建设标准实施情况等一系列工作，工程建设地方标准化工作被提到重要的位置，工程建设标准化工作得到了高速发展。例如，福建省结合每年 9 月的"工程质量安全月"对标准的实施进行检查，对发现的问题进行通报并责令整改，在促进工程质量安全的同时显著提高了业内人士的工程建设标准化意识；重庆市结合建筑节能工作，通过节能标准的编制、宣贯、监督检查，大力宣传标准化知识，强化了工程建设地方标准化工作地位。

2001 年，中国正式成为世贸组织成员，为我国标准化发展带来了机遇与挑战。各地充分利用 WTO/TBT 协议中有限干预原则和对发展中国家的优惠政策，根据我国国情特有的技术环境，制定国家、行业或地方标准，合理保护了民族工业。一是明确了现行的地方标准中哪些是需要政府强制并监督实施的技术规定，真正把直接涉及工程安全、卫生、环境保护和公众利益的技术要求以强制性条文的形式突出出来，形成了工程建设强制性地方标准。二是建立了科学合理的工程建设地方标准制定程序，完善了工程建设地方标准运行机制，规范了工程建设地方标准化工作。

（七）整合社会资源，转化科研成果

开展工程建设地方标准化工作，仅靠标准化日常管理机构的力量是远远不够的。各地在日常标准化工作中，结合各自实际，整合中介机构、科研院所、大中型企业等各方社会资源，最大限度地发挥各方面的积极性和创造性，使地方标准化工作开展得有声有色。各地普遍依靠本地大型企业集团、科研单位和高等院校进行地方标准的编制，同时也紧密结合新技术推广工作，充分发挥了标准在促进新技术应用中的关键作用，及时将最新科研成果转化为现实生产力。

（八）区域协作使标准化工作得以拓展

工程建设地方标准化的区域协作取得一系列进展。例如，天津、河北等华北八省市组织编制了跨省、跨地区的 02 系列建筑结构构造系列通用图集，拓宽思路、加强协作对于地方标准化工作不断迈向新水平具有重要意义。"十五"期间，由上海牵头的华东地区建筑标准设计协作工作，已从原有的地区内相关省、市合作编制建筑标准设计，逐步向以

"长三角"区域为重点，试行地区内标准、标准设计有偿输出、引进、转让的方向转化。2019年，随着首部京津冀区域协同工程建设标准《城市综合管廊工程施工及质量验收规范》的发布，三地积极探索京津冀标准化协作模式，同时就共同制定"京津冀区域协同工程建设标准"达成战略合作框架协议，编制三年行动计划，建设三地企业标准化合作平台，全力推进京津冀工程建设标准协同发展，逐步建立适合京津冀协同发展的标准体系。区域协同地方标准化对于实现区域内各省、市标准化资源的优势互补，节省人力、财力投入，减少重复编制等实现了发展互利共赢。

二、工程建设地方标准化工作存在的主要问题

（一）工程建设地方标准化工作规章制度有待完善

（1）工程建设地方标准化的建章立制工作尚有缺失。部分省、区、市至今尚未出台有关标准化工作的文件；即使对工程建设地方标准化工作有所规定的省、区、市出台的大多为规范性文件，以政府规章以上法律层次发布的甚少；出台的一些文件也已时日久远，难以适应当前工程建设地方标准化工作的实际需要。当然，最主要的还在于这些文件无法从有关法律、法规找到依据，因而在实际运作过程中受到种种制约。

（2）国家对工程建设地方标准化工作宏观指导需要加强。国家的工程建设地方标准化工作尚无长远规划和分阶段实施的具体计划，使工程建设地方标准化工作处于目标不明、职责不清、自行其是的状况。

（二）地方政府标准化管理职能缺位

有效履行政府对工程建设地方标准化工作的管理职能，是顺利推进地方标准化工作的重要保证。在这方面，目前存在如下主要问题：一是机构不健全。部分省、区、市均由住房城乡建设行政主管部门的有关处室等单位兼管标准化工作，未设立单独的标准化工作日常管理机构。由于上述处室或单位有多项业务需要管理，标准化工作往往时抓时放、时紧时松，影响了地方标准化工作的正常开展。二是职责不明确。部分省、区、市标准、标准设计的编制分属不同部门或不同单位管理，标准的实施、监督等工作或由几个部门分管，或是几个部门不分主次，共同承揽这些工作，致使标准化管理政出多门、重复交叉。三是人员不到位。部分省、区、市标准化工作日常管理机构人员过少，工作疲于应付，难以打开良好工作局面。

（三）工程建设地方标准化工作经费不足

标准的制修订、宣贯实施等工作周期长、费用高，经费无保障已成为困扰工程建设地方标准化工作顺利进行的突出问题。现阶段，从事地方标准化工作的机构，大部分属于自收自支的事业单位，没有正常的标准工作经费来源。而科研、设计单位改制，又导致上述单位面临的首要问题是如何求生存，故基本无人愿意承担此项经济效益不佳的工作。在市场经济条件下，经费不投入或者投入不足，很难调动标准编制单位和编制人员的积极性。一些地方虽采用了企业赞助、出版发行、宣贯培训等形式获得少量资金，但对于完成日益繁重的标准化工作来说仍不能解决根本问题。因而，有些标准的编制半途而废，有的只能无奈放弃。即使勉强完成编制，也因科研基础薄弱，影响了标准的技术水平。这对有效推进工程建设地方标准化工作极为不利。

（四）工程建设标准审批发布形式和制定原则不统一

1. 工程建设地方标准审批、发布形式各地有所不同

如前所述，地方标准的立项、审批、发布存在不同形式，增加了国家对地方标准管理的难度，引起公众对同属地方标准范畴但发布形式不一的标准等级、效力等方面的误解，一定程度上也影响了地方标准化工作的开展。

2. 工程建设地方标准制修订原则不统一

按照现行有关规定，地方标准应是国家标准、行业标准的必要补充，但目前一些地方标准存在以简单移植、摘引国家标准、行业标准的现象。这既增加了不必要的经费投入，也不利于当地建设科技水平的实质性提高，背离了地方标准制定的原则。此外，地方标准制定、修订周期过长，标准10多年以至更长时间未予修订的状况仍是地方标准化工作的一个"痼疾"，亟需采取切实措施加以改进。

（五）工程建设地方标准化队伍、人才建设有待夯实

地方标准化工作水平的高低，从根本上来说，取决于是否有一支熟悉和掌握标准化工作基本规律、具有较强组织协调能力的管理队伍以及一支专业业务精湛并熟悉标准编制方法的技术队伍。从总体看，目前这两支队伍的建设与地方标准化工作的预期目标尚有不小的距离。尤其是在技术队伍的建设方面，人才青黄不接、各专业技术力量相差悬殊、对最新科技发展动态了解和把握不够及时准确等状况，影响到标准编制的质量。离开学校不久的青年技术人员尚难充当标准编制的骨干，中老年技术人员知识更新步履缓慢等问题，更是众所周知的现实。因此，建立并逐步完善标准化工作的激励机制和考核机制，采取切实有效措施提高标准化技术队伍的业务水平，积极创造有利于标准化优秀技术人才成长的条件，继续推进将参加重要标准培训作为技术人员继续教育必修内容政策的实施，均已迫在眉睫。

（六）工程建设地方标准化监督管理工作仍显滞后

标准化的监管是确保高质量标准制定及标准有效实施的有力抓手。近年来，各地的标准监管工作虽有所进展，但仍难适应工程建设的紧迫需求。具体反映在：部分省、区、市的标准监管机构尚不健全、人员甚少、标准监管的地方性文件尚未出台；标准监管职能界定不清、多头监管的现象依然存在；监管范围不大，监管力度特别是处罚力度不足，重形式、走过场的倾向突出。同时，标准监管机构和人员对标准的理解不够完整、准确，以致引发争议、纠纷等现象，亟待重视并着力加以纠正。

（七）工程建设地方标准化信息工作亟待加强

不注重信息反馈或信息渠道不畅是阻碍地方标准化工作取得突破性进展的一大"瓶颈"。目前，很多省、区、市在标准发布实施后，对标准的实施效果，建设单位、从业人员和社会公众对标准执行情况的反映，标准有何需加修改、补充、完善之处等，很少过问，对标准实施的后续工作处于一种混沌状态。此外，部分地方虽已建立标准化信息网站，但信息的涵盖面远不能满足标准化工作的实际需求。不少网站仅提供现行国家、行业、当地地方标准的目录，对于标准化相关工作，诸如标准化有关法律、法规、政策的发布和阐释，标准化重要活动报道，建设从业单位参加标准培训的情况，参与标准编制的情况，标准获奖情况，标准实施效果，标准执行情况的检查结果，标准化知名专家介绍以及国内外标准化工作的新理念、新经验、新趋势等，则提供信息不够。因此，从提升标准化信息工作水平着眼，相关信息网站建设尚有很大的发展空间。

三、工程建设地方标准化发展对策

工程建设地方标准化工作政策性、技术性强，涉及工程建设的各个领域和各个环节，做好这项工作，可以为政府制定建设、管理的相关决策、规划、计划提供依据。工程建设地方标准化工作的目标指向应再明确一些，深度和广度再拓展一些，方式方法再多样一些，工作节奏再加快一些。

（一）完善工程建设地方标准化管理配套的规章、制度

1. 完善规章建设

（1）各地要出台适应本地发展的地方标准化工作管理文件，规范和指导工程建设地方标准化工作。要明确各级住房和城乡建设行政主管部门与标准化管理机构职责，力求从管理理念、管理思路、管理程序和管理方式等方面建立科学有效的管理机制，针对标准化工作的各个环节，完善相应的管理制度，使之既与国家的相关要求相吻合，又与各地标准化工作的实际相适应。

（2）进一步明确地方标准化管理机构的定位、性质和工作内容，强化和完善地方标准的编制、经费、出版、印刷、发行、宣贯、实施、监督、备案、管理等内容，明确强制性标准的制定资格、领域以及内容的设定，使各标准化管理机构做到有章可依、工作顺畅，使地方标准化工作在整个工程建设标准化工作中占有一席之地。

2. 完善制度建设

（1）建立专家起草和论证制度、合格评定及纠纷争端解决制度、标准化信息的定期通报制度、联合监督检查制度等，建立并完善健康、规范、协调的地方标准化运行机制。

（2）将标准设计列入工程建设标准化工作的范畴，使其成为标准化工作的重要组成和延伸，充分发挥标准设计对标准化工作的配套和深化作用。

（3）完善标准化工作宣贯、培训的组织形式和途径，建立标准化工作的激励和考核机制，造就满足实际需要的标准化人才队伍，努力营造尊重知识、尊重标准、尊重人才的良好氛围。同时，鼓励各地、各单位用足用好标准化工作的激励政策，推进标准化工作发展。

（4）明确企业标准化的任务以及企业标准的管理方式，积极引导企业标准化工作的开展，推动企业标准化工作的深入进行。

（5）积极借鉴省外标准，以及采用国际标准。

（二）完善工程建设地方标准化管理运行机制

1. 转变政府职能，强化政府的宏观管理

首先要改革现有的地方标准化管理体制，强化政府在规范和监管等宏观管理方面的职能，重点放在政策的制定和规划计划的发布、地方标准及标准设计的批准与发布、人员的培训与配置以及对建筑市场和各方行为主体的监督管理上。其次要加强政府的推动、引导和服务作用，不断完善基础建设，创建良好的软环境，激活标准化工作的市场运行机制，为行业协会和企业参与标准化工作创造有利条件，引导全社会增强标准化意识，充分调动社会的资源，实现政府、协会和企业的多赢，形成最终服务于社会的标准化运行机制。

2. 创新管理理念，充分发挥行业协会的作用

政府职能向经济调节、市场监管、社会管理、公共服务等方面的转化，必然使其他一

些具体的管理职能向行业协会等自律组织转移。各地住房和城乡建设行政主管部门在强化工程建设标准化宏观调控管理的同时，应注重调动社会资源，鼓励行业协会组织制定和发展团体标准；要充分发挥行业协会贴近企业、贴近市场的作用，充分发挥行业协会的信息集散作用，充分发挥行业协会内各类专家人才的优势作用，以及协助政府制定政策的参谋助手作用。

3. 提高企业标准化意识，推动企业标准化的发展

一方面，企业是国家标准、行业标准和地方标准的最终执行者，这就需要政府和协会积极引导和帮助企业提高标准化意识，针对企业需求和发展，为企业提供标准化服务，协助企业建立高效的运行机制、管理体系和人才支撑。另一方面，企业又是标准的制定者，企业往往通过制定和使用更加严格的企业标准来保持其在市场中的竞争优势，标准的制定也将逐步从"市场主导，政府推动"过渡到"以市场为主导，企业为主体"的模式。企业标准具有编制周期短、内容针对性强、技术创新多等方面的内在优点，但反观工程建设企业，尚未发挥出企业标准的优势，这就需要政府和协会积极推动企业走技术标准与科技创新协调发展的路子，开展试点工作，加速新技术的完善、转化和大面积推广应用。鼓励企业成为技术进步和创新的主体，加速企业从被动接受标准、使用标准到积极进行科研开发、主动参与标准制定的转化进程，通过技术标准的制定巩固自己的市场竞争优势，促使企业成为标准化工作的主体。

（三）做好工程建设地方标准的规划，建立提高标准编制质量和水平的机制

1. 强化标准规划的统筹作用

以国家工程建设标准体系为指导，做好地方标准的长远规划和年度计划。制定规划要从全局出发，要互通信息，统筹安排，避免重复。要认真贯彻执行国家的有关法律、法规和政策，突出地方特点，并与市场发展相适应，充分满足地方工程建设的实际需要。同时，要做好社会效益和经济效益分析，算好标准的公共利益账、经济账、技术账。年度计划中，还要明确成员组成、进度安排、经费落实与分配等内容，确保计划能够按时完成。

2. 形成突出地方特点的工程建设地方标准体系

在国家工程建设标准体系的指导下，建立以突出地方特点、结合阶段性重点任务的地方标准体系，不一定要强求形成学科和专业上的全面性，避免重复，而应从管理需求的完整性上加以系统化，做到层次清楚，重点突出，体现科学性、前瞻性、开放性。

3. 找准切入点，结合科研，加快技术成果转化

标准的编制要与科研相结合，把科技含量高、资源消耗低、环境污染少、经济效益好、应用价值广的技术成果和先进经验及时纳入工程建设地方标准，促进科技成果向现实生产力的转化。要以市场为基础，坚持以人为本，强化发展意识、环境意识、服务意识，在工程建设绿色低碳、质量安全、城乡建设、市政基础设施建设、建筑节能、新型能源开发利用、信息技术等热点难点问题上不断完善。同时，要定期对现行标准进行复审和修订，防止地方标准与相应的国家标准、行业标准重复、矛盾，及时淘汰过时的标准，使整个体系保持动态和开放的状态，使标准真正起到规范和指导工程建设的作用。

4. 积极开展试点示范工作

加快建立标准化试点示范体系和相应的评价指标体系，选择有代表性、具有典型意义的城市或企业开展试点工作，及时总结经验和教训，科学合理地分析与评价，选准突破口，扎实推进，以促进技术标准更快地向更深、更广的领域拓展。

5. 建立标准的质量保证和快速反应机制

组建标准化专家库，充分发挥专家作用，协助政府把好标准立项关，夯实标准质量基础。拓宽入库专家范围，打破地域界限，加大中青年专家比重，借用"外脑"把握科技发展的动态；积极参与地方法规和标准的审议，参与建设工程重大安全、质量事故的调查、鉴定和论证，并及时反馈信息。

充分利用广泛的信息渠道，对亟需编制的重要标准给予优先权，按照"特事特办""急事急办"的精神，加快标准立项、申报、审议、论证的节奏，并尽可能在组织协调、经费投入等方面提供便利，为专有技术的鉴定提供技术支持，建立并启动标准编制的快速程序机制。

（四）完善工程建设地方标准的实施和监督体系

1. 发挥政府的主体作用，加强标准实施全过程的政府管理机制和社会监督机制的建设

（1）加强监管的制度建设和执行力度。标准的贯彻实施贯穿于工程建设的全领域、全过程。因此，建立健全有效的标准实施监督体系，首先要解决好地方住房和城乡建设行政主管部门内部各级、各部门之间的关系，促使设计、审查、施工、监理等机构认真履行各自阶段的监管责任。要加强对其业务范围内的行业协会、学会以及施工图审查机构、监理机构、工程检测单位等中介服务组织和企业的监督指导，确保各项标准，特别是国家强制性标准在工程建设活动中得到贯彻实施。其次，要解决好地方住房城乡建设行政主管部门与规划、交通、水利等行业主管部门之间的分工与协作问题，明确各自的工作范围和职责，理顺监管职能，避免对标准化工作的多头监管。

严格依照强制性标准，加大执法力度，解决监管过程中有法不依、执法不严，特别是对违反工程建设强制性标准的情况处理得不坚决、不彻底的问题坚决杜绝，确保标准的贯彻实施。

此外，对行政执法人员的教育和培训也要法制化，只有执法人员的素质提升了，监管的能力和水平才能得到提高。

（2）借助社会组织力量实施有效监管。为确保标准特别是工程建设强制性标准在工程建设全过程中得以贯彻实施，地方住房和城乡建设行政主管部门不仅履行对第三方机构和从业人员的监管，更要充分借助社会组织的力量，加强对工程建设各方主体贯彻标准行为的监督，使各类第三方机构在施工图审查、施工监理、竣工验收等重要环节把好关。

（3）有组织有计划地开展检查活动。经常开展定期与不定期的监督检查，以检查促落实。不但要对工程和企业进行检查，还要对业主及管理部门实施检查，坚持有法必依、执法必严、违法必究，对违法企业、单位和责任人员要依法严肃查处，树立和维护强制性标准的权威性。标准化管理部门要主动协同各有关职能部门，通过综合检查、重点抽查、专项治理和突击检查等形式，对建设工程的关键环节、重点部位和贯彻标准相对薄弱的环节进行检查，以及加强对工程技术成果、档案和人员培训情况的检查。及时发现问题，督促工程建设各方主体建章立制，制定切实的整改措施，形成自我约束、自我完善的良好氛围。

（4）加快市场诚信体系建设。制定建筑市场责任主体和从业人员诚信行为标准，提出在贯彻执行标准方面应达到的诚信要求，借助第三方机构对市场主体进行监管和开展有组织有计划的检查活动，收集诚信信息，加快市场诚信体系的建设，健全对企业和人员的信用约束与失信惩戒机制。

（5）加强标准的宣贯和培训。通过举办讲座、座谈会、研讨会、培训班和发布会等多渠道、多形式，及时发布标准化信息，使工程技术和管理人员了解和熟悉标准，自觉应用标准。此外，工程设计审查人员、质量监督人员应熟悉和掌握工程建设强制性标准，提高标准监督的能力和水平。

（6）建立标准化信息服务系统。为工程建设标准化工作的实施与监督提供全程服务，依靠信息技术，提高监管效率，实现全过程网上监管。

2. 实行行业协会和企业的自我约束，加快行业自律机制和企业自控机制建设

（1）加快行业协会的健康发展。行业协会是联系政府和企业的纽带与桥梁，为政府和企业提供双向的信息服务，参与政策法规和相关标准的制定，提高了法规和标准的可行性。行业协会是行业自律的组织者和管理者，为企业在市场开拓、技术支持、信息服务和专业培训等方面提供服务，为企业创造良好的外部自律环境。

（2）加强企业的内部自查和自我监督。强化企业内部对标准执行情况的自检自查，全面提高企业及人员素质和创新、竞争能力，逐步形成企业自我约束、自我完善、自觉参与标准化工作的良好氛围，真正建立起政府监管、社会监督、企业自控、用户评价相结合的全过程监管机制。

（五）开辟工程建设地方标准化工作多元化经费筹集渠道

（1）政府的扶持是标准化工作持续开展的必要条件。一方面，要积极争取各地方财政对地方标准化工作的经费支持，支持公益性、基础性、重要性、服务性技术标准的编制，保证标准化工作有稳定的、充足的资金来源。另一方面，要积极协调各有关部门，探索支持地方标准化发展的各项财政优惠政策。如减免标准化工作中技术服务性收费的税收、争取银行贷款、从建设行业的纳税中拨出或从使用标准的企业经营额中收取一定比例的款额用于地方标准化的工作。

（2）鼓励大中型企业、有实力的科研单位通过申报课题的方式，积极争取科研经费的支持。特别是对工程建设有重大影响、推动科技进步的标准化研究课题，应争取从国家和地方的科技发展项目或科技基金项目中获得经费。

（3）在标准化工作中引入市场机制，对非基础性的技术标准的编制积极研究市场取向。一方面，要充分体现谁投资、谁受益的原则，广泛吸纳社会力量，鼓励优势行业参与地方标准化建设，积极动员和吸收具备标准编制条件的企业参加标准化工作，为企业创造展示自身的平台。另一方面，还要充分体现公平竞争的原则，逐步采取招标方式，择优选定编制单位，并鼓励企业间与科研院所间的强强联合、积极合作。

（4）通过标准的出版发行、宣贯培训以及提供产品认证、技术咨询和信息服务等方式，实行标准化工作的有偿服务，弥补经费的不足。

（5）为了减轻经费不足所带来的压力，还应对有限的经费进行合理地规划和配置，提高经费的使用效率。

（六）加强工程建设地方标准化人才队伍建设

1. 培养高素质的标准化人才队伍

（1）专业化人才队伍的培养必须着眼于时代的变化，既要立足现有的体制，更要提高层次，放宽眼界，致力于培养适应标准化不断发展的超前型、复合型人才，做到预储在先，不虞匮乏。人才队伍的建设是个系统工程，主要应立足于建立专业技术过硬、技术精湛、经验丰富的地方标准化管理、编制、实施队伍的建设。

（2）建立一支年龄结构和专业结构合理，组织协调能力较强的管理队伍。不仅要加强地方各级住房和城乡建设行政主管部门和标准化管理机构队伍的建设，同时还要注重加强各企业标准化管理队伍建设。

（3）建立一支热爱标准化事业、熟悉标准化工作规律的编制队伍。进一步发挥大型企业的人才和资金优势、高校和科研单位的人才和技术优势，通过产学研的结合，加强标准的技术研究，提高标准的技术水平和编制水平。

（4）建立一支标准化和专业技术双资深的专家咨询队伍。加强标准化技术服务体系的建设，搭建标准化技术支撑平台，组建标准化专家系统，为政府决策提供技术支持，为企业标准化工作提供咨询指导。

（5）建立一支自觉掌握标准、执行标准和对标准实施进行监督的专业技术人员队伍。制定标准的目的在于实施，主要的实施人员是工作在一线的广大技术人员。通过继续教育和培训，使广大工程技术人员不断更新知识，把握工程建设标准并认真执行，是保证标准实施质量的关键。

（6）通过对国家标准、行业标准和地方标准的宣传指导，提高社会群体的标准化意识，形成自觉参与标准化工作的良好氛围。

2. 创造适合专业化人才发展的外部环境

（1）以人才制度改革创新为动力，抓好机制和政策这个根本。继续完善标准化工作的激励机制和考核机制，继续推进有利于标准化人才成长的各项政策的实施，努力营造尊重知识、尊重标准、尊重人才的良好氛围。既要保证从业人员待遇，还要为标准化人才提供更大更广阔的发展空间。

（2）逐渐形成用标准保护技术利益的局面。标准是知识产权的载体，是知识产权战略的高级形式。因此，要重视知识产权的保护，维护技术拥有者的合法权益，以技术水平的提高和创新带动标准化发展的良性循环。工程建设地方标准作为政府颁布标准，在标准中涉及的专利应当是实施该标准必不可少的专利。

（3）依托行业，依托企业。培育并形成一支水平高、专业全、系统完善的标准化工作队伍，就要依靠专业的科研机构、大专院校、大型的企业集团和有实力的企业，加强与它们的交流和协作，使其在工程建设标准化工作中发挥更大的作用。

3. 加强对人才队伍的日常管理

（1）采取各种有效措施，面向全行业，加强日常标准化工作培训，普及标准化知识，提高人员日常标准化管理水平，完成新形势下标准化工作的各项任务。

（2）加强与企业、省外、境外标准化人才的沟通与交流，走出自我繁殖、封闭循环的人才培养套路，实现标准化人才的内与外、纵与横的交流，塑造具备良好的思想素质、精通的专业素质、稳定的心理素质、超前的创新素质的标准化人才。

（七）加强工程建设地方标准化信息服务，提高管理工作透明度

1. 建立标准化信息公开系统

利用信息网络及时发布标准信息和强制性标准内容，促进新标准、新规范贯彻执行；

不定期发布国家标准、行业标准以及其他省市地方标准编制的动态，发布标准相关的信息公告，方便社会大众了解标准动态。

2. 建立标准信息资源共享平台

建立公开、公示、公告制度，对编制原则、编制程序（包括立项、编写、征求意见、送审、报批、公布实施、解释、复审、修订等）公开透明，对现行在编、待编、修编、废止的国家、行业和本地工程建设标准的名称、编号、版本等标准化资源实行全社会共享。

3. 探索建立标准实施信息反馈机制

面向公众，开设信息反馈窗口，畅通标准实施信息的反馈渠道，组织收集建设活动各方责任主体、监管机构和社会公众对标准的实施意见建议，定期梳理汇总、研究答复相关意见和建议，从而进一步拓宽沟通渠道，及时、有效地解决存在的问题。

4. 建立新技术受理、审核公示、推广发布信息窗口

动态更新企业备案信息，形成企业标准新技术推广目录。

本 章 小 结

工程建设地方标准是整个工程建设标准体系的重要组成部分，也是不可或缺的一个标准层级，是对工程建设国家标准、行业标准的必要补充，是规范地方经济和社会发展的重要手段。全国 31 个省、自治区、直辖市结合自身的特点，加强工程建设地方标准化管理机构建设、建立健全管理制度，研究制定了一批满足地方发展需要的工程建设地方标准，开展了一系列带有地方特色的标准化工作，积累了许多经验，取得了显著成绩，但也存在诸多问题。通过归纳分析工程建设地方标准化工作在制度建设、管理职能、制定发布、队伍建设、实施监督检查等方面存在的问题，结合当前工程建设高质量发展需要，提出了健全制度、完善管理机制、做好规划、完善实施监督体系、开辟多元化经费筹集渠道、加强人才队伍建设和信息服务等 7 个方面发展对策。

参 考 文 献

［1］建设部标准定额司. 工程建设地方标准化工作现状与发展战略研究报告［M］. 北京：中国建筑工业出版社，2007.

［2］杨瑾峰. 工程建设标准化实用知识问答［M］. 第 2 版. 北京：中国计划出版社，2004.

［3］住房和城乡建设部标准定额研究所. 中国工程建设标准化发展研究报告（2008）［R］. 北京：中国建筑工业出版社，2009.

［4］住房和城乡建设部标准定额研究所. 中国工程建设标准化发展研究报告（2016）［R］. 北京：中国建筑工业出版社，2018.

［5］住房和城乡建设部标准定额研究所. 中国工程建设标准化发展研究报告（2020）［R］. 北京：中国建筑工业出版社，2021.

［6］住房和城乡建设部标准定额研究所. 中国工程建设标准化发展研究报告（2021）［R］. 北京：中国建筑工业出版社，2022.

第五章 工程建设团体标准

第一节 概 述

一、团体标准的概念

（一）团体标准定义

团体标准这一概念是随着我国标准化工作改革的深入而出现的。事实的团体标准虽早在 20 世纪 80 年代就已存在，但是冠以"协会标准"或"社团标准"的名称，直到 2015 年，国务院印发《深化标准化工作改革方案》（国发〔2015 号〕13 号），明确要"培育发展团体标准"，"团体标准"这一词才正式确立。

什么是团体标准？现行《标准化法》第十八条指出："国家鼓励学会、协会、商会、联合会、产业技术联盟等社会团体协调相关市场主体共同制定满足市场和创新需要的团体标准，由本团体成员约定采用或者按照本团体的规定供社会自愿采用。"《团体标准管理规定》（国标委联〔2019〕1 号）第三条指出，"团体标准是依法成立的社会团体为满足市场和创新需要，协调相关市场主体共同制定的标准。"《团体标准化 第 1 部分：良好行为指南》GB/T 20004.1—2016 给出的团体标准定义为："由团体按照自行规定的标准制定程序制定并发布，供团体成员或社会自愿采用的标准。"住房和城乡建设部《关于深化工程建设标准化工作改革的意见》（建标〔2016〕166 号）中指出"鼓励具有社团法人资格和相应能力的协会、学会等社会组织，根据行业发展和市场需要，按照公开、透明、协商一致原则，主动承接政府转移的标准，制定新技术和市场缺失的标准，供市场自愿采用。"

（二）团体标准概念的内涵

由于上述 4 个文件发布时间不一致，对团体标准的定义或表述也不完全相同。概括起来主要从以下几个方面揭示了团体标准概念的内涵：

1. 团体标准的制定主体

团体标准的制定主体强调"依法成立"或"具有法人资格"，这就要求团体标准的制定主体具有独立的法人资格，可以承担相应的法律责任。一般来说，团体标准的制定主体为学会、协会、商会、联合会、产业技术联盟等。依法成立是指按照《社会团体登记管理条例》等规定的要求，在中华人民共和国境内县级以上民政部门登记成立的社会团体。这里需注意几点：

（1）没有在民政部门登记成立的带有"学会、协会、研究会、联盟"等字样的组织，即所谓的"山寨组织"不能作为团体标准的制定主体。在中国境外（含港澳台）成立的学会、协会、研究会、联盟等也不能作为团体标准的制定主体。

（2）关于联盟有两种形式，一种是没有在民政部门登记成立，没有法人资格的，是几个企（事）业单位联合起来成立的松散组织，如国家建筑信息模型（BIM）产业技术创新战略联盟、全国节能减排标准化技术联盟、住宅科技产业技术创新战略联盟等，这些联盟也发布了一些标准，但是这些联盟发布的标准不能算作团体标准，应属企业标准的范畴。只有当联盟取得了法人资格后才可算作团体标准。另一种是在民政部门已经登记成立的，它本身是具有法人资格的社会团体，例如，中关村国联绿色产业服务创新联盟、海南省智慧城市产业联盟、中关村智慧城市产业技术创新战略联盟等，这类联盟可以作为团体标准的发布主体。

（3）一般来说，团体标准的制定主体应具备以下条件：①具有独立法人资格；②有专职的标准化工作人员；③具有相应的专业技术能力和组织管理能力。

2. 团体标准的制定程序

一般来讲，团体标准的制定程序由各社会团体自行制定，但是应当按照标准化工作的原理、方法和要求。制定程序应该进行信息公开，供团体成员和标准利益有关方了解。

3. 团体标准的属性

团体标准的属性是自愿性的，本身不具有强制性。团体标准的自愿性主要体现在三个方面：①团体标准的提出是自愿的。团体标准的制定是从市场需要出发的自愿行为，任何单位和个人都可以提出满足市场需要的标准草案，通过规定的程序就可成为团体标准。②团体标准制定过程公开、透明，所有的标准利益相关方均可自愿参加，对团体标准草案提出意见。③团体标准的实施也是自愿采用的，这是最重要的一点。团体标准是否采用由利益相关方自愿决定，只有当团体标准被法律法规、强制性标准或政府文件引用时，才具有强制性或政府约束力。团体标准虽然是自愿采用的标准，但是一旦选择采用，被写入利益相关方合同中，合同将赋予其必须执行的法律效力，违反将会受到相应惩罚。

二、团体标准的制度建设

（一）政策文件

（1）2015 年 3 月 11 日，国务院印发了《深化标准化工作改革方案》（国发〔2015〕13 号），文中明确提出培育发展团体标准的重大改革举措。

（2）2016 年 3 月，国家质量监督检验检疫总局和国家标准化管理委员会联合发布《关于培育和发展团体标准的指导意见》，进一步明确以服务创新驱动发展和满足市场需求为出发点，明晰团体标准的制定范围，鼓励制定严于国家标准或行业标准的团体标准，通过"放、管、服"激发社会团体制定标准、运用标准的活力，增加标准的有效供给，推动大众创业、万众创新，支撑经济社会可持续发展。

（3）2016 年 8 月 9 日，住房和城乡建设部印发《关于深化工程建设标准化工作改革的意见》（建标〔2016〕166 号），明确提出培育发展团体标准。

（4）2016 年 11 月 15 日，住房和城乡建设部办公厅印发《关于培育和发展工程建设团体标准的意见》，从五个方面对培育和发展工程建设团体标准提出了指导性意见。

（5）2017 年 11 月 4 日，新版《标准化法》颁布，并于 2018 年 1 月 1 日实施。新版《标准化法》从法律层面上规定"标准包括国家标准、行业标准、地方标准和团体标准、企业标准"，明确了团体标准的法律地位，并鼓励社会团体制定团体标准。

（6）2017 年 12 月，工业和信息化部印发《关于培育发展工业通信业团体标准的实施意见》（工信部科〔2017〕324 号）。意见明确指出，立足制造强国、网络强国战略全局，紧密围绕《中国制造 2025》重点领域，以推进团体标准应用示范为重点，逐步形成社会团体协调相关市场主体，遵循市场规律自主制定、发布和实施团体标准，快速反映和满足市场需求的团体标准化工作机制，充分发挥团体标准在推进技术创新和培育区域品牌等方面的引领作用，服务现代化经济体系建设。

（7）2018 年 3 月 26 日，住房和城乡建设部办公厅印发了《可转化成团体标准的现行工程建设推荐性标准目录（2018 年版）》（建办标函〔2018〕168 号），提出了 352 项可转化为团体标准的工程建设国家标准和行业标准。

（8）2019 年 1 月 9 日，国家标准委、民政部联合印发了《团体标准管理规定》（国标委联〔2019〕1 号），从团体标准的制定、实施和监督等方面提出了对《标准化法》有关规定的落实措施。

（9）2019 年 6 月 5 日，国家市场监督管理总局办公厅印发《关于团体标准、企业标准随机抽查工作指引的通知》（市监标创函〔2019〕1104 号），明确了团体标准随机抽查的检查事项、检查内容和方法以及检查依据，指引团体标准随机抽查工作的开展。

（10）2020 年 2 月，水利部印发《关于加强水利团体标准管理工作的意见》，其中明确指出，要逐步健全和完善团体标准管理制度和工作机制，培育一批具有影响力的团体标准制定主体，制定一批与政府主导制定标准实施协调配套的团体标准。在水利科研、设计、产品和服务等领域，形成一批具有国际先进水平的团体标准。

（11）2021 年 10 月 10 日，中共中央、国务院印发了《国家标准化发展纲要》，其中提出：大力发展团体标准，实施团体标准培优计划，推进团体标准应用示范，充分发挥技术优势企业作用，引导社会团体制定原创性、高质量标准。

（12）2022 年 2 月 23 日，国家标准化管理委员会等十七部门联合印发《关于促进团体标准规范优质发展的意见》。该文件指出，近年来，我国团体标准发展迅速，政策体系初步建立，制定团体标准的社会团体踊跃开展团体标准化工作，有力推动了新产品、新业态、新模式发展，促进了高质量产品和服务供给。但团体标准发展处于初级阶段，其发展还不平衡、不充分，存在标准定位不准、水平不高、管理不规范等问题，需要加强规范和引导。

（13）2023 年 8 月 6 日，为了规范推荐性国家标准采信团体标准，拓宽推荐性国家标准供给渠道，促进团体标准创新成果广泛应用，国家标准化管理委员会印发了《推荐性国家标准采信团体标准暂行规定》。

另外，除了国家标准化管理委员会和国务院有关行政主管部门发布了有关团体标准的政策文件外，一些地方也发布了相关的政策文件。例如，2018 年 9 月，北京市质量技术监督局印发了《关于发展壮大团体标准的指导意见》（京质监发〔2018〕89 号），意见提出，到 2025 年，北京市团体标准逐步发展壮大，形成一批具有影响力的团体标准品牌和有竞争力的团体标准制定主体，在"高精尖"领域形成一批具有国际先进水平的团体标准。团体标准得到市场的广泛接受和社会的普遍认可，团体标准对经济和社会发展的技术支撑作用显著，并给出了 16 项主要任务和 7 项保障措施；2019 年 8 月 21 日，安徽省住房和城乡建设厅印发了《关于印发〈安徽省工程建设团体标准管理暂行规定〉的通知》（建标〔2019〕90 号），以引导、规范和监督工程建设团体标准；2019 年 12 月，上海市市场监督管理局和上海市民政局联合印发了《上海市实施〈团体标准管理规定〉办法》，进一步明确和细化了《团体标准管理规定》，突出了市场主体的地位和责任，凸显了团体标准本身的市场性，强化了对团体标准的监管要求，对政府部门的职责进行了明晰。

（二）标准

国家在培育和发展团体标准的制度建设方面，除了在政策上给予保障外，政府或团体还制定了一些标准。目前，有关团体标准方面的主要标准有：

（1）《团体标准化　第1部分：良好行为指南》GB/T 20004.1。

（2）《团体标准化　第1部分：良好行为评价指南》GB/T 20004.2。

（3）《团体标准化　评价与改进》T/CAS 380—2019。

（4）《团体标准涉及专利处置指南　第1部分：总则》T/CAS 2.1—2019、T/PPAC 2.1—2019。

（5）《团体标准涉及专利处置指南　第2部分：专利披露》T/CAS 2.2—2018、T/PPAC 2.2—2018。

（6）《团体标准涉及专利处置指南　第3部分：专利运用》T/CAS 2.3—2018、T/PPAC 2.3—2018。

（7）《团体标准版权管理指南》T/CAS 3—2021。

（8）《工程建设标准编写导则》T/CECS 1000—2021。

三、团体标准的特点

团体标准因为其来源于市场，具有天然的市场属性和自下而上的特性，因此可以说团体标准是最具活力的标准。概括地讲，团体标准具有制定主体多样和高、新、快、活的特点，能够及时响应市场需求。

（一）制定主体多样

团体标准的制定主体是具有法人资格，具备相应专业技术和标准化能力的协会、学会、商会、联合会、产业技术联盟等社会团体。国家对团体标准制定主体资格，不设置行政许可，任何有能力的合法社会团体都可制定团体标准，不受社会团体所在区域、类型和级别限制。

（二）技术指标普遍高于国家标准和行业标准

国家鼓励社会团体制定高于、严于国家标准和行业标准的团体标准。团体标准在制定时由于考虑了这一因素，技术指标确定时，往往高于或严于国内的普遍水平，甚至达到国际领先水平。这也是为什么团体标准能引领企业在行业中脱颖而出，具有竞争优势的最重要原因。团体标准还可以体现整个行业的先进水平，引领行业高质量发展。

（三）能迅速跟进和反映新技术的发展

由于社会团体权威性、行业代表性、成员广泛性、与企业高度关联等特征决定了团体标准能够快速捕捉行业需求，因此团体标准能及时反映行业内最新的技术动态，对于生产、建设和科研中涌现的新技术、新工艺、新材料、新设备能及时纳入标准中。

（四）制定周期短，快速反映市场需求

团体标准制定周期短，能及时响应新技术、新工艺、新材料、新设备的需求。国家标准、行业标准制定的周期短则要 2~3 年，长则需要经历更长的时间。在当今科技发展日新月异的时代，新技术、新产业、新业态和新模式层出不穷，若一项新技术非要等相关的国家标准或行业标准出台来规范行业发展，在漫长的制定周期后，极可能会制约和影响它的发展势头。团体标准制定周期较短，一般一年左右就能完成，有的甚至更快。在保证质量前提下，弥补了国家标准、行业标准制定周期长的缺陷，能迅速反映市场需求。

（五）具有灵活的制定工作机制

"活"是团体标准的另一个特点。"活"主要指具有灵活的制定工作机制。团体标准具有灵活的程序把控力，不受繁琐的行政程序约束，其制定、修订方式以及发布、反馈方式等相对灵活。例如，团体标准可以视情况，对标准中的某个具体条文进行适时修订，在相关网站上发布，具有很高的灵活性。团体标准还可以视标准的前期工作情况，减少某个特定的环节。

四、团体标准的定位

（一）团体标准的地位和作用

1. 团体标准的地位

《深化标准化工作改革方案》中提出了标准化改革的总体目标是要建立政府主导制定的标准与市场自主制定的标准协同发展、协调配套的新型标准体系，健全统一协调、运行高效、政府与市场共治的标准化管理体制，形成政府引导、市场驱动、社会参与、协同推进的标准化工作格局，即将过去由政府单一供给的标准体系转变成由政府和市场同时供给的二元新型标准体系。我国的新型标准体系包括由政府主导制定的国家标准、行业标准、地方标准和市场自主制定的团体标准和企业标准。团体标准作为市场自主制定标准的重要方面，受到了市场和社会的高度关注和认可。目前，团体标准相关的法律法规和标准正不断完善，政府对团体标准的采信机制也在逐步形成。团体标准上承国家法律法规、强制性标准和政策要求，下接作为标准化活动主体的企业实际诉求，在市场自主制定的标准中占据着越来越重要的位置，是我国新型标准体系中不可或缺的重要部分。

2. 团体标准的作用

（1）推动政府转变职能，提高政府行政能效。团体标准作为政府简政放权的重要抓手之一，可以让政府腾出手来抓更重要的事情，把过去标准"重编制"的精力，花在"强制性标准的制定与实施"上，能够更好地做到"保基本"。团体标准能快速有效地增加标准供给，满足市场和创新需要。既能满足指导生产实践的目的，又符合消费的需求；既不浪费生产资源，又保证标准的有效性，是有效配置社会资源的最佳途径。团体标准能迅速协调市场与企业、市场与创新之间的关系，能多角度、多层次地减少政府管理公共服务、产品结构、人员等要求，减轻政府管理职责，使政府能集中于强制性标准的制定与实施以及政策、规划的制定，把握发展方向，进而有利于提升政府的行政效能和改善政府的服务质量。

（2）促进政府颁布标准的实施。团体标准可以细化现行政府颁布标准的相关要求，明确具体技术措施，也可提出严于现行政府颁布标准的要求，为政府颁布标准的贯彻落实提供了多种解决方案和多层级的选择，有效促进政府颁布标准更好地落地。

（3）提升产业技术水平，提高产业竞争力。团体标准完全是根据产业发展和市场的需要，按照协商一致和公开、公平、透明的原则而制定，因此，保证了标准制定过程的公正性和标准执行的有效性，从而能使团体标准被广泛地接受和采用。团体标准的实施涉及行业的整体利益，能加快行业的整体转型，增强产业竞争力，提升产业水平，因此，可以说团体标准是最贴近市场的标准。

（4）推动科技成果快速产业化。团体标准"新、快、活"的特点决定了团体标准对新技术、新产品的推广促进作用。一项新的科技成果，可以通过团体标准，在短时间内迅速在很多企业中推广这项技术，更好地促进科技成果转化，从而使这项技术快速产业化。

（5）弥补市场标准空缺，促进行业健康发展。由于团体标准制定程序是由社会团体自行制定的，无需行政审批，可以快速响应市场需求。团体标准可以制定急需、应急的标准来弥补市场的空缺，引领行业健康有序发展。例如，2020年1月，新冠疫情突发之际，中国工程建设标准化协会紧急启动应急编制程序，组织编制了《新型冠状病毒肺炎传染病应急医疗设施设计标准》和《医学生物安全二级实验室建筑技术标准》，弥补了新冠传染病应急医疗设施设计等标准的空缺，为我国抗疫工作做出了应有的贡献。

（二）团体标准与其他标准的关系

1. 团体标准与强制性标准的关系

强制性标准具有强制约束力，是保障人民生命财产安全、人身健康、国家安全、工程安全、生态环境安全、公众权益和公共利益，以及促进能源资源节约利用、满足社会经济管理等方面的控制性底线要求。强制性标准是保基本、兜底线，团体标准应符合强制性标准的要求，不得与强制性标准的技术要求相抵触。强制性标准是基础和核心，团体标准对其进行补充和支撑。

2. 团体标准与推荐性标准的关系

推荐性标准包括推荐性国家标准、行业标准和地方标准。团体标准与推荐性标准在制定范围和内容上相互补充、互为支撑；二者协同发展、协调配套，共同支撑构建新型标准体系。推荐性标准是政府主导制定的标准，主要侧重于公益类、基础类标准，严格限定在政府职责范围内；团体标准是市场自主制定的标准，是新型标准体系中最有活力、最具潜力的组成部分，而且也鼓励社会团体制定高于推荐性标准相关技术要求的团体标准。

3. 团体标准与企业标准的关系

企业标准是对企业范围内需要协调、统一的技术要求、管理要求和工作要求所制定的标准，供企业内部使用。企业标准由企业制定，由企业法人或法人授权的主管领导批准、发布。团体标准与企业标准都是市场自主制定的标准，两者制定主体不同，同时也相辅相成。一方面，新兴技术的发展往往使得单个企业很难凭借其自身资源和能力独立完成新技术从研发、标准制定到产业化推广应用的全过程，因而迫切需要由市场主体组成的学、协会等社会组织制定并发布团体标准。另一方面，优秀的企业标准往往发挥着行业引领作用，会转而推动团体标准的升级更新。一般来说，团体标准是多个企业联合制定的，是在总结归纳多个企业标准的基础上提升而来，供本行业自愿选用的标准。因此，团体标准比企业标准适用范围更广，权威性更高。总之，企业标准是团体标准的基石，团体标准是企业标准的提升。

鉴于团体标准和企业标准的这种关系，提出建立团体标准和企业标准良性互动机制。

鼓励相关社会团体对企业公开的标准开展比对和评价，对一些技术水平高、具有竞争力的企业标准，经企业同意后可转化为团体标准，促进高水平企业标准的推广应用，增加团体标准有效供给；同时，鼓励企业自愿提出论证申请，将有竞争力的企业标准提升为团体标准，供全行业采用。也鼓励企业通过参与团体标准制定，积极推广本企业的先进技术和产品等。通过企业参与团体标准的编制工作以及团体标准吸纳企业标准的精髓，形成团体标准与企业标准的良性互动，更好地满足市场竞争和创新发展的需求，支撑经济社会可持续发展。

第二节　国内外工程建设团体标准的发展

一、国外团体标准的发展

国外发达国家市场经济已经运行了相当长时间，形成了比较完善的适应市场经济发展要求的自愿性标准体系和技术法规体系，团体标准的发展也相对成熟。在美国、英国、德国等发达国家，团体标准发展已有百余年历史，其运行机制、管理模式等都较为完善，他们拥有大量制定标准的专业性社会组织，这些组织大多面向企业、政府、研究机构和个人在内的利益相关方开放。例如，美国材料试验协会、美国电子电气工程师协会、德国电气工程师协会等，均是国际上非常有名的团体标准制定组织。发达国家自愿性标准体系一般分为三级：国家标准、协（学）会（专业）标准、企业（公司）标准，每个层级的标准自成体系。这些自愿性标准体系主要有两种模式：一是政府授权并委托民间机构统一管理、规划和协调国家标准化工作，政府负责监管和提供财政支持，如美国、英国、德国等。二是由专业性社会组织（协会或学会）按照严格的程序和管理模式自主制定标准，在标准制定过程中体现各利益相关方的广泛参与、公开、透明的原则。这些管理模式使得团体标准在发达国家中已深入人心，不仅是法律法规的技术支撑，而且是市场准入、贸易仲裁、合格评定、产品检验的重要依据。下面以美国、欧洲和日本为例介绍国外团体标准的概况。

（一）美国团体标准概况

1. 美国标准化简况

美国采用自愿标准体系，即自愿编写、自愿采用。政府在标准化活动中扮演的角色是很有限的，而作为民间机构的行业协会和专业学会的标准占据主导地位，不同的行业协会和学术性团体在本专业和行业范围内发挥其各自的专业优势，均可制定与本专业相关的标准。因此，可以说美国的标准体系是分散和多元的，任何一个团体和个人都可制定标准，只不过制定的标准是否得到认可完全由市场来决定。

美国国家标准学会（ANSI）是美国标准化的主要协调机构。ANSI 自行制定的标准很少，ANSI 将民间团体制定的标准中具有全国性影响的基础标准提升为国家标准，冠以 ANSI 代号。美国任何民间团体制定的标准只有符合国家标准需要的，才可被接纳为国家标准。据了解，美国约有 700 个独立的标准制定机构，这些机构通常是各行业协会等民间组织，其中 20 家在国际标准化舞台上有较大影响力。根据 ANSI 官网发布的数据，截至 2023 年 7 月 11 日，ANSI 有 279 个国家认可的组织在制定标准，表 5-1 列出了国家认可的部分工程建设领域的标准制定组织。

表 5-1　美国国家认可的部分工程建设领域的标准制定组织

序号	机构名称	机构代号
1	美国铝金属协会	AA
2	美国混凝土学会	ACI
3	美国燃气协会	AGA
4	美国钢结构学会	AISC
5	美国钢铁学会	AISI
6	美国空气流动与控制协会	AMCA
7	美国核协会	ANS
8	美国工程木材协会	APA
9	美国石油协会	API
10	美国声学协会	ASA
11	美国土木工程师学会	ASCE
12	美国采暖、制冷和空调工程师协会	ASHARE
13	美国工业安全协会	ASIS
14	美国机械工程师协会	ASME
15	美国无损检测协会	ASNT
16	美国安全专业人员协会	ASSP（Safety）
17	美国材料试验协会	ASTM
18	美国建筑木制品学会	AWI
19	美国焊接协会	AWS
20	美国给水工程协会	AWWA
21	美国建筑五金制造商协会	BHMA
22	美国电子元器件工业协会	ECIA
23	美国国际规范委员会	ICC
24	美国电气电子工程师协会	IEEE
25	美国国家电气制造商协会	NEMA
26	美国国家消防协会	NFPA
27	美国太阳能工业协会	SEIA
28	美国消防工程师协会	SFPE
29	美国电信工业协会	TIA

2. 美国团体标准管理模式

美国行业协会和专业学会在标准化活动中发挥主导作用，是美国标准化的一大特点。

美国团体标准的制定主体主要是行业协会、专业学会、科技协会、贸易协会等各种民间组织，这些民间组织在标准制定中发挥主导作用，在标准制定、审查、批准、发布等方面具有充分的自主权，并以各自的编号批准发布自成体系的团体标准。

除此之外，各级政府部门也分别在制定其各自领域的标准以及政府的采购标准，如国防部、农业部、环保局、食品与药品管理局、消费品安全委员会等。由于主要的标准制定者是各民间的标准化团体，因此，标准的草案提出者主要是各企业和专业人士，在制修订标准的过程中，各个企业、专业人士以及消费者代表都会本着自身利益积极参与讨论，这样的过程确保了协商一致，也能够充分体现行业的发展状况及特性。应该说，各方讨论的过程是某种"博弈"，每一方都努力把自己的利益反映到标准中去，这样的结果是既不会出现严重损害某团体利益的问题，同时也推动行业的发展。

美国在标准制定中倡导"市场驱动、民间主导"的理念，这种理念要求标准化活动必须是由市场掌握主动权，遵行自愿性和协商一致的原则，在民间机构主导的基础上强化政府的参与，其表现出来的特点是一个"自下而上"的标准制定机制。美国的这种标准化理念产生于其自由市场经济体制下"大市场、小政府"的经济发展理念。

以 ASTM 为例，简要叙述团体标准的管理模式。ASTM 标准之所以在全球影响力大，是与其有一套非常系统的管理模式和运行机制分不开的。

在标准制修订程序方面，ASTM 标准从注册到发布，每个环节都有严格的要求和管理规范。如不同类型的标准应按相应规则起草；标准草案投票必须经过分技术委员会和技术委员会两个层次，任何反对票都要处理，必须符合投票原则。

在标准编写方面，ASTM 标准包括建议、立项、起草、投票、审批、批准及发布等阶段。每一环节都有具体要求。如在建议和立项阶段，注册的标准应明确所在的工作组、分技术委员会和技术委员会，并确定标准的题目和范围、标准制定工作负责人信息、预计完成时间等；在起草阶段，标准应按照分类标准（Classification）、指南标准（Guide）、规程标准（Practice）、规范标准（Specification）、术语标准（Terminology）、试验方法标准（Test Method）6 种类型的规则起草；在投票阶段，起草完成的标准进入分技术委员会和技术委员会进行委员会投票。两层次的投票均需得到 60% 以上的会员反馈才算投票有效。分技术委员会需要有 2/3 以上的赞成票才算投票通过，技术委员会需 90% 及以上赞成票方可进入下一阶段。

3. 美国团体标准制定

美国团体标准的制定，都遵循着公开参与、协商一致、公平竞争的原则及透明、灵活的制定程序。程序包括下列几个必要步骤：

（1）成立工作组或"协商机构"，对推荐的标准草案进行充分的协商讨论。

（2）公开普遍地征求对草案的意见。

（3）通过技术委员会或分技术委员会组织成员表决，对公开提出的意见进行讨论，并做出答复。

（4）根据所接受的意见修改草案。

（5）任何参与者认为在标准制定过程中没有按 ANSI 认可的制定程序进行或没有充分体现公正，均可上诉。

4. 美国工程建设团体标准简况

美国没有一个专门的标准化机构来主导工程建设领域的标准，美国工程建设领域的标准主要由与工程建设相关的专业学术团体及行业协会来制定。美国土木工程师协会（ASCE）是美国建设工程领域有权威性的非营利学术性团体，一直重视土木工程行业的标准化工作。许多大量经过 ANSI 认可的与工程建设相关的专业学术团体及行业协会参与到其所处领域的行业标准化工作中，利用其专业化的优势制定了权威性的工程建设标准，从而加强工程建设领域标准体系的完备性。例如，国际规范委员会（ICC）制定的建筑规范；美国钢结构学会（AISC）制定的建筑结构用钢设计、制造、安装标准及材料和产品的规格等。此外，还有美国混凝土协会（ACI）、美国电气电子工程师协会（IEEE）等诸多相关协会。表 5-2 列出了美国建筑领域中主要协会及其主要标准。

表 5-2　美国建筑领域中主要协会及其主要标准

序号	协会名称和代号	主要领域	主要标准
1	美国国际规范委员会（ICC）	建筑安全、防火、节能	（1）国际规范（I-CODE）包括：国际建筑规范、国际防火规范、国际住宅规范、国际燃气规范、国际既有建筑规范、国际节能规范、国际物业维修规范、国际管道规范（给排水）、建筑物及其设施性能规范、国际机械规范等； （2）ICC/ANSI A117.1 无障碍与可用的建筑物和设施； （3）ICC 400 圆木结构设计与施工标准； （4）ICC 500 防风暴避难所设计与建造标准； （5）ICC 600 大风地区住宅建筑标准； （6）ICC 700 国家绿色建筑标准
2	美国土木工程师学会（ASCE）	环境工程与水处理、危险废物处理、结构等土木工程方面的技术研究	（1）ASCE/SEI 7 建筑物及其他构筑物的最小设计荷载； （2）ASCE 5 砌体结构建筑规范要求； （3）ANSI/ASCE/EWRI 12 城市地下排水设计标准指南
3	美国材料试验协会（ASTM）	提供金属、建筑、石油、消费品等的原料、产品、体系和服务	（1）A36 碳素结构钢规范标准； （2）A416 预应力混凝土用低松弛七股钢丝的钢绞线规范标准； （3）A502 结构钢铆钉规范标准
4	美国国家消防协会（NFPA）	防火科学、消防技术、防护设备的研究	（1）NFPA 1 统一防火规范； （2）NFPA 70 国家电气规程； （3）NFPA 220 建筑结构类型标准； （4）NFPA 900 建筑能源规范； （5）NFPA 5000 建筑结构与安全规范

序号	协会名称和代号	主要领域	主要标准
5	美国混凝土协会（ACI）	有关混凝土和钢筋混凝土结构的设计、建造和保养技术的研究	（1）ACI 318-5 美国混凝土结构建筑规范和注释； （2）ACI315 混凝土钢筋节点设计和细部详图
6	美国钢结构协会（AISC）	钢结构在结构领域的应用	（1）钢结构建筑抗震规定 ANSI/AISC 341； （2）既有钢结构建筑评价与改造抗震规定 ANSI/AISC 342； （3）钢结构建筑和桥梁标准做法规范 ANSI/AISC 303； （4）钢结构建筑规范 ANSI/AISC 360； （5）用于抗震应用的特殊和中间钢弯矩框架的预审连接 ANSI/AISC 358
7	美国焊接协会（AWS）	AWS 的主要任务是在全世界范围内提高材料联结的科学、技术和应用的水平	（1）AWS D1.1 钢结构焊接规程； （2）AWS D1.2 铝结构焊接规程； （3）AWS D1.3 钢板结构焊接规程； （4）AWS Dl.4 钢筋结构焊接规程； （5）AWS Dl.5 桥梁焊接规程

本书以美国在工程建设标准化领域内具有代表性的美国土木工程师学会（ASCE）为例，就标准编制程序和 ASCE 标准的特点作重点介绍。

（1）ASCE 的概况。美国土木工程协会（ASCE）成立于 1852 年，是美国建设工程领域权威的非营利学术性团体，也是美国最老的工程协会，同时也是发起组织 ANSI 的协会之一，在建设工程行业标准化方面有着重要贡献。ASCE 作为土木工程领域久负盛名的学术协会，涵盖了岩土、施工、建筑材料、房地产、环境治理和水资源、交通和物流、管线规划、抗震减灾、海洋和海岸线工程等领域，在美国工程建设领域标准体系中发挥着重要作用。ASCE 制定了一系列以 ASCE 为代号的土木工程行业标准，并制定出版了相关的土木工程作业手册与报告。

美国土木工程师学会有近 80 个技术委员会，致力于标准制定和标准管理。在全球 177 个国家中共有 150 000 多名会员。

美国土木工程师学会有多个专业性的学术团体，主要有：建筑工程学会（AEI）、海岸、海洋、港口、江河学会（COPRI）、建筑学会（CI）、工程力学学会（EMI）、环境与水资源学会（EWRI）、地理学会（G-I）、结构工程学会（SEI）、交通发展学会（T&DI）等。

（2）ASCE 标准编制程序。ASCE 对标准的编制程序有相应的规则。任何组织和个人均可以向 ASCE 的标准规范委员会（the Codes and Standards Committee，CSC）提交制定标准的建议。CSC 应把每个建议分发给相应的标准委员会、专家委员会（the Standards Council ExComs）、ASCE 的技术部和其他相应的 ASCE 委员会征求意见，征求意见期限至少 30 天。相应的标准委员会中的专家委员会应对建议投票，并将结果报告给 CSC，如果专家委员会同意这个建议，CSC 将对所有的意见综合考虑，决定是否批准此项建议。如果 CSC 委员多数通过表决，则由一个委员会来负责标准的编制工作。标准的制定不能和国家标准及协会标准相冲突，并应依照协会制定的标准格式和样式进行。标准制定过程体现公平、公开和公正的原则，标准委员会成员须有充分的代表性，生产者、消费者和公众的利益代表都具有限定的比例。ASCE 的其他技术部门和组织可以协助标准委员会。标准委员会要定期举行会议并通报。标准是否允许通过，要经过充分的表决。

ASCE 通过多种渠道进行标准发布，如通过协会的杂志、学术期刊发布，并通知协会各部门及消费团体、公共利益组织、其他工程协会与技术组织等。ASCE 及其他专业协会十分重视标准信息服务，这是协会标准得到广泛采用的一个重要原因。

ASCE 在土木工程领域的学术研究上的优势，有利于其标准化研究工作。ASCE 重视标准化的基础研究，这使标准制定更具备科学性和可实施性。

（3）ASCE 标准简况。目前，ASCE 已经制定了 70 余项标准，涉及土木工程的多个领域，包括结构、水和污水、防火、交通和设施等。ASCE 中有不少标准被认定为美国国家标准，并被冠以 ANSI 编号。例如，美国土木工程师协会环境与水资源学会编制的《防雹项目操作规程》EWRI/ASCE39-03，2015 年修订并经 ANSI 确认后，冠以 ANSI 称号，现行版本编号为 ANSI/ASCE/EWRI 39-15；又如，ASCE3-91 和 ASCE9-91 于 1991 年经 ASCE 批准发布后，于 1992 年 12 月 11 日经 ANSI 审核确认为美国国家标准，冠以 ANSI 的称号。一般来说，ASCE 标准每隔几年就修订一次，保证了 ASCE 标准能够适应时代和技术的发展。如《建筑物及其他构筑物的最小设计荷载标准》ASCE 7，从 1988 年批准以来，经过了 9 次修订，分别有 ASCE 7-88、ASCE7-93、ASCE7-95、ASCE7-98、ASCE7-02、ASCE7-05、ASCE7-10、ASCE7-16、ASCE7-22 相继出台。从 ASCE 标准名称中可以看出，ASCE 以下列几种形式居多：标准（Standard）、标准指南（Standard Guideline）、标准实施规程（Standard Practice）。

ASCE 标准在美国得到广泛的应用。例如，ASCE 制定的《建筑物及其他构筑物的最小设计荷载标准》ASCE7 已经成为美国结构工程最重要的一部分。ASCE 的很多标准被管理机构要求采用或者通过合同文件采用。

（二）欧洲团体标准概况

1. 欧洲团体标准简况

在欧洲国家的标准体制中，社会团体也是制定各类标准的主力军。在国家标准层面上，欧洲国家标准化管理机构多为政府承认的民间组织。如英国标准化学会（BSI）、德国标准化协会（DIN）、法国标准化协会（AFNOR）等。这些国家标准化管理机构的标准委员会的建立主要依靠学会、协会、商会的力量，和它们进行紧密结合，充分发挥各自特长、作用和优势来组织标准化活动。由于学会、协会等团体经常接触学术、技术交流、生产制造、管理和产品销售等问题，而且成员众多，遍布全国，是制定标准很好的基本力量。由于欧洲各国的国家标准本身就反映了市场的需求，因此可以说欧洲国家的国家标准更像是国家级别的团体标准。

在团体标准方面，欧洲国家的团体标准与欧洲标准（EN）和本国国家标准相比，团体标准的数量占比不是很多。但是欧洲国家也有不少协会（学会）制定了较多的团体标准，如德国电气工程师协会（VDE）、英国能源学会（IE）以及 IE 的前身英国石油学会（IP）、德国工程师协会（VDI）等，例如，德国工程师协会至今仍有 1 700 项有效的 VDI 标准。

2. 欧洲工程建设团体标准简况

欧洲国家工程建设领域的标准主要采用欧洲标准和本国国家标准，团体标准不是很多。团体标准由社会各类专业团体机构颁布，根据各国的建筑法规、欧洲标准、国家标准以及实践需要制定。下面以英国和德国为例，作为介绍。

英国是最早开始发展行业学会等社团组织的国家，先后有不少学会组织都开展了团体标准的制修订工作，如英国国家房屋建筑委员会（NHBC）、英国皇家特许测量师学会（RICS）、英国土木工程师学会（ICE）、英国皇家建筑师学会（RIBA）等。这些学会在世界上都享有盛名，并纷纷发展自己的会员，同时根据自身业务也会制定相应的团体标准以供会员使用，尤其当英国国家标准不能满足有效供给时。英国的团体标准在经过所在团体机构向 BSI 提出标准项目建议并被纳入计划项目后，则会升级为国家标准，甚至进一步升级为国际标准。

和英国一样，德国工程建设领域的标准主要采用欧洲标准和德国的国家标准，团体标准也不是很多。德国的团体标准被称为技术规则，是德国标准体系的一部分。技术规则是德国除 DIN 之外的各种专业团体、行业协会制定发布的标准性质文件或规范性文件。德国的工程建设团体标准虽然不是很多，但也有一些很有影响力的社会团体在制定团体标准。比如德国工程师协会（德语名称：Verein Deutscher Ingenieure，简称 VDI）、德国电气工程师协会（VDE）和德国燃气与供水工业技术和科学协会（DVGW）等。

下面介绍几个欧洲工程建设领域的社会团体。

（1）英国国家房屋建筑委员会。英国国家房屋建筑委员会（NHBC）是一家独立于政府和建筑行业的第三方机构，成立于 1936 年，是英国领先的建筑质量保险提供商。NHBC 通过提供合理的技术标准，与经 NHBC 注册的开发商合作，提高建筑项目的施工质量，并为建筑业主提供保险。

凡在 NHBC 申请注册的企业，必须经过严格的考核评估，建筑商或开发商能证明其资质能力才被接受注册。加入 NHBC 的所有建筑商或开发商必须遵守其规则，并按其技术标准建造房屋；如果不能遵守规则或标准，就会被调查，以致最后可能被取消注册。

在 NHBC 注册的开发商，在出售由 Buildmark 保险的建筑之前，必须保证该建筑符合 NHBC 技术标准的规定。NHBC 技术标准对建筑在设计和建造过程的技术要求和性能标准进行了明确规定，并就如何实现这些要求提供了指南，NHBC 保持对其技术标准的定期审查和更新。

NHBC 的技术标准基本上每 1~2 年修订一次，最新版是 2023 年 1 月颁布的，标准适用于整个英国境内的项目。标准主要涉及地基基础、地下结构、排水系统、地下室、建筑结构、电、饰面及外部工程等，明确了施工工序的要求；技术要求主要包含规划设计、材料、工艺、结构等要求；在总则中规定了混凝土及配筋要求、寒冷天气下的施工要求、木材的保存要求。

（2）德国电气工程师协会（VDE）。德国电气工程师协会（VDE）是世界上著名的电气工程与科学技术专业机构，是德国电工领域的重要学术团体，成立于1893年，总部设在法兰克福。1895年11月23日，VDE制订了德国第一个电工安全规程《强电设备安全规程》VDE 0100，即现在的DIN VDE O100系列标准。

VDE的宗旨是促进电工科学技术的发展，通过研究，制定并推广电工安全标准，保护人身和财产的安全，消除贸易技术壁垒，其主要活动是制定电气设备的制造规程、安全操作规程及检测与试验方法标准等。VDE对德国电工领域和欧洲电工领域，乃至国际电工领域的标准化工作发挥了重要的作用。

为了协调DIN与VDE两大机构之间开展电工电子标准化工作的关系，协调德国参加国际和欧洲电工标准化机构的活动，1970年10月13日，DIN与VDE联合成立了德国电工委员会（DKE）。根据协议，DIN主要致力于电工标准化工作；VDE主要致力于制定VDE安全技术规程；DKE统一代表德国参加国际电工委员会（IEC）、欧洲电工标准化委员会（CENELEC）和欧洲电信标准学会（ETSI）。

（3）德国燃气与供水工业技术和科学协会（DVGW）。德国燃气与供水工业技术和科学协会（德语名称：Deutsche Vereinigung des Gas-und Wasserfaches e. V. -Technisch-wissen-schaftlicher Verein，简称DVGW）是一个专门致力于燃气和水工业技术发展的非政府中立性机构。该机构最早于1859年在法兰克福成立了"德国燃气技术专家协会"，之后随着1870年水工业的加入而改名为"德国燃气与供水工业技术和科学协会"。

机构建立之初，参与了德国与欧洲相关行业标准的发展和制定，对欧洲市场标准一体化的发展做出了巨大贡献，并因此成为欧洲最早技术标准化组织之一。

DVGW秉承促进燃气和水工业技术发展的宗旨，一向关注于技术安全、卫生和环境保护领域，始终保持其在水气安全技术方面的国际领先水平，长时期的经验积累、技术领先和社会责任，得到了社会的一致赞同，获得了广泛的国际荣誉。

（三）日本团体标准概况

1. 日本标准化简况

日本的标准化工作采取的是政府主导、民间参与的管理体制。日本国家标准由工业标准（JIS）和农业标准（JAS）两大部分组成，分别由日本经济产业省和日本农林水产省所属机构日本工业标准化委员会（JISC）和农林水产省下的日本农林产品标准委员会（JASC）制定和颁布。JISC和JASC是日本政府标准化管理机构。日本政府认可的民间标准化组织主要是日本标准协会（JSA），又称日本规格协会。日本标准分为国家标准（JIS标准和JAS标准）、专业团体标准和企业标准三级。专业团体标准是由各协会、学会、联盟制定，原则上只适用于该团体内部成员。

各行业协会、学会、工业协会等民间团体，负责制定本行业内需要统一的标准和承担JIS标准的研究起草任务。日本目前有近200个制定标准的民间团体，受JISC委托，承担JIS标准的研究和起草工作。团体标准一般适用于特定领域或者由于其他原因无法修订、不宜或难以制定成JIS标准的标准，作为JIS标准的补充和预备。总的来说，日本专业团体标准的数量不多。在这些团体中，有的设有专门的标准化机构，有的直接由技术部门负责标准化工作、团体标准原则上只适用于该团体内部成员，如日本电机工业会（JEM）标准、日本汽车工业协会（JASO）标准以及日本电气协会（JEC）标准等。

2. 日本工程建设团体标准简况

日本的《建筑基准法》中要求所使用的建筑材料必须要满足相关的 JIS 和 JAS 标准，这种对国家标准的推崇也相对弱化了团体标准的地位，因此，日本工程建设团体标准的数量就不多，尤其是材料标准。下面以建筑结构领域为例，简单介绍该领域的团体标准情况。

在建筑结构领域（包括工程结构），作为国家法律层面只有一部法，就是由日本国土交通省制定、议会颁布的《建筑基准法》。该法除涉及管理规定外，还涉及技术性的一般要求。在《建筑基准法》的基础上，政府部门还发布相关政令、省令和告示。根据《建筑标准法施行令》，日本国土交通省制定了许多告示，规定更详细的技术要求。日本各类学会、协会、中心等机构，如日本建筑学会（AIJ）、日本建筑中心（BCJ）等或自治体也发布了大量的设计手册（Design Manuals）、指针（Recommendations）、指南（Guideline）及其他相关文件，给出更为详细的规定。例如，日本建筑学会发布的《建筑物荷重指针》《建筑基础构造设计指针》等，日本建筑中心发布的《建筑物构造规定》，日本建筑防灾协会发布的《耐震诊断基准改修设计指针》等。自治体的指针通常适用于某一个地区，但这些都不是法律文件。例如，由东京都建筑构造行政联络会发布的《建筑构造设计指针》是为东京的设计人员编的文件，但是结果有时候日本关西地区也参照使用这个文件。日本建筑的设计和施工都由地方政府行使管理权，他们在《建筑基准法》的基础上批准使用这些出版的设计手册、指针、指南及其他有关文件。

在其他领域，也是类似，只有一部基本的法令性文件或准法规性文件，且它们也会有协会的参与。如桥梁领域，《公路桥梁规范》（Specifications for Highway Bridges）是日本国土交通省批准的准法规性文件；在电能设施包括输电线和输电线塔方面，日本国土交通省基于日本电气工程师学会电工委员会出版的系列标准 JEC-××-××××进行监管，具有准法规性质；在风力设施方面，BSLJ 和经济产业省（Ministry of Economy, Trade and Industry, METI）一道，基于日本土木学会（Japan Society of Civil Engineers, JSCE）出版的《风机支承结构设计手册》进行监管。

日本各类团体标准文件，如 AIJ 的设计手册、指针、指南及其他相关文件等，本身不具备法律效力，是自愿采用的。但是它们一旦被采用，是法律的延伸，有不同的效应。在工程设计和施工领域，如果执行相关的团体标准，也会获得到地方政府的认可。

以下简介与工程建设领域相关的日本民间行业组织及其制定的团体标准，如表 5-3 所示。

表 5-3　日本工程建设领域民间行业组织及其制定的团体标准情况

团体名称	团体/标准英文缩写	团体性质	团体标准制定情况
日本建设机械施工协会	JCMAS/JCMAS	一般社团法人	已制定建筑机械用语、规格书样式、性能试验方法、建设业务 IC 卡、环境安全、建设机械设备、泵等建筑机械专业的协会标准

团体名称	团体/标准英文缩写	团体性质	团体标准制定情况
日本建材试验中心	JTCCM/JSTM	一般财团法人	建筑领域的材料、部件等的性能试验方法、结构材料的安全性能、住宅的居住性能、设备的节能性能、装饰装修材料耐久性。
日本建筑学会	AIJ/JASS，AIJES…	一般社团法人	制订建筑工学相关的学会基准、标准、学会标准规格书（JASS）、指南等
日本冷冻空调工业会	JRAIA/JRA	一般社团法人	制订冷冻空调相关产品、部件等专业团体标准
日本空调卫生工学会	SHASE/SHASE-S	公益社团法人	制订供冷供热、换气、给排水、卫生等民用设备的标准

（四）小结

从以上美国、欧洲和日本的团体标准情况可以看出，各国的标准管理体制虽然不尽相同，但是团体标准都遵循着市场驱动原则，是最具活力的标准，成为多数国家制定国家标准的来源。各国的团体标准都有着基本相同的特点，即具有自愿性、标准形式多样等特点，都需要遵守本国的法律和法规。社会团体只有在本专业（行业）领域内制定相应的团体标准，才可得到本团体会员或社会的认可，才具有权威性。因此，了解国外团体标准的发展，对我国团体标准发展具有重要的借鉴作用。

二、我国工程建设团体标准的发展与现状

（一）概述

自从国家层面提出培育发展团体标准以来，我国陆续出台了团体标准化系列政策，为团体标准的发展营造了良好的政策环境。在这种氛围下，工程建设领域的社会团体热情高涨，纷纷投入制定团体标准中来。据了解，工程建设领域综合性和专业性协会、学会以及城建、建工行业社会团体，如中国工程建设标准化协会、中国土木工程学会、中国建筑学会等20余个社会团体，制定并发布了大量团体标准。其他行业专业社会团体，如水利行业的中国水利学会（CHES）、中国水利工程协会（CWEA）、中国水利水电勘测设计协会（CWHIDA）、中国水利企业协会（CWEC）、中国灌区协会（CIDA）等协会；电力行业的中国电力联合会（CEC）、中国电力技术市场协会（CET）、中国电力规划设计协会（CEPPEA）、中国电力设备管理协会（CEEMA）、中国水利电力物资流通协会（APD）等；公路行业的中国公路学会（CHTS）、中国公路建设行业协会（CHCA）、中国交通运输协会（CCTAS）等，都纷纷制定并发布了团体标准。截止到2022年12月底，在全国团体标准信息平台上公布的建筑业团体标准达3 100余项。

（二）工程建设团体标准的发展

1. 中国工程建设标准化协会团体标准（CECS）

（1）CECS标准的历史沿革。1986年9月5日，为了探索工程建设标准规范管理体制的改革，对当时单纯靠行政部门管理强制性标准的管理体制，通过试点逐步实行强制性与

推荐性相结合的体制，国家计委以计标〔1986〕1649号文委托中国工程建设标准化委员会（中国工程建设标准化协会前身）负责组织推荐性工程建设标准的试点工作。

1987年2月12日，根据国家计委计标〔1986〕1649号文，中国工程建设标准化委员会首次下达了《钢纤维混凝土试验方法标准》《呋喃树脂类材料建筑防腐蚀工程技术规程》《网絮凝池设计标准》等推荐性工程建设标准的编制计划。

1988年5月1日，中国工程建设标准化委员会以建标〔1988〕7号文批准发布了第一本推荐性工程建设标准《呋喃树脂防腐蚀工程技术规程》CECS 01：88，也标志着中国第一本团体标准的诞生，开创了团体标准发展史上的一个里程碑。

CECS标准的发展大致经历了三个发展阶段：

第一阶段：1986年至1999年。在这个阶段前期，国家的经济体制实行有计划的商品经济。这个阶段团体标准的管理还基本上是计划经济模式。团体标准编制的补助经费一直由政府拨款，编制单位主要由科研单位和高校等单位承担，生产企业很少参与。在这个阶段的中后期，中国工程建设标准化协会根据国务院建设行政主管部门"清理整顿标准"的任务，对团体标准开展了清理整顿工作。由于标准编号问题，1999年停顿了近一年的立项和审批工作。中国工程建设标准化协会在后期也开始对"市场机制"和"以标养标"以及设立咨询机构等进行了探索和实践，为以后的发展奠定了基础。截至1999年底，中国工程建设标准化协会批准发布了104项团体标准。

第二阶段：2000年至2014年。1992年，党的十四大提出了建设社会主义市场经济体制后，为适应市场经济体制要求，工程建设标准化管理部门经过多年研究和探索，提出了"技术法规和技术标准"相结合的标准体制新思路。从2001年起，团体标准的补助经费被取消，CECS标准真正进入了市场经济的大环境。这个阶段，团体标准的显著特点就是以市场为导向，引入市场机制，紧紧围绕建立社会主义市场经济体制和适应工程建设事业发展的需要开展标准化工作。协会开始和一线企业紧密联系，快速反映市场需求，同时，团体标准也给协会带来了显著的经济效益，使团体标准的工作开展步入了良性循环。这也带动了企业编制标准的积极性，团体标准中反映市场需求的项目数量显著增加。截至2014年底，中国工程建设标准化协会批准发布了392项团体标准。

第三阶段：2015年至今。2015年3月，国务院印发的《深化标准化工作改革方案》，提出培育发展团体标准；2021年10月，中共中央、国务院印发的《国家标准化发展纲要》进一步提出，优化政府颁布标准与市场自主制定标准二元结构，大幅提升市场自主制定标准的比重；大力发展团体标准。CECS标准迎来了前所未有的良好发展机遇。截至2022年底，中国工程建设标准化协会批准发布了1 621项团体标准，其中，工程建设标准1 356项，产品标准265项。尚有5 000余项团体标准正在编制。近几年来，每年立项的团体标准数量呈逐年上升趋势。仅2022年，就下达了1 108项标准计划。

（2）管理机制。1991年协会起草了《中国工程建设标准化协会推荐性标准工作导则》（征求意见稿），该导则分为总则、标准的立项、标准的编制、标准的管理和附则五章，对团体标准的制定和管理做出了一般性规定。虽然导则没能最终正式印发，但其中的绝大部分内容成为开展团体标准工作的实际依据。2001年，协会颁布了《中国工程建设标准化协会标准管理办法》，使团体标准的制定和管理有了明确的依据。该办法先后于2010年、2018年进行两次修订。

中国工程建设标准化会秘书处专门成立了技术标准部，配备了专职的工作人员，统一管理团体标准的工作，负责团体标准的管理工作。

团体标准的日常管理工作主要依靠分支机构（专业委员会、分会和工作委员会）。1986年至1999年间，除没有专业对口的团体标准项目由协会直接管理外，其他的都由专业委员会归口管理，当时的管理模式（制定、审批和发布）是参照国外标准化组织的办法进行的，与之相适应的管理机构是按专业设立分支机构。由于国外标准化组织的TC（技术委员会）、SC（分技术委员会）和WG（工作组）三级组织形式与我国的社团管理办法相矛盾，所以团体标准管理体制中正式登记的只有专业委员会（TC）。1998年，政府机构改革后，一些部门被合并或撤销，有些行业工程建设标准化管理没有专门的机构，在这种情况下，协会开始成立行业分会，主要行使行业工程建设标准化的服务职能。之后，又针对某个专题，陆续成立了一些工作委员会，如海绵城市工作委员会等。协会团体标准的管理模式一直以来没有大的改变，由相关分支机构归口管理；分支机构负责标准的立项审核、标准全过程的管理以及标准的复审等工作。协会的分支机构集聚了一大批本专业或行业内知名的专家、学者以及有经验的工程技术人员，具有人才汇聚、权威性高的优势，可以对标准从技术上把关，制定高水平标准。

多年来，在标准化活动和团体标准的编制实践中，协会的组织机构不断完善和发展壮大。截至2023年6月底，协会现有分支机构91个，包括专业委员会分会17个、专业委员会66个、工作委员会8个。分支机构的任务是：在相关的行业或专业范围内，具体开展团体标准化的各项业务工作，并发展本协会的单位会员和个人会员。分支机构名录见表5-4。

表5-4　中国工程建设标准化协会的分支机构名录

协会分支 机构编号	社团分支 机构登记号	分支机构名称
TC 1	4058-1	钢结构专业委员会
TC 2	4058-2	木材及复合材结构专业委员会
TC 3	4058-3	砌体结构专业委员会
TC 4	4058-4	结构设计基础专业委员会
TC 5	4058-5	混凝土结构专业委员会
TC 6	4058-6	工业炉砌筑专业委员会
TC 7	4058-7	电气专业委员会
TC 8	4058-8	城市给水排水专业委员会
TC 9	4058-9	水运专业委员会
TC 10	4058-10	贮藏构筑物专业委员会
TC 11	4058-11	防腐蚀专业委员会
TC 12	4058-12	湿陷性黄土专业委员会
TC 13	4058-13	信息通信专业委员会
TC 14	4058-14	防火防爆专业委员会

协会分支 机构编号	社团分支 机构登记号	分支机构名称
TC 15	4058－15	结构焊接专业委员会
TC 16	4058－16	高耸构筑物专业委员会
TC 17	4058－17	管道结构专业委员会
TC 18	4058－18	勘测专业委员会
TC 19	4058－19	铁道分会
TC 20	4058－20	建筑环境与节能专业委员会
TC 21	4058－21	消防系统专业委员会
TC 22	4058－22	建筑物鉴定与加固专业委员会
TC 23	4058－23	防水防护与修复专业委员会
TC 24	4058－24	建筑给水排水专业委员会
TC 25	4058－25	建筑修缮改造与房地产专业委员会
TC 26	4058－26	工业给水排水专业委员会
TC 27	4058－27	地基基础专业委员会
TC 28	4058－28	轻型钢结构专业委员会
TC 29	4058－29	抗震专业委员会
TC 30	4058－30	城市交通专业委员会
TC 31	4058－31	施工安全专业委员会
TC 32	4058－32	建筑振动专业委员会
TC 33	4058－33	城市供热专业委员会
TC 34	4058－34	建筑施工专业委员会
TC 35	4058－35	石油化工分会
TC 36	4058－36	石油天然气分会
TC 37	4058－37	冶金分会
TC 38	4058－38	机械分会
TC 39	4058－39	建筑材料分会
TC 40	4058－40	纺织分会
TC 41	4058－41	化工分会
TC 42	4058－42	公路分会
TC 43	4058－43	雷电防护专业委员会
TC 44	4058－44	商贸分会
TC 45	4058－45	建筑信息模型专业委员会
TC 46	4058－46	农业工程分会

协会分支 机构编号	社团分支 机构登记号	分支机构名称
TC 48	4058-48	城镇燃气专业委员会
TC 49	4058-49	建筑与市政工程产品应用分会
TC 50	4058-50	建筑产业化分会
TC 51	4058-51	绿色建筑与生态城区分会
TC 52	4058-52	标准员工作委员会
TC 53	4058-53	养老服务设施专业委员会
TC 54	4058-54	山地建筑专业委员会
TC 55	4058-55	认证与保险工作委员会
TC 56	4058-56	海绵城市工作委员会
TC 57	4058-57	厨卫专业委员会
TC 58	4058-58	城市地下综合管廊工作委员会
TC 59	4058-59	市容环境卫生专业委员会
TC 60	4058-60	检测与试验专业委员会
TC 61	4058-61	城乡建设信息化与大数据工作委员会
TC 62	4058-62	医疗建筑与设施专业委员会
TC 63	4058-63	标准国际化研究工作委员会
TC 64	4058-64	平急两用设施建设工作委员会
TC 65	4058-65	预应力工程专业委员会
TC 66	4058-66	工业固废资源化与生态修复专业委员会
TC 67	4058-67	建筑防火专业委员会
TC 68	4058-68	建筑机器人专业委员会
TC 69	4058-69	智慧建筑与智慧城市分会
TC 70	4058-70	空间结构专业委员会
TC 71	4058-71	绿色建造专业委员会
TC 72	4058-72	功能安全与信息安全专业委员会
TC 73	4058-73	标准数字化工作委员会
TC 74	4058-74	城市更新分会
TC 75	4058-75	建筑幕墙门窗专业委员会
TC 76	4058-76	洁净受控环境与实验室专业委员会
TC 77	4058-77	韧性城市工作委员会
TC 78	4058-78	住宅与成品房专业委员会
TC 79	4058-79	电子工程分会

协会分支 机构编号	社团分支 机构登记号	分支机构名称
TC 80	4058-80	城市规划专业委员会
TC 81	4058-81	历史文化遗产保护专业委员会
TC 82	4058-82	村镇社区与公用设施专业委员会
TC 83	4058-83	生态景观与风景园林专业委员会
TC 84	4058-84	工程咨询专业委员会
TC 85	4058-85	建筑设计专业委员会
TC 86	4058-86	建筑电气专业委员会
TC 87	4058-87	智慧水务专业委员会
TC 88	4058-88	乡村规划与产业振兴专业委员会
TC 89	4058-89	农房建设及改造专业委员会
TC 90	4058-90	村镇人居环境专业委员会
TC 91	4058-91	机电智控专业委员会
TC 92	4058-92	抗风减灾与风能利用专业委员会

2. 其他工程建设团体标准

除中国工程建设标准化协会，在工程建设领域里还有很多社会团体也在制定和发布团体标准。表5-5列出了部分社团截至2022年12月发布的工程建设团体标准数量。

表5-5 部分工程建设领域社会团体发布的团体标准数量

序号	社会团体名称	社会团体代号	发布的团体标准数量
1	中国土木工程学会	CCES	45
2	中国建筑学会	ASC	37
3	中国建筑业协会	CCIAT	48
4	中国建筑装饰协会	CBDA	67
5	中国勘察设计协会	CECA	24
6	中国城市科学研究会	CSUS	49
7	中国建筑节能协会	CABEE	40
8	中国城市燃气协会	CGAS	24
9	中国城镇供热协会	CDHA	18
10	中国城镇供水排水协会	CUWA	24
11	中国建筑金属结构协会	CCMSA	33
12	中国市政工程协会	CMEA	31
13	中国房地产业协会	CREA	24

续表

序号	社会团体名称	社会团体代号	发布的团体标准数量
14	中国建设工程造价管理协会	CECA/CCEA	11
15	中国城市环境卫生协会	HW	51
16	中国城市公共交通协会	CUPTA	47
17	中国城市轨道交通协会	CAMET	136
18	中国风景园林学会	CHSLA	21
19	中国工程建设焊接协会	CECWA	3
20	中国城市规划学会	UPSC	9
21	中国建设监理协会	CAEC	3
22	中国物业管理协会	CPMI	13
23	中国水利学会	CHES	79
24	中国公路学会	CHTS	111
25	中国电力企业联合会	CEC	853
26	中国建筑材料联合会	CBMF	214

注：数据截至 2022 年 12 月 31 日。

这些工程建设团体标准是我国工程建设标准化体系的重要组成部分，是现行政府颁布标准的补充和支撑，在工程实践中发挥了不可或缺的作用，保障了工程建设的质量，提升了产业水平与竞争力，带动了科技成果快速产业化，产生了明显的经济和社会效益。但是，团体标准作为我国标准体系中的"新兵"，其发展仍处于初始阶段，发展还不平衡、不充分，存在标准定位不准、水平不高、相互交叉重复、管理不规范等问题。

（三）工程建设团体标准存在的问题

1. 重编制、轻实施

无论是政府颁布标准，还是市场自主制定标准，都不同程度存在着"重编制、轻实施"的现象，这种现象在团体标准中尤甚。随着团体标准地位的确立和标准化改革的不断推进，企、事业单位编制团体标准的热情和积极性也日益高涨，但是无论是发布机构、还是编制单位，对团体标准颁布后的实施却缺乏足够的重视。这一方面反映了部分单位标准信息渠道不畅通，不能及时地将标准信息传递到使用人手中；另一方面也从侧面说明了一些标准没有得到真正的采信及市场推广。为制定标准，需要投入大量人力物力，如果仅仅是锁在柜子里无人问津，那么标准技术水平再高，它也不过是停留在纸上而已，不能发挥作用。

2. 内容交叉重复现象多

由于团体标准不设行政许可，任何有法人资格的社会团体原则上都可制定团体标准。又由于我国社会团体的设置在业务范围上本身就存在很多交叉重复现象，再加上团体标准又没有任何机制可以避免重复，团体标准在内容和形式上出现交叉重复在所难免。例如，在全国团体标准信息平台上公布的有关城市综合管廊的标准就多达 30 余个，发布机构有全国性的团体，也有地方性的团体；标准有偏综合性的，也有针对某项技术而言的。这么多标准，难免存在交叉、重复甚至矛盾。使用者无所适从，不知用哪个标准好。再如，在全国团体标准信息平台上公布的《智慧建筑评价标准》就有两个不同社会团体发布的版本，一个是中国工程建设标准化协会发布的 T/CECS 1082—2022，另一个是由中国建筑节能协会发布的 T/CABEE 002—2021。除了这两个标准，据了解，中国房地产业协会和国家建筑信息模型（BIM）产品技术创新战略联盟在 2020 年也联合发布过《智慧建筑评价标准》T/CREA 002—2020、T/CBIMU 14—2020。同样内容出现好几种版本的团体标准，内容重复不说，甚至还会出现不同版本间对同一技术的不同要求和指标的不同，这不仅造成社会资源的极大浪费，也不利于使用者选用，甚至还会扰乱整个行业的秩序。

3. 研发能力不足导致一部分团体标准水平不高

制定一项新的标准，前期往往要有大量科研，投入很多的科研经费，少则几万，多则上千万。这么一大笔费用，作为基层行业协会等社会团体大部分无力承担。团体标准工作处于刚刚起步阶段，由于人员素质良莠不齐、标准研发资金少、专业知识不足等原因，制定的团体标准在规范性、协调性、原创性、可操作性等方面有待进一步提高。上述原因使得团体标准整体水平不高。

4. 部分团体标准编制质量有待提高

近年来，我国在团体标准方面的制度虽然不断健全和完善，但《标准化法》中并未明确规定团体标准的层级、地域等方面内容，只需依法注册的团体便可开展团体标准制定工作。各社会团体虽然按照要求建立了标准制定程序文件，但由于很多社会团体工作人员往往未从事过相关标准化工作，且不具备专业的标准化管理能力，专业技术能力较强的协会比例不大。受到社会团体本身标准化研究和管理基础能力、统筹协调各利益相关方的组织能力等的制约，团体标准制定全过程管理的水平参差不齐，导致团体标准没有充分发挥出应有的效能。例如，部分团体标准在立项时，缺少与整个行业标准体系的充分对接，标准立项的必要性、可行性和科学性等论证不够充分，导致发布后的实施推广存在困难；部分团体标准存在编写不符合要求、文本格式不规范、制定过程信息透明度不够等问题，标准编写质量有待提高。

5. 团体标准化对象定位不准

部分团体自身在标准化人才培养、管理机制、专业素质等方面良莠不齐，未能及时准确地把握市场和创新对技术标准的需求，可能造成团体标准化对象定位不准，偏离了大部分团体成员的业务范围，团体成员执行该标准的主动性受到影响。

6. 尚未形成自身的体系

由于团体标准来源于市场，而市场又有很大的不确定性，因此，团体标准在发展初级阶段，很难形成完整的体系。只有当团体标准发展到一定的规模，团体标准才能逐步形成相对完整的体系。各团体可根据自身实际，在各自团体标准发展到一定规模后，梳理发布的标准、预测市场需求，逐步完善自身的标准体系框架，形成比较合理的体系。

（四）团体标准的未来发展

团体标准是通过市场机制产生的标准。发展团体标准就是要更好地发挥市场在标准化资源配置中的决定性作用。从法律层面上，现行《标准化法》确立了团体标准的法律地位；从政策层面上，2015 年国务院印发的《深化标准化工作改革方案》中明确提出培育发展团体标准的重大改革举措，2016 年国家质量监督检验检疫总局和国家标准化管理委员会联合发布《关于培育和发展团体标准的指导意见》，国务院各行政主管部门、各地方也相继在各自领域或地域内出台了培育发展团体标准的文件。这一系列政策的发布，推动了团体标准的迅速发展，社会团体参与制定团体标准的热情空前高涨。自 2016 年 3 月全国团体标准信息平台（以下简称平台，网址：www.ttbz.org.cn）上线以来，广大社会团体积极支持并参与平台建设，踊跃注册并公布团体标准。根据平台上公布的大数据，截至 2023 年 9 月 30 日，共有 8 056 家社会团体在全国团体标准信息平台注册，其中民政部登记注册的有 1 022 家，地方民政部门登记注册的有 7 034 家。社会团体在平台共计公布 65 050 项团体标准，其中民政部登记注册的社会团体公布 25 090 项，地方民政部门登记注册的社会团体公布 39 960 项。社会团体按地域分布，广东省是社会团体在平台上注册最多的；按国民经济行业分类分布，制造业团体标准是数量最多的；按产业和社会分布，工业类团体标准最多，占比约 50%。

2021 年 10 月，中共中央、国务院印发了《国家标准化发展纲要》，其中提出：大力发展团体标准，实施团体标准培优计划，推进团体标准应用示范，充分发挥技术优势企业作用，引导社会团体制定原创性、高质量标准。健全团体标准化良好行为评价机制。强化行业自律和社会监督，发挥市场对团体标准的优胜劣汰作用。2022 年 2 月 18 日，国家标准化管理委员会等十七部门联合印发《关于促进团体标准规范优质发展的意见》，意在规范团体标准化工作，促进团体标准优质发展。这些文件的印发，说明了国家不仅要大力培育发展团体标准，更要引导社会团体注重团体标准的质量。在国家与各行各业的重视下，团体标准终将成为推动我国经济向中高端水平迈进的重要手段之一。团体标准在未来发展中应做好以下几个方面的工作：

1. 建立团体标准的实施应用跟踪评价机制

为逐步解决"重编制，轻实施"的问题，各社会团体应首先积极拓宽团体标准的宣传推广形式，加大团体标准的宣传力度，畅通团体标准的信息渠道，让更多的使用者了解标准的发布和出版情况，并在此基础上，推广、采信、促进实施，建立团体标准的实施应用跟踪评价制度。标准发布后对其进行跟踪评价，是评价一个标准适用性好坏的关键。但作为社会团体来说，往往并不重视这方面的工作，标准发布即为整个标准工作的终结。这样团体标准执行情况如何、作用如何，社会团体全然不知，随着时间的推移，很多所谓的"僵尸"标准就会出现，浪费了大量社会资源。

2. 建立工程建设领域社会团体内部联系制度

针对团体标准内容交叉重复现象，最重要的是在相关团体之间要加强有效沟通，加大团体之间的交流与合作。一是可以以定期论坛的形式加强联系。二是可以由有经验的标准化专业性团体牵头，联合工程建设领域内具有一定影响力的社会团体组建工程建设团体标准化联盟，协调和处理团体标准制定过程中遇到的各种重大问题，解决不同团体之间在制定团体标准时出现的矛盾，实现团体标准的自我管理和自我约束，促进团体标准的健康发展。三是可以通过与相关团体联合发布团体标准的形式减少不同团体之间标准的重复和矛盾。

3. 建立社会多元化投入机制

对于团体标准研发能力不足造成的整体水平不高等问题，应该建立团体标准社会多元化投入机制。一方面团体本身应该加大科研经费的筹措和投入，探索运用市场力量，吸引社会团体、企业共同支持标准化事业，形成多渠道筹措经费的格局。另一方面，鼓励和支持民间资本、外来资本的投入，逐步建立政府引导资金，行业、企业等多方投入，标准化产出回馈等多元化、多渠道投入机制。政府可以对采信的团体标准给予团体一定的奖励和资金的支持，也可通过购买服务的形式委托相关团体制订相应的标准。

4. 加强标准化人才培养

针对团体标准编制质量不高和定位不准等问题，最主要的是要加强标准化人才的培养。为了更好地推动团体标准化工作的开展，规范团体标准化工作的良好行为，培养建设一支具有专业能力的团体标准化人才队伍是关键。团体标准化人才建设首先要完善标准化人才教育和培训体系，积极开展团体标准编制和管理人员培训。其次要逐步建立工程建设标准化人才能力评价制度。培养高素质的团体标准化人才队伍可以从以下几个方面着手：第一，鼓励大专院校和研究机构开设标准化专业或研究方向，定向培养标准化专业人才。第二，国务院标准化行政主管部门及国务院各有关行政主管部门可利用专项经费定期或不定期组织相关标准化培训工作，宣传相关的标准化政策，提高团体标准化工作人员的专业素质。第三，专业性的标准化组织可以在工程建设领域内开展"1+X"标准化职业技能等级考试制度以及标准化专业人才能力的评价工作，对从事团体标准化工作的人员进行标准化继续教育，让团体标准化工作人员能及时了解工程建设标准的动态和新形势，更好地从事团体标准化工作。

5. 加强社会团体内部自身建设

目前，我国的团体类别多样，有学会、协会、联合会的、联盟等，比较混乱；在部分行业协会中，有从事与自身身份不符行为的，有无力为企业提供基本服务的，还有进行乱评比、乱收费的。一些协（学）会组织的人员构成，包括其素质和观念也存在问题，这种状态的组织不但无益于企业和行业的发展，甚至还成了市场经济建设的障碍。很多团体尚未成立专门的标准化管理部门，也没有专门的标准化人才；有的虽然成立了标准化管理机构，但是这些机构是挂靠在其他单位。这不利于团体标准的长期发展。因此，团体内部应该加强人才、机构、管理水平等方面的自身建设，提高团体标准的公信力。

第三节　工程建设团体标准的制定与管理

一、工程建设团体标准的制定

我国工程建设团体标准起步于 20 世纪 80 年代，但仅是中国工程建设标准化协会在开展试点工作，大部分团体标准处于起步阶段或早期阶段。团体标准是市场自主制定的标准，有其自身的特点；团体标准在符合标准化的一般原理和程序下，应更多考虑市场需求和社会团体自身的工作实际。

（一）制定原则

根据《标准化法》《团体标准管理规定》《关于深化工程建设标准化工作改革的意

见》，制定工程建设团体标准应当遵循以下原则：

（1）团体标准应当符合国家的相关法律法规和强制性标准的要求，不得与国家有关产业政策相抵触，技术要求不得低于强制性标准的相关技术要求。

（2）团体标准应当以满足市场和创新需要为目标，聚焦新技术、新产业、新业态和新模式，填补标准空白。国家鼓励社会团体制定高于推荐性标准相关技术要求的团体标准；鼓励制定具有国际领先水平的团体标准。

（3）制定团体标准应当遵循开放、透明、公平、协商一致的原则，吸纳生产者、经营者、使用者、消费者、教育科研机构、检测及认证机构等相关方代表参与，充分反映各方的共同需求。支持消费者和中小企业代表参与团体标准制定。禁止利用团体标准实施妨碍商品、服务自由流通等排除、限制市场竞争的行为。

（4）术语、分类、量值、符号等基础通用方面的内容应当遵守国家标准、行业标准、地方标准，团体标准一般不另行规定。

（5）制定团体标准应当在科学技术研究成果和社会实践经验总结的基础上，深入调查分析，进行试验、论证，切实做到科学有效、技术先进、经济合理。

（6）工程建设团体标准可以细化现行国家标准、行业标准的相关要求，明确具体技术措施。

（二）制定程序

制定标准是一项政策性强、影响面大的工作，不仅需要大量的技术工作，还需要大量的组织和协调工作。标准是社会广泛参与、协商一致的产物，为了保证其制定过程的严谨性，需要有一套明确的制定程序予以保证。严格按照规定的程序开展标准制定工作，是保证标准编制质量，提高标准技术水平，缩短标准制定周期，实现标准制定公平、公正、有序的前提。团体标准也不例外，需要按照规定的程序进行编制。

1. 基本制定程序

《团体标准管理规定》中把团体标准的制定程序分为 9 个阶段：提案、立项、起草、征求意见、技术审查、批准、编号、发布、复审；国家标准《团体标准化　第 1 部分：良好行为指南》GB/T 20004.1—2016 把制定程序分为 6 个阶段：提案、立项、起草、征求意见和审查、通过和发布、复审。根据《团体标准管理规定》《工程建设标准编制指南》以及工程建设标准的习惯，工程建设团体标准的一般制定程序可分为：立项申请（提案）、立项、准备、起草、征求意见、送审、报批、批准发布、复审 9 个阶段，各阶段的任务和责任机构见表 5-6。以中国工程建设标准化协会为例，图 5-1 列出了其团体标准制定的流程图。

表 5-6　工程建设标准制定程序

序号	阶段	责任机构	主要任务	形成文件
1	立项申请（提案）	标准编制管理机构	标准管理协调机构接收申报单位提交的立项申请书，对立项申请书进行评估	立项申请书

序号	阶段	责任机构	主要任务	形成文件
2	立项	标准管理协调机构	对团体标准立项申请书的必要性、可行性等进行审查，审查通过后形成制修订项目计划草案，在网上进行公示，公示一定时间后，对公众所提意见反馈给标准编制管理机构，标准编制管理机构可进行申诉，管理协调机构对其进行复议后，正式批准立项	立项计划
3	准备	标准编制管理机构	立项批准后，标准主编单位根据计划筹建编制组，起草工作大纲，召开第一次工作会议，第一次工作会议任务主要包括讨论确立大纲、编制组内部进行分工、确立进度安排	第一次工作会议纪要
4	起草	标准编制管理机构	对相关事宜进行调查分析、实验验证，确定技术内容，起草标准初稿	初稿
5	征求意见	标准编制管理机构	编制组内部对初稿进行讨论，形成征求意见稿，将征求意见稿向利益相关方或社会征求意见，对反馈意见进行处理，形成《征求意见汇总处理表》	征求意见稿、征求意见汇总处理表
6	送审	标准编制管理机构	编制组根据《征求意见汇总处理表》对征求意见稿进行修改，形成送审稿，报标准管理协调机构进行技术审查，技术审查一般通过会议或函审形式进行，经过协商一致或投票方式给出是否通过结论	送审稿、审查会议纪要
7	报批	标准编制管理机构	根据会议纪要，对送审稿进行修改，形成报批稿，上报标准管理协调机构	报批稿、相关报批文件
8	批准发布	标准化决策机构	按规定对标准进行编号、批准，并公开发布	正式标准
9	复审	标准编制管理机构	根据技术发展、市场需求，对已发布的团体标准的适用性进行评估，并给出继续有效、修订或废止等复审结论	复审结论

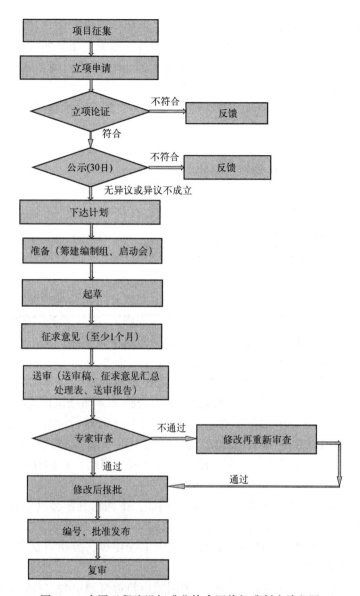

图 5-1　中国工程建设标准化协会团体标准制定流程图

2. 快速制定程序

对于技术路线成熟或由其他标准转化的项目（如由企业标准转化的项目、承接政府标准的项目）、需要局部修订或行业发展和管理急需的项目，可以启动快速制定程序。快速制定程序属于团体标准制修订程序的内容，需要在社会团体标准化管理文件中进行规定。快速制定程序是在基本制定程序基础上，适当地省略或缩短某一阶段的程序。例如，对于标准化基础较好的项目或已有其他标准文本的项目，可以采用省略起草阶段，也可以缩短征求意见的时间，适当地简化正常制定程序。

（三）制定内容

社会团体应当依据其章程规定的业务范围进行活动，规范开展团体标准化工作。也就是说，社会团体不应该去制定与自己业务范围无关的团体标准。团体标准制定是为了适应市场需求和创新发展需要，对于需要在某一领域内统一而又是市场需要的，可制定团体标准。工程建设团体标准也可以细化现行国家标准、行业标准的相关要求，明确技术措施。工程建设团体标准的内容主要有以下几个方面：

1）工程建设中新技术、新方法、新材料、新工艺、新设备的应用；

2）工程建设中涉及专利的技术；

3）工程建设的规划、勘察、设计、施工（包括安装）及验收、维护、拆除和管理；

4）工程建设领域中具有前瞻性、先导性的技术；

5）工程建设中应急的技术；

6）工程建设中的试验、质量检测和评定方法；

7）工程建设的信息技术；

8）实施工程建设强制性标准的导则、指南等具体规定。

（四）编写要求

由于我国的团体标准总体起步较晚，目前我国大部分团体标准的编写主要参照国家标准《标准化工作导则　第1部分：标准的结构编写规则》GB/T 1.1—2020，但是由于涉及各个行业的习惯不同，不同行业的团体标准的编写格式略有不同。工程建设领域中的团体标准编写格式主要有以下三种情况：

（1）在工程建设标准化主管部门制定的《工程建设标准编写规定》基础上，制定了自己的编写规则。中国工程建设标准化协会、中国公路学会都是采用这种模式。这类社会团体在团体标准化管理文件中都做了规定。例如，中国工程建设标准化协会发布了《工程建设标准编写导则》T/CECS 1000—2021，要求所有 CECS 标准按此标准执行；中国公路学会（CHTS）发布了团体标准《中国公路学会标准编写规则》T/CHTS 10001—2018 对编写要求做了规定。

（2）按《工程建设标准编写规定》执行。例如，中国水利学会（CHES）在《中国水利学会团体标准管理办法》中规定：团体标准的编写参照《标准化工作导则　第1部分：标准的结构和编写》GB/T 1.1 的规定执行。对于工程建设、分析方法等团体标准的编写应参照国家相关规定执行。

（3）按 GB/T 1.1—2020 执行。例如，中国城市轨道交通协会（CAMET）在《中国城市轨道交通协会团体标准管理办法》中规定：标准的起草应按照《标准化工作导则　第1部分：标准化文件的结构和起草规则》GB/T 1.1 等的要求编写。

不管采用上述哪种情况编写团体标准，值得注意的是应该在同一社会团体内做到体例格式统一。

二、团体标准管理机制

随着我国标准化改革的大力推进，很多社会团体都纷纷开展团体标准化活动，并发布了相应的政策文件，逐步完善运行管理机制。为了更好地贯彻落实国家标准化改革精神，发挥团体标准的独特优势，保障团体标准化工作健康有序的发展，下面结合《团体标准化　第1部分：良好行为指南》GB/T 20004.1—2016，从团体标准组织机构的设置及其工作方式、团体标准的工作机制、团体标准的管理制度等方面对团体标准管理机制进行阐述。

（一）组织机构

1. 组织机构设置

一个组织正常运行，最起码应该具有决策机构和执行机构。对社会团体来说，其标准化工作应是社会团体业务范围内容之一。所以，对于团体标准化工作的决策权力应属于社会团体的理事会、董事会或全体大会等决策机构。社会团体决策机构对其团体标准化工作的重大事项承担决策功能；执行机构是具体开展团体标准化活动的部门。由于社会团体工作范围比较广，不同领域的标准制定工作各有特色，同时标准化工作又有一些共性的特点，所以，既要在统一的层面对所有标准化工作进行协调管理，又要在不同领域开展具体专业的标准制定工作。从这个意义上来说，社会团体标准化工作的执行机构一般来说分为两层：一是管理协调机构；二是标准编制机构。

《团体标准化 第1部分：良好行为指南》GB/T 20004.1—2016 将团体标准组织机构分成3类：标准化决策机构、标准化管理协调机构和标准编制机构。根据工程建设团体标准的特点，本书将工程建设团体标准组织机构分为：标准化决策机构、标准化管理协调机构和标准编制管理机构。把"标准编制机构"改为"标准编制管理机构"更能突出标准在编制过程中应该注重管理。

（1）标准化决策机构。标准化决策机构主要负责制定团体标准化的整体战略规划，以及与团体标准化活动相关的政策、制度的决定和标准化文件的审批等。决策机构可结合团体自身的组织机构来设置，例如，可以考虑利用已有的组织机构，将团体标准化决策机构设置在理事会、董事会、全体代表大会，也可以考虑成立新的标准化决策机构。

（2）标准化管理协调机构。标准化管理协调机构是社会团体开展团体标准化工作的部门，主要负责对整个社会团体的标准化工作进行统一的管理和协调。其主要职责包括：制定团体标准化工作的各项政策和制度；管理和协调团体标准化工作，处理有关团体标准的制定程序、编写规则、知识产权管理等具体事项以及标准制定中出现的争议；开展与其他标准化机构的联络；根据团体标准化工作范围建立相关的技术组织等。

社会团体的标准化管理协调机构形式可能不尽相同，有的社会团体在秘书处专门设立了标准管理部门，例如，中国工程建设标准化协会秘书处常设技术标准部作为标准化管理协调机构；有的社会团体专门成立负责标准化事务的标准化工作委员会，例如，中国土木工程学会（CCES）、中国勘察设计协会（CECA）、中国城镇供水排水协会（CUWA）专门成立了标准工作委员会作为管理协调机构；有的甚至在标委会下设秘书处、专家咨询委员会等二级机构。

（3）标准编制管理机构。标准编制管理机构主要负责团体标准的制定工作，完成具体标准的起草和管理。如落实和执行工作计划，负责标准制定全过程的组织和技术把关，完成标准的起草并就标准技术内容达成协商一致等。一般来说，社会团体通过设立技术委员会来实现标准编制管理的功能。编制管理机构可由技术委员会和标准主编单位共同来负责团体标准的编制管理工作。

总之，社会团体的组织机构设置是开展团体标准化工作的必要条件。组织机构设置既要有科学合理的组织架构，又要有合理的运行保障机制。为了规范社会团体组织机构建设，社会团体应按照开放、公平、透明、协商一致的原则明确标准化组织机构设置的内容和要求，确定标准化组织机构的职责，成员要求，变更和撤销要求等，并制定相应的制度文件，以利团体标准制定的科学性和合理性。

下面以中国工程建设标准化协会为例对其标准化组织机构进行详细阐述。

从中国工程建设标准化协会标准化组织机构图（图5-2）中可以看出，理事会为标准化决策机构，负责重大事项的决策和审议年度标准化工作报告等，委员由来自工程建设标准化主管部门和工程建设相关行业标准化主管部门以及工程建设相关企、事业单位、科研机构、高校等的领导担任。技术标准部是管理协调机构，负责该协会标准化的管理工作，执行理事会决策，制定团体标准年度计划、管理标准的起草流程、推动团体标准的实施和应用。协会分支机构（包括专业委员会、分会、工作委员会）和标准编制组是标准编制管理机构。标准编制组主要负责标准的起草，协会分支机构主要负责标准归口管理。标准依靠编制组和分支机构共同完成标准的起草工作。标准专家库属于咨询与审查机构，负责标准的技术审查和咨询。目前，协会专家库共聘请了1 300余名专家。

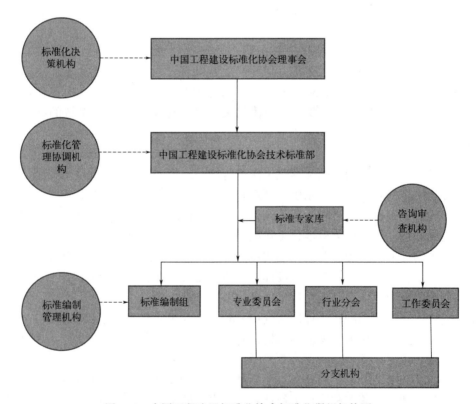

图5-2　中国工程建设标准化协会标准化组织机构图

2. 组织机构工作方式

标准化决策机构、标准化管理协调机构和标准编制管理机构在进行机构设置时都应明确其组建原则、组建程序、组成和工作职责、工作程序、变更和撤销流程与要求等内容，严格按照既定的工作方式开展工作。

（1）组建原则。无论哪一级机构的组建都应该符合《团体标准化 第1部门：良好行为指南》GB/T 20004.1—2016所规定的开放、公平、透明、协商一致等原则。

（2）组建程序。各个机构应该设置一个开放、公平和透明的程序来开展各级机构的组建。各组织机构的组建程序包括提出申请、公示、筹建、成立、变更或注销。

（3）组成和工作职责。任何组织机构的设置，都应基于其功能确定机构的基本组成，包括内部机构和人员的设置等，并明确各岗位的职责和对各岗位人员的要求，这也是团体标准化组织管理建设的基础。一般的标准化工作组织机构可由理事会、标准化工作委员会、秘书处、标准技术委员会和标准起草小组组成。其中，理事会负责标准化活动的整体战略规划及重要人事的任免；标准化工作委员会负责标准化技术管理工作，实行任期制；秘书处是常设执行机构，负责标准化的日常工作；根据社会团体内不同工作范围可以划分不同技术领域，并成立标准委员会，每个技术委员会负责各自领域的标准化工作。标准起草小组负责标准的起草工作。

每个社会团体的团体标准化组织详细设置可不同，但总体机构设置都应具有标准化决策机构、标准化管理协调机构和标准编制管理机构，这样才能保证团体标准化工作的系统性、统一性和实效性。

（4）工作程序。各级机构内部如果设有二级机构，甚至更多的下级层次，都应该明确不同层级之间开展工作的顺序和衔接机制。同理，在标准化决策机构、标准化管理协调机构和标准编制管理机构之间也要明确相互的工作顺序和衔接机制。

例如，团体标准立项申请书经过标准编制管理机构评估后签署意见上报标准管理协调机构，审查通过后上报标准化决策机构，决策机构同意立项后发布标准编制计划；标准编制组进行起草编制工作，经过多次征求意见和审查通过后的标准还需要上报标准化决策机构，待其按照议事规则通过后方可对外发布。在整个标准制定流程中，各组织机构密切联系，有序衔接。社会团体在进行各机构设置时应该将各组织机构间的关系用程序制度文件规范起来。

（5）变更和撤销流程。任何一级机构都可能面临变更和撤销的情况，要明确其变更和撤销的条件、流程和批准要求。

对于存在任期的标准化组织机构，任期届满后应当换届。换届前应当公开征集，由执行机构（如秘书处）提出换届方案报送最高决策机构（如理事会、董事会、全体代表大会等）。最高决策机构将方案在团体内公示，公示届满符合要求的予以换届。

在组织机构运行期间，对组织机构工作进行评估，对于标准化工作需求很少或者相关工作可以并入其他组织机构的组织予以注销。

（二）工作机制

为了保证团体标准化工作规范地开展，需要建立良好的工作机制，包括会议机制、与政府标准的协调机制、信息公开与信息反馈机制、申诉机制。

1. 会议机制

由于标准化工作是一个不断协调统一和协商一致的过程，故在开展团体标准化工作中，可以采用会议的形式让利益相关方进行充分的讨论，以尽可能达成协商一致的意见。在制定团体标准过程中，立项、大纲和初稿讨论、征求意见、技术审查等阶段，一般都需要通过召开会议的方式开展工作。关于会议召开的频率、方式、参加人员及会议记录和会议主持的要求等宜以制度的形式确定下来。召开会议时可以以现场会议形式进行，也可采用网络会议、电话会议或线上线下相结合的形式。一般来讲，一项团体标准的制定至少要召开标准启动会、征求意见汇总处理会、技术审查会议。每次会议通常都应当具有明确的目标，并且形成会议纪要。例如，召开标准技术审查时会，需要形成会议纪要，会议纪要内容应包括会议召开方式、会议时间、地点、参会人员、专家名单、审查结论、审查意见等。同时，技术审查会会议纪要应当进行存档。

2. 与政府颁布标准的协调机制

建立政府颁布标准与市场自主制定标准协同发展、协调配套的新型标准体系，是国家标准化改革的目标。团体标准应与现有标准体系协调，形成优势互补、良性互动、协同发展的新型标准体系。团体标准在满足市场需求的同时，技术指标应与政府颁布标准相协调，这就需要建立合理的协调机制来避免标准之间的交叉重复矛盾现象。

（1）在标准制定过程中，要把与现行国家标准、行业标准的协调作为一项重要的工作贯穿到标准制定的始终。

从标准立项开始，到征求意见，再到送审阶段均要注意与现行相关标准的协调问题。如：在征求意见时向相关强制性标准、推荐性标准的技术归口机构、主要起草单位进行征求意见。

（2）加强与技术归口机构、编制管理机构的信息交流与沟通。团体标准在立项过程中，可以通过与相关政府标准的技术归口机构和编制管理机构进行交流沟通，从总体上对标准制定工作进行协调。

（3）做好团体标准承接政府标准的有效衔接工作。对于不适合政府颁布的标准项目，可推荐给相关的社会团体；社会团体也可主动承接行业迫切需要且不适合政府标准的项目。这些都需要做好衔接工作。

（4）探索建立团体标准转化为政府标准的机制。团体标准实施应用一段时间后，如果是政府需要关注的项目，应探索建立团体标准转化为政府标准的机制。可以将该项团体标准作为重要的工作基础，邀请团体标准的发布机构进行标准化合作，从而实现团体标准的转化。

3. 信息公开与反馈机制

团体标准实行自我声明公开和监督制度，无需进行行政备案。自我声明公开内容包括社会团体信息和团体标准信息两个方面。社会团体信息包括社会团体法人登记证书、团体标准化管理文件以及团体标准制定程序等相关文件；团体标准信息包括团体标准名称、编号以及发布文件等基本信息。团体标准对涉及专利的，还应公开披露有关专利的信息。社会团体对公开信息的合法性、真实性负责。目前，社会团体可在全国团体标准信息平台（www. ttbz. org. cn）进行自我声明公开团体标准信息。

团体标准发布后，社会公众和利益相关方可以对团体标准提出意见和建议，对团体标准制定过程中的违法违规行为进行投诉和举报。团体标准管理协调机构负责收集和反馈意见和建议，并对申诉进行受理和处理，对于管理协调机构不能处置的申诉，可提请标准化决策机构进行处置。对于涉及技术性问题的意见和建议，可由标准编制管理机构给出技术性的支持，最终由管理协调机构反馈给提出意见方。

4. 申诉机制

团体标准化工作尽管要求遵循协商一致的原则，但是协商一致并不是要求获得全体成员一致同意，因此社会团体在开展团体标准化工作的过程中，难免存在反对意见。为了给反对意见者提供机会阐明反对的理由，《团体标准化　第 1 部分：良好行为指南》GB/T 20004.1—2016 中建议团体宜设置申诉制度，以明确团体成员对标准化活动的申诉权限、申诉内容，以及团体内相关机构处理成员申诉的程序和要求，以便于团体成员进行申诉。

（三）管理制度

1. 编号与文件管理

（1）标准编号。《团体标准管理规定》和《团体标准化　第 1 部分：良好行为指南》GB/T 20004.1—2016 中都对团体标准编号有明确的规定。团体标准编号由团体标准代号、社会团体代号、团体标准顺序号和年代号组成。团体标准代号是固定的，为大写拉丁字母 T；社会团体代号由社会团体自主拟定，可使用大写拉丁字母或大写拉丁字母与阿拉伯数字的组合，不宜以阿拉伯数字结尾。社会团体代号应当合法，不得与现有标准代号重复。团体标准编号结构如图 5-3 所示。当两个团体联合发布标准时，可采用双编号，如《绿色住区标准》T/CECS 377—2018、T/CREA 001—2018 由中国工程建设标准化协会与中国房地产业协会联合发布。

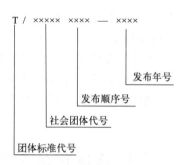

图 5-3　团体标准编号结构

示例：T/CECS 1000—2021。

社会团体在开展团体标准化工作时应该严格按照规定中的要求，制定团体标准的编号规则，确保团体标准符合要求。考虑到现有社会团体数量较多，为了避免各团体的团体代号重复，鼓励团体在制定团体标准之前，在全国团体标准信息平台上对拟使用的团体代号进行查重。

（2）文件管理。社会团体在开展团体标准化活动中会涉及各种各样的文件资料。为了保障工作的规范性、可追溯性，应建立本团体的文件管理制度，明确文件编号规则、归档要求以及存档的时限要求等内容。

社会团体在进行文件归档管理时，以下类型的文件纸质版和电子版需纳入文件管理的范畴：

1）制度文件。主要包括团体章程、标准化机构管理运行文件、标准制定程序文件、标准编写规则文件、专利政策、版权政策等。

2）团体标准化文件及草案。指由团体正式发布的团体标准、其他标准化文件以及这些团体标准化文件制定过程中的阶段性文件（如团体标准讨论稿、征求意见稿、送审稿、报批稿等）。团体标准发布后，标准管理协调机构应对相关重要文件进行归档。例如：报批稿和正式发布的文本。

3）工作文件。指团体标准制定过程中形成的除团体标准化文件及草案外的其他文件，如立项申请书、编制说明、反馈意见表、意见汇总处理表、会议纪要、专利披露信息表和专利实施许可声明等其他记录团体标准制定流程的文件。这些工作文件都要正式归档。档案保存期限一般不少于 5 年。

团体标准相关的制度文件是开展团体标准化工作的基础和保障，应当建立纸质文件管理制度，由专人管理，落实文件管理的职责，明确文件编号规则、归档要求、存档时限等内容，也可利用现代化手段，建立电子文档管理制度。

2. 程序管理

必要的程序是保证团体标准质量的重要方面，标准协调管理机构应做好程序管理。团体标准制定过程中涉及各个阶段的程序，每个阶段流程如何、人员如何衔接、需要提交哪些文件等，标准协调管理机构应该制定相应的工作流程，明确流程对接的人员和职责。只有当上一程序完成后方能进入下一程序。快速制定程序除外。

3. 知识产权管理

团体标准的知识产权主要涉及专利、版权和商标。其中，涉及专利的主要工作包括在标准制定过程中对标准的专利信息披露和公布、专利实施许可和标准实施过程中专利许可的基本规则等；团体标准的版权和商标管理的主要工作包括在标准制定与实施过程中对其商标和版权管理的内容和程序，制定明确的商标和版权管理办法，明确会员或利益相关方在商标和版权方面的权利和义务。团体标准知识产权的管理在本书第九章中进行详述，在此不再赘述。

第四节　团体标准化的良好行为

一、团体标准化良好行为指南

2015 年 3 月国务院印发的《深化标准化工作改革方案》明确提出，国务院标准化行政主管部门会同国务院有关行政主管部门制定团体标准发展指导意见和标准化良好行为规范，对团体标准化行为进行必要的规范、引导和监督。《国家标准化发展纲要》指出，要健全团体标准化良好行为评价机制。为落实国家标准化改革要求，国家制定发布了国家标准《团体标准化　第 1 部分：良好行为指南》GB/T 20004.1，用于引导社会团体标准化工作朝着规范化和有序化的方向发展。GB/T 20004.1 主要针对社会团体开展标准化活动的一般原则，以及团体标准制定机构的管理运行、团体标准的制定程序和编写规则等方面的良好行为提供了指南，为社会团体提供开展标准化活动的一般性、原则性、方向性的良好行为规范，供团体自愿选择和采用。

什么是团体标准化良好行为呢？团体标准化良好行为是指社会团体按照国家标准《团体标准化　第 1 部分：良好行为指南》GB/T 20004.1 的要求，开展团体标准化工作，建立团体标准体系，并有效运行，团体标准化工作各项活动有序开展并取得良好经济和社会效益。GB/T 20004.1规定了团体开展标准化活动的一般原则，即开放、公平、透明、协商一致、促进贸易和交流。

开放：开放包括两方面的意思。一方面是指社会团体的所有成员都能参加社会团体开展的标准化活动；另一方面是指社会团体成员资格面向所有方面开放，即社会所有方面都可以成为社会团体的成员。

公平：社会团体成员享有对本团体事务的参与权。团体成员应按照社会团体章程的规定享有与成员身份相对应的权利，并承担相应的义务。这种权利和义务包括团体成员在参与团体标准化活动中的权利和义务。

透明：社会团体开展标准化活动宜向所有成员或社会提供团体标准化的组织机构、运行机制、标准制定程序以及标准化工作进展等方面的信息。社会团体成员可通过公开的渠道获取团体标准化相关的信息。

协商一致：社会团体开展标准化活动宜以协商一致为原则，按照标准制定程序考虑利益相关方的不同观点，协调争议，妥善解决对于实质性问题的反对意见，获得社团成员普遍同意。需要强调的是，这里的协商一致并不是要求全体一致同意，而是对于实质性问题，重要的相关利益方没有坚持反对、同时按照程序对所有相关方的观点进行了考虑并且协调了所有争议，即普遍同意即可。

促进贸易和交流：团体标准是基于市场和创新需求产生的，宜符合市场和贸易的要求。社会团体在开展标准化活动时，不应妨碍市场公平竞争，可通过将新技术成果融入团体标准推动技术创新，促进行业健康发展。

GB/T 20004.1还对团体标准化的组织管理、团体标准的制定程序、团体标准的编写、团体标准的推广应用提出了要求。具体内容在本书相关章节中进行详述，这里不再赘述。

二、团体标准化良好行为评价

（一）评价的目的和意义

团体标准化良好行为评价是指对社会团体开展标准化活动的过程和结果进行评价，即对社会团体标准化活动的规范性、合规性以及对团体标准的水平程度等进行评价。为什么开展团体标准化良好行为评价既有外部因素也有内部因素：一是国际上通行的良好行为评价实践给了我们开展此项工作的外部动力。二是团体标准的迅速发展是开展团体标准化良好行为评价工作的内在需求。由于开展团体标准化活动的社会团体逐渐增多，数字显示截至2023年9月，共有8 056家社会团体在全国团体标准信息平台注册，同时团体标准化活动存在良莠不齐的现象。因此，难免存在交叉重复、标准文本质量不高等问题，这些都迫切需要寻求一种方法加以解决。此外，团体标准不设行政许可，但又需要社会团体高度自律，按照相关法律法规、标准、规则等开展团体标准化工作，才能保证团体标准化工作运行合规、高效。这就需要有第三方机构对社会团体标准化良好行为进行评价。

开展团体标准化良好行为评价有利于提高团体标准化工作水平，有利于加强政府对团体标准的事中事后监管。首先，开展团体标准化良好行为评价，评价机构先要制定好评价准则，并按准则开展工作。为了能通过评价，社会团体会以这些准则为目标，加强自身建设和自我管理，努力向准则确定的目标努力，从而提高其团体标准化工作水平。其次，建立和完善团体标准监管体系的一项重要内容是开展团体标准化良好行为评价。对于申请开展良好行为评价的团体，要求向社会公示。通过信息公示，可以发现团体的不合规行为，在一定程度上可作为政府对团体标准进行事中事后监管的抓手。

《关于促进团体标准规范优质发展的意见》指出，要开展团体标准化良好行为评价工作，鼓励团体标准组织自我评价、公开声明，团体标准的使用方或采信方自行评价或委托具有专业能力和权威性的第三方机构进行评价。《团体标准管理规定》规定，社会团体自愿向第三方机构申请开展团体标准化良好行为评价。

团体标准化良好行为评价应当按照团体标准化系列国家标准 GB/T 20004 开展，并向社会公开评价结果。通过良好行为评价并向社会公开社会团体名单，可以树立标杆，激励社会团体以高标准、严要求开展标准化工作。

（二）评价原则和依据

1. 评价原则

《团体标准化　第 2 部分：良好行为评价指南》GB/T 20004.2—2018 对开展团体标准化良好行为评价工作明确要求遵循自愿、公开、公正、独立的基本原则。具体评价工作中，应当遵循以下原则：

（1）团体标准化良好行为评价是自愿性的评价活动，由社会团体根据需要自愿申请开展。

（2）团体标准化良好行为评价的规则、评价过程和评价结果等应当坚持公开透明，通过适当的渠道对外发布信息。

（3）团体标准化良好行为评价的开展遵循统一的规则，无差别地对待每一个社会团体，并通过适当的程序规则保持中立。

（4）组织开展团体标准化良好行为评价的机构或单位，应当独立于被评价团体，评价的过程及结果不受任何利益相关方的影响。

2. 评价依据

团体标准化良好行为评价要遵照现行的法律法规以及社会团体自身发展的战略目标以及相应的要求，主要包括以下几个方面：

（1）国家有关的方针、政策文件。

（2）国家标准化相关法律法规文件。

（3）团体标准化良好行为评价相关的标准和文件。

（4）被评价团体自身的章程、发展战略及相关文件等。

（三）评价内容

总体来讲，团体标准化良好行为评价主要是评价社会团体标准化工作开展以及运行的情况，包括社会团体的标准化组织建设、标准体系建设，标准编写的合理性、规范性，标准技术的可实施性、先进性、协调性等以及标准的应用推广和实施效益情况。

具体内容主要包括：社会团体开展标准化活动的一般原则、团体标准化组织机构、申诉机制、知识产权管理、团体标准制定程序、团体标准的编写、团体标准的编号与管理和团体标准的推广与应用等。

（四）评价方法

团体标准化良好行为评价可分为自我评价和第三方评价。当采用第三方评价时，可采用评分或专家投票的方法。两种方法都可采用资料审查、现场评审以及二者相结合的方式。现场评审可通过质询、抽查和德尔菲打分法的方式进行。

（五）评价程序

开展团体标准化良好行为评价的程序主要包括：提出申请，初审、公示，组织专家评审，评审结果公示，复核。

1. 提出申请

社会团体自愿提出评价申请，一般应提交以下材料：

（1）社会团体的章程。

（2）社会团体的标准化组织机构设置及其管理运行制度文件。

（3）团体标准的制定程序文件。

（4）团体标准的编写规则文件。

（5）团体标准的专利政策和版权政策文件。

（6）社会团体的投诉机制文件。

（7）团体标准文本及标准审查会议纪要、发布公告等文件。

2. 初审、公示

评价方收到被评价方提交的申请材料后，对其进行初步审查，初审通过后在相关网站上公示一段时间，接受公众的评议。公示无异后，方可组织专家评审。

3. 组织专家评审

团体标准化良好行为评价一般设立由委员构成的专家评审委员会，并以召开评审会的形式对社会团体开展团体标准化良好行为评价。参加评审的委员应具备下列条件：

（1）与被评价的社会团体之间没有利益关系或利益冲突。

（2）具备相应的专业技术能力和良好的职业道德。

（3）始终保持中立的立场。

每个参加评审的委员在综合考虑和评判的基础上，对该社会团体的团体标准化良好行为独立给出评价，最后形成报告，做出结论。

4. 评价结果公示

对于评价结论为通过的社会团体，宜书面告知其团体标准化良好行为评价结论的有效期，在国家级期刊、媒体或网站上公布该社会团体名单。

对于评价结论为未通过的社会团体，宜书面告知其未通过的理由。

5. 复核

超过团体标准化良好行为评价期限的，可以申请复核。复核结论可以是：继续有效、整改后重评、整改后重评通过的继续有效；整改后重评未通过的，应该撤销团体标准化良好行为的认可，并在相关媒体或网站上公告。

（六）评价结果的应用

开展团体标准化良好行为评价后，应出具评价报告。评价结果可应用在以下几个方面：

（1）评价报告可作为政府采信的依据，可为政府购买标准化服务提供选择社会团体的依据。

（2）评价报告也可作为团体标准转为国家标准的必要条件。对于应用效果良好、应用面广泛、影响力大的团体标准转为国家标准时，必须取得团体标准化良好行为评价合格报告。

（3）评价报告还可作为政府标准引用的参考条件。当团体标准化良好行为评价不合格时，该社会团体的团体标准不应被政府标准所引用。

（4）评价报告也可作为使用者选用团体标准的依据。面对大量的团体标准，使用人员如何去选用，可以评价报告作为参考。

三、工程建设团体标准化良好行为评价探索

（一）必要性

从国家层面上，《关于促进团体标准规范优质发展的意见》指出，鼓励团体标准组织根据团体标准化良好行为系列国家标准开展自我评价，自愿在全国团体标准信息平台上公开声明，进入团体标准化良好行为清单，提升团体标准组织的诚信和影响，供相关方使用团体标准时参考。团体标准的使用方或采信方，可以自行评价或委托具有专业能力和权威性的第三方机构进一步对团体标准组织标准化良好行为进行评价，作为使用和采信团体标准的重要依据。《团体标准管理规定》规定，社会团体自愿向第三方机构申请开展团体标准化良好行为评价。团体标准化良好行为评价应当按照团体标准化系列国家标准 GB/T 20004 开展，并向社会公开评价结果。

工程建设标准的特殊性决定了工程建设团体标准的特殊性，工程建设团体标准和所有的工程建设标准一样，具有政策性强、综合性强、地域性强、阶段性强等特点。由于工程建设团体标准具有上述特点，社会团体在开展工程建设团体标准化活动时，更应遵循团体标准化良好行为规范，才能保证工程建设团体标准的健康有序发展，减少工程质量事故的发生。因此，在国家鼓励开展团体标准化良好行为评价工作的大背景下，有必要开展工程建设团体标准化良好行为评价工作。

（二）工程建设团体标准化良好行为评价探索

如何进行工程建设团体标准化良好行为评价，本书针对"谁来评""怎么评""评什么""怎么用"这四个问题进行论述。

1. 确定团体标准化良好行为评价主体

第三方机构可作为团体标准化良好行为评价的主体。承担团体标准化良好行为评价的第三方机构应当具备以下几个条件：一是具有独立的法人资格，能够独立承担民事责任；二是具有稳定的标准化专业人才队伍；三是有丰富的团体标准管理经验；四是社会信誉良好。

2. 确定团体标准化良好行为评价的指标和内容

第三方机构对团体标准化良好行为评价可以从以下 5 个方面对其进行评价：①团体标准制定主体资质评价；②团体标准制订过程评价；③团体标准的编制质量评价；④团体标准实施状况的评价；⑤实施效果评价。评价内容和指标见表 5-7。

表 5-7　团体标准化良好行为评价内容和指标

评价内容	评价指标
1. 开展工程建设标准化活动的一般原则	1.1　开放 1.2　公平 1.3　透明 1.4　协商一致
2. 工程建设团体标准组织管理	2.1　组织机构设置情况 2.2　信息公开与反馈机制 2.3　申诉机制 2.4　知识产权管理 2.5　编号管理 2.6　文件管理
3. 工程建设团体标准制定程序	3.1　制定程序是否完备 3.2　各阶段的内容、任务完成情况 3.3　程序符合性
4. 工程建设团体标准的编写	4.1　编写范围 4.2　编写内容 4.3　编写体例格式
5. 工程建设团体标准的推广与应用	5.1　发布情况 5.2　发行情况 5.3　宣贯培训情况 5.4　市场应用情况 5.5　政府采信情况 5.6　实施后带来的经济效益、社会效益和生态效益
6. 团体标准化工作的创新性	6.1　机制体制的创新
7. 团体标准国际化情况	7.1　参与国际标准情况 7.2　转化成国际标准或其他国家标准情况 7.3　组织开展标准化国际会议情况 7.4　参与国际会议交流情况 7.5　团体标准英文版发布情况
8. 获得奖励、表彰情况	8.1　标准项目获奖情况 8.2　组织获奖情况 8.3　团体标准个人获奖情况

3. 确定工程建设团体标准化良好行为评价的方法

第三方机构对工程建设团体标准化良好行为的评价可采用评分方法。可以先确定所有指标项的总分值，并以权重分值确定每个指标的重要程度，然后将得分项进行加权平均，得到总评分。分值和各指标的权重可采用德尔菲法（专家调查法）来确定。评价的流程包括：①对申报的资料进行审核；②根据申报的材料，制定评价方案；③评价人员进行调研；④根据评价标准，对评价指标进行打分；⑤形成报告，做出结论。对于不合格的提出整改方案，整改后可提供一次机会参与再评。

4. 工程建设团体标准化良好行为评价结果的应用

第三方机构对工程建设团体标准化良好行为评价后，应该出具评价报告。报告的内容包括评价基本资料、评价结论综述、改进要求等。评价基本资料包括被评方名称、法人、地址、联系人和联系电话等基础信息，评价人员名单等信息，评价目的，评价依据，评价方法等；评价结论包括评价得分情况、评价方案实施情况、结论；改进要求包括评价方根据评价整体情况，分析被评价方存在的主要问题、不足和改进建议，给出被评价方提升标准化工作水平的意见和要求。评价报告应有评价人员、审核人员、评价机构负责人签章。

评价报告的应用见本节第二部分中"评价结果的应用"。

第五节　工程建设团体标准的实施应用与监管

一、工程建设团体标准的实施应用

当前工程建设团体标准的实施应用主要有几个方面：一是团体标准在快速响应市场需求，填补我国工程建设标准空白、解决工程建设领域热点问题和检验检测以及认证认可等方面的应用。二是团体标准在政府采信方面的实践应用。三是工程建设团体标准国际化方面的实践应用。下面就上述几个方面给出团体标准实施应用的典型案例，为今后团体标准的实施应用提供借鉴。

（一）团体标准快速响应市场需求应用实践

案例 5-1：中国工程建设标准化协会制定的《新型冠状病毒肺炎传染病应急医疗设施设计标准》《医学生物安全二级实验室建筑技术标准》《医学隔离观察设施设计标准》等"抗疫"标准，以快速响应市场需求的"中国速度"为应对重大突发疫情工作提供了强有力的技术支撑。

2020 年 1 月，一场突如其来的新型冠状病毒疫情暴发，扰乱了人民的正常生活。中国工程建设标准化协会积极响应中央号召，主动加强与会员单位沟通，积极整合行业资源，紧急启动快速编制程序，组织编制了《新型冠状病毒肺炎传染病应急医疗设施设计标准》和《医学生物安全二级实验室建筑技术标准》两个标准。其中，《新型冠状病毒肺炎传染病应急医疗设施设计标准》T/CECS 661—2020 于 2020 年 2 月 6 日发布实施。同年 2 月 19 日，《医学生物安全二级实验室建筑技术标准》T/CECS 662—2020 也发布实施。2021 年下半年，为贯彻国家有关新型冠状病毒肺炎疫情常态化防控工作精神，进一步落实国家卫生健康委员会关于疫情防控相关工作要求，规范集中医学隔离观察设施的设计与建设，协会经商医疗建筑与设施专业委员会和中国中元国际工程有限公司，又紧急启动组织编制了《医学隔离观察设施设计标准》。该标准由曾带队主持设计 2003 年抗击"非典"疫情的北京小汤山医院，参与火神山、雷神山医院设计工作的全国工程勘察大师、中国中元国际工程有限公司首席顾问总建筑师黄锡璆，亲自挂帅主编这项"抗疫"标准。经过各编制单位不懈努力，2021年12月1日，《医学隔离观察设施设计标准》T/CECS 961—2021也发布实施。这几项标准从正式立项到发布实施，在保证标准质量前提下，只用了不到两个月的时间。这些抗疫标准的发布实施充分发挥团体标准的市场优势和补短板、应急、补空缺的作用，突出团体标准的创新性、引领性，彰显了协会标准短平快的优越性，为应对重大突发事件提供了强有力的技术支撑（案例素材由中国工程建设标准化协会技术标准部提供）。

案例 5-2：中国标准化协会发布的《液化天然气罐式集装箱气化站技术规程》快速响应市场需求，填补了液化天然气罐式集装箱气化站标准的空白，对规范液化天然气罐式集装箱气化站的建设和发展发挥了重要作用。

2017年，我国开始相继出台鼓励发展液化天然气罐式集装箱储运模式的政策，2019年国家发展改革委、国家能源局在《关于做好2019年能源迎峰度夏工作的通知》（发改运行〔2019〕1077号）中确定了液化天然气罐式集装箱储运模式作为调气调峰设施，但是一直没有标准作为支撑。为了快速响应国家政策，促进新业务模式的发展，中国标准化协会基础设施专业委员会于2019年初组织开展了《液化天然气罐式集装箱气化站技术规程》的编制工作。从立项、征求意见、送审到报批，大约经过1年时间，完成该标准的编制工作。标准于2021年3月11日正式发布，编号为T/CAS 478—2021，2021年5月1日正式实施。

该标准适用于总储存容积不大于 $184m^3$（几何容积）LNG罐箱气化站的设计、施工、验收及运行维护。该标准的发布填补了我国液化天然气罐式集装箱气化站标准的空白，提出了4个方面的创新性要求，为液化天然气罐式集装箱气化站的建设和发展提供了指导。

该标准目前已在全国应用，尤其在山东、江苏、安徽、福建、河北、辽宁等东部省市应用较多，主要是相关管理部门参考该标准审批LNG罐箱气化站的设计、建设和运行。

特别是山东龙口LNG罐箱调峰集散中心项目，以该标准为依据，在国内率先构建了以LNG罐箱多式联运为基础，发展从境内外气源地至终端用户全程"一罐到底"的供气模式。利用LNG罐箱调峰储备能力，从国内、海外多渠道采购天然气，直接送达管网覆盖不了的区域供气，进一步缓解天然气保供压力。

在该标准基础上，主编单位先后编制了《液化天然气罐式集装箱堆场技术规程》T/CAS 555—2021等系列标准，为推动我国能源应用的新模式奠定了标准化基础，也为我国能源应用领域快速响应国家政策、满足市场化需求提供了技术支撑（案例素材由中国标准化协会城镇基础设施专业委员会提供）。

（二）团体标准政府采信应用实践

案例 5-3：中国工程建设标准化协会制定的《绿色建材评价》系列标准是第一个被政府采信的绿色建材国家推荐性产品认证的团体标准，实现了政府采购与绿色建材、绿色建筑的首次融合。

中国工程建设标准化协会发布的《绿色建材评价》系列标准，已纳入4个国家级文件作为技术依据，指导南京、杭州、绍兴、湖州、青岛、佛山6个政府采购试点城市以及广东省、福建省等多个省份相关政策文件的出台。2020年8月3日，国家市场监管总局、住房和城乡建设部、工业和信息化部三部门联合发布《关于加快推进绿色建材产品认证生产应用的通知》，明确规定将中国工程建设标准化协会发布的《绿色建材评价》系列标准作为国家认证绿色建材产品分级的依据。标准中预制构件等 51 种产品已纳入市场监管总局、住房和城乡建设部、工业和信息化部《绿色建材产品分级认证目录（第一批）》，是目前国家推荐性产品认证采信的首个、唯一团体标准。2022 年 10 月 12 日，财政部、住房和城乡建设部、工业和信息化部联合发布《关于扩大政府采购支持绿色建材促进建筑品质提升政策实施范围的通知》，明确将中国工程建设标准化协会的 30 余项团体标准纳入《绿色建筑和绿色建材政府采购需求标准》，作为政府采购的依据。系列标准也被纳入《雄安新区绿色建材导则》，是指导雄安新区建设的首个建材选用标准。

系列标准的实施，在政府采购、评价检测和规模化应用方面效益显著，在 6 个试点城市的近 200 个政府采购工程项目，绿色建材采购金额预计 240 亿～400 亿元，预计"十四五"期末，绿色建材产值将占建材产业总产值的 50%，可达到 30 000 亿元以上。标准的实施应用，促进了建材工业节能降碳和高质量发展，推动了绿色建筑和绿色建材产业融合发展，为实现建筑领域及上下游产业碳达峰、碳中和发挥了重要作用（案例素材由中国工程建设标准化协会技术标准部提供）。

案例 5-4：中国水利学会制定的《农村饮水安全评价准则》，被政府采信，支撑农村饮水安全脱贫攻坚。

为适应农村饮水安全巩固提升和精准扶贫工作的新形势新要求，进一步强化农村饮水安全脱贫攻坚标准要求，2017 年，在水利部农村水利水电司的大力支持下，中国水利学会组织中国水利水电科学研究院、中国灌溉排水发展中心、河北、山西等 23 省份水利（务）厅（局）等单位编制了《农村饮水安全评价准则》。该标准于 2017 年 11 月批准立项，经过一年多时间的编制，于 2018 年 3 月正式发布，编号为 T/CHES 18—2018，自 2018 年 6 月 1 日起实施。该标准基于农村饮水安全的内涵、特征和现状，参考《农村饮用水卫生评价指标体系》，确定了水质、水量、用水方便程度和供水保证率 4 项评价指标，并分别提出了不同规模农村供水工程和不同区域农村居民饮水安全的评价标准和方法。

2018 年 8 月 1 日，水利部、国务院扶贫办、国家卫生健康委员会联合发布了《关于坚决打赢农村饮水安全脱贫攻坚战的通知》（水农〔2018〕188 号）（简称《通知》）。该《通知》明确规定，各地可直接使用中国水利学会发布的《农村饮水安全评价准则》，也可根据这一评价准则，结合本省份实际情况，因地制宜制定适合本省份实际的农村饮水安全评价准则或细则，作为各省份脱贫攻坚农村饮水安全精准识别、制定解决方案和达标验收的依据。水利部、中国科学技术协会、国家标准化管理委员会等官方网站也先后做出有关报道。在团体标准化联盟编制的《团体标准百问百答》一书中，将该准则作为团体标准在政府采信情况下必须执行的范例。2019 年 6 月，国际标准化组织（ISO）第 109 次理事会会议上，中国代表团印制的宣传材料《走进团体标准》中将该标准列为社会治理方面团体标准的唯一典型。

据不完全统计，该标准已为指导各地，尤其是 25 个省份贫困地区的 832 个贫困县科学开展农村居民饮水安全评价的工作依据，确保了全面解决贫困人口饮水问题提供了技术依据，保障了上千万人的饮用水安全。该标准荣获 2020 年度中国标准创新贡献奖（案例素材由中国水利学会提供）。

案例5-5：中国水利学会和中国教育后勤协会联合发布的《节水型高校评价标准》曾多次被水利部、国家机关事务管理局、教育部等政府部门采信，为开展节水型高校建设、评价和管理提供了技术支撑。

为深入贯彻习近平总书记提出的"节水优先"方针，落实《国家节水行动方案》、水利部、教育部、国家机关事务管理局《关于深入推进高校节约用水工作的通知》，2019年，在全国节约用水办公室的指导下，中国水利学会联合中国教育后勤协会组织水利部综合事业局等单位编制了团体标准《节水型高校评价标准》（T/CHES 32—2019、T/JYHQ 0004—2019），并于2019年9月正式发布实施。该标准为开展节水型高校建设、评价和管理提供了技术支撑。该标准规定了节水型高校节水管理、节水技术和特色创新的评价指标及评价方法，适用于全日制大学、独立设置的学院和高等专科学校、高等职业学校的节水评价工作。

2020年，水利部办公厅印发《关于开展2020年高校节约用水有关工作的通知》，明确要求"各地依据《节水型高校评价标准》对节水型高校进行复核验收，发布节水型高校名单"。2021年，国家机关事务管理局办公室和北京市水务局联合印发《关于全面开展中央国家机关所属在京公共机构节水型单位建设的通知》，明确规定"中央国家机关所属在京公共机构根据类型，按照相应节水评价标准开展创建和评价，其中，高校依据《节水型高校评价标准》开展工作"。2022年，水利部、教育部、国家机关事务管理局联合印发《黄河流域高校节水专项行动方案》，明确指出"要按照《节水型高校评价标准》加快推进节水型高校建设，在黄河流域率先全面建成节水型高校"。

《节水型高校评价标准》发布实施后，取得了以下应用成效：

一是节水型高校建设取得丰硕成果。2020—2021年全国共有767所高校按照该标准建成节水型高校并通过省级认定，占全国高校数量的27.8%。该标准成为评价高校节水水平的标尺。

二是高校水资源利用效率大幅提升。各地高校依据该标准在节水制度建设、用水精细化管理、节水技术改造等方面取得了明显提升，并全方位提升了高校水资源利用效率。

三是高校节水宣传教育持续深化。各地高校依据该标准组织开展形式多样的节水宣传教育活动，引领带动全社会节约用水。例如，上海市聘任奥运冠军吴敏霞作为首届上海节水大使，制作倡议视频在校园广泛传播；四川省高校开展"节水大使"评选、制作节水快闪MV等多种节水宣传活动，全国校园节水氛围日益浓厚（案例素材由中国水利学会提供）。

（三）团体标准国际化应用实践

案例5-6：中国工程建设标准化协会制定的《新型冠状病毒肺炎传染病应急医疗设施设计标准》成功转化为ISO标准《应急医疗设施建设导则》。

中国工程建设标准化协会发布的《新型冠状病毒肺炎传染病应急医疗设施设计标准》T/CECS 661—2020，由曾带队主持设计小汤山医院，参与火神山、雷神山医院设计工作的专家夜以继日共同完成编制，于2020年2月6日正式发布实施，标准的制定发布速度几乎与火神山、雷神山医院建设同步，有效地指导了各地抗击疫情建设工作。经ISO技术委员会批准，以该团体标准为基础转化的ISO《应急医疗设施建设导则》成功立项，并召开了国际研讨会，ISO中央秘书处Melisa Gibson女士以及来自法国、德国、日本、加拿大、马来西亚等8个国家15个国际机构的专家通过网络视频形式参加了会议，研究借鉴中国既有的成功经验，通过该标准指导各国快速建设有效收治病员的应急医疗设施（案例素材由中国工程建设标准化协会技术标准部提供）。

案例 5-7：中国工程建设标准化协会发布的《复配岩改性沥青路面技术规程》中英文版开创了团体标准国际化的新模式，探索出了一条中国标准海外推广和属地化应用的新路径。

2021 年，《复配岩改性沥青路面技术规程》经中国工程建设标准化协会批准立项。该标准是以广西地方标准《RCA 复配双改性沥青路面标准》DBJ/T 45-061-2018 为蓝本转化为中国工程建设标准化协会团体标准，并于 2021 年 10 月 15 日批准发布，编号为 T/CECS 930—2021。随后于 2021 年 11 月 5 日又发布了英文版。作为中国工程建设标准化协会与广西住房城乡建设厅合作推进的标准国际化试点项目，CECS 发挥团体标准的优势，广泛吸引了东盟国家的关注，越南河内交通运输大学、越南升龙 VR 科技投资发展股份有限公司、巴基斯坦哈比大学作为参编单位参与了该标准的编制工作。该标准英文版是我国工程建设领域首次由 3 个国家联合编制，并用三国语言编制的标准项目。在标准编制模式、编写方法及实施推广方面都具有突破性创新，探索了一条中国标准海外推广和属地化应用的新路径。英文版的编制，对于促进复配岩改性沥青技术在越南、巴基斯坦等"一带一路"沿线国家的推广应用，推动中国与越南等国家的标准信息互换、标准互认及区域标准合作奠定了重要基础和实践案例，也推动建立了产学研深度融合的中国-东盟道路工程材料国际联合实验室。越南交通部还以该标准为蓝本，编制了越南国家标准。

该标准的实施应用，可有效延长沥青路面养护周期至 6~8 年，约节省 30% 的后期养护成本，降低工程建设材料成本 10%~15%，每 100 公里路面预计可节省混合料购置成本约 2.2 亿元。对于资金短缺、道路施工任务艰巨的待发展地区可从中直接受益，可惠及国内诸多欠发达地区。应用该标准的技术，目前已经在我国北京、内蒙古、四川、重庆、云南、广西等实体工程中铺筑了 100 公里以上示范路段，累计节能减耗超过 2.4 亿元。该标准已被广西壮族自治区党委政府列为标准国际化重点推进项目（案例素材由中国工程建设标准化协会技术标准部提供）。

案例 5-8　北京城市管理科技协会制定的《小型液化天然气气化站技术规程》发布后市场反应良好，已和巴基斯坦燃气协会签署合作意向，为推动中国团体标准走向国外市场做了有效尝试。

液化天然气（LNG）具有清洁环保、集约高效、价格优势、运输灵活等特点，受到许多用户热捧；同时，也是管道天然气的有益补充。2017 年，国家发改委在《加快推进天然气利用的意见》（发改能源〔2017〕1217 号）中鼓励采用管道气、压缩天然气（CNG）、液化天然气（LNG）、液化石油气（LPG）储配站等多种形式，提高偏远及农村地区天然气通达能力。与管道气相比，由于 LNG 具有价格优势，因此该种供气形式发展迅速。小型 LNG 气化站也是在此背景下应运而生的。但当时国内没有小型 LNG 气化站的技术规范，无论是设计还是政府监管都无章可循。因此，北京城市管理科技协会在 2017 年根据液化天然气气化设备和安全技术的发展及市场需求，制定发布了《小型液化天然气气化站技术规程》T/BSTAUM 001—2017，作为工业企业自建和管道未达的民用商业等用户发展液化天然气的依据，确保小型 LNG 气化站工程安全有效的运行，从而减少事故的发生。

标准适用于工业企业自用（用户自用）和非城镇区域的用户供气，且总储存容积不大于 120m³（几何容积）小型液化天然气气化站的设计、施工、验收及运行维护。

标准发布后该标准市场反应良好，多次再版印刷以满足市场需要，山东省依据该团体标准编制了地方标准《液化天然气（LNG）气化供应工程技术标准》，还有一些省市地方标准也借鉴了该团体标准。

北京城市管理科技协会 5 人于 2018 年 2 月受巴基斯坦燃气协会（Universal Gas Distribution Company, UGDC, Islamabad, Pakistan）的邀请参加技术交流会。会议双方就小型 LNG 事业进行了深入的沟通，并就推广应用《小型液化天然气气化站技术规程》标准项目签署了《城市管理领域技术与标准合作意向书》，为进一步合作打下了坚实的基础。2019 年 6 月 11 日，巴中友协主席 Ms. Attia Ayub Qutub、巴中友协副主席 Mr. Wasif Afridi、巴中友协秘书长 Ms. Farwah Zafar 等一行 8 人来到北京城市管理科技协会进行交流座谈，就相关合作细节做了进一步探讨（案例素材由北京城市管理科技协会提供）。

（四）团体标准认证认可实践

案例 5-9：中国工程建设标准化协会发布的《绿色建材评价》系列标准作为国家绿色建材产品认证的技术依据，为我国绿色建筑高质量发展发挥了重要的作用。

2017 年 11 月 24 日，中国工程建设标准化协会在"绿色建筑与绿色建材标准及实践论坛"上发布了 100 项绿色建材评价系列标准项目计划。其中，有 51 项标准已于 2019 年首批获得发布。此后，又多次组织立项绿色建材评价系列标准项目。截至 2023 年 6 月底，系列标准项目总计达 236 项，已发布 87 项绿色建材评价标准。此评价系列标准兼顾绿色建材 5 个特征（即节能、减排、安全、便利和可循环）和绿色产品 4 个属性（即资源、能源、环境、品质属性），延用分级评价制度，采用系列标准的开放式体系构架，建立了基于多属性集成、覆盖全生命周期的定性与定量化相结合的评价指标体系和方法，以产品生命周期理念为基础，形成了基本要求和评价指标要求两部分的指标体系。具体来说，基本要求主要涉及生产企业应满足的节能环保相关法律法规、工艺技术、管理体系及相关产品标准等方面的要求；评价指标主要包括资源、能源、环境和品质等四类一级指标，在一级指标下设置可量化、可检测、可验证的二级指标。

从评价指标要求和认证难度上来讲，星级越高的产品要求越严格，认证难度也越大。从行业整体考虑，一星级产品基本要达到行业前 40% 的水平，二三星级则分别为行业前 20% 和 5%，能够获得绿色建材三星级认证的产品可以说是达到行业顶尖的水准了。

在此基础上，市场监管总局办公厅、住房和城乡建设部办公厅、工业和信息化部办公厅于 2020 年 8 月发布了《绿色建材产品分级认证目录（第一批）》，包括围护结构及混凝土、门窗幕墙及装饰装修、防水密封及建筑涂料、给排水及水处理、暖通空调及太阳能利用与照明、其他设备等 6 个大类 51 种产品，种类与上述《绿色建材评价》标准一一对应。2021 年 5 月 1 日，绿色建材评价标识工作正式转为国家自愿性的绿色建材产品认证（即"国推认证"）。上述系列标准继续作为国家绿色建材产品认证的主要技术依据，是我国国推认证工作首次采信团体标准。

从全国绿色建材认证（评价）标识管理信息平台上可以查到，截至 2023 年 9 月 11 日止，获得绿色建材认证证书共 5 910 份，在业内形成了广泛影响力。2021 年，中国工程建设标准化协会将标准科技创新奖一等奖授予《绿色建材评价系列标准》（案例素材由中国建筑科学研究院有限公司认证中心提供）。

案例 5-10：中国工程建设标准化协会发布的《钢筋机械连接接头认证通用技术要求》、《装配式支吊架认证通用技术要求》等团体标准在推动工程建设产品自愿性认证中发挥了重要作用。

技术标准及认证实施规则是开展产品认证的主要依据。与汽车、电器等产品不同，在建设工程领域所采用的产品中，强制性产品认证（注：即 3C 认证）很少，绝大部分是自愿性产品认证范畴。因而技术标准的选取和认证实施规则的编制，均由认证机构自行完成。近年来，在国家培育发展团体标准的政策支持下，中国工程建设标准化协会标准在建设工程产品认证方面逐渐发挥重要作用。

以编制发布的《建设产品认证标准编制通则》T/CECS 10134—2021 作为基础和指引，中国工程建设标准化协会还先后编制发布了《钢筋机械连接接头认证通用技术要求》T/CECS 10115—2021、《建筑用系统门窗认证通用技术要求》T/CECS 10139—2021、《超低能耗建筑用门窗认证通用技术要求》T/CECS 10140—2021、《装配式支吊架认证通用技术要求》T/CECS 10141—2021、《建筑金属结构及围护系统认证通用技术要求》T/CECS 10179—2022 等认证技术标准，为我国建设工程领域统一认证尺度、保证认证一致性、有效控制认证风险等起到了显著作用（案例素材由中国建筑科学研究院有限公司认证中心提供）。

（五）团体标准检验检测实践

案例 5-11：中国工程建设标准化协会发布的《装配式混凝土结构套筒灌浆质量检测技术规程》《取样法检测钢筋连接用套筒灌浆料抗压强度技术规程》为套筒灌浆连接提供了检验检测的技术依据，推动了混凝土结构装配式建筑的高质量发展。

在绿色发展、落实"双碳"目标的背景下，我国建筑行业迎来了转型升级的契机。装配式建筑以其对环境影响小、施工周期短、构件部品质量易于管控、材料利用率高和绿色环保等优点，已经成为我国建筑行业转型升级和绿色发展的重要方向之一。而装配式混凝土结构建筑是其中的一种。检验检测作为保证工程质量的重要手段之一，相关检测技术标准的制定为装配式建筑的高质量发展奠定了基础。自 2019 年以来，中国工程建设标准化协会相继颁布实施了《装配式混凝土结构套筒灌浆质量检测技术规程》T/CECS 683—2020、《取样法检测钢筋连接用套筒灌浆料抗压强度技术规程》T/CECS 726—2020 等针对套筒灌浆连接的检测技术标准，为检验检测机构开展相关检测活动提供了标准依据，及时响应了各方对于装配式建筑工程质量的关切。

以《取样法检测钢筋连接用套筒灌浆料抗压强度技术规程》T/CECS 726—2020（以下简称《规程》）在检验检测中的实施情况为例。该《规程》是中国工程建设标准化协会于 2017 年批准立项，基于"十三五"国家重点研发计划课题"工业化建筑连接节点质量检测技术"的相关研究成果进行编制的。

套筒灌浆连接是目前装配式混凝土结构中钢筋连接的主要方式之一，灌浆料强度又是评价灌浆料质量的重要指标。现有灌浆料强度检验方法是针对试模制作的 $40mm \times 40mm \times 160mm$ 棱柱体试件，对灌浆料实体强度检测目前无标准可参考。针对存在的上述问题，该《规程》创造性地提出了采用外接延长管取样或钻芯取样的方式从套筒进出浆口获取灌浆料芯样进行抗压强度检验。自《规程》颁布实施以来，检验检测机构以其为依据开展了大量的现场检测工作（图 5-4），为灌浆料实体强度的检测评定提供了可靠的标准依据，有效地解决了工程中的实际问题，推动了混凝土结构装配式建筑的高质量发展（素材由国家建筑工程质量检验检测中心提供）。

图 5-4 现场检测情况

案例 5-12：中国工程建设标准化协会发布的《超声回弹综合法检测混凝土抗压强度技术规程》历经"2 修 3 版"，为混凝土强度无损检测提供了方法和依据，得到广泛的实施和应用。

超声回弹综合法是 20 世纪 60 年代提出的混凝土强度无损检测方法，该方法采用中型回弹仪和混凝土超声检测仪，在混凝土同一测区，测量反映混凝土表面硬度的回弹值，同时测量超声波穿透混凝土内部的声速值，然后利用已建立的测强公式综合推定该测区混凝土抗压强度，进而推定混凝土抗压强度，有效减小龄期和含水率的影响，综合了回弹法和超声波检测法的优点，较全面地反映混凝土实际质量。工程实践表明，与单一方法相比，超声回弹综合法具有测试精度高、适用范围广的特点，得到工程界的广泛认可。

近年来，超声波检测仪和混凝土回弹仪的发展较快，混凝土材料、制作工艺和浇筑方式等均发生较大变化，该规程的相关内容进行了相应修订，于 2020 年 6 月发布，名称改为"超声回弹综合法检测混凝土抗压强度技术规程"，编号为 T/CECS 02—2020。新版规程适用于普通混凝土抗压强度的检测，不适用于硬化期间遭受冻害或遭受化学侵蚀、火灾、高温损伤等混凝土抗压强度的检测。

作为规范和指导超声回弹综合法应用的《超声回弹综合法检测混凝土强度技术规程》CECS 02 已历经 1988 版和 2005 版和 2020 版。其中，2005 版规程于 2005 年 12 月 1 日修订实施后，广泛应用于建筑、铁路、公路、桥梁、水电、港工等工程领域；北京、广西、山东等多地也据此制定了地方规程。据了解，该规程 2005 版已销售 3.5 万册，2020 年 12 月 1 日新版实施后，1 年多时间销量就达 1.8 万册，这说明该标准有广泛应用性（案例素材由中国工程建设标准化协会混凝土结构专业委员会提供）。

（六）新产品新技术应用实践

案例 5-13：中国公路学会发布的《同向回转拉索技术指南》，以高性能、高质量的创新技术为交通强国建设提供技术支撑，产生了具大的效益和社会影响力。

同向回转拉索体系被交通运输部评价为交通领域为数不多的原始创新，先后获得 2014 年全球 Be 创新奖、2015 年中国公路学会科学技术一等奖、2018 年国际桥梁大会乔治·理查德森奖，技术达到国际领先水平，具有极高的先进性。

2016 年，中国公路学会团体标准《同向回转拉索技术指南》立项获批，经过两年的相关研究与标准编制，于 2018 年 6 月 18 日正式颁布实施，编号为 T/CHTS 10002—2018。标准充分吸收了科研项目《同向回转拉索体系研究》、《超大跨径柱式塔斜拉桥关键技术研究》的先进成果，吸纳了五河淮河大桥、芜湖长江公路二桥等项目的实践经验，将同向回转拉索的先进技术进行了规范，主要技术内容涵盖设计、制造、安装、检验等环节。

标准颁布后，广泛应用于重大工程的建设中，先后指导了徐明高速五河淮河大桥主跨 246m 柱式独塔混合梁斜拉桥主桥、芜湖长江二桥主跨 806m 柱式双塔钢箱梁斜拉桥主桥、合枞高速孔城河大桥主桥、芜黄高速徽水河大桥等项目的建设。该标准中的系统夹持、磨蚀疲劳试验技术已成为斜拉桥建设进行工程设计、产品质量与性能判断的重要方法。标准中的夹持型鞍座技术指导了重庆长途河大桥、韩国下乌岛-罗拜岛连岛桥等项目的建设。夹持型鞍座、自防护索股技术已在国内形成专项生产线。

标准实施以来累计取得了巨大的经济效益，索塔锚索结构用钢和造价减少 70% 左右。索塔长细比突破 50，用材减少 20% 左右。经测算，标准实施以来技术应用在工程建设中的节约投资总额为 5.7 亿元，标准实施后工程设计单位、鞍座及拉索生产厂家新增销售总额为 4.3 亿元，净增利润为 1.7 亿元，将节约投资和新增利润总额为 7.5 亿元。

标准的实施推进了拉索锚固技术的发展，避免了索塔锚固区开裂，减少了斜拉桥运营期的维护工作，降低了维护成本，提升了桥梁的服务品质，保障了交通的高速运转。同时，采用标准建成的桥梁提高了交通设施的服务水平，保障了桥梁的长效耐久，且大幅度减少了锚固区钢材的使用量，减少工程碳排放量，取得了显著的社会效益和生态效益，具有巨大的竞争力（案例素材由中国公路学会提供）。

案例 5-14：中国公路学会发布的《公路桥梁防船撞装置技术指南》实施后，推动了新产品防船撞装置的应用，在保障和改善民生、减少安全隐患、防灾减灾等方面综合效益明显，为公路交通、船舶水运安全出行提供良好交通环境。

2018 年 9 月 9 日，中国公路学会发布了《公路桥梁防船撞装置技术指南》T/CHTS 20005—2018。该标准颁布实施后，防撞工程全周期组织方案的设计落实有了标准依据，大大促进了实际工程项目应用进度，规范了设计、生产、安装、维护保养全周期的组织工作。

标准的颁布实施，较大程度上推动了防船撞装置的推广应用，减少了船舶撞击损伤概率和损伤程度，间接起到了保护生态环境、促进资源合理利用的效益。据不完全统计，产生的直接经济效益可观，销售收入在 5 亿元人民币以上、上缴利税达 5 000 余万元。

标准发布实施后，指导多个项目应用了防船撞装置。例如，浙江三门湾大桥桥梁防船撞项目、广西红水河大桥防船撞项目、浙江临海市灵江二桥老桥加固项目、富春江特大桥防船撞项目、湖南湘潭竹埠港湘江大桥防船撞项目、安徽省徐明公路船撞项目、衡阳华新大桥防船撞项目、广西八甫大桥防船撞项目。下面选取具有代表性的浙江三门湾大桥防船撞项目和兼作施工围堰的广西红水河大桥桥梁防船撞项目作简要介绍。

（1）浙江三门湾大桥沿线五座桥梁主桥的船舶撞击安全防护，设防吨位为分别为 3 000t、2 000t、1 000t、500t 及 300t 船舶（顺序分别为蛇盘水道大桥、力洋港大桥、青山港大桥、健跳港大桥与浦坝港大桥）。本项目主通航孔所采用防撞方案均为柔性钢结构防船撞设施（图 5-5），项目共设防撞设施 10 套。

图 5-5　浙江三门湾大桥桥梁柔性防船撞设施

（2）广西红水河大桥防船撞项目，该大桥位于河池市，桥下航道等级为Ⅳ（4）级航道，桥梁通航设计为双孔单向通航。该大桥主墩为 6、7、8 号桥墩，根据桥区水文环境及通航等级对大桥主墩进行防撞设计。其中，对 7 号主墩创新性的设计出了"一物两用"兼做承台施工围堰的防撞设施（图 5-6）。（案例素材由中国公路学会提供）

图 5-6　广西红水河大桥桥梁防船撞设施（兼作施工围堰）

二、工程建设团体标准的监管

（一）政府的引导和监管

政府对团体标准不设行政许可，不进行行政备案，由社会团体按照自行发布的程序自主制定发布，通过市场竞争实现优胜劣汰。国务院标准化行政主管部门会同国务院有关行政主管部门制定了团体标准发展指导意见、管理规定和标准化良好行为规范，对团体标准进行必要的规范、引导和监督。截至目前，除《标准化法》《深化标准化改革方案》《国家标准化发展纲要》《团体标准管理规定》《关于促进团体标准规范优质发展的意见》等基础性的法律法规及规范性文件外，各行业、各地方都依据以上几项基础文件制定了相关的团体标准管理文件（详见本章第一节中"团体标准的制度建设"）。这些文件的发布对团体标准的开展提供了必要的指导和规范。为引导团体标准健康有序发展，国家标准化管理委员会还批准发布了《团体标准化　第 1 部分：良好行为指南》GB/T 20004.1—2016、《团体标准化　第 2 部分：良好行为评价指南》GB/T 20004.2—2018，作为团体标准机制建设和团体标准化良好行为评价的技术依据，推荐给社会团体和第三方评价机构采用。

政府对团体标准实施事中事后监管。《团体标准管理规定》中给出了团体标准的政府监管机制，采用"统一管理，分工负责"原则，监管主体包括国务院标准化行政主管部门，国务院有关行政主管部门和社会团体登记管理部门。标准化行政主管部门根据《标准化法》对需要统一的标准化工作，例如标准编号、标准制定范围及程序、标准化原则等问题进行监督管理；行业行政主管部门则根据有关法律，对团体标准的技术内容、技术体系及其实施等问题进行监督管理。社会团体管理部门根据《社会团体登记管理条例》对团体标准制定组织的注册登记、组织结构、成员权益、经济活动等进行监督管理。

国务院标准化行政主管部门统一管理团体标准化工作，国务院有关行政主管部门分工管理本部门、本行业的团体标准化工作，县级以上地方人民政府标准化行政主管部门统一管理本行政区域内的团体标准化工作。县级以上地方人民政府有关行政主管部门分工管理本行政区域内本部门、本行业的团体标准化工作。社会团体登记管理机关责令限期停止活动的社会团体，在停止活动期间不得开展团体标准化活动。

《团体标准管理规定》第三十六条给出了监管的具体要求。标准化行政主管部门、有关行政主管部门应当向社会公开受理举报、投诉的电话、信箱或者电子邮件地址，并安排人员受理。对于全国性社会团体，由国务院有关行政主管部门依据职责和相关政策要求进行调查处理，督促相关社会团体妥善解决有关问题；如需社会团体限期改正的，移交国务院标准化行政主管部门。对于地方性社会团体，由县级以上人民政府有关行政主管部门对本行政区域内的社会团体依据职责和相关政策开展调查处理，督促相关社会团体妥善解决有关问题；如需限期改正的，移交同级人民政府标准化行政主管部门。

此外，2019年2月1日，市场监管总局印发《关于全面推进"双随机、一公开"监管工作的通知》（国市监信〔2019〕38号）的文件；为贯彻落实"双随机、一公开"要求，同年6月，市场监管总局办公厅印发《团体标准、企业标准随机抽查工作指引的通知》，随后，各地方相关行政部门也发布了一些团体标准随机抽查的通知，开展团体标准抽查工作，使团体标准的监管落到实处。

（二）社会团体的自我监督

团体自律包括两个方面的内容：第一，标准制定组织要对自己发布的标准进行监督，并对标准的实施情况进行跟踪评价。团体标准制定组织一方面要对自己直接制定和发布的标准进行监督，另一方面要对自己下属组织制定而由本团体标准制定组织发布的标准进行监督。与此同时，为了给予团体标准制定组织维护其团体标准的公信力，有必要通过法律法规授予团体标准制定组织对其标准实施者予以监督的权力，对于声明符合该团体标准的实施者，团体标准制定组织有权对其进行监督检查。对监督检查结果不合格的，有权要求其撤销标准符合性声明，并可依法处以罚款。同时，对于依据认证认可程序而获得团体标准符合性认证的标准实施者，应当免于罚款。第二，行业协会负责对本行业的标准实施行为进行监督。对于标准制定组织联合成立的行业协会，该行业协会可以根据法律法规和协会章程对本协会各成员发布的标准进行监督。对于其他行业协会，也可以依据法律法规和协会章程的授权对本协会各个成员执行标准的情况进行监督。

社会团体的自我监督也可通过自愿向第三方机构申请团体标准化良好行为评价。运用第三方评估开展团体标准监督，主要体现在以下方面：第一，对标准制定组织的标准制定活动进行评估，对符合标准制定良好行为规范的标准制定组织予以认证。该结论可以为团体标准的升级转化、团体标准制定组织获得财政和政策支持提供参考和决策依据，也可以为经济社会的其他方选择执行的标准提供参考依据。第二，对标准实施者的实施情况予以评估，对标准实施者是否完全有效执行标准做出评估结论，或者予以认证。该评估可以由第三方评价机构自发做出，也可以基于政府、标准制定组织、标准实施者或者经济社会其他方的委托作出。

（三）社会公众的监督

社会公众有权对任何违法行为予以投诉举报，并对违法行为造成的个人损失寻求法律救济。对违法行为进行投诉举报是公民的基本权利，而社会监督的最小单元也就是公民个体。公众的监督内容与政府的监督内容基本相同，这是因为现代社会在绝大多数范围内否定了私力救济的合法性，公众的监督必须借助于公共行政机关来实现。故而，公众的社会监督一般不能对被监督对象产生强制约束力，需要由公共行政机关运用政府监督权力来实现监督目标。不过，随着现代社会舆论力量的增长，社会公众监督的范围、能力和效果也在不断的扩展，这种公众力量的成长也有利于开展团体标准监督工作。此外，对于违法的团体标准化行为造成个人损失的，受害者可以依法向有关部门寻求法律救济，包括行政救济和司法救济。

《国家标准化体系建设发展规划（2016—2020年）》提出：加强标准实施的社会监督。进一步畅通标准化投诉举报渠道，充分发挥新闻媒体、社会组织和消费者对标准实施情况的监督作用。加强标准化社会教育，强化标准意识，调动社会公众积极性，共同监督标准实施。

一般而言，社会公众参与标准监督没有主体资格限制，任何具有行为能力的个人和组织均有权对团体标准进行监督。其中，尤其要重视消费者、社会组织和社会媒体的监督作用，为他们的监督权行使创造必要的便利条件。

本 章 小 结

团体标准是由依法成立的社会团体按照规定的标准制定程序制定并发布，供本团体成员或社会自愿采用的标准。团体标准的制定主体应具有法人资格。团体标准的属性是自愿性，不具有强制性。团体标准具有高、快、新、活的特点，能及时响应市场的需求。团体标准作为市场自主制定标准的重要方面，受到市场和社会的高度关注和认可。团体标准应符合强制性标准的要求，不得与强制性标准相抵触。团体标准与政府颁布标准相互补充、互为支撑，协同发展、协调配套，共同构成新型标准体系。

在欧美等发达国家，团体标准的发展已有百年历史，其运行机制、管理模式都较为成熟和完善。美国团体标准具有分散、独立的特点，美国民间组织在标准制定中占主导地位。欧洲各国团体标准虽然不是很多，但是社会团体也是制定欧洲标准和国家标准的主力军。日本的标准化工作是政府主导、民间参与；日本团体标准虽然不多，但是也有一些团体标准在行业中得到政府的认可。

自2015年以来，我国工程建设领域中很多社会团体积极开展团体标准的制定工作，团体标准得到快速发展。但在发展过程中，也存在一些问题，本章从六个方面进行了剖析，并提出了未来发展中应做好的几项工作：①建立团体标准的实施应用跟踪评价机制；

②建立工程建设领域社会团体内部联系制度；③建立社会多元化投入机制；④加强标准化人才培养；⑤加强社会团体内部自身建设。

由于工程建设团体标准自身的特点，其制定原则、制定程序、制定内容和编写要求以及管理机制与政府颁布标准不完全相同。团体标准管理机制包括了组织机构、工作机制和管理制度三方面。工程建设团体标准组织机构分为：标准化决策机构、标准化管理协调机构、标准编制管理机构。组织机构的建立要遵循开放、公平、透明、协商一致的基本原则。工作机制包括会议机制、与政府颁布标准的协调机制、信息公开与反馈机制、申诉机制。管理制度包括编号与文件管理、程序管理和知识产权管理。

团体标准化良好行为是指社会团体按照《团体标准化 第1部分：良好行为指南》GB/T 20004.1国家标准的要求，开展团体标准化工作。团体开展标准化活动的一般原则为：开放、公平、透明、协商一致、促进贸易和交流。团体标准化良好行为评价是指对社会团体开展标准化活动的过程和结果进行评价，即对社会团体标准化活动的规范性、合规性以及对团体标准的水平程度等进行评价。团体标准化良好行为评价是自愿性评价活动，由社会团体根据需要自愿申请开展。团体标准化良好行为评价内容包括社会团体的标准化组织建设、标准体系建设，标准编写的合理性、规范性，标准技术的可实施性、先进性、协调性等以及标准的应用推广和实施效益情况。

工程建设团体标准的监管包括政府的引导和监督、社会团体的自我监督和社会公众的监督。

参 考 文 献

［1］全国标准化原理与方法标准化技术委员会.标准化工作指南 第1部分：标准化和相关活动的通用术语：GB/T 20000.1—2014［S］.北京：中国标准出版社，2015.

［2］全国标准化原理与方法标准化技术委员会.标准制定的特殊程序 第1部分：涉及专利的标准：GB/T 20003.1—2014［S］.北京：中国标准出版社，2014.

［3］全国标准化原理与方法标准化技术委员会.团体标准化 第1部分：良好行为指南：GB/T 20004.1—2016［S］.北京：中国标准出版社，2016.

［4］全国标准化原理与方法标准化技术委员会.团体标准化 第2部分：良好行为评价指南：GB/T 20004.2—2018［S］.北京：中国标准出版社，2018.

［5］中国工程建设标准化协会.工程建设标准编写导则：T/CECS 1000—2021［S］.北京：中国计划出版社，2021.

［6］中国标准化协会.团体标准化评价与改进：T/CAS 380—2019［S］.北京：中国标准出版社，2019.

［7］中国科协学会服务中心.团体标准制定工作手册［M］.北京：中国标准出版社，2021.

［8］《团体标准编制指南》编写委员会.团体标准编制指南［M］.北京：中国标准出版社，2021.

［9］朱翔华，等.团体标准化良好行为指南与实践［M］.北京：中国标准出版社，2018.

［10］刘春青，等.美国 英国 德国 日本和俄罗斯标准化概论［M］.北京：中国质检出版社，中国标准出版社，2012.

［11］刘雪涛，田川，郑巧英.团体标准理论与实践［M］.北京：中国质检出版社，2016.

［12］中国标准化研究院.国内外标准化现状及发展趋势研究［M］.北京：中国标准出版社，2007.

［13］贺鸣.试论如何建立我国团体标准的监督体系［J］.工程建设标准化，2016（05）：61-63.

［14］贺鸣．浅析中国工程建设标准化协会标准新变化［J］.工程建设标准化，2022（06）：56-60.

［15］朱翔华．团体标准化发展的国内外比较研究［J］.标准科学，2020（05）：16-22.

［16］中国标准化协会，中国专利保护协会．团体标准涉及专利处置指南　第1部分：总则：T/CAS 2.1—2019［S］.北京：中国标准出版社，2019.

［17］中国标准化协会，中国专利保护协会．团体标准涉及专利处置指南　第2部分：专利披露：T/CAS 2.2—2018［S］.北京：中国标准出版社，2018.

［18］中国标准化协会，中国专利保护协会．团体标准涉及专利处置指南　第3部分：专利运用：T/CAS 2.3—2018［S］.北京：中国标准出版社，2018.

［19］中国标准化协会．团体标准版权管理指南：T/CAS 3—2021［S］.北京：中国标准出版社，2021.

［20］蒋可心．团体标准化良好行为评价技术研究与工作机制初探［J］.中国标准化，2020（07）：224-228.

［21］李文娟，高雅宁，刘呈双，等．我国工程建设领域团体标准发展现状概述［J］.中国工程建设标准化，2021（02）：66-71.

［22］贺鸣．美国土木工程师协会（ASCE）标准［J］.中国工程建设标准化，2011（05）：44-47.

［23］贺鸣．团体标准第三方评价机制探析［A］.标准化改革与发展之机遇—第十二届中国标准化论坛论文集［C］.（2015）：2026-2031.

第六章 工程建设企业标准

第一节 概 述

标准化是企业加快工艺与工程技术进步、科学管理、规范化运行、提高建设质量和水平的基础性工作，是企业做大做强、高质量发展的重要手段。企业标准化是以提高经济效益为目标，以搞好生产、管理、技术和营销等各项工作为主要内容，制定、贯彻实施和管理维护标准的一种有组织的活动。企业标准化是一切标准化的支柱和基础，抓好企业标准化对于提高企业质量管理水平、增强企业竞争力、推动高质量发展具有重要意义。企业标准化在建立现代化企业依法合规、高效运行的管控体系，以及高质量发展中发挥着基础性、引领性作用。

工程建设企业，一般包括工程勘察、设计、总承包、专项工程施工，以及为工程提供构件制造、物流、安装、检修及运维服务的相关企业。具体到行业，包括煤炭、石油天然气、石油化工、钢铁、冶金、建筑、市政、路桥、水利、电力能源建设、轨道交通、厂矿建设、环境环保、电气安装、消防等多个行业的勘察设计企业、施工企业、工程公司以及相关服务机构（如起重吊装、土石方与爆破、混凝土泵送、劳务外包等）。

关于工程建设企业标准化的定义，根据国家标准《标准化工作指南 第1部分：标准化和相关活动的通用术语》GB/T 20000.1—2014 中"标准化"的定义和本书第一章第一节中"工程建设标准化"的定义，结合工程建设企业的特点，本书将"工程建设企业标准化"定义为"为了在工程建设企业范围内获得最佳秩序，促进共同效益，对现实问题或潜在问题确立共同使用和重复使用的条款以及编制、发布和应用文件的活动"。

一、工程建设企业标准化基本原则和任务

工程建设企业可参照国家标准《企业标准化工作 指南》GB/T 35778—2017 给出的指引，结合自身特点确定本企业的标准化基本原则和基本任务。

（一）基本原则

企业标准化工作应当坚持企业主体、政府引导、创新驱动、质量提升的原则。针对工程建设企业，应以满足企业发展目标和发展战略为首要任务，以工程建设项目业务为主线，以需求导向、合规性、系统性、适用性、效能性、全员参与、持续改进为基本原则。

（1）需求导向。以满足企业发展战略、相关方需求、市场竞争以及生产、经营、管理、技术进步等为导向组织开展。

（2）合规性。符合国家法律法规、政策和相关标准。

（3）系统性。权衡、协调各方关系，关注企业外部标准化活动并适时调整、优化企业内部标准化规划、计划及标准体系，确保标准化工作协调有序推进。

（4）适用性。符合企业经营方针、目标、服务于企业发展战略；标准化工作指向清

晰、目的明确；标准体系满足需求，标准有效，便于实施。

（5）效能性。以实现企业生产、经营和管理目标为驱动，对企业经营、员工工作绩效等，实施可量化、可考核的标准化管理，达到预期效果。

（6）全员参与。建立健全组织，周密计划，开展标准化宣传、培训，营造领导带头、全员参与的标准化工作氛围，提高自觉执行标准的素养。

（7）持续改进。遵循"策划—实施—检查—处置"的循环管理方法，策划企业标准化工作，运行企业标准体系和实施标准，实时评价企业标准体系和检查标准适用性，针对问题查找原因，及时采取改进和预防措施，并根据市场和需求变化，对风险和机遇做出反应，提出应对措施予以实施和验证；将改进、预防、应对措施的经验或科技成果制修订成标准，纳入企业标准体系。

（二）基本任务与主要内容

《企业标准化促进办法》（国家市场监督管理总局令第83号）明确，企业标准化工作的基本任务是执行标准化法律、法规和标准化纲要、规划、政策；实施和参与制定国家标准、行业标准、地方标准和团体标准，反馈标准实施信息；制定和实施企业标准；完善企业标准体系，引导员工自觉参与执行标准，对标准执行情况进行内部监督，持续改进标准的实施及相关标准化技术活动等。

针对工程建设企业，其标准化工作的主要任务是：执行国家有关标准化法律、法规和发展政策与规划；实施和参与制定国家标准、行业标准和地方标准，反馈标准实施信息；完善企业标准体系，制定和实施企业标准；对标准的执行情况进行内部监督。

工程建设企业标准化主要内容是标准化总体策划，建立健全标准化管理制度，构建企业标准体系，参与国家、地方及国际标准制定，企业标准制修订、标准实施与检查，参与标准化活动、评价与改进，标准化创新，机构管理、人员管理与信息管理等。

实现工程建设企业标准化管理要加强顶层设计，首先要做好总体策划。策划要聚焦企业经营方针、目标和发展战略，其主要内容是：企业标准化工作方针、目标；企业标准体系方案，尤其要确定是否包括企业全部活动；标准化管理体制和机制；采用外部标准的策略；标准体系中标准制（修）订规划；标准实施与监督检查的方案；参与标准化活动的策略；评价与改进的方法。

二、工程建设企业标准化的地位和作用

工程建设企业标准化是我国工程建设标准化工作的重要组成部分，意义重大，地位和作用重要。我国首部《标准化法》将企业标准列为我国标准层级之一，标志着企业标准在法律层面上是我国标准体系的组成部分。建设部于1995年发布的《关于加强工程建设企业标准化工作的若干意见》（建标〔1995〕352号），对工程建设企业标准化的地位和作用、工程建设企业标准化的管理、工程建设企业标准化的组织建设以及工程建设企业标准化的领导四个方面提出了具体意见。该文件对我国工程建设企业标准化重要性的认识和标准化工作的正确、快速发展起到了极其重要的推动作用。2015年3月，国务院关于印发《深化标准化工作改革方案的通知》（国发〔2015〕13号）中明确，企业标准是市场自主制定的标准，采取的六项改革措施之一是"放开搞活企业标准""企业根据需要自主制定、实施企业标准""鼓励企业制定高于国家标准、行业标准、地方标准，具有竞争力的

企业标准"。2016年，住房和城乡建设部印发《关于深化工程建设标准化工作改革的意见》（建标〔2016〕166号）指出，在国家、行业、地方、团体标准的基础上，"鼓励企业结合自身需要，自主制定更加细化、更加先进的企业标准"。2017年全国人大常委会修订通过的《标准化法》明确指出，国家鼓励企业制定高于推荐性标准相关技术要求的企业标准，支持在重要行业、战略性新兴产业、关键共性技术等领域利用自主创新技术制定企业标准。

2021年10月，中共中央、国务院印发的《国家标准化发展纲要》强调，要"鼓励企业构建技术、专利、标准联动创新体系，支持领军企业联合科研机构、中小企业等建立标准合作机制，实施企业标准领跑者制度"。由此可见，随着市场机制下企业主体责任的作用充分发挥，企业标准化未来的地位和作用将更加突出，工程建设企业在我国工程建设标准化领域承担的责任也将更加重大。

工程建设企业标准化的地位和作用主要体现在以下几方面：

（1）工程建设企业标准化是国家工程建设标准标准化的重要组成部分和基础。工程建设国家标准和行业标准制修订的主体是工程建设企业，建设工程项目中执行工程建设标准的主体仍是工程建设企业。因此可以认为，我国工程建设企业的标准化水平在一定程度决定了我国工程建设标准化水平，对我国工程建设高质量发展影响重大。

（2）工程建设企业标准化是工程项目建设的重要保障。优良的工程建设企业标准化工作有利于工程项目安全、质量、进度、费用、效益得到保障，可以助力绿色低碳可持续发展，为工程项目业主提供具有竞争力的精品工程。

（3）工程建设企业标准化是实现企业管理现代化的基础和手段。工程建设企业管理现代化是一项宏大的系统工程。为了实现企业管理现代化，必须首先做好技术和管理的基础工作，运用标准化这一手段，将专业技术、工程项目管理、企业运营管理等活动中的各项基础工作进行统一化、规范化、系统化、制度化，让企业的一切行为都有章可循、有标可依。通过制定和实施标准，达到科学的组织和管理，充分发挥企业各类资源的作用，使企业的各项活动实现有序管理的目的。

（4）工程建设企业标准化是工程建设企业建立各类企业管理体系的重要支柱。企业质量安全环境管理体系（QHSE）、两化融合管理体系、知识管理体系等，需要有一系列的企业标准作为支撑。建立、健全、实施这些管理体系的过程就是依据国际、国家有关标准建立工程建设企业管理标准体系在这些领域的子体系，并制定和实施企业相关标准的过程。各类管理体系需要通过企业标准化融合，形成一个整体管理体系。

（5）工程建设企业标准化是提升企业创新能力的重要途径。工程建设企业发挥标准化的基础性和引领性作用，构建技术、专利、标准联动创新体系，为企业技术创新和管理创新打造新平台、提供新动能，推动标准化改革创新和技术创新，提升核心技术标准和创新技术的水平，提高企业核心竞争力。

（6）工程建设企业标准化是增强国内外市场竞争能力重要条件。工程建设企业实施"走出去"战略，参与国际建设市场竞争，首先是企业应当具有适应国际工程项目工程承包需要的、代表本企业水平的企业标准。同时，通过企业标准化，工程建设企业可以及时地引进、消化、吸收国际标准和国外先进标准作为本企业的企业标准，从而使本企业的技术水平、管理水平和工作水平适应国际市场竞争的需要。

（7）工程建设企业标准化是获得最佳协调效果的主要方式。工程建设项目是由工程建设企业与项目业主、政府机构、供应商与施工方等众多工程建设相关合作方协作完成的；工程建设企业内部也涉及多个部门、专业。只有通过标准化大量的协调工作，才能实现统一和简化。工程建设项目管理标准的制定是各相关方密切协作、充分协商，协调各方面利益的过程。只有加强标准化管理，才能充分发挥标准化的协调作用，才能获得最佳的效果。

（8）工程建设企业标准化是提高企业经济效益的重要保证。工程建设企业通过制定和实施企业的管理标准和技术标准，可以使本企业各个工作岗位的任务、职责、工作深度以及检查、评定、考核等实现规范化管理，建立良好的生产、经营秩序；使用成熟的技术、产品、工艺、规程等，在保证质量和安全的前提下，降低企业劳动消耗，降低成本、周期、风险等，做到投入少、产出多，提高全员劳动生产率。同时，严格的企业标准化管理，也为工程建设企业树立良好的社会形象和提高企业社会信誉创造了条件，从而使工程建设企业取得最佳的经济效益。

三、工程建设企业标准化的特点

工程建设企业主要从事工程项目建设。《项目管理知识体系指南》（第七版）这样定义：项目是为创造独特产品、服务或结果所进行的临时性工作。项目的临时性表明项目工作或项目工作的某一阶段会有开始也会有结束。项目可以独立运作，也可以是项目集成或项目组合的一部分。项目管理十分复杂，涉及项目整合管理、范围管理、时间管理、成本管理、质量管理、资源管理、沟通管理、风险管理、采购管理、相关方管理十大知识领域。工程建设项目，尤其大型工程建设项目，更加复杂，如石油化工工程建设项目，技术复杂、涉及专业多、关联范围广、工程投资大、建造周期长、质量安全环保要求高，是一个复杂的巨大系统。大型工程项目管理标准化本身就是极为复杂的系统工程；支撑复杂工程项目运行的技术体系，尤其是带有技术研发与技术许可的工程企业，技术体系的标准化也是庞大的系统，加上企业营运管理标准化的复杂体系，使工程建设企业标准化具有显著的特点。

1. 标准化对象复杂、工作难度增大

工程建设企业的营运管理、工程项目、专业技术极为复杂。不仅如此，一方面工程企业的业务内容越来越向纵深发展，如投资机会研究、新技术研发、设计深度优化、设计运行阶段的操作参数优化与技术服务、建造模块化、数字化工程建设等，使得标准化对象越加复杂。另一方面，工程项目规模越来越大，许多大型工程无论在技术上、工程能力上，接近人类当前的技术、装备、运输、安装极限能力，设计与采购和施工深度交叉，使现行标准体系内容常常经受全方位的挑战，企业标准化工作难度空前。

2. 标准化范围更加广泛

随着对企业规范化运行的要求提高，使标准化工作范围不断扩大，尤其随着国家依法合规、高质量发展的进程加速推进，工程建设企业追求每一活动"有法可依、有章可循"，使得标准化范围逐步扩大到所有管理、技术活动。

3. 制度化、规范化、标准化三化整合

近年来，工程建设企业运行的制度化、规范化、标准化建设取得长足进步，项目管理体系逐步健全，工程技术标准体系也不断完善。企业在市场竞争中逐步发现，只有将这些部分进行耦合，形成紧密的一体，才符合现代工程企业"科学组织、高效运行"的要求，增强企业的竞争力。

4. 管理体系与标准体系融合共生

为加强科学管理，工程建设企业广泛开展管理体系的建立，如质量安全环境管理体系（QHSE）、两化融合管理体系、知识管理体系等。这些体系本身就是基于标准建立，本质上是标准管理体系的一种体现，需要工程建设企业具有广泛的管理标准和技术标准来支撑，符合企业标准化特点、基本任务的要求。对于建立有标准体系的企业，这些体系单独建立是不可想象的。目前，越来越多的工程建设企业将企业管理体系纳入标准化工作内容，并通过管理体系的建立，促进企业诸方面管理水平提升，也促进标准化水平的提升。与此同时，标准体系支撑新的管理体系的建立，形成管理体系与标准体系融合共生体。

5. 参与外部标准积极性越来越高

随着工程建设企业标准体系的建立和深入应用，越来越多的工程建设企业认识到国家标准、行业标准、地方标准、团体标准、国际标准与国外先进标准等外部标准是企业标准化的重要部分。工程建设活动紧密依靠标准，外部标准对工程建设企业影响巨大，使得工程建设企业对外部标准关注度越来越高，参加外部标准制修订的热情越来越高涨，也促进了相关标准编制水平的提高。

6. 国际化程度越来越高

随着工程建设企业"走出去"战略的实施，我国工程建设企业越过了国际标准和国外先进标准的书面认识，开始与国际工程建设企业在国际舞台上"同台比武"，对国际大型工程建设标准有了较为全面的认识。工程建设企业编制企业标准，在坚持自主的基础上，融合了国外大量的先进管理理念、工程技术，有力提升了标准国际化水平。同时，对没有工程建设标准体系的发展中国家，以我国工程建设标准建设了一批大型工程；对具有标准体系的国家，通过局部技术、采购中国装备与材料等形式，也使我国工程建设标准部分"走出去"。

7. 标准应用更加高效与实用

一方面，工程建设企业标准数量庞大、涉及面广、内容丰富，且大量涉及工程过程做法、要求、流程、技术数据，以及专业管理和技术的衔接等。另一方面，为确保实现目标，过程管控成为了提高水平、确保质量、提升效率的新方式，大量的各类职责、分工、会签、风险控制等开始系统化镶嵌在工作流程中，因此，程式化、表格化、清单化、图形化成为了工程建设企业标准制定与应用的主要方式。

8. 全员积极参与标准化

随着工程建设企业标准化深入发展和标准体系涵盖范围更加全面，以及责任制的建立和标准执行力度的加大，不仅是十分依赖标准的专业技术人员，还是所有职能部门人员、项目管理各岗位人员、企业各类服务人员都更加重视标准，并积极参与相关标准化工作，以提高正确度和工作效率，以"规定""程序"为准的标准化理念越发深入人心。

9. 数字化与智能化发展迅速

工程建设企业涉及的知识海量、标准众多、工作内容庞大、节点繁杂，必须借助于信息技术，通过数字化和智能化开发应用才有可能实现标准化工作目标。

四、国内外工程建设企业标准体系概况

（一）国外工程建设企业标准体系

我国工程建设标准化工作者对国内外工程建设标准体系等进行了大量研究，取得了较为丰硕的成果。如建设部组织开展了国外技术法规与技术标准体制研究，提出了我国工程建设标准体系改革的方向；也有一些学者在近年来国内外工程建设标准体系对比研究的基础上，通过对国内外工程建设标准体系在技术法规和技术标准的编制、管理等方面进行了分析，总结归纳了国内外在工程建设标准体系上的差异，并提出了我国工程建设标准体系发展的意见和建议。

企业标准体系是企业核心竞争力的重要支撑，主要以专有技术的形式予以保护。通过合资建设、中国工程企业"走出去"等方式，从而对国外企业工程建设标准体系，尤其是跨国集团、国际工程公司的企业工程建设标准体系有了较为深入的认识。

跨国集团通常都有自己的工程建设标准体系，主要体现业主的要求和意志。例如，某跨国集团 A 建立了"设计与工程实践"标准体系，其目的是为跨国集团的炼油厂、气体处理厂、石化厂、化工厂、油气产品设施提供良好的设计和工程实践标准，提高投资效率、成本效率，强化、提高技术集成，传递知识，进而从标准化中获得技术和经济效益的最大化。该体系代表了该集团工程设计与工程实践的立场、观点、做法要求，是基于该集团工厂装置设计、生产和维护中获得的经验。为了保证该体系在集团工程建设中发挥作用，建立了专门机构，负责日常维护。再如，某跨国集团 B 建立了通用要求和具体技术规定的工程建设标准体系，功能与跨国集团 A 相近；英国石油公司（BP）、巴斯夫（BSFE）也有自己类似的工程建设标准体系。这些体系一定程度上代表了目前跨国能源化工集团的建设标准水平。此外，许多发展中国家的大型能源化工企业也建立了自己的工程建设标准体系，但这些标准体系的建立，深受欧美等能源化工跨国公司的工程建设标准体系的影响，如马来西亚国家石油公司、沙特阿美等石油公司的工程建设标准体系。在具体工程中，标准体系中的标准均需要根据项目的具体情况进行项目化，形成项目标准的重要组成部分。

国际工程公司均有自己的工程建设标准体系。由于大型工程项目，尤其是石油化工、钢铁等流程型工业行业的大型工程涉及社会、经济、设计、采购、建设、制造、运输等，内容极其广泛、过程极为复杂，其标准体系远比作为业主的跨国公司的工程建设标准体系复杂，内容也更为广泛。一些发展中国家的大型工程，由于其没有自身的标准体系，可以依托工程公司标准体系来完成，但工程公司若没有标准体系，则无法承担该类大型工程。

（二）国内工程建设企业标准体系

随着改革开放的深入，"打造一流企业"，实施"走出去"战略，工程建设标准国际化快速发展，企业标准化取得长足进步，标准体系建设取得重要成果，许多企业建立了较为完整的标准体系。下面以中国石油化工集团公司、中国航天科技集团公司、中国石化工程建设有限公司为例介绍其标准体系。

中国石油化工集团公司是 1998 年 7 月在原中国石油化工总公司基础上重组成立的特大型石油石化企业集团（以下简称中国石化），构建了在国家法律法规和中国石化愿景目

标与企业文化规范下中国石化的企业标准体系。该体系分为三层，第一层为全集团均需执行的通用标准（制度），第二层为总部层面标准（制度），第三层为下属单位层面标准（制度）。中国石化于2008年编制完成了由21个专业组成的企业标准《中国石化炼化工程建设标准》212项（SDEP）。该套标准由总规定、专业通用规定和专项规定三个层次组成，如图6-1所示。总规定主要有工程项目建设方针、目标和总要求等，也包括标准编制规定、编号规定、采用标准规范规定等；专业通用规定主要是各专业的设计原则、工程过程一般做法与要求；专项规定主要是针对具体单项事物提出的技术要求和规定。该套标准基于我国石油化工标准体系，吸收和借鉴国际和国外先进标准，较为充分反映了中国石化长期工程建设过程的实践经验，涵盖了炼化工程设计的成套技术规定，以及从设计角度对采购、施工提出的技术要求。今后，该套技术标准还将持续改进、完善，成为中国石化作为投资者对工程项目建设水平、质量、安全等做出的综合性技术控制手段。

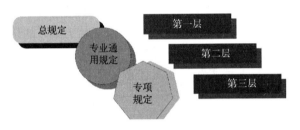

图6-1 中国石化炼化工程建设标准体系层次示意

中国航天科技集团公司构建了宇航标准体系，宇航标准体系构建是集团公司航天标准化工程的重要任务，旨在面向航天专业和技术发展需求建立统一的标准体系，指导当前和未来一段时间宇航标准制定规划和发展。该体系2011年发布，2014年修订，其体系结构如图6-2所示。宇航标准体系借鉴了国外航天标准体系的构建经验，结合集团公司现状，采用以专业划分和产品划分相结合的方式设置体系结构。宇航标准体系划分为三个分支：管理标准、产品保证标准和工程技术标准，将有关的国家标准、国家军用标准、航天行业标准、航天科技集团标准以及各级企业标准纳入其中。

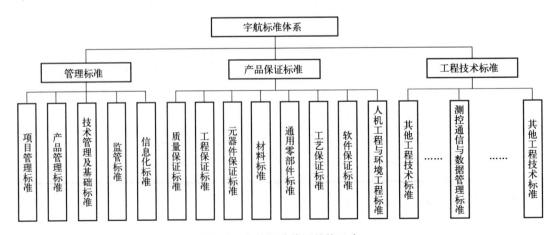

图6-2 宇航标准体系结构示意

21 世纪初，中国石化工程建设有限公司（以下简称 SEI）作为我国唯一的以设计为主体的炼化一体化工程公司，围绕中国石化"建设成为具有较强国际竞争力的跨国公司"的发展战略目标，以创新精细化管理为战略，加强"规范化、程序化、标准化"管理，从根本上将过去计划经济遗留的粗放型管理模式改变成为集约型、精细化、现代化管理模式。SEI 以标准化理论为指导，以公司业务为主线，创新建立了我国石化工程板块的第一部《三大标准体系》，首次将 SEI 运营管理、项目管理、专业技术标准融为一体，并将我国法律法规、政府部门规章、国际国内行业与学会标准等全部纳入标准体系中，2005 年，运营管理标准达 15 篇 398 项、项目管理标准达 13 篇 934 项、技术标准达 545 项。该三大标准体系的总体结构如图 6-3 所示。SEI 标准体系经过 20 年来持续完善，已经涵盖公司生产经营、执行项目和专业技术所有活动，升级为全过程管控的一体化公司标准体系。SEI 标准体系在工程实践中发挥了重要作用。例如，2003 年，为实现某炼油乙烯合资项目"以我为主"的方略，SEI 组织技术骨干队伍参研，历时 2 年，在国内首次将炼油、石化工程建设标准融合在成套项目技术规定中，开发编制了炼油乙烯项目成套技术规定。该套规定由总规定、一般规定和专项规定三个层次、205 项技术规定组成，涵盖了 1 200 万 t/年炼油、80 万 t/年乙烯、70 万 t/年芳烃、公用工程岛、油库及其配套设施的内容，贯穿于工艺包编制、总体设计、基础工程设计和工程总承包全过程的各个环节。该套规定成功在该合资项目中得到全面应用，标志着中方标准体系在世界级规模的大型炼化一体化合资项目中得到国际大型能源化工公司的认可。

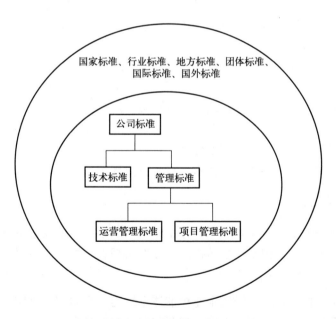

图 6-3　SEI 标准体系总体结构示意

工程建设企业标准与工程建设国家标准、行业标准相互促进。企业标准基于国家标准和行业标准制（修）订；企业标准经过广泛的实践应用，部分编入国家标准和行业标准，促进国家标准和行业标准水平的提升。

中国石化集团公司工程建设标准、中国航天科技集团公司宇航标准体系和 SEI 工程建设标准是我国企业工程建设标准发展和实践的一个缩影。

第二节　工程建设企业标准体系构建

一、概念和构建原则

（一）概念

工程建设企业标准体系是指工程建设企业内的标准按其内在联系形成的科学的有机整体，它是一系列现有标准、拟制定标准的集合，是以企业标准为主体，充分利用外部有关法律法规、政策、标准等构成的标准系统。

工程建设企业标准体系是企业战略性决策的结果，它属于企业顶层设计的重要内容。企业标准体系要在前期策划的基础上开展。企业标准体系应主题突出、目标明确、结构合理、层次清晰，关联标准相互协调。

（二）构建原则

工程建设企业要充分考虑企业内外部环境因素和相关方的需求与期望，以实现企业发展战略为根本目标。运用系统管理的原理和方法，识别企业生产、经营、管理全过程中相互关联、相互作用的标准化要素，建立企业标准体系，并与企业经营管理体系、工程建设项目管理充分融合、相互协调，形成一个整体，发挥系统效应，提高实现企业目标的有效性。

根据企业标准体系构建目标和原则，体系构建要明确企业标准体系范围，界定企业标准体系的边界。通常包括：

（1）从业务经营、专业领域、产品（工程、服务）体系、标准类型、标准级别、用户需求等维度，对企业标准体系进行深入分析，分析企业标准体系的边界，确定企业标准体系覆盖的内容范围，涵盖的业务活动、专业领域、产品（工程、服务）范围等。

（2）确定企业内部规范性文件、标准化文件收录的范围；确定企业外部规范性文件收录的范围，包括国际和国外标准、国家标准、行业标准、地方标准、团体标准及其他先进企业标准，以及相关起到标准作用的技术法规、行业规定等。

二、构建方法

企业标准体系一般依据有关企业标准化工作系列国家标准的要求进行构建，编制企业标准体系表。标准体系一般包括体系结构图、标准明细表、编制说明等图表文件。

（一）标准体系结构图

企业标准体系结构图是用来描述企业标准体系结构关系的逻辑框图，一般包括内外部相关环境以及内部各子体系的相互支撑、相互配合的逻辑关系。一般采用功能结构、属性结构或序列结构，企业可根据实际情况选用。现结合工程建设企业的实例来阐述标准体系的构建。

国内某公司的愿景是打造国际领先的行业工程公司，业务内容涵盖技术研发、工程项目咨询、工程设计和工程总承包，它的标准体系构建目标是以标准体系为平台，以深化改革为手段，整合公司业务流程、工作流程，综合优化、利用公司内外资源，全面实施企业标准化管理和过程管控标准化，全面提升公司运作效率和工作质量，提高公司可持续发展能力。公司标准体系适应国内外两个市场的工程建设要求，形成国内外工程项目基本协调一致的统一标准体系。

构建原则：一是其标准体系符合具有中国特色的国际工程公司特点；二是公司标准体系和标准具有唯一性；三是标准类别和标准专业按运营性质的同一性划分；四是标准按照管理过程控制和业务流程设置；五是公司标准体系规划既考虑长远发展，又结合我国国情和该公司的具体情况，并充分考虑其实用性和可操作性。

体系特点：一是企业所有管理和技术活动均纳入标准体系；二是公司所有活动涉及的标准按其内在的联系形成统一的有机整体，全面成套；三是以运营管理、项目管理和技术标准为核心，以工程建设项目管理为重点；四是以业务流程为主线；五是以工程建设项目管理为中心；六是突出标准化基础工作，实施整体化管理，各认证管理体系与标准体系融合。

该企业标准体系结构图采用属性结构，即运营管理标准、项目管理标准和技术标准三类子系统，构成该企业标准体系的结构图。该企业标准体系经过 20 年来的实践与持续完善，形成充分融合、相互协调的有机整体，其结构图见图 6-4。

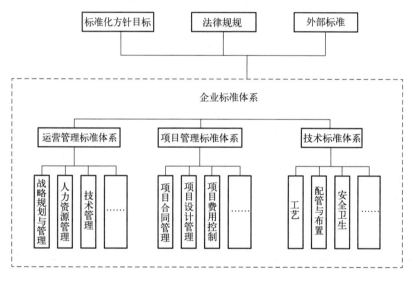

图 6-4 某企业标准体系结构图

其中，运营管理、项目管理和技术标准子体系分别包含 25、17、17 个子类标准，具体内容分别见表 6-1~表 6-3。

表 6-1 运营管理标准子类

标准大类	标准子类
运营管理标准	战略决策管理
	党群工作管理
	政务管理
	组织机构管理

标准大类	标准子类
运营管理标准	人力资源管理
	计划统计管理
	QHSE 管理
	财务管理
	监督与审计管理
	合同及法务管理
	内控风控管理
	外事管理
	市场开发
	生产组织管理
	科研管理
	沟通管理
	技术管理
	知识管理
	信息化管理
	档案与出版管理
	运行环境管理
	外部资源管理
	绩效评价管理
	管理评审
	持续改进

表 6-2　项目管理标准子类

标准大类	标准子类
项目管理标准	项目综合管理
	项目设计管理
	项目采购管理
	项目施工管理
	项目开车管理
	项目计划与进度控制
	项目费用控制
	项目材料控制
	项目合同控制
	项目文档控制

标准大类	标准子类
项目管理标准	项目风险控制
	项目质量管理
	项目 HSE 管理
	项目人力资源管理
	项目财务管理
	项目信息技术管理
	项目行政管理

表 6-3 技术标准子类

标准大类	标准子类
技术标准	综合
	工艺
	环境保护
	安全卫生
	配管与布置
	电气
	电信
	仪表
	设备
	转动机械
	工业炉
	建筑
	土木工程
	暖通空调
	费用估算
	技术经济
	信息技术

(二) 企业标准明细表

根据企业标准体系结构图和标准收录原则，结合企业管理需求，确定标准明细表格式，分析、梳理纳入企业标准体系的现有的和拟制定的企业标准，并明确标准明细表的编号原则，编制标准明细表。每一个企业标准在标准明细表中的位置都是唯一性的。在标准明细表中一般按照统计的目的设置标题栏目，包括体系编号、标准编号、标准名称、标准状态、专业领域或归口部门、复审结论、代替或作废情况、备注等内容。

（三）统计分析

根据企业标准化需要，从标准类型、专业领域等不同的维度，对标准明细进行统计分析。

（四）企业标准体系表编制说明

企业标准体系表编制说明一般包括：

（1）企业标准体系构建的背景。

（2）企业标准体系构建的目标和实施策略。

（3）企业标准体系表编制原则和依据。

（4）本企业、行业、竞争对手、合作伙伴等相关方的标准化现状、问题和需求分析。

（5）企业标准体系结构关系、子体系的划分依据和划分情况，各自体系内容说明（概念内涵、边界划分、适用领域）。

（6）企业标准明细表和统计分析，结合企业标准统计表分析现有标准与国际、国外标准的差异、特点和优势或薄弱环节，明确近期及中远期的标准化重点方向。

（7）编制过程中的问题总结和实施建议。

第三节　工程建设企业标准的制定与管理

为了保证企业标准化活动有序开展，促进标准化目标和效益的实现，对标准化活动本身确立规则已经成为企业开展标准化活动的首要任务。企业标准的制定、组织实施和对标准实施的监督是工程建设企业标准化的核心内容。

工程建设活动的复杂性、重要性、固定性、受自然环境影响大等特性，决定了工程建设标准的复杂性、特殊性和重要性。工程建设企业标准是工程建设标准的一类，因此，工程建设企业标准也具有工程建设标准的特点，即综合性强、政策性强、地域性强等。

一、制（修）订程序

企业标准制（修）订程序一般分为立项、起草草案、征求意见、审查、批准、复审和废止七个阶段。

1. 立项

根据标准体系明细表，对需要制（修）订的标准进行立项，制定计划、配备资源。

每一年的标准立项都要有根据标准体系建设和标准化规划要求，提出重点，拟定年度立项原则和要求。除必须符合国家有关法律法规的要求、符合国家产业发展方向和政策外，还要符合企业发展战略，以实现近期目标为目的，为企业经营活动保驾护航。对于业务急需标准，一般可以随时申请立项。

2. 起草草案

每项标准的制（修）订均应设置编制工作组。工作组在调研、试验验证的基础上，按照标准立项确定的内容和范围以及标准编写规则起草标准工作组草案稿。工作组草案稿可在本部门内部征求意见，之后形成征求意见稿。

3. 征求意见

标准征求意见稿发企业相关部门进行广泛的征求意见。

起草工作组根据反馈意见逐一分析研究，修改完善标准征求意见稿，形成标准送审稿。

4. 审查

企业组织相关部门对标准送审稿进行审查，审查内容主要有：

（1）符合有关法律法规、强制性标准要求。

（2）符合或达到预定的目标和要求。

（3）可操作、可证实。

（4）与本企业相关标准的协调情况。

（5）符合本企业规定的标准编写要求。

5. 批准

审查后根据审查意见进行修改，编写标准报批稿，准备报批；呈交相关文件资料，报企业法定代表人或授权人批准、发布。

6. 复审

企业标准在实施一定时间后要定期复审，复审周期一般为3年。但当外部或企业内部运行条件发生变化时，需要及时对企业标准进行复审。

复审结论包括继续有效、修订、废止三种：

（1）继续有效：标准技术内容仍符合当前法律法规、强制性标准和技术水平，满足行业发展和市场需求，指标和内容不需要做调整；管理要求和程序仍满足企业运行需求，确认继续有效。

（2）修订：标准内容需要改动才能适应当前的使用需求，大量内容和表达需要做全面必要的更新；采用标准的内容更新；规范性引用文件已修订等，予以修订。

（3）废止：标准已完全不适应当前需要，没有修订的必要，包括：与法律法规、强制性标准冲突、标准适用的产品已退出市场、涉及的主要技术已被淘汰、技术内容被上级标准所涵盖或替代、业务已停止等。

7. 废止

将废止的企业标准发布公告，及时回收，做好标识，不再执行。

二、企业标准的编写

（1）工作组根据企业制（修）订标准的需要，收集和分析与标准化对象相关的资料，包括以下两方面：

1）政策、经济、社会、环境、顾客需求、国际标准、国外先进标准、国家标准、行业标准、地方标准、团体标准等外部信息。

2）生产、经营、管理实践中积累的经验数据、员工反馈意见、检查评价结果等内部信息。

（2）企业标准的编写可采用以下两种方式：

1）对国家标准、行业标准、地方标准、团体标准的内容进行选择和补充。

2）自主编制。

（3）企业标准编写需要考虑以下几个方面：

1）符合国家有关法律、法规和强制性标准要求，符合国家产业发展方向和政策。

2）有利于科技成果推广，促进技术进步，提升管理水平，提高产品、工程和服务质量，适应市场需要，增加经济效益。

3）有利于节约能源和资源综合利用，降低安全、环保风险。

4）以行之有效的生产、建设经验和科学技术的综合成果为依据，对已经鉴定或实践检验的技术上成熟、经济上合理的科研成果，可纳入标准。

5）对于新技术、新工艺、新设备、新材料，经实践检验行之有效的，可以纳入标准。

6）参考国际标准和国外先进标准的，要经过认真分析论证或测试验证，符合我国国情的内容纳入标准或作为标准制定的基础，同时处理好专利、版权等知识产权方面的事宜。

7）有利于企业标准国际化。

8）对于没有外部标准的产品、工程和服务，要制定企业标准。

9）企业标准的技术要求要高于强制性标准以及被国家相关法律法规引用和政府部门要求执行的推荐性标准。鼓励企业标准的要求高于相应的推荐性国家标准和行业标准。

工程建设企业需要编制的产品标准不多。如需要编制，产品标准内容的编写要反映产品特性，应包括满足产品实用需求的功能性指标、技术指标、必要的理化指标及相应的检验方法，可包括环境适应性、人类功效学等方面的要求，还可包括检验规则、标志、包装、贮运等要求。具体要求按照国家标准《标准编写规则 第10部分：产品标准》GB/T 20001.10进行编写。

服务标准内容的编写需要体现功能性、经济性、安全性、舒适性、时间性、文明性等特征要求，应包括服务流程、服务提供、服务质量与控制及验证等内容。具体要求按照国家标准《服务业组织标准化工作指南》GB/T 24421.1～24421.4进行编写。

三、企业标准的编号

企业提供产品或者服务所执行的企业标准应当按照统一的规则进行编号。编号依次由企业标准代号Q、企业代号、顺序号、年代号组成，企业标准编号见图6-5。

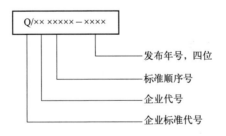

图6-5 企业标准编号

如中国石化集团有限公司的企业标准《7019-1极压高温润滑脂》编号为 Q/SH PRD0234—2022，中国国家铁路集团有限公司的企业标准《铁路职业危害作业卫生管理规程》编号为 Q/CR 31—2014 等。

四、管理机构和人员

为保障标准化管理工作的顺利开展，工程建设企业应根据工程项目、科学技术、经营管理活动的需要，建立相应的标准化日常管理机构，配置相应人员；确定各职能部门、生产部门的标准化工作组和工作人员，明确职责。

（一）机构

工程建设企业可设立独立的标准化机构和专职标准化人员，也可由相关部门和人员兼任。设立专（兼）职标准化机构和人员可根据企业规模、资源、战略需求等实际情况确定。

企业标准化机构的工作至少包括：

1）贯彻落实标准化法律法规、方针政策、强制性标准中与本企业有关的要求；

2）组织制定并落实企业标准化方针、目标、任务，编制企业标准化规划、计划；

3）组织制定企业标准化管理的有关制度；

4）组织构建企业标准体系，编制企业标准体系表；

5）组织企业标准的制（修）订；

6）组织标准化知识培训和标准宣贯；

7）组织有关标准实施和企业标准体系运行；

8）进行标准化审查；

9）对企业标准化工作开展评价，保持企业标准体系的目标性和适应性。对标准实施情况进行监督检查、对部门的意见和建议进行验证，以及对国家、行业、地方、团体发布的新标准进行分析，提出制（修）订标准的建议，维护标准的有效性、适用性；

10）建立标准化档案，管理各类标准及其他标准化文件；

11）跟踪、搜集、整理国内外标准化信息，并及时提供给使用者；

12）承担参与国家、行业、地方和团体委托的有关标准的制修订和审查工作，参加国内、国际标准化活动。

企业各部门和生产单位的标准化工作至少包括：

1）组织实施企业标准化机构下达的标准化工作任务；

2）组织实施与本部门有关的标准化文件；

3）对新产品、改进产品、技术改造和技术引进，提出标准化需求；

4）对要求做好标准实施的原始记录并根据规定汇总、归档；

5）对发现的问题进行分析并向企业标准化机构提出意见或建议；

6）按标准对员工进行考核、提出奖惩建议。

（二）人员

企业最高管理者或管理者代表的标准化工作至少包括：

1）将标准化工作纳入企业发展战略、经营方针和目标；

2）明确与其相适应的标准化机构、人员以及职责；

3）为标准化工作提供必要的经费、设施等资源保障；

4）对企业标准化工作的开展进行督查；

5）建立调动部门和全员参与标准化工作积极性的激励机制；

6）批准或授权批准企业标准和其他标准化文件；

7）执行与自身职务相关的标准。

工程建设企业专职从事标准化工作的专业人员，既要掌握工程建设领域标准编写的知识，还需具备国家标准化指导性技术文件《标准化专业人员能力　第1部分：企业》GB/Z 40954.1规定的标准化专业人员所需具备的能力，包括宜具备的18种类型的知识、16项技能和20项素质。对于兼职的标准化人员至少具备以下几种能力：

1）熟悉并执行标准化法律法规、方针政策；

2）掌握与业务工作相关的生产、技术、经营及管理状况，具有良好的管理和实践经验；

3）同时具备相应的标准化知识与所从事工作的专业技能；

4）具有相应的语言、文字、口头表达等能力；

5）具有一定的组织协调能力。

第四节　工程建设企业标准实施监督

一、标准实施

标准实施前要确保相关部门和人员能够获悉相应的标准信息，对于标准中有关特定要求（如设计、采购、施工、质量、安全、环保等），要落实到关键岗位人员，保证他们知晓、熟知并熟练掌握。按照标准的要求，记录和保存实施证据，包括设计文件、采购文件、施工文件、记录表/卡、音视频、照片等记录信息和通知、报告、计划等工作文件。这些记录要能反映记录时间、内容和记录人等相关信息。标准实施要连贯有效。

（一）工程建设项目中的标准

工程建设项目中采用的标准一般分为业主标准、项目标准和外部标准。

业主标准是指由业主提供的由业主制定的企业标准。

项目标准是指业主或其授权单位/管理机构对特定的建设项目编制、批准发布的技术标准。

外部标准是指除业主标准、项目标准以外的其他标准，包括国家标准、行业标准、地方标准、团体标准、国际标准和国外标准等。

工程建设企业标准在工程项目中的使用有多种情况。典型的情况主要有：一是受业主委托，基于自身标准体系，由工程建设企业标准编制业主项目标准。二是仅仅在本企业的项目组内自身使用。三是当业主有需要，并形成契约关系，本企业适用的标准直接用于项目中，或者转换成项目标准在项目中执行。

（二）工程建设项目中标准的选择与应用

工程建设企业在大型工程建设项目中，一般将直接使用数千项工程建设标准。这些标准的正确选择与应用是工程技术过程管控的关键之一。有关专著对石化工程项目正确选择与应用工程建设标准进行了阐述，其主要内容如下，可供借鉴。

1. 工程项目标准的选择

典型的工程项目标准的选择过程见图6-6。

由图6-6可见，石化工程项目标准的选择，主要包括：

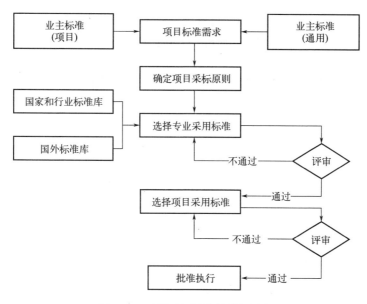

图 6-6　工程项目标准的选择过程

（1）收集信息、分析项目标准需求。收集项目的有关信息，以及业主的项目通用标准和具体项目的标准。

（2）确定项目标准采用原则。一般情况下，国内建设项目应严格执行国家现行的强制性标准，应符合相关的国家标准、行业标准。购买国外专利技术许可的工程项目，与专利技术有关的部分可使用国外专利商提供的标准。国外采购、制造的设备和材料，原则上可采用有关的国际标准、国外先进标准，如国际电工委员会（IEC）、美国石油学会（API）、美国机械工程师协会（ASME）、德国标准化学会（DIN）等发布的标准。但无论何种情况，国内建设项目均应满足我国强制性标准的要求。

（3）编制各专业采用的工程建设标准目录，并收集有关标准文本。各专业根据项目要求，从业主的项目通用标准和项目标准、国家和行业标准库、国外标准库中，编制本专业采用的标准目录。其中，国家和行业标准库、国外标准库一般由工程建设企业层面建档，并实施动态管控，为项目提供正确、有效的相关标准。各专业采用的技术标准，要经过专业评审，保证符合合同要求、项目技术要求，与业主标准、项目标准保持一致，并满足国家和行业标准的要求，尤其要符合国家强制性标准的要求。

（4）编制项目采用的标准目录。根据项目需求和各专业编制的采用标准目录，加以汇总、分析，建立项目采用的标准目录。项目采用的标准目录需经过评审，重点评审其项目符合性、正确性和各专业共性标准的一致性。如果出现不一致，有关专业标准目录需做出相应修改。

2. 工程项目标准的应用

项目标准应用的管控重点是项目标准执行的优先次序、同一事物不同标准的辨识和标准的变更管控。

为确保项目顺利执行，首先要确定项目标准执行的优先次序。不同国家、不同业主的标准执行优先次序可能有所差异。典型的优先次序是，首先严格执行相关的法律法规、国家强制性标准；其次为本项目制定的项目规定、业主标准要优先执行；其后再执行中国的推荐性地方标准、推荐性行业标准和推荐性国家标准（在中国建设项目）以及国际标准和国外先进标准。

需要注意的是，对同一事物可能出现采用两个或两个以上标准的情况，应在标准选择时，明确不同标准的使用原则。一般情况下，应使用专项标准、本行业标准规定的内容；当无法直接判断时，要组织评审或专题研讨会确定。再则，在项目执行过程中，常常会出现国家标准、行业标准的变化，如新增或修订。由于标准的变更可能给工程项目建设带来较大的影响，因此，要与业主或其授权的管理机构在合同中达成一致，明确变更的职责、变更程序等。当项目执行标准已经政府有关部门批准，则将批准时间作为基准时间，其后执行标准发生修订等变化，一般按照"不溯及以往"的原则处理；如需要变更，则按照项目变更程序进行管控。

二、标准监督检查

监督检查内容至少包括：

1）实施标准的资源与满足标准实施要求的符合情况。

2）关键点各项控制措施的完备情况。

3）员工对标准的掌握程度。

4）岗位人员作业过程与标准的符合情况。

5）作业活动产生的结果与标准的符合情况。

6）监督检查要在计划中确定，可采用多种形式进行检查。如可采取定期检查或不定期检查、重点检查或普遍检查等形式，也可与其他管理体系内外审审核相结合；可成立专门的组织，也可由标准化工作机构根据计划安排组织实施；可以采用现场查看与问询、对记录的数据进行核实与分析、运用技术或其他方法进行验证等手段。

7）监督检查结果形成记录或文件，作为考核、改进的依据并进行处置。当标准内容不符合实际需要时，需及时修订和废止；当标准内容符合要求但相关部门执行不力时，需采取措施加强标准的执行力。

三、企业标准的自我声明公开制度

《标准化法》规定，国家实行企业标准自我声明公开和监督制度。工程建设企业对于没有国家标准、行业标准或地方标准的产品、工程建设或服务，要制定企业标准，并实行自我声明公开和监督制度。企业标准在实施之前，无需到行政主管部门备案，而是企业自主在国家建立的统一开放的企业标准信息公共服务平台上发布企业标准信息，完成企业标准自我声明。国家鼓励企业标准通过标准信息公共服务平台向社会公开。

企业标准自我声明公开的内容包括：企业的自我承诺、企业基本信息、标准信息、产品（工程、服务）信息、时间和地点信息。标准信息是指企业生产的产品或提供的工程建设或服务所执行的国家标准、行业标准、地方标准和团体标准的标准名称和标准编号；如果企业生产的产品和提供的工程建设或服务所执行的标准是本企业制定的企业标准，除了公开相应的标准名称和标准编号，还应当公开企业产品、工程建设或服务的功能指标和性能指标。公开标准指标的类别和内容由企业根据自身特点自主确定，包括主要技术指标和对应的检验试验方法，企业可以不公开生产工艺、配方、流程等可能含有企业技术秘密和商业秘密的内容。企业也可选择公开企业标准全文。

第五节　工程建设企业其他标准化管理与活动

一、外部标准管理

工程建设企业在管理和技术活动中除了要遵循企业标准外，还要遵循或采用大量的国家标准、行业标准、地方标准、团体标准以及国际标准、国外标准等外部标准。这些外部标准会成为企业标准体系一部分。确保这些标准的适用性和有效性是企业标准化活动的重要内容。

1. 企业层面外部标准管理

企业需要了解相关标准的发布机构信息，定期或不定期地在发布机构网站上查询和收集标准发布信息。筛选与企业业务有关的标准，在企业内部进行信息发布，提供标准文本供企业员工使用。

外部标准的管理一般由企业标准化管理机构负责管理，由专职人员具体负责。为了保障外部标准收录和应用受控，企业各部门、机构一般均设置固定人员对外部标准进行适用性辨识。企业可以建立一个常用外部标准数据库，对数据库内的外部标准的修改重点关注。外部标准的管理示例见表6-4。

表6-4　外部标准管理示例

步骤	名称	内容
第一步	标准发布信息查询	查询、收集业务相关标准的发布机构网站上查询发布信息
第二步	常用标准数据库已有	信息更新，版本更新； 作废标准移至标准作废库，作为参考文件
	常用标准数据库没有的新标准，进行筛选	与相关部门或专业对接确定企业常用标准，连同标准文本纳入常用标准数据库中

外部标准的数据库运行一段时间后，需要复审，根据业务发展，有的扩大了领域，有的缩小了领域，甚至消失了领域，相应的外部标准数据库就需要补充、减少或取消。

对于外部标准的管理应制定相应的管理规定、工作程序。对于企业配置的纸质标准文本也需要制定管理规定，保证其使用的标准受控、正确。

2. 工程建设项目的外部标准管理

工程建设企业在执行项目中，对项目的外部标准应严格管理。要筛选与项目相适宜的外部标准。要根据不同项目类型、不同项目阶段和不同项目合同对标准的要求，制定外部标准管理规定。尽管由于不同的项目，外部标准管理的要求有差异，但仍有许多共性之处，如工程项目所涉及的强制性标准，以及工程项目所涉及的法律、法规、规章和规范性文件引用的推荐性标准，都必须辨识出来，并在工程项目中执行；对推荐性标准，一般采用相关的推荐性国家标准、行业标准和地方标准，但需对标准的适用性进行甄别，科学采用。对同一标准化对象，存在两个及以上标准的，要进行研究、判断其适用性。国家鼓励应用团体标准，但在工程项目中，应在符合国家标准管理要求的前提下，与业主方（建设单位）协商一致，加以采用。企业对项目外部标准的应用，也需要制定管理规定，保证项目中正确使用外部标准。

二、标准化信息管理

企业应建立标准化信息管理系统或与其他信息化管理系统融合，对标准体系构建、标准制（修）订、标准实施与检查、评价与改进等活动信息进行专项管理。

企业应及时收集、更新相关的国内外标准化信息，进行分析、加工，并结合企业生产、技术、经营及管理的需求转化为标准，更新企业标准体系。

企业应建立标准化信息反馈机制，及时搜集、整理、评审、处置有关标准体系和标准实施过程中的各种标准化信息。

企业应定期对标准化文件进行整理、清理，确保有效、适用。标准化文件包括：

1）企业标准化方针、目标；

2）企业标准体系表与所包含的标准；

3）标准实施及监督检查形成的文件及记录信息；

4）企业标准化工作评价与改进形成的文件记录信息；

5）其他企业标准化文件；

6）采取有效措施开展数据信息安全管理。

三、标准化评价与改进

工程建设企业可对标准体系和标准化工作制定自我评价方案，明确评价范围、评价程序与方法、责任部门、评价周期等内容。评价可以是第一方、第二方的，也可以是第三方进行。第三方评价的标准化工作，将企业评为 A 至 AAAAA 级不等的标准化良好行为企业，并发放证书。企业通过评价，进一步明确差距，进而提出改进措施。改进的内容、措施、方法等可在制（修）订标准中体现，纳入标准体系固化并持续实施。

工程建设企业，尤其是现代大型工程建设企业，应建立自我评价体系。这种体系主要从企业整体管理体系角度进行评价，各分项管理体系是企业整体管理体系的组成部分。如某工程建设公司分为绩效评价和管理体系评价两方面开展自我评价，包括了所有企业整体管理体系、具体分项管理体系和业务过程管理的评价，既是局部的，更是整体的评价与改进。绩效评价又分为企业级和部门级两个层面，企业级主要是企业生产经营指标、客户与合作伙伴的满意度两类的绩效评价；部门级主要是生产经营绩效评价和业务过程绩效评价。业务过程评价是基于企业建立并实施管理体系过程管理基础上。企业标准化活动和标准体系运行均在此过程中进行了评价。该公司的管理体系评审，每年进行一次，针对企业运营管理体系、项目管理体系、技术管理体系（标准化管理体系）、QHSE 管理体系、两化融合管理体系、知识产权管理体系等进行全面评审，全面客观对企业管理体系的适宜性、充分性和有效性做出判断，以推进管理体系的持续改进。同时，该公司按照 PDCA 循环要求，建立持续改进系列制度和程序，保证改进的实施。

四、标准化创新

标准化和创新两者存在着辩证关系，也是复杂的动态关系。从两者的辩证统一关系来看，不仅创新对标准化具有促进作用，同时标准化对创新也具有促进作用，二者可以形成良性互动、共同进步的关系。在标准化对创新的促进作用方面，首先，标准为创新提供了明确的技术基准，使创新成果的评价更趋合理；其次，标准化为创新的成果提炼和实践应用提供了重要的途径；再次，标准化加快了创新的速度。在创新对标准化的促进作用方面，创新是对现有的、落后的标准的突破和提升，是技术和管理的与时俱进。

以川气东送工程为例，该工程配套建设的天然气净化厂的一期工程处理能力为 $120 \times 10^8 \mathrm{m}^3 / \mathrm{a}$，$H_2S$ 含量高达 14% ~ 18%（体积分数），有机硫的含量为 300 ~ 600mg/m³（标准状况）。这样的高含硫天然气在国内外实属罕见。由于我国天然气净化规模小，缺乏大规模高硫天然气净化脱硫制硫的经验，也没有形成天然气净化厂工程建设项目的标准体系。通过研究现行的国家标准、石油天然气行业标准、石化行业标准及国外标准发现，这些行业、专业的标准交叉多而复杂，有的甚至互相矛盾。经过反复论证，从中筛选出适合该项目的标准共计 522 项，形成了较为完善的项目标准体系，制定了项目的技术统一要求，为项目的顺利开展提供了有力的技术保证。在此过程中，技术创新与标准化创新同步进行。如经论证，拟采用的硫黄工艺生产的硫黄产品不能证明符合现有硫黄的分类、燃烧和爆炸性能，也缺乏大规模固体硫黄储存输送的设计标准，为此，迅速开展该工艺条件下硫黄性能等实验研究，开展散装硫黄储存相仿关键技术研究，取得成果。经过实际运行考验，并在总结运行经验基础上，完成了石油化工行业标准《固体工业硫黄储存输送设计规范》SH/T 3175—2013 的编制工作。科技成果成为了 2012 年度国家科技进步奖特等奖项目"特大型超深高含硫气田安全高效开发技术及工业化应用"的重要组成部分。

在绿色低碳、高质量发展的目标下，工程建设企业面临工程项目新工艺的工程转化与工程化，新技术、新设备、新工艺和新材料大量应用，标准化设计和采购、模块化建造、数字化和智能化建设等带来了工程技术创新和标准不足的诸多挑战。一方面企业要发挥技术、资金、人才等优势和作用，推进产、学、研协同创新，加快形成科研成果。另一方面，加强开展标准化创新工作，要在技术开发的同时规划标准化工作，制定标准制修订计划，促进科技成果快速转化为现实生产力，提高企业经济效益，增强企业的竞争力。在此过程中，不断创新管理体制、机制和方法，形成新的管理标准，推动标准化创新工作持续发展。

五、企业参与国内外标准化活动

1. 承担国家标准、行业标准、地方标准、团体标准的制（修）订工作

工程建设企业是各类工程建设标准制（修）订的主体。企业积极主动承担工程建设标准的制（修）订工作，既可获得更多的外部信息，又可将企业的优势技术转化成标准，增加本企业核心竞争力。

企业应根据自身情况，及时关注相关国家标准、行业标准、地方标准和团体标准的制

（修）订信息，评估参与各类标准制（修）订的可能性和对公司发展的推进作用，对团体标准的影响力、政府预期、政策采信的可能性进行评估，确定参与方式。企业也可根据企业发展战略主动提出标准立项申请。

2. 参与标准化试点示范

标准化试点示范是标准落地实施的重要方式和手段。标准化试点是指在特定领域运用标准化原理和方法，为规范生产、经营服务、管理活动，促进转方式、调结构，探索新型标准化模式和方法。标准化示范是指将特定领域标准化工作（含试点）中取得的成功经验，在行业内推广，充分发挥示范的引领、辐射和带动作用。

企业通过参与标准化试点示范，可不断增强全体员工的标准化理念，促进标准实施与持续改进，提高产品质量、工程质量、服务质量和管理水平，提升企业知名度和竞争力。

标准化试点示范主要开展下列工作：

（1）建立标准化试点示范项目创建机构，确定组织、明确职责。

（2）制定实施计划、方案，明确目标、进度、措施等内容。

（3）收集、制定相关标准，构建标准体系，组织实施标准，并按进度推进标准化试点项目的其他工作。

（4）根据实施进度，进行项目中期评估，及时改进存在的问题。

（5）在项目期限到达前，按照项目要求进行自我评价，形成自我评价报告并将其纳入确认申请资料，申请确认验收。

各级政府、行业会定期或不定期地组织开展标准化试点示范项目。企业可根据生产、经营自身特点，分析试点示范项目的目的、任务及达到的预期效果，评估项目对企业品牌建设、管理水平提升的作用性和企业开展的适应度。根据分析和评估结果自愿申报。

标准化试点示范项目申报、建设及验收一般工作流程如图6-7所示。

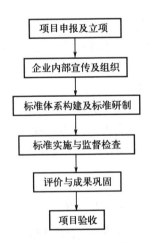

图6-7 标准化试点示范工作流程示意

3. 参与国内标准化技术委员会活动

工程建设企业通过参与国内标准化技术委员会活动，可以及时获得有关标准制（修）

订信息、技术发展动向，助推企业技术水平和管理水平的提升，提高企业市场竞争力。

了解国内标准化技术委员会设置情况，从相关标准技术委员会获取信息。根据收集的信息结合企业人才、技术、资金等情况，确定参与标准化技术委员会活动的方式和内容。参与方式和内容如下：

（1）担任标准化技术委员会、分技术委员会、工作组委员或成员。

（2）承担标准化技术委员会、分技术委员会秘书处、工作组工作。

（3）参加标准化技术委员会、分技术委员会、工作组组织的交流、论坛等活动。

4. 参与社会团体组织标准化活动

企业通过参与社会团体标准化活动，可及时获得相关行业信息，提升技术、管理和标准化水平，并能促进企业在社会团体组织中的影响力。因此，企业应及时关注各级标准化协会、相关行业协会等社会团体组织开展的标准化活动信息，根据收集的信息结合企业人才、技术、资金等情况，确定参与社会团体组织标准化活动的方式和内容，一般可参与以下几方面的活动：

（1）参加标准化知识培训、标准宣贯。

（2）参加标准化学术研讨会、标准化论坛等活动。

（3）参加标准化优秀论文、优秀科普作品评选活动。

（4）通过社会团体组织同国外标准化组织开展交流与合作。

5. 采用国际标准或国外先进标准

企业应根据需要和国内外市场需求，检索和收集相关国际标准和国外先进标准，了解、分析标准所承载的先进技术，评估采标的必要性和可行性，结合国情、企情采用国际标准或国外先进标准。

为了减少技术性贸易障碍，快速适应国际贸易的需求，提高产品（服务）质量和技术水平，企业标准一般使用等同采用或修改采用国际标准或国外先进标准。当满足拓宽贸易市场的需要，直接采用国际标准或国外先进标准时，一定要妥善处理可能涉及的知识产权等事宜。

6. 参与国际标准化活动

工程建设企业要主动积极参与国际和国外标准化活动，开展标准化对外合作与交流。对于国际型工程建设企业，更要积极参与国际标准化活动，推动标准国际化和标准"走出去"战略的实施。

（1）企业参与国际标准化活动的原则和目的。

根据《国家标准化发展纲要》的总体思路，配合我国技术标准战略的实施，通过推动企业积极参与国际标准化活动，提高我国在国际标准化舞台上的竞争力，提升我国在国际标准化组织的地位，扩大我国的国际影响；提高我国实质性参与国际标准化活动的水平和能力，实现我国国际标准化工作的跨越式发展，促进我国标准化活动与国际惯例接轨，力争使我国的国际标准化活动水平接近和达到世界水平；努力发挥国际标准化活动对我国标准化工作和对外贸易的重要作用；在国际标准制定中反映和保护我国的利益，为我国的经济和贸易发展做出贡献。

企业通过参与国际标准化活动，对企业自身做大做强具有重大作用：

1）可获得有关国际标准制（修）订信息、技术发展动向，进行国家交流与合作，提高企业技术水平和管理水平，加速企业发展；通过参与国际标准起草，可将企业技术创新成果纳入国际标准，引导国际技术的发展，使企业科技成果产业化、国际化、提高企业的声誉和国际竞争力。

2）可以对需要制定的国际标准、制修订中的国际标准以及实施中的国际标准，及时提出意见和提出议案，反映企业的意见和国家的要求，争取将意见和要求，纳入国际标准，以维护我国企业和国家的利益。

3）可以参加很多讨论国际标准的技术会议，可以获得有关国际标准制定、国际标准化发展动向的资料，从而能够获得大量国际标准化活动的信息。这对企业发展、技术创新，都是十分宝贵的财富。

4）可以结识很多技术专家，特别是本行业的技术专家。这有利于企业广交朋友，加强友谊，开拓视野；有利于企业在国际上加强交流，开展合作；有利于企业提高技术水平和管理水平，加速发展。

（2）参与国际标准化活动的方式。

1）通过承担 ISO、IEC 的国内技术对口单位的方式直接参与国际标准化活动。

国内技术对口单位是经国家标准化行政主管部门批准，承担参与 ISO、IEC 相应 TC、SC 国际标准化工作的国内机构。国家鼓励企业积极承担 ISO、IEC 的国内技术对口单位工作。企业可以向国家标准化行政主管部门提出承担 ISO、IEC 的国内技术对口单位的申请。经批准同意后，企业可以以 ISO、IEC 国内技术归口单位的身份，按照国家的有关规定直接参与国际标准化活动。

2）通过现有的 ISO、IEC 国内技术对口单位间接参与国际标准化活动。

目前，绝大多数 ISO、IEC 的技术机构在国内都设有相应的技术对口单位，企业有意愿参与相关 ISO、IEC 技术领域的活动时，可以登录国家标准化管理委员会网站（www.sac.gov.cn）查询 ISO、IEC 国内技术对口单位的信息。如果该技术领域国内已设有技术对口单位，企业需向相应 ISO、IEC 国内技术对口单位提出参与有关国际标准化活动的申请。在国内技术对口单位对相应国际标准化活动的统一组织管理下，经报国务院有关行政部门、国家标准化行政部门批准，企业即可实质性参与国际标准化活动，如参加相关国际会议、提名国际标准制修订注册专家和提交国际标准新工作项目提案等。

（3）参与国际标准化活动内容。

参与国际标准化活动内容具体包括：

1）担任 ISO、IEC 以及其他国际专业技术组织管理机构的官员或委员。

2）担任 ISO、IEC 以及其他国际专业技术组织技术委员会（含项目委员会）和分委员会等的主席和秘书处；以积极成员或观察成员的身份参加技术委员会或分技术委员会的活动。

3）主持或参加国际标准制（修）订工作，担任工作组召集人或注册专家。

4）提出国际标准新工作领域提案和国际标准新工作项目提案。

5）跟踪研究 ISO、IEC 以及其他国际专业技术组织的工作文件，提出投票或评议意见。

6）参加或承办 ISO、IEC 以及其他国际专业技术组织技术委员会的会议。

7）参加和组织国际标准化研讨会和论坛等活动。

8）开展与各区域、各国的国际标准化合作与交流。

9）其他国际标准化活动。

本 章 小 结

本章运用标准化理论，结合工程建设特点，突出工程建设企业标准化最新实践，比较系统阐述了工程建设企业标准化工作。

本章介绍了工程建设企业标准化的基本原则、任务、地位、作用及其特点，开展标准化活动的主要内容，给出了工程建设企业标准化的定义，介绍了国内外工程建设企业标准概况，典型企业标准体系及其基本构成、特点，以及工程建设中的作用案例。

本章阐述了工程建设企业标准体系构建的原则，并给出了国内某典型工程公司标准体系构建案例及其经过 20 年余来形成的较为详细的标准体系结构。

本章从标准制（修）订程序、标准编写基本要求、管理机构和人员等介绍了工程建设企业标准的制定和管理。归纳了工程建设中应用的业主标准、项目标准和外部标准三种类，重点从工程建设项目中标准的选择过程与应用中的标准管控两个维度阐述了工程建设企业标准的实施，并介绍了监督的要求。

本章介绍了工程建设企业外部标准的管理、企业标准信息化管理、标准化评价与改进、标准化创新、参加外部标准制修订工作、积极参与国际（国外）标准化活动等企业标准化内容。还介绍了工程建设企业内部的标准管理机构的任务和职责，标准化管理人员需要具备的能力等。

参 考 文 献

［1］李春田，房庆，王平 . 标准化概论［M］. 第 7 版 . 北京：中国人民大学出版社，2022.

［2］沈同，邢造宇，张丽虹 . 标准化理论与实践［M］. 第 2 版 . 北京：中国计量出版社，2010.

［3］褚波，宋婕 . 论国内外工程建设标准体系［J］. 工程建设标准化，2015（06）：54-57.

［4］杨元一 . 中国石化标准化战略和标准体系［J］. 中国石油和化工标准与质量，2008（12）：3-6.

［5］周家祥 . 中国石化工程建设标准国际化工作的探索与实践［J］. 中国勘察设计，2019（2）：38-45.

［6］秦文灿 . SEI 瞄准国际目标建立三大标准体系创新精细化管理战略的新启示［J］. 企业管理，2006（4）：37-40.

［7］卢有杰，王勇译 . 项目管理知识体系指南［M］. 第 7 版 . 北京：电子工业出版社，2022.10.

［8］孙丽丽 . 石油化工工程整体化管理与实践［M］. 北京：化学工业出版社，2019.

［9］刘纳 . 标准化和创新的辩证关系探析［J］. 技术与创新管理，2014（6）：590-583.

［10］住房和城乡建设部标准定额司 . 工程建设标准编制指南［M］. 北京：中国建筑工业出版社，2009.

［11］浦立平，何伟 . 企业标准体系建设研究［J］. 航天标准化，2017（4）：30-36.

第七章 工程建设标准的编写

第一节 概　　述

一、充分重视工程建设标准的编写

标准文本作为沟通标准编制者与执行者之间的"桥梁"和"纽带"，各国标准化机构对编写标准的格式、内容构成和文字表达都非常重视，赋予了标准统一的编号，使标准成为了一种特定形式的技术文件。因此，标准文本在编写体例和文字表述方法上，就显得非常重要。各国以及国际标准化组织（ISO）和国际电工委员会（IEC）对标准的编写制定有专门的标准，而且根据需要不断地对这些标准进行补充、修订和完善。例如，德国标准按照《标准化》DIN 820 的要求编写；英国标准按照《标准的标准——标准化原则》BS 0 的要求编写；日本工业标准按照《日本工业标准规划和起草规则》JIS Z 8301 的要求编写。我国标准化行政主管部门对标准的编写也非常重视，把标准的编写要求始终作为国家的 1 号标准。1 号标准经历了 1987 年版、1993 年版、2000 年版、2009 年版、2020 年版，并不断进行修订、补充和完善。目前执行的版本是《标准化工作导则　第 1 部分：标准化文件的结构和起草规则》GB/T 1.1—2020。

我国工程建设标准化主管部门，在加强工程建设标准化管理的同时，往往都把加强工程建设标准的编写，放在重要位置来抓。1963 年初，国家计委首次颁布的有关工程建设标准管理工作的三个文件中，有两个是关于标准编写的要求，即《关于设计、施工技术标准规范的幅面与格式统一规定的通知》《关于设计、施工规范中文字符号的采用和做好有关标准规范之间"对口"工作的通知》；1980—1987 年，国家建委、国家计委颁布的有关工程建设标准管理的规范性文件中，许多都直接涉及标准的编写，例如，1980 年 1 月颁布的《工程建设标准规范管理办法》，其中专门规定"标准的幅面、格式、用词、用语、符号、代号和编号等，应按《关于工程建设标准规范管理工作的若干具体规定》执行"。此外，还有《关于在工程建设标准规范中采用国际标准的几点意见》《关于组织翻译国外工程建设标准定额和有关资料的通知》《关于在工程建设标准规范中采用法定计量单位的通知》《关于工程建设标准规范条文说明编写和出版发行问题的若干规定》等。1991 年，建设部印发了《工程建设技术标准编写暂行办法》及《工程建设技术标准编写细则》。1996 年，建设部在修改《工程建设技术标准编写暂行办法》的基础上，印发了《工程建设标准编写规定》和《工程建设标准出版印刷规定》（建标〔1996〕626 号）。2008 年，住房和城乡建设部组织对 1996 年的《工程建设标准编写规定》进行了修订，并于 2008 年 10 月 7 日发布。

继住房和城乡建设部发布《工程建设标准编写规定》后，工程建设领域其他行业标准化主管部门，结合自身建设的特点，陆续颁布或修订了本部门的编写规定。例如，水利部修订了行业标准《水利技术标准编写规定》SL 1，交通运输部发布了行业标准《公路工程行业标准编写导则》JTG 1003，中国民用航空局发布了行业标准《民航工程建设行业标准编写规范》MH/T 5045 等。

随着标准化改革的深入，团体标准快速发展，很多社会团体开始制定团体标准，并出台了相应的团体标准编写规定。例如，中国公路学会于 2018 年 6 月发布了《中国公路学会标准编写规则》T/CHTS 10001—2018，用以作为编写中国公路学会团体标准的依据。中国工程建设标准化协会于 2021 年 12 月发布了团体标准《工程建设标准编写导则》T/CECS 1000—2021，以指导工程建设团体标准的编写。

各标准化管理部门与机构如此重视标准的编写工作，充分说明了标准编写在标准化工作中的重要地位。实际上，标准质量的好坏、水平的高低，除了标准应按规定的原则和程序，准确反映实践经验和科技成果，标准内容体现先进性、合理性、适用性外，标准的编写质量和水平也是重要方面。因此，在制定或修订标准时，重视标准的编写工作，严格按照标准编写的有关规定执行，是标准化高质量发展的应有之意。

二、工程建设标准编写原则

（一）全文强制性工程规范

全文强制性工程规范编写应符合下列基本原则：

1）规范内容要符合改革和完善工程建设标准体系精神，突出项目的建设目标、规模、布局、功能、性能要求，各项规定要与法律法规保持一致，并与国家和行业的重点工作相协调。

2）项目的建设目标、规模、布局要尽量体现城乡一体化发展的要求，成为工程建设规划、设计的基本依据。功能、性能规定要突出结果导向性，合理确定关键技术指标和关键技术措施。

3）规范中技术措施应当严格限制在保障人身健康和生命财产安全、生态环境安全、工程质量安全、公众权益和公共利益，以及促进能源资源节约利用等方面的控制性底线要求。

4）规范应当结构合理、逻辑清晰、层次分明，设定的技术指标及措施应当依据充分、来源可靠并经科学验证，与相关规范的界限清晰、内容衔接，编写体例保持一致。

5）在编写全文强制性工程规范时，应收集现行相关标准的强制性条款，做到该强制的不遗漏。

（二）推荐性工程建设标准

推荐性工程建设标准的编写应遵循下列原则：

1）必须贯彻执行国家的有关法律、法规和方针政策，密切结合自然条件，合理利用资源，充分考虑使用和维修的要求，做到安全适用、技术先进、经济合理。

2）对需要进行科学试验或测试验证的项目，应当纳入各级主管部门的科研计划，认真组织实施，写出成果报告。经过行政主管部门或受委托单位鉴定，技术上成熟、经济上合理的项目方可纳入标准。

3）积极采用新技术、新工艺、新设备、新材料，在纳入标准之前，应有完整的技术文件，经实践检验且行之有效。

4）积极采用国际标准和国外先进标准，经过认真分析论证验证或测试验证，并符合我国国情的，方可纳入标准。

三、工程建设标准编写与产品标准编写的不同

由于工程建设标准所具有的特殊性，其反映在工程建设标准上主要就是内容广、层次多、结构繁，同时也考虑工程建设标准编写、使用便利性等的传统要求，因此，1991 年 4 月，在建设部与国家质量技术监督局共同就工程建设国家标准发布等问题签发的商谈纪要中，专门对工程建设标准的编写做出了明确的规定。根据"商谈纪要"，建设部于 1991 年年底印发了《工程建设技术标准编写暂行办法》，1996 年底正式印发了《工程建设标准编写规定》，之后修订的《工程建设标准编写规定》版本也沿用了这些特殊规定。工程建设标准基于其内容的复杂性和使用的方便性，目前，其编写要求按照《工程建设标准编写规定》（建标〔2008〕182 号）执行。

针对工程建设标准与产品标准编写的不同，主要归纳为以下几个方面：

1. 依据不同

在我国，工程建设标准和产品标准的编写执行不同的依据。工程建设标准编写主要根据住房和城乡建设部规范性文件《工程建设标准编写规定》（建标〔2008〕182 号）。虽然有些部门也制定了本行业内标准的编写要求，但是其工程建设标准的体例格式和《工程建设标准编写规定》也相差无几。

产品标准主要依据的是《标准化工作导则　第 1 部分：标准化文件的结构和起草规则》GB/T 1.1—2020。

2. 幅面尺寸不同

为了工程技术人员在现场携带方便，工程建设标准幅面采用的 1/32 开本（A5），印刷装订尺寸为：140mm×203mm；而产品标准幅面采用的是 1/16 开本（A4），印刷装订尺寸为 210mm×297mm。

3. 标准名称结构不同

工程建设标准采用的是"标准对象+用途+特征名"的结构，特征名为"标准""规范""规程""导则""指南"等。例如，混凝土结构（对象）+设计（用途）+规范（特征名）。而产品标准采用的是"引导元素（可选）+主体元素（必备）+补充元素（可选）"的结构。主体元素表明标准化对象，引导元素表明标准化对象所属的领域，补充元素表明标准化对象的特殊方面，或者给出区分某标准与其他标准的信息或细节。如装配式建筑用（引导元素）墙板（主体元素）技术要求（补充元素）。

4. 层次划分和编排格式不同

工程建设标准和产品标准的层次划分和编排格式见表 7-1。

表7-1 工程建设标准和产品标准的层次划分和编号形式对比

项目	工程建设标准					产品标准			
层次划分	章	节	条	款	项	章	条	段	列项
编号形式	5	5.1	5.1.1	1	1)	5 5.1 5.1.1 5.1.1.1 5.1.1.1.1 5.1.1.1.1.1 （最多可为五层）		无编号	列项符号： —— · 列项编号： a) b) c) 1) 2) 3)
编排格式	章、节居中；条顶格；款缩进两格；项在上一层级再缩进两格					章、条顶格；段空两字起排，第一层次列项空两字起排，第二层次列项空四字起排			

5. 标准构成不同

工程建设标准和产品标准在结构形式和内容构成上也不同，见表7-2。

表7-2 工程建设标准和产品标准的结构形式和内容构成对比

工程建设标准	产品标准
• 封面 • 扉页 • 公告 • 前言 • 目次 • 英文目次 • 正文 1 总则 2 术语和符号（可无） 3 基本规定（可无） 4 技术内容 • 附录（可无） • 本标准（规范、规程）用词说明 • 引用标准名录 • 条文说明	• 封面 • 目次 • 前言 • 引言（可无） • 正文 1 范围 2 规范性引用文件 3 术语和定义 4 产品分类 5 技术要求 6 …… • 规范性附录（可无） • 资料性附录（可无） • 参考文献（可无） • 索引（可无）

6. 用词和条款的要求不同

除适用范围和术语章节外，工程建设标准条文一般都是规定性条款，需要采用标准四级程度用词，原则不采用陈述性条款，也不允许有模棱两可的语言，如"原则上、尽可能、尽量、参见、一般"等词。最严格的程度用词是"必须""严禁"；而产品标准条款分为：要求型条款、指示型条款、推荐型条款、允许型条款、陈述型条款。要求型条款要求满足条款，采用"应"和"不应"；指示型条款表示在规程或试验方法中直接指示的条款；推荐型条款表示推荐或指导的条款，采用"宜"和"不宜"；允许型条款表示同意或许可（有条件）去做某事的条款，采用"可"和"不必"；陈述性条款表示阐述事实或提供信息的条款，可采用"能"和"不能"。

7. 引用标准不同

工程建设标准将正文中所引用过的标准单独列为"引用标准名录"，列于标准技术内容后，作为标准的补充部分。引用标准名录的格式采用先写标准名称，再写标准编号。引用标准名录排序按先工程类标准后产品类标准、先国家标准后行业标准，按照标准编号的顺序，升序排列。

而产品标准将标准中规范性引用的文件列为"规范性引用文件"，由引导语和文件清单组成，单独成章，设置为文件的第 2 章。规范性引用文件格式采用先写标准编号，再写标准名称。规范性引用文件清单中应先国内标准、国内文件，后国际标准、国际文件。

8. 附录作用不同

工程建设标准中的附录和正文具有同等效力。而产品标准中的附录可分为规范性附录和资料性附录。规范性附录和工程建设标准作用相同，与正文一样具有同等效力；资料性附录中给出对理解或使用标准起辅助作用的附加信息，起参考作用。

另外，工程建设标准和产品标准的编写还有一些具体要求也有所不同，例如，工程建设标准后面附条文说明，而产品标准后面是不附条文说明，但是可附参考文献和索引。工程建设标准的表注在表格外面，而产品标准的表注在表格里面；工程建设标准的条、款不设置条名、款名，而产品标准允许有条名；工程建设标准的图、表、公式的编号是和条文相对应的，而产品标准中的图、表、公式的编号与章、条无关，按整个标准流水顺序编号等。

第二节 标 准 构 成

工程建设标准一般由前引部分、正文和附录部分、补充部分和条文说明部分四部分构成，每一部分又由若干内容组成（见表7-3）。虽然条文说明不具有法律效力，但是工程建设标准在编写时为了便于工程技术人员正确理解和把握标准条文的意图，一般需要同时编写条文说明，并和正文一起出版。因此本书把条文说明也作为标准的一部分。

表7-3 标准构成部分及其组成内容

序号	标准构成部分	组成内容（按顺序依次列出）
1	前引部分	封面、扉页、公告、前言、目次
2	正文和附录部分	总则、术语和符号（代号、缩略语）、技术内容、附录[①]
3	补充部分	标准用词说明、引用标准名录
4	条文说明部分	制修订说明、条文说明目次、条文说明、参考文献[②]

注：①《工程建设标准编写规定》中将附录作为补充部分内容，但附录本身内容是作为正文的一部分，只是由于篇幅关系，把它列入附录。因此本书将附录和正文部分归为同一部分，而不列入补充部分。

②《工程建设标准编写规定》中并没要求把参考文献作为条文说明的一部分，但是在编写标准过程中，有时确实会参考相关资料，本书认为有必要在条文说明中列出参考文献，以向读者提供必要的信息资源。

一、前引部分

（一）封面

工程建设标准的封面一般包括标准类别、检索代号、分类符号、标准编号、标准名称、英文译名、发布日期、实施日期、发布机构等。有些标准还包括备案号。有些团体标准不包括检索代号和分类符号以及发布日期和实施日期，有些团体标准封面还包括出版社名称。工程建设国家标准和行业标准封面上的"UDC"代表检索代号，UDC为通用十进制分类法的简称。目前，产品标准已经不采用"UDC"，而采用"ICS"（国际标准分类）和"CCS"（中国标准文献分类）。工程建设国家标准和行业标准封面上的"P"为分类符号，在中国标准文献分类中，"P"代表工程建设类标准。

（二）扉页

工程建设标准的扉页一般包括标准类别、标准编号、标准名称、英文译名、主编部门或机构、批准部门或机构、施行日期、出版机构及出版年份等。扉页应注意与封面和公告等文件的一致性。

（三）公告

工程建设标准公告一般包括标题及公告号，标准名称和编号，标准施行日期，强制性标准相关信息，全面修订的标准列出替代标准名称、编号和废止日期等，局部修订的标准用典型用语"经此次修改的原条文同时废止"说明，批准部门需要说明的其他事项。例如，目前全文强制性工程规范在公告中还包括"本规范为强制性工程建设规范，全部条文必须严格执行。现行工程建设标准相关强制性条文同时废止。现行工程建设标准中有关规定与本规范不一致的，以本规范的规定为准"。"本规范在住房和城乡建设部门户网站（www.mohurd.gov.cn）公开""废止的现行工程建设标准相关强制性条文"等信息。

（四）前言

工程建设标准的前言一般包括任务来源，主要工作情况，主要内容，强制性条文或全文强制性工程规范信息，专利信息，标准管理部门和日常管理机构、技术内容的解释单位名称和地址，主编单位、参编单位、主要起草人、主要审查人名单等。前言中应注意涉及专利的信息披露及免责声明。修订的标准尚需列出主要修订内容。对于全文强制性工程规范，前言和工程建设推荐性标准不同，目前主要涵盖以下几方面的内容：构建全文强制性工程规范的"技术法规"体系的意义、关于规范种类、五大要素指标和规范实施的描述，编写全文强制性工程规范时应特别注意和其他标准的不同。对于团体标准的前言，要特别注意专利信息的披露以及批准机构有关专利识别免责的相关描述。

（五）目次

工程建设标准的目次包括中文目次和英文目次。英文目次和中文目次相对应，并在中文目次后另页编排，英文目次页码应与中文目次页码连续。中英文目次均应包括章名、节名、附录名、标准用词说明、引用标准名录、条文说明及其起始页码。条文说明前应加"附:"。中英文目次应注意和正文各章节名称的一致性，英文目次还需注意前后翻译用词的一致性。

二、正文和附录部分

（一）总则

工程建设标准的总则一般包括标准编制目的、适用范围、共性要求、执行相关标准的要求等。全文强制性工程规范的总则包括编制目的、适用范围、应遵循的基本原则或达到的目标、合规性判定等。总则中应注意以下几个方面：

（1）总则不分节，按编制目的、适用范围、共性要求、执行相关标准的顺序依次编写。

（2）适用范围可以明确不适用的范围，但不能规定参照执行的要求。

（3）标准的共性要求不是每项标准必须具备的，而是根据具体情况确定。当共性要求超过3条时，可单设"基本规定"一章。

（二）术语和符号（代号、缩略语）

术语和符号（代号、缩略语）一章不是每项标准都必须具备的，而应根据条文和需要确定。当标准中只有术语或只有符号（代号、缩略语）时，章名可简化为"术语"或"符号（代号、缩略语）"。在编写本章时，应注意以下几个方面：

（1）当标准中存在两个以上（含）术语或符号（代号、缩略语）时方可设为一章，如只有单条术语或符号（代号、缩略语），是不需要设置此章的。

（2）术语和符号（代号、缩略语）应是标准正文中出现的。

（3）同一术语或符号（代号、缩略语）在标准中始终表达同一概念。

（4）术语应包括术语名称、定义或涵义、对应的英文译名。

（5）当中文名称很长时，可以采用通用的缩略语来表示。

（6）当符号（代号、缩略语）较多时，应对其进行归类，分组进行说明。

（7）符号（代号、缩略语）应符合国家现行相关标准的要求。

（8）符号（代号、缩略语）的排列一般遵循"先英文后希（腊）文"的原则，并按字母顺序进行编排。

（三）技术内容

工程建设标准的技术内容是一个标准的重中之重，一本标准的好坏，很大程度取决于标准技术内容编写的好坏，因此应该特别重视它的编写。为了保证工程建设标准的质量，使标准的执行者能够方便使用、正确理解和准确执行标准的规定，必须对技术内容的编写在格式、表达、用词等方面进行统一。工程建设标准技术内容的编写应符合下列要求：

（1）标准条文中应规定需要遵循的准则和达到的技术要求以及采取的技术措施，不应叙述其目的、原因或理由。

（2）标准条文中，定性和定量应准确，并应有充分的依据。

（3）纳入标准的技术内容，应成熟且行之有效，不成熟的内容，不得纳入标准。

（4）标准之间不得相互抵触，相关的标准应协调一致；不宜将其他标准的正文和附录作为本标准的正文和附录。

（5）标准的构成应合理，层次划分应清楚，编排格式应符合统一要求。

（6）标准的技术内容应准确无误，文字表达应简练明确、通俗易懂、逻辑严谨，不得模棱两可。

（7）标准的条文应根据技术要求和严格程度，准确使用"标准用词"。

（8）同一术语或符号应始终表达同一概念，同一概念应始终采用同一术语或符号。

（9）标准条文中的公式只给出最后的表达式，不列出推导过程。

（四）附录

附录实际上是正文的一部分，只是由于篇幅过大而把它单列出来，其内容具有和正文同等的效力。值得注意的是，附录一定要被正文条文所引用。在编写标准附录时，应注意以下几方面：

（1）附录的层次划分和编号方法与正文相同。但附录的编号应采用大写正体英文字母，从"A"起连续编号，并写在"附录"两字后面。附录号不得采用"I""O""X"三个字母。

（2）附录应按在正文中出现的先后顺序依次编排。附录应设置标题。每个附录应另页编排。

（3）当附录中仅为一个表时，不应编节、条号，应在附录前加"表"字编号。例如，附录 A 为一个表，其编号为"表 A"。

三、补充部分

（一）标准用词说明

目前，除全文强制性工程规范外，在现有的工程建设标准中一般都列出"本标准（规范、规程）用词说明"，对表示严格程度的典型用词进行说明。"本标准（规范、规程）用词说明"一般采用以下模式：

1 为便于在执行标准（规范、规程）条文时区别对待，对要求严格程度不同的用词说明如下：

1）表示很严格，非这样做不可的：

正面词采用"必须"，反面词采用"严禁"；

2）表示严格，在正常情况均应这样做的：

正面词采用"应"，反面词采用"不应"或"不得"；

3）表示允许稍有选择，在条件许可时首先应这样做的：

正面词采用"宜"，反面词采用"不宜"；

4）表示有选择，在一定条件下可以这样做的，采用"可"。

2 条文中指明应按其他有关标准执行的写法为："应符合……的规定"或"按……执行"。

（二）引用标准名录

在编写引用标准名录时，应着重注意引用标准编入的范围、标准的排列层次、同一层次标准的排列顺序，具体应注意以下几个方面：

（1）工程建设标准正文中引用的标准编入引用标准名录，条文说明中引用的标准不编入。

（2）引用标准名录按国家标准、行业标准、团体标准层次列出。

（3）当每个层次有多个标准时，按先工程建设标准后产品标准，依标准字母顺序和标准编号顺序排列。

（4）对于全文强制性工程规范，目前不列引用标准名录。

四、条文说明部分

工程建设标准和产品标准的最大区别是工程建设标准包含条文说明，条文说明和正文一起印刷成册。虽然条文说明不具有法律效力，但可以帮助使用者正确理解和把握标准正文的意图。条文说明是对正文的解释，其解释的范围包括：标准条文规定的目的、理由、依据、以及一些上下限的取值条件、相关标准的信息、标准用词用语的涵义等事项。

在编写条文说明时，应把握以下几个原则：

1）当正文条文内容简单明了、易于理解无需解释时，可不写条文说明。

2）条文说明不得对标准条文的内容做补充规定或加以引申，也不得与正文内容重复。

3）条文说明中不得写入涉及国家保密的内容和保密工程项目的名称、厂名等。

4）条文说明中也不得写入有损公平、公正原则的内容，如不得以任何形式为有关产品、企业做广告或变相宣传。

针对具体条文说明的编写，应符合以下要求：

1）条文说明应采用叙述性语言，表述应严谨明确、简练易懂，具有针对性。

2）条文说明的章节标题和编号应与正文相同，对于没有条文说明的章、节或附录，可不在条文说明及其目次中列出。

3）条文说明的条号应与正文条号相一致，无需说明的条文，其条文号不再写出，当内容相近的相邻条文可合写条文说明，其编号可采用"～"简写，例如：4.2.1～4.2.3。

4）对修订或局部修订的标准，其修改条文的说明应作相应修改，并对新旧条文进行对比说明。未修改的条文宜保留原条文说明，也可根据需要重新进行说明。

5）条文说明的表格、图和公式编号，可分别采用阿拉伯数字按流水号连续编排，也可在本章内分别采用阿拉伯数字按流水号连续编排，注意这与正文的编号有所不同。

6）条文说明的内容不得采用注释。

第三节　标准的结构层次

一、标准的层次划分

标准的正文应按章、节、条、款、项划分层次，并应按先主体、先共性的原则，进行同一层次的排序。其中，章是标准的分类单元，节是标准的分组单元，条是标准的基本单元，标准的规定主要在条的内容中反映。一条应当只表达一个具体内容，当一个具体内容的层次较多时，可细分为款，款也可分为项。标准附录的层次划分与标准的正文层次划分相同，即一个附录可作为一章来对待。标准编写中不得出现独节、独条、独款、独项。章与节之间、节与条之间不得出现无编号的悬置段。

工程建设标准层次划分的主要特点有：

（1）章和节必须设置标题。

（2）条、款、项不得设置标题。

（3）条文中的公式、图、表的编号都以条号为基础。

（4）条所涉及的内容是一个独立单元，款、项是条所派生出的层次，其目的是更清晰地表达条的规定。

二、标准的层次编号

标准的章、节、条编号采用阿拉伯数字，层次之间加圆点分开，如：第三章第一节第二条的编号为"3.1.2"等。章的编号在一个标准内自始至终连续；节的编号在所属章内连续，当章内不分节时，条的编号采用"0"表示；条的编号在所属的节内连续。款的编号采用阿拉伯数字表示，项的编号采用带右半括号的阿拉伯数字表示。款的编号在所属的条内连续，项的编号在所属的款内连续。层次划分及编号示例见图7-1。

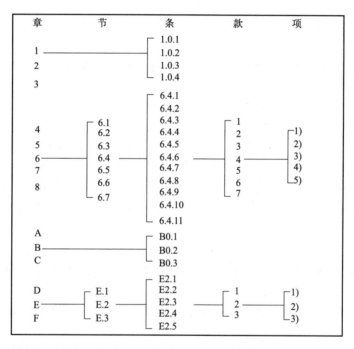

图7-1 层次划分及编号示例

附录的层次划分和编号方法与正文相同。附录的编号采用大写正体拉丁字母，从"A"起连续编号，但不得采用"I""O""X"三个字母，编号应写在"附录"两字之后，其他层次的编号要求与标准的正文相同。如附录A第二节第四条，其编号应当为"A.2.4"。

第四节　其他具体编写要求

一、引用标准

引用标准的目的是避免标准之间的重复和矛盾，简化标准的编写工作，方便标准资料收集，减少不必要的编辑性加工和修改，防止重复写出被引用标准的内容而引起不必要的差错。但是在引用标准时应注意以下几个方面：

（1）在工程建设标准中，因受自然地理气候、技术经济水平、标准文本流通等的影响和限制，故在编写工程建设标准时，不得简单引用国际标准或国外标准的名称和编号，应将采纳的相关内容结合我国的具体情况，提出适合我国国情的规定作为标准条文。

（2）当标准中涉及的内容在有关的标准中已有规定时，宜引用这些标准代替详细规定，不宜重复被引用标准中相关条文的内容。

（3）对特定引用，条文中引用的标准在其修订后发生改变或不再适用，应指明被引用标准的名称、代号、顺序号、年号，例如：《××××××》GB 50×××—2023；对一般引用，标准条文中被引用的标准在其修订后仍然适用，应指明被引用标准的名称、代号和顺序号，不写年号。例如：《××××××》GB 50×××。

引用标准主要有五种形式，现将其引用的典型用语归纳如下：

（1）单独引用国家标准，采用"……应符合现行国家标准《××××》GB 50×××的有关规定"。

（2）单独引用行业标准，采用"……应符合现行行业标准《××××》JGJ ×××的有关规定"。

（3）单独引用团体标准，采用"……应符合现行×××协会（学会、联合会等）团体标准《××××》T/××× ×××的有关规定"。

（4）同时引用国家和行业标准，采用"……应符合国家现行标准《××××××××》GB 50×××和《××××××××××》JGJ ×××的有关规定"。

（5）同时引用国家和团体标准，采用"……应符合现行国家标准《××××》GB 50×××和现行×××协会（学会、联合会等）团体标准《××××》T/××× ×××的有关规定"。

二、表

标准中表出现的概率很大，包括两种：条文中的表和附录中的表。表所反映的内容，主要有表名、表号、与条文的关系及具体项目等，其编写和编排要求如下：

（1）表应有表号、表名，并列于表格上方居中。表的编号同条文的编号。表名与条文中表述的表名一致。

（2）条文中的表，其编号应按条号前加"表"字编写，列于表名的左边。当一个条文中有多个表时，可在条号后加表的顺序号。例如第5.3.4中的两个表，表的编号应分别为"表5.3.4-1""表5.3.4-2"。

（3）表应排在有关条文的附近，与条文的内容相呼应，并应采用"符合表×××的规定"或"按表×××的规定确定"等典型用语。

（4）表中的栏目和数值可根据情况横列或竖列。表内数值对应位置应对齐，表栏中文字或数字相同时，应重复写出。当表栏中无内容时，应以短横线表示，不留空白。表内同一表栏中数值应以小数点或以"—"等符号为准上下对齐，数值的有效位数应相同。

（5）表中各栏数值的计量单位相同时，应将计量单位写在表名的右方或正下方。若计量单位不同时，应将计量单位分别写在各栏标题或各栏数值的右方或正下方。表名或表栏标题中的计量单位宜加圆括号。

（6）附录中表的编写和编号方法与正文相同。例如，附录 A 中第 A.2.1 条中的两个表，其编号应分别为"表 A.2.1-1""表 A.2.1-2"。

（7）当一个附录中内容仅有一个表时，可不编节、条号，仅在附录编号前加"表"字编号。例如，附录 C 仅有一个表，其编号为"表 C"。但附录名与表名应分别写出。

三、图

按照工程建设标准编写的要求，标准中的图一般不用来做规定，或者说，标准中的图均为示意图，只是对条款的补充说明与示意，其编写要求如下：

（1）图应有图名，并列于图的下方居中。

（2）条文中的图应按条号前加"图"字编号。当一个条文中有多个图时，可在条号后加短线顺序编号，例如第 3.2.2 条中的两个图，其编号应分别为"图 3.2.2-1""图 3.2.2-2"；对几个分图组成一个图号的图，在每个分图下方采用（a）、（b）……顺序编号并书写分图名。

（3）图应排在有关条文后的附近。在条文叙述中用图做辅助规定时，可在有关条文内容之后，采用括号标出图的编号。

（4）附录中图的编写和编号方法与正文相同。例如：附录 B 中第 B.2.1 条的两个图，其编号应分别为"图 B.2.1-1""图 B.2.1-2"。

（5）图中不宜写文字，可标以图注号 1、2、3、…或 a、b、c、…。

四、公式

标准中的公式存在于标准的条文或附录中，由于附录的编排要求与正文相类似，故公式的编排要求都是相同的，主要包括：

（1）条文中的公式应按条号编号，并加圆括号，列于公式右侧顶格。当一个条文中有多个公式时，其编号应在条号后加短线顺序编号，例如第 3.3.2 条中的两个公式，应当分别编号为（3.3.2-1）""（3.3.2-2）"，且几个公式一般采用一个"式中"统一注释。

（2）条文中的公式应居中书写，并应接排在有关条文的后面，与条文的内容相呼应，可采用"按下式计算""按下列公式计算"等典型用语。当只有一个公式时，采用"按下式计算"的典型用语；当有多个公式时，采用"按下列公式计算"的典型用语。

（3）公式中符号的涵义和计量单位，应在公式下方"式中"两字后注释。公式中多次出现的符号，应在第一次出现时加以注释，以后出现时可不重复注释。

（4）公式中符号的注释不得再出现公式。"式中"两字应左起顶格，加冒号后接写需要注释的符号。符号与注释内容之间采用破折号连接，破折号占两字。每条注释均应另起一行书写。若注释内容需换行时，文字应在破折号后对齐，各破折号也应对齐。

五、注

工程建设标准中的注包括：条注、表注、图注、角注等，其作用是为解释相关的内容，一般不作规定性的要求，由于条文说明的目的和作用类似于注，故规定条文说明中的内容不得采用注的形式。对于正文中出现的注，其编写和编排上应注意以下几点：

（1）标准条文的注释内容，一般应纳入标准的条文说明，当确有必要时，可以在条文结束后以注的形式列出，但"注"的内容中不得出现图、表、公式等。

（2）表注一般是对表的内容所作的补充说明，表注应列于表格的下方，采用"注"与其他注区分。

（3）角注是对条文或表中的内容进行局部解释时常用的方式，角注的代号应标注在所需注释内容的右上角，其内容的编排同条注或表注的编排要求。标准中的术语和符号不得采用角注这种形式。

（4）对于表格中的"注"，应在表格边框的外部表述，不应在表格中出现。这个要求与产品标准的编写要求不同，值得注意。

（5）图注不应对图的内容作规定，仅对图的内容作说明。

六、量、计量单位和符号

在标准中采用的物理量、计量单位和符号，应符合现行国家标准《有关量、单位和符号的一般规则》GB/T 3101 的有关规定，物理量和计量单位尚应符合现行国家标准《量和单位》GB/T 3102.1~3102.13 的有关规定，数学符号尚应符合现行国家标准《物理科学和技术中使用的数学符号》GB/T 3102.11 的有关规定，具体表述时尚应满足以下要求：

（1）标准中的物理量和有数值的单位应采用符号表示，不应使用中文、外文单词或缩略词代替。

（2）当标准条文中列有同一计量单位的一系列数值时，可仅在最末一个数值后写出计量单位的符号，例如，1、2、4kN。

（3）符号代表特定的概念、代号代表特定的事物。在条文叙述中，不得使用符号代替文字说明。例如，采用"每 m 不少于一公斤""长度应≥12m"等不正确的表述方法。

（4）在标准中应当正确使用符号。单位的符号应采用正体；物理量的主体符号应采用斜体，上角标、下角标应采用正体，其中代表序数的 i、j 为斜体；代号应采用正体。

七、数值

工程建设标准中的数值类型较多，针对不同的情况，其写法有专门的规定，具体包括：

（1）数值应采用正体阿拉伯数字，但在叙述性文字段中，对 10 以内的非物理量数字、可采用中文数字书写，例如，"三力作用于一点"等。

（2）分数、百分数和比例数的书写，应采用数学符号表示。例如，四分之一、百分之三十和一比二点五，应分别写为 1/4（或 0.25）、30% 和 1：2.5。

（3）当书写的数值小于 1 时，必须写出前定位的"0"。小数点应采用圆点，齐底线书写，例如，0.55 等。

（4）书写四位和四位以上的数字，应采用三位分节法。例如，1,000,000。

（5）标准中标明量的数值，应反映出所需的精确度。数值的有效位数应全部写出。例如，极差为 0.25 的数列，数列中的每一数均应精确到小数点后第二位，例如，1.00，1.25，1.50 等。

（6）当多位数的数值需采用 10 的幂次方表达时，有效位数中的"0"必须全部写出。

例如：1 000 000 这个数，若已明确其有效位数是三位，应写成 $100×10^4$，若有效位数是一位，写成 $1×10^6$。

（7）在叙述文字段中，描述绝对值相等的偏差范围时，应采用"允许范围为"的用词，不应写成大于（或小于）、超过等。例如：尺寸的允许偏差为±3mm，不应写成尺寸的允许偏差大于±3mm。带有表示偏差范围的数值按以下示例书写：

20℃±2℃，不应写成 20±2℃；

0.65±0.05，不应写成 0.65±.05；

50^{+2}_{0} mm，不应写成 50^{+2}_{-0}mm；

（55±4）%，不应写成 55±4% 或 55%±4%。

（8）表示参数范围的数值，如 10N～15N，不应写成 10～15N；10%～15%，不应写成 10～15%；18°～25°36′，不应写成 8～25°36′。

（9）带有长度单位的数值相乘，应采用乘号"×"，不应采用"·"或"*"。例如，100mm×200mm×300mm，不应写成 100×200×300mm。

第五节　工程建设标准编写中常见的问题

虽然国家制定了相关的工程建设标准编写规定，但是由于编写人员大部分是工程技术人员，对于标准的编写规定并不是很熟悉，在起草工程建设标准时，经常会出现很多问题。本书把工程建设标准编写过程中常见的问题及错误分析以案例形式列出，供读者参考。

一、总则编写常出现的问题

在编写总则时，经常会看见适用范围中会出现"……参照执行"的错误写法。标准适用范围不能规定参照执行的要求，因为参照执行本身不能作为法律上的依据，只能为使用者提供某些信息或提示，无法提供法律上的依据。使用者可以根据工程建设的实际情况和经验，自己判断是否采用。条文说明中也不能出现参照执行的要求。

例 7-1：

不规范写法：

1.0.2　本规程适用于城镇公用设施和工业企业中一般给水排水工程构筑物的结构维护。工业企业中具有特殊要求的给水排水工程构筑物结构的维护可参考使用。

规范写法：

1.0.2　本规程适用于城镇公用设施和工业企业中一般给水排水工程构筑物的结构维护。

错误分析：适用范围中写了"参考使用"的要求。

二、术语和符号编写时常出现的问题

（1）术语编写中经常出现的问题主要有：

1）术语名称在正文中从没出现过。这种情况常常因为条文中使用了简称。

2）一个术语中包含多个定义或涵义。

（2）符号编写中经常出现的问题主要有：

1）一个符号表示多个物理量涵义；

2）符号顺序排列错误。

例 7-2：

不规范写法：

2.0.1　城市轨道交通建筑　　rail transit-building

城市轨道交通是指具有固定线路、铺设固定轨道、配备运输车辆及服务设施等的公共交通设施。城市轨道交通建筑包括车站和车辆基地两大类。

规范写法：

2.0.1　城市轨道交通　　urban rail transit

具有固定线路、铺设固定轨道、配备运输车辆及服务设施等的公共交通设施。

2.0.2　城市轨道交通建筑　　urban rail transit building

城市轨道交通设施中车站和车辆基地建筑物的统称。

错误分析：一个术语中实际上包含了两个术语的涵义，应分成两个术语来写。

三、技术内容编写时常出现的问题

（一）引用标准常见问题

在编写引用标准时，常见的错误主要有以下几个方面：

（1）在引用其他标准时，经常会出现不写标准类别或混淆"国家现行标准"和"现行国家标准"的错误现象。

（2）在引用本标准内容时，经常会出现"参照"等不规范用词和"上述"等指示不明的用词。

（3）分不清何时用"注年号引用标准"和"不注年号引用标准"。

例 7-3：

不规范写法：

14.3.18　施工单位应在施工组织设计中编制施工现场临时用电方案，并应符合现行国家标准《建设工程施工现场供用电安全规范》GB 50194 和《施工现场临时用电安全技术规范》JGJ 46 等用电安全规范的有关规定。

规范写法：

14.3.18　施工单位应在施工组织设计中编制施工现场临时用电方案，并应符合国家现行标准《建设工程施工现场供用电安全规范》GB 50194 和《施工现场临时用电安全技术规范》JGJ 46 等用电安全规范的有关规定。

错误分析：当同时引用国家标准和行业标准，标准类别采用了"现行国家标准"，而不是"国家现行标准"。

例 7-4：

不规范写法：

4.2.7　跨越其他天然、人工障碍物的管道跨越工程的勘察要求，<u>参照上述条款执行</u>。

规范写法：

4.2.7　跨越其他天然、人工障碍物的管道跨越工程的勘察要求，<u>可按本规范第 4.2.1~4.2.6 条的规定执行</u>。

错误分析：引用本标准内容时，没采用典型用语"应（宜、可）按本标准（规范、规程）具体条号执行"。

例 7-5：

不规范写法：

5.2.1　当堆垛仓库自动喷水灭火系统采用湿式系统时，设计基本参数应符合现行国家标准《自动喷水灭火系统设计规范》<u>GB 50084</u> 中第 5.0.4、5.0.5、5.0.6 条的规定。

规范写法：

5.2.1　当堆垛仓库自动喷水灭火系统采用湿式系统时，设计基本参数应符合国家标准《自动喷水灭火系统设计规范》<u>GB 50084—2017</u> 中第 5.0.4、5.0.5、5.0.6 条的规定。

或：5.2.1 当堆垛仓库自动喷水灭火系统采用湿式系统时，设计基本参数应符合现行国家标准《自动喷水灭火系统设计规范》<u>GB 50084</u> 的有关规定。

错误分析：当引用标准某一具体条款时，没采用注年号引用标准。

（二）典型用语常见问题

在编写标准时，经常要用到标准典型用语，其中常见的错误有：

（1）条与款、款与项连接时，没有连接用语、款中无程度用词、款中的程度用词严于条中的程度用词。

（2）条与附录连接、条与表连接、条与公式连接时，没有采用典型用语，没有程度用词。

例 7-6：

不规范的写法：

4.4.6　净化空调系统，根据室内容许噪声级要求，<u>风管内风速要求如下</u>：

　　1　<u>总风管为</u> 6m/s~10m/s；

　　2　<u>无送、回风口的支风管为</u> 4m/s~6m/s；

　　3　<u>有送、回风口的支风管为</u> 2m/s~5m/s。

规范的写法：

4.4.6　净化空调系统，根据室内容许噪声级要求，<u>风管内风速宜符合下列规定</u>：

　　1　<u>总风管宜为</u> 6m/s~10m/s；

　　2　<u>无送、回风口的支风管宜为</u> 4m/s~6m/s；

　　3　<u>有送、回风口的支风管可为</u> 2m/s~5m/s。

错误分析：条与款没有采用典型用语连接，款中无程度用词。

例 7-7：

不规范的写法：

7.5.3 通风、收尘和空气调节的设计<u>宜</u>符合下列规定：

    1 通风与除尘风机<u>应</u>优先选用节能型风机。

    2 粉尘宜回收至工艺流程中。

规范的写法：

7.5.3 通风、收尘和空气调节的设计<u>应</u>符合下列规定：

    1 通风与除尘风机<u>应</u>优先选用节能型风机。

    2 粉尘宜回收至工艺流程中。

错误分析：款中的程度用词严于条中的程度用词。

例 7-8：

不规范写法：

5.2.13 场地面层构造做法<u>见本规程附录 A 场地面层构造做法表</u>。

规范写法：

5.2.13 场地面层构造做法<u>可按本规程附录 A 采用</u>。

错误分析：条与附录的连接没有采用典型用语，没有程度用词。

例 7-9：

不规范写法：

5.2.12 中小学校运动场地面层常用材料<u>见表 5.2.12</u>。

规范写法：

5.2.12 中小学校运动场地面层材料<u>可按表 5.2.12 选用</u>。

错误分析：条与表的连接没有采用典型用语，没有程度用词。

例 7-10：

不规范写法：

12.2.2 <u>滚杠放置数量计算公式</u>：

$$n = Q \cdot \frac{K_1 K_2}{WL} \qquad (12.2.2)$$

规范写法：

12.2.2 滚杠放置数量<u>可按下式计算</u>：

$$n = Q \cdot \frac{K_1 K_2}{WL} \qquad (12.2.2)$$

错误分析：条与公式没采用"应（宜、可）按下式计算"等典型用语。

（三）表的常见问题

在编写标准条文的表格时，常见的错误问题主要有以下几方面：

（1）条文中的表述和表名不一致。

（2）表中各栏数值的有效位数不相同。

（3）表注放在表中。

（4）表中计量单位不加括号。

例 7-11：

不规范写法：

7.2.2　太阳能热利用系统所采用的太阳能集热器热性能参数应符合<u>下表</u>的规定：

表 7.2.2　不同类型太阳能集热器性能参数

工质类型	集热器类型	热性能参数（基于采光面积）	
		瞬时效率截距（无量纲）	总热损系数 W/($m^2 \cdot C$)
液体工质	平板型太阳能集热器	≥0.76	≤5.5
	真空管型太阳能集热器 （无反射器）	≥0.64	≤<u>3</u>
	真空管型太阳能集热器 （有反射器）	≥0.54	≤2.5
气体工质	太阳能空气集热器 （平板型）	≥<u>0.6</u>	≤<u>9</u>
	太阳能空气集热器 （真空管型）	≥0.45	≤<u>3</u>
<u>注：太阳能空气集热器热性能参数为空气流量 0.025kg/（s·m^2）下的测试结果。</u>			

规范写法：

7.2.2　太阳能热利用系统所采用的太阳能集热器热性能参数应符合<u>表 7.2.2</u> 的规定<u>。</u>

表 7.2.2　不同类型太阳能集热器热性能参数

工质类型	集热器类型	热性能参数（基于采光面积）	
		瞬时效率截距（无量纲）	总热损系数 [W/($m^2 \cdot C$)]
液体工质	平板型太阳能集热器	≥0.76	≤5.5
	真空管型太阳能集热器 （无反射器）	≥0.64	≤<u>3.0</u>
	真空管型太阳能集热器 （有反射器）	≥0.54	≤2.5

续表

工质类型	集热器类型	热性能参数（基于采光面积）	
		瞬时效率截距（无量纲）	总热损系数[W/(m²·C)]
气体工质	太阳能空气集热器（平板型）	≥0.60	≤9.0
	太阳能空气集热器（真空管型）	≥0.45	≤3.0

注：太阳能空气集热器热性能参数为空气流量0.025kg/（s·m²）下的测试结果。

错误分析：

（1）没采用典型用语"应符合表×××的规定"。

（2）表内计量单位没加括号列在表栏项目名后面或下面。

（3）表内数值的有效位数不一致。

（4）表注在表格内。

（四）公式的常见问题

在编写标准中公式时，常见的错误主要有以下几方面：

（1）条与公式的连接用语错误。

（2）当有多个公式时，中间采用文字说明。

（3）符号注释中出现了公式和做规定的语句。

例7-12：

不规范写法：

6.1.2　柱主钢件贡献率（δ）应符合以下规定：

$$0.3 \leqslant \delta \leqslant 0.9 \tag{6.1.2-1}$$

其中，

$$\delta = \frac{A_a f'_a}{N_u} \tag{6.1.2-2}$$

式中：A_a、f'_a——柱主钢性截面面积（mm²）、钢材抗压强度设计值（N/mm²）；

　　　N_u——柱截面受压承载力设计值（N），按本规程式（6.2.3-2）计算。

规范写法：

6.1.2　柱主钢件贡献率（δ）应满足下列公式的要求：

$$0.3 \leqslant \delta \leqslant 0.9 \tag{6.1.2-1}$$

$$\delta = \frac{A_a f'_a}{N_u} \tag{6.1.2-2}$$

式中：A_a、f'_a——柱主钢性截面面积（mm²）、钢材抗压强度设计值（N/mm²）；

　　　N_u——柱截面受压承载力设计值（N）。

错误分析：

1. 条与公式中的连接用语不恰当；

2. 当条文中有多个公式时，可依次列出公式，无需文字说明。

3. 符号注释中出现了做规定的语句。

（五）图的常见问题

在编写标准中的图时，常见的错误主要有以下几个方面：

（1）图引出方式不对，应在有关条文后以括号引出。

（2）图用作规定。

（3）图中出现文字表述。

（4）分图名列在总图名下方。

例 7-13：

不规范写法：

5.2.9　当梁柱连接区域的柱管壁较薄，可采用局部增厚技术对节点区柱管壁局部加厚，柱管壁加厚有外加厚、内加厚、内外加厚三种方式，见图 5.2.9-1；或采用柱管壁内部设置加劲肋，见图 5.2.9-2。

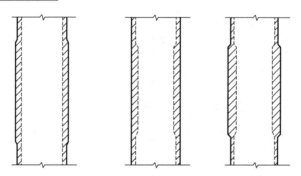

图 5.2.9-1　节点区柱管壁加厚示意图

（a）外加厚　　　　（b）内加厚　　　　（c）内外加厚

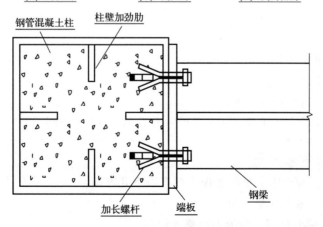

图 5.2.9-2　柱管壁内部设置加劲肋

规范写法：

5.2.9 当梁柱连接区域的柱管壁较薄，可采用局部增厚技术对节点区柱管壁局部加厚（图5.2.9-1）；或采用柱管壁内部设置加劲肋（图5.2.9-2）。

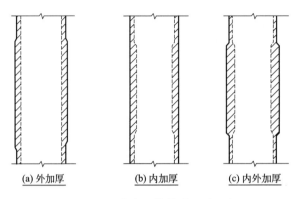

(a) 外加厚　　(b) 内加厚　　(c) 内外加厚

图5.2.9-1　节点区柱管壁加厚示意图

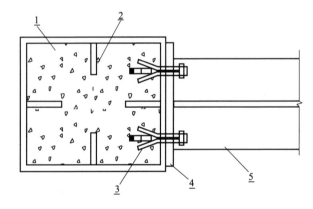

图5.2.9-2　柱管壁内部设置加劲肋示意图
1—钢管混凝土柱；2—柱截加劲肋；3—加长螺杆；4—端板；5—钢管混凝土柱

错误分析：

（1）条文中出现不是作规定的语言。

（2）图编号没以括号引出。

（3）分图名没列于图名上方。

（4）图中出现了文字注释，应采用图注号表示，并列在图名下方。

（六）数值的常见问题

在编写标准时，数值中常见的错误主要有以下几方面：

（1）系列数中的有效位数不同。

（2）带有表示偏差范围的数值书写格式错误。

（3）四位数和四位数以上的数值没采用三位分节法。

（4）带有长度单位的数值相乘，省略量的单位。

例7-14：

不规范写法：

13.3.1　操作室、机柜室、计算机室、工程师站室等，冬天室温宜为 <u>20±2℃</u>，夏天室温宜为 <u>26±2℃</u>，温度变化率宜小于5℃/h；相对湿度宜为 <u>50±10%</u>，湿度变化率宜小于6%/h。

规范写法：

13.3.1　操作室、机柜室、计算机室、工程师站室等，冬天室温宜为 <u>20℃±2℃ ［或 (20±2)℃］</u>，夏天室温宜为 <u>26℃±2℃ ［或 (26±2)℃］</u>，温度变化率宜小于5℃/h；相对湿度宜为 <u>50%±10%</u>，湿度变化率宜小于6%/h。

错误分析：

　1. 表示物理量的数值和偏差时，物理量的值与偏差值都应与单位符号相连，否则会引起歧义。

　2. 用%表示的相对误差应为"50%±10%"，不应写成"50±10%"。

例7-15：

不规范写法：

11.0.3　控制屏（台）宜选用后设门的屏（台）式结构，电能表屏、变送器屏宜选用前后设门的柜式结构。一般屏的尺寸高×宽×深为 <u>2200×800×600mm</u>。

规范写法：

11.0.3　控制屏（台）宜选用后设门的屏（台）式结构，电能表屏、变送器屏宜选用前后设门的柜式结构。一般屏的尺寸高×宽×深应为 <u>2200mm×800mm×600mm</u>。

错误分析：尺寸是个物理量，所以每个尺寸的量都应包括"数值和单位"，省略单位是错误的。

（七）量和单位常见问题

在编写标准时，量和单位常见的错误主要有以下几方面：

（1）在条文叙述时，以符号代替文字说明。

（2）标准中的物理量和有数值的单位采用文字或外文单词（缩略语）代替。

例7-16：

不规范写法：

钢筋每 <u>m</u> 重量。

规范写法：

钢筋每米重量。

例7-17：

不规范写法：

<u>搭接长度应>板厚的12倍</u>。

规范写法：<u>搭接长度应大于板厚的12倍</u>。

错误分析：例7-16和例7-17都犯了将符号代替文字说明的错误。在条文叙述时，不得使用符号代替文字说明。

例 7-18：

不规范写法：

6.2.4　避难间与同层的其他场所之间应采用耐火极限不低于 2h 的防火隔墙隔开，住宅户内避难间内、外墙体的耐火极限不应低于 <u>1 小时</u>。

规范写法：

6.2.4　避难间与同层的其他场所之间应采用耐火极限不低于 2h 的防火隔墙隔开，住宅户内避难间内、外墙体的耐火极限不应低于 <u>1h</u>。

错误分析：有数值的单位采用了文字代替符号。

四、综合案例

例 7-19：

不规范写法：

4.4.5　混凝土保护层厚度<u>应满足</u>《混凝土结构设计规范》GB 50010 <u>的要求</u>。当内排纵向钢筋与主钢件板件之间净距<u>小于上述要求</u>时，粘结力计算时应采用有效周长 c（图 4.4.5）<u>以考虑其不利影响</u>。

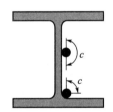

图 4.4.5　有效周长 c

规范写法：

4.4.5　混凝土保护层厚度应符合<u>现行国家标准</u>《混凝土结构设计规范》GB 50010 <u>的有关规定</u>。当内排纵向钢筋与主钢件板件之间净距<u>小于 25mm 和 1.5d 的较大值（d 为纵筋的最大直径）</u>时，粘结力计算时应采用有效周长 c（图 4.4.5）。

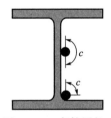

图 4.4.5　有效周长 c

错误分析：

（1）引用不带年代号的国家标准时，没在标准名称前加"现行国家标准"。

（2）采用了"上述要求"等模棱两可的语言，应具体描述。

（3）标准条文阐述了目的，故应删除"以考虑其不利影响"。

例 7-20：

不规范写法：

4.4.9　被动式太阳房应根据房间的使用性质选择适宜的集热方式。以白天使用为主的房间，宜采用直接受益式或附加阳光间式，<u>图 4.4.9 中（a）和（b）所示</u>；以夜间使用为主的房间，宜采用<u>具有较大蓄热能力的</u>集热蓄热墙式，<u>如图 4.4.9 中（c）所示</u>。

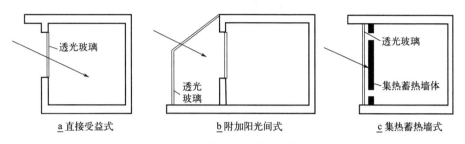

<u>a</u> 直接受益式　　　　　<u>b</u> 附加阳光间式　　　　　<u>c</u> 集热蓄热墙式

图 4.4.9　被动式太阳房示意图

规范写法：

4.4.9　被动式太阳房应根据房间的使用性质选择适宜的集热方式。以白天使用为主的房间，宜采用直接受益式［图 4.4.9（a）］或附加阳光间式［图 4.4.9（b）］；以夜间使用为主的房间，宜采用集热蓄热墙式［图 4.4.9（c）］。

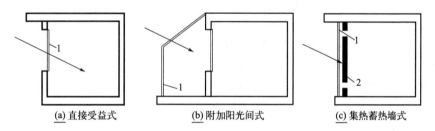

（a）直接受益式　　　　　（b）附加阳光间式　　　　　（c）集热蓄热墙式

图 4.4.9　被动式太阳房示意图

1—透光玻璃；2—集热蓄热墙体

错误分析：

（1）条文中没采用括号标出图号。

（2）条文中采用了描述性的定语，应删除。

（3）当有多个分图时，没采用"（a）、（b）、（c）"进行编号。

（4）图注采用了文字，应采用图注号 1、2、3 标出，并列于图名下方。

例 7-21：

不规范写法：

5.1.2　在有可能冻结的地区，传热介质应添加防冻剂。防冻剂的类型、浓度及有效期应在充注阀处注明。添加防冻剂后的介质的冰点宜比设计最低使用水温低 3~5℃，同时应综合考虑其对管道的腐蚀性、安全性、经济性及换热性能的影响。每年供暖前，宜对防冻剂浓度进行测试。对外部水路切换的系统，换季使用前，应对系统蒸发器和冷凝器进行清洗。

规范写法：

5.1.2 在有可能冻结的地区，传热介质应添加防冻剂。防冻剂应符合下列要求：

  1 防冻剂的类型、浓度及有效期应在充注阀处注明。

  2 添加防冻剂后的介质的冰点宜比设计最低使用水温低 3℃~5℃，同时应综合考虑其对管道的腐蚀性、安全性、经济性及换热性能的影响。

  3 每年供暖前，宜对防冻剂浓度进行测试。

5.1.3 对外部水路切换的系统，换季使用前，应对系统蒸发器和冷凝器进行清洗。

错误分析：

  (1) 条文中表述的内容太多，可分款表述。

  (2) 最后一句并非"防冻剂"的内容，应另列一条。

  (3) 表示参数范围的数值书写方式不规范。

例 7-22：

不规范写法：

3.1.2 钢结构材料的选用，宜符合下列规定：

  1 结构钢材可选用碳素结构钢 Q235 及低合金高强度钢 Q345，或低合金强度钢 Q390、Q420、Q460。钢材的性能及化学成分应符合现行国家标准《碳素结构钢》GB/T 700 和《混凝土结构用成型钢筋》JG/T 226 的有关规定。

  2 采用 Q235A 钢时，应不采用焊接的连接方式。

  3 采用焊接连接的钢结构，当板件厚度大于等于 40mm，并承受沿板厚方向拉力时，构件的钢材应符合现行国家标准《厚度方向性能钢板》GB/T 5313—2010 的有关规定。

规范写法：

3.1.2 钢结构材料的选用，应符合下列规定：

  1 结构钢材可选用碳素结构钢 Q235 及低合金高强度钢 Q345，或低合金强度钢 Q390、Q420、Q460。钢材的性能及化学成分应符合国家现行标准《碳素结构钢》GB/T 700 和《混凝土结构用成型钢筋》JG/T 226 的有关规定。

  2 采用 Q235A 钢时，不应采用焊接的连接方式。

  3 采用焊接连接的钢结构，当板件厚度大于等于 40mm，并承受沿板厚方向拉力时，构件的钢材应符合现行国家标准《厚度方向性能钢板》GB/T 5313 的有关规定。

错误分析：

  (1) 条与款连接时，程度用词错误，当款中有"应"时，条的程度用词用"应"，而不用"宜"。

  (2) 引用标准类别错误，当条款中引用既有国家标准又有行业标准时，标准类别采用"国家现行标准"，而不是"现行国家标准"。

  (3) 引用标准一般采用不带年代号的引用，表示在标准修订后也适用。

本 章 小 结

标准作为一种特定形式的技术文件，在编写体例和表述方法上要遵循相应的规定。目前，工程建设标准按照《工程建设标准编写规定》编写，产品标准按照 GB/T 1.1—2020 编写，中国工程建设标准化协会团体标准按照《工程建设标准编写导则》T/CECS 1000—2021 编写。

工程建设标准由前引部分、正文和附录部分、补充部分和条文说明四部分组成。

工程建设标准的正文按章、节、条、款、项划分为五个层次。

本章还就其他具体的编写要求做了描述，并列举了编写过程中常出现的问题，给出了常见问题的案例分析，供读者参考。

参 考 文 献

[1] 住房和城乡建设部标准定额司. 工程建设标准编制指南 [M]. 北京：中国建筑工业出版社，2009.

[2] 杨瑾峰. 工程建设标准化实用知识问答 [M]. 第 2 版. 北京：中国计划出版社，2004.

[3] 卫明. 工程建设标准编写指南 [M]. 北京：中国计划出版社，1999.

[4] 全国标准化原理与方法标准化技术委员会. 标准化工作导则　第 1 部分：标准化文件的结构和起草规则：GB/T 1.1—2020 [S]. 北京：中国标准出版社，2020.

[5] 陈东，王立群，李永玲. 工程建设标准与产品标准的编写规定异同浅析 [J]. 居业，2016 (05)：112-115.

[6] 陈燕申，张惠锋. 城市轨道交通工程建设标准与产品标准的差别与协调 [J]. 工程建设标准化，2013 (5)：24-31.

第八章 工程建设标准体系编制

第一节 概　述

一、工程建设标准体系概念

标准体系是指一定范围内的标准按其内在联系形成的科学的有机整体。它是运用系统论指导标准化工作的一种方法。工程建设领域的所有工程建设标准，都存在着客观的内在联系，它们相互依存、相互制约、相互补充和衔接，构成一个科学有机整体，这就是工程建设标准体系。与某一工程建设行业有关的标准，可以构成该行业的工程建设标准体系；与工程建设某一专业有关的标准，可以构成该专业的工程建设标准体系；与某一工程建设专项工作相关的标准，则可以构成与行业和专业相衔接的工程建设专项标准体系。

建立和完善工程建设标准体系除了需要建立工程建设标准体系的标准框架外，还需要从加强工程建设标准体系的保障措施、加强工程建设标准的制定、加强标准的复审和修订工作三个方面系统推动。其中，构建标准体系框架既是编制某领域、某专业标准体系的首要任务，也是标准体系构建的核心工作。标准体系编制过程中，需要系统分析工程建设标准的发展历史、现状以及存在的主要问题；确立工程建设标准体系框架的制定目的和原则，确定工程建设标准体系框架的结构和表述方式，合理划分工程建设标准的专业类别和层次；结合不同专业具体分析其国内外的技术发展现状和趋势，具体分析其标准的现状和存在的问题；建立标准体系表，具体列出应当包含的标准项目名称，并逐项对标准的适用范围、主要内容等进行说明。

工程建设标准体系的构建最终要落在成果形式上，以便使用。按现行国家标准《标准体系构建原则和要求》GB/T 13016 的规定，工程建设标准体系的成果通常由三部分组成：一是工程建设标准体系的表达部分。二是工程建设标准体系的功能部分。三是工程建设标准体系的规划部分。表达部分是工程建设标准体系的分类及框架、标准体系表、标准编制说明，标准体系表包含了工程建设标准体系规定范围内的现行标准的列项和需制定标准的列项，并以一定格式的图表进行排列，是工程建设标准贯彻和制定的蓝图。功能部分是标准实体，它体现了工程建设标准体系的主体价值，直接服务于工程建设标准化对象的使用。规划部分是所需缺项工程建设标准的制修订规划表，以表格形式列出，为工程建设标准论证和计划编制提供指导和依据。工程建设标准体系构建的文档化成果形式一般有：①标准体系分类关系及结构框架；②标准体系表；③标准制修订规划表；④标准体系中现行标准收集或汇编；⑤标准体系研究报告或编制说明。上述成果形式可根据实际需要增加和减少范围。

二、工程建设标准体系的系统特征

标准体系是一种由标准组成的系统，标准体系具有系统所具有的一切特征。工程建设标准体系也应具有系统的特征，主要包括：

（1）集合性。工程建设标准体系是由一定范围内的所有工程建设标准集合成的一个整体，或者说，工程建设标准体系是由两个以上的工程建设标准或分体系组成。

（2）目标性。任何标准体系都有自己的目标，如全国工程建设标准体系的目标是规范全国工程建设活动以获得最大效益，行业工程建设标准体系的目标是规范该行业工程建设活动以获得最大效益。

（3）整体性。首先，表现在完整性上，即工程建设标准体系的组成标准必须完整，而不是短缺不全，否则，体系目标是达不到的，或不完全达到，或在某些非标准下达到。其次，表现在一体性上，即工程建设标准体系内各工程建设标准之间需密切配合、互相协调和互相补充而形成一体，而不是互不相关、互不配合甚至互相矛盾。再次，表现在均衡性上，即工程建设标准体系的标准水平的均衡性和先进水平的普遍性，而不是新和旧以及先进和落后之间的参差不齐。

（4）可分解性。工程建设标准体系是由若干个次级体系或次次级体系或由许多工程建设标准集合而成。因此，工程建设标准体系可根据不同的目的和方法分解成若干个次级、次次级体系及所组成的工程建设标准。

（5）相关性或内在联系性。工程建设标准体系内各层标准之间具有互相制约、互相补充、互相协调的关系。

（6）环境适应性。与多数系统一样，工程建设标准体系也是在一定的外部环境作用下产生和发展的。影响工程建设标准体系的环境要素归结起来主要有：技术环境，主要包括国内现有技术水平、国内外技术发展趋势、国家技术政策、技术提供者情况；经济环境，主要包括现行经济政策、资金保障程度；社会政治环境，主要包括标准化法律法规情况和标准化认识情况。各种环境因素的变化，会对工程建设标准体系产生一定的影响，因此必须适应所处环境。

另外，在工程建设标准体系构建（修订）过程中，不仅要考虑体系本身结构、内容的科学性、合理性，还要考虑一系列推行体系，包括管理体制、运行机制、实施监督体系、保障体系和服务体系。另外体系构建还与技术、经济、社会政治等环境因素密切相关。由于影响因素众多、不确定性强，工程建设标准体系的构建（修订）是一个非常复杂的问题。要想充分发挥工程建设标准体系的作用，迫切需要对其构建（修订）过程进行科学的组织管理。而系统工程是解决复杂问题的有效工具，是一门应用技术，它把所要管理的对象看作一个有机整体，然后运用系统科学的理论和方法对其进行分析研究，确定并最终达到先进、可靠的运行目标。

三、工程建设标准体系的需求分析

需求分析是构建标准体系的重要依据，它既是标准体系构建的起点，又决定着标准体系发展的方向。需求恰当与否，直接关系到标准体系研制的最终效果。忽视对需求的分析研究，或者由于需求分析上的缺陷与失误往往容易造成研究与应用脱节，以及重复建设、浪费巨大、水平低下等后果。

（1）工程建设活动涉及面非常广泛，要组织各个方面，协作配合好，单靠行政手段去安排是很困难的。因此，只有通过标准化手段去实现，应用标准化去协调相关的专业、工种，越是涉及面广、分工越细，标准化的作用将更加突出。因此，对于现代化的工程建设，实施标准化是必不可少的前提，是控制国家资源、工程投资的基础性工作，也是保证工程质量和投资效益的唯一有效手段。而构建工程建设标准体系是工程建设标准化中的重要工作。工程建设标准体系对保证工程建设标准化协调发展、优化工程建设标准结构以及规范建设市场行为，促进建设工程技术进步等，都具有重要的作用。实现工程建设高质量发展，需要构建工程建设标准体系。

（2）工程建设阶段性明显，为保证各阶段顺利进行，需要覆盖工程建设各个阶段的标准。没有标准，工程建设中的质量和安全就无从谈起。另外，在工程建设中还要考虑经济需要，如何做到既能保证安全和质量，又不浪费投资，只有健全适合工程建设各阶段需要的标准，工程质量、安全、经济要求才能得到保障。在标准体系中，考虑到国家的国力和资源条件，通过平衡需要和可能，制定合适的标准。还要通过优选的办法，在兼顾质量、安全、经济的前提下，合理统一各种功能参数和技术指标，使工程建设各阶段的经济性、合理性得到保证。因此，需要覆盖工程建设各个阶段的工程建设标准体系。

（3）工程建设专业划分越来越细，因此需要适应工程建设各个专业领域的标准。在标准体系中，要考虑工程建设的专业化趋势，覆盖工程建设所涉及的各个专业领域。因此，需要适应工程建设专业化趋势的工程建设标准体系。

（4）工程建设应满足可持续发展要求，如何利用资源、挖掘材料潜力、开发新的品种、搞好废料的利用，以及控制原料和能源的消耗等，已成为保证工程建设可持续发展亟待解决的重要课题。工程建设标准体系在这方面可以起到极为重要的作用：一是可以运用标准体系的指导地位，按照现行经济和技术政策制定约束性的条款，限制短缺物资、资源的开发利用，鼓励和指导采用替代材料。二是根据科学技术发展情况，以每一时期的最佳工艺和设计、施工方法，指导采用新材料和充分挖掘材料功能潜力。三是以先进可靠的设计理论和择优方法，统一材料设计指标和结构功能参数，在保证使用和安全的条件下，降低材料和能源消耗。

（5）工程建设应适应经济社会和行业发展，我国加入WTO后，工程建设标准化工作作为市场国际化和经济全球化所必备的"技术桥梁"，正受到国内外从事工程建设活动各方主体前所未有的关注，已逐步确立了技术"先行官"的地位。工程建设标准体系建设工作的好坏，对我国工程建设的健康发展有着十分重要的意义，直接关系到我国工程建设的国际化发展。

四、工程建设标准体系的构建原则

工程建设标准体系的构建应遵循以下基本原则：

（1）以创新、协调、绿色、开放、共享新发展理念统领整体工作，满足建设资源节约型、环境友好型社会的要求，适应新时代推动高质量发展、完善社会主义市场经济发展的需要，有利于推进工程建设标准化体制改革，有利于工程建设标准化工作的科学管理。

（2）有利于满足新技术的发展及推广，尤其是高新技术在工程建设领域的推广应用，充分发挥标准化的桥梁作用，扩大覆盖面，起到保证工程建设质量与安全的技术控制作用。

（3）以最小的资源投入获得最大标准化效果的思想为指导，兼顾现状并考虑今后一定时期内技术发展及标准化体制改革的需要，以合理的标准数量覆盖最大范围。

（4）以系统分析的方法，做到结构优化、主题突出、数量合理、层次清楚、分类明确、协调配套，形成科学、开放的有机整体。

按照以上原则，工程建设标准体系编制应重点把握以下几点：

1）遵循标准化基本原理，充分考虑标准体系的应有特征和属性。标准化的基本原理是"统一、简化、协调、选优"。标准体系的建立要符合这些基本原则，标准体系尽量避免重复和交叉，针对同一标准化对象要有统一的标准，标准的技术内容和各要素要求也要统一。标准体系的层次要清晰，避免不必要的庞杂和混乱，应在协调的原则下实现标准体系的简化和效率最高。

2）全面成套。应充分研究当前预计到的经济、科学、技术及其管理中需要协调统一的各种事物和概念，力求在一定范围内的应有标准全面成套。

3）层次恰当。根据标准的适用范围，恰当地将标准安排在不同的层次上。一般应尽量扩大标准的适用范围，或尽量安排在高层次上，即应在大范围内协调统一的标准不应在数个小范围内各自制定，达到体系组成尽量合理简化。

4）划分明确。体系中不同的行业、专业、门类间或不同的分系统间的划分，主要应按经济社会活动性质的同一性，而不是按行政系统进行划分。应注意同一标准不要同时列入两个以上体系或分体系内，避免同一标准由两个以上单位同时重复制定。为了表示出与其他体系标准间的协调配套关系，可将引用的其他体系的标准列为本体系的相关标准。应按标准的特点，而不是按产品、过程、服务或管理的特点进行划分，即不应将标准体系表编成产品、过程、服务或管理分类表。

5）应符合我国的相关法律法规及有关国际准则。工程建设标准体系的建立应符合《产品质量法》《标准化法》等法律法规的要求。同时要想在全球获得更大的竞争优势，抢占更多的市场，获得更多的经济利益，还应遵循相关国际准则。

6）标准体系的构建要立足当前、关注长远；立足国情、面向国际。工程建设标准体系的构建首先要适应我国工程建设发展的需要，确保工程质量和安全水平的提高。从长远看，标准体系要对工程建设的发展和整体水平的提高起促进作用，因此，体系应该是开放的、动态的，即不要设定一个死的框架，要留有发展的空间和余地。

特别需要提出的是，中国已加入 WTO，工程建设不可避免地将在更大范围内和更深程度上融入全球竞争体系中。因此，标准体系的构建要与国际接轨以适应我国开拓国际市场的需要，要积极参与相关国际标准的制定，同时又要结合中国实际，在立足国情的基础上借鉴国际相关标准化组织和发达国家标准体系建设的经验，保证标准体系的适用性、先进性、科学性和合理性。

7）动态适应性。标准体系是一个开放的发展的有机整体，标准体系要与当时的科学技术、经济发展相适应，并应与国际标准化做法接轨，随着科学技术的发展而不断变化。

因此，设计标准体系表及其编号法时必须留有扩展的余地，容量要充裕。标准体系及其分体系、子体系、层级均应留有一定的可扩余地，扩而不乱才能构成有机整体，标准体系的内部秩序应始终流畅通顺。

标准体系是一个动态系统，动态有两类：一类是标准体系内部的互动，另一类是标准体系与外部环境的互动。在标准体系内部，一个标准的变化可引起与此相关的标准发生变化，还要及时协调予以解决。一个标准体系内部要经常制定新标准，特殊情况下还要制定超前标准，修订老标准，废除少数标准。总之，要经常吐故纳新，进行新陈代谢。标准体系建立健全后，标准体系之外的环境发生变化时，可能影响到标准体系内部与此相关的因素发生变化，严重时可能破坏该标准体系。地理位置、水源、能源、市场要求、成员素质和国家有关法律、法规等都可影响到标准体系的变化。环境对标准体系的影响非常大，因此一个标准体系必须在动态中去适应环境。

第二节　工程建设标准体系构建理论

一、系统工程理论

（一）系统工程的概念和内容

标准化系统工程的一个重要支撑是系统科学，由美籍澳大利亚生物学家贝塔朗菲创立。它将宇宙万物的研究对象作为一个系统进行研究，从系统论的观点出发，运用控制论、信息论、运筹学等理论与科学的分析与方法，以信息技术为工具，实现系统的规划设计、经营管理、运行控制等活动的最优化。目前，人们对系统工程概念的理解已经基本趋于一致，即系统工程是利用现代科学技术的一切成果，对具有特定目标的工程技术系统或社会系统的全过程或某一完整阶段做最合理的筹划、设计、贯彻实施、控制和管理的一门组织管理技术。

1978 年，钱学森明确指出，系统工程是指组织管理系统的规划、研究、设计、制造、试验和使用的科学方法，是一种对所有问题都具有普遍意义的科学方法。1979 年，钱学森在"标准化和标准学研究"中指出，标准化也是一门系统工程，任务就是设计、组织和建立全国的标准体系，使它促进社会生产力的持续高速发展。以系统的观点思考问题，用工程的方法分析和解决问题，努力实现两者的最优化组合，最终实现项目整体最优化。美国著名学者 H. 切斯纳指出，"系统工程认为虽然每个系统都是由许多不同的特殊功能部分所组成，而这些功能部分之间又存在着相互关系，但是每一个系统都是完整的整体，每一个系统都要求有一个或者若干个目标。系统工程则是按照各个目标进行权衡，全面求得最优解（或最满意解）的方法，并使各组成部分能够最大限度地相互适应"。

日本工业标准（JIS）规定，"系统工程是为了更好地达到系统目标，而对系统的构成元素、组织结构、信息流动和控制机制等进行分析与设计的技术"。日本学者三浦武雄提出"系统工程与其他工程学不同之处在于它是跨越许多学科的科学，而且是填补这些学科边界空白的边缘科学。因为系统工程的目的是研究系统，而系统不仅涉及工程学领域，还涉及经济、社会和政治等领域，为了圆满解决这些交叉的问题，除了需要某些纵向的专门技术以外，还要有一种技术从横向把它们组织起来，这种横向技术就是系统工程，也就是研究系统所需的思想、技术和理论等体系的总称"。

20 世纪 50 年代，国外很多专家就对系统工程理论以及解决工程实践问题进行了全面深入的研究，研发了各种分析和处理系统问题的系列方法。其中，最具有代表性的研究方法是霍尔在 1969 年提出的从时间、逻辑、知识这三个维度分析处理系统问题的霍尔三维结构模型（图 8-1）。其中，时间维是以系统从开始到结束所经历的实践阶段为研究对象，一般可以分为项目规划、方案制定、研究开发、生产、集成管理（安装）、运行、更新（或放弃）等七个时间阶段；逻辑维表示在时间维所包含的 7 个时间阶段中，每一个阶段工作内容的先后逻辑顺序，包括探明问题、分析系统、系统指标设计、系统综合、优化、决策、组织实施等七个逻辑步骤；知识维表示在时间维和逻辑维中所涵盖的工作内容所必须依赖的指示，包括工程、医学、建筑等多个领域的学科知识。其后，知识维度逐渐被条件维度所取代，主要包括人才、知识、资金、组织管理、物质保障、信息资料、技术措施等。形成图所示新的系统工程三维方法论空间（见图 8-1）。

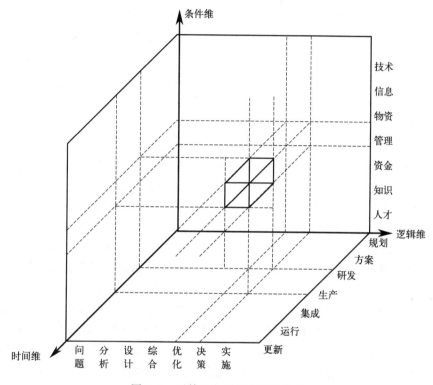

图 8-1 系统工程三维方法论空间

关于系统工程方法论空间的应用，一个非常重要的概念是"遍历"，即在完成具体的系统工程任务时，在时间维的每一个阶段上，应沿着逻辑维的一般顺序分析一遍，且应确保在条件维上的条件都能得到实现。充分运用"遍历"的思想是系统工程整体性、综合性的体现和要求，也是其有效性的重要保障。

（二）系统工程方法的特点

系统工程是以大规模复杂系统问题为研究对象，在运筹学、系统理论、管理科学等学科基础上，逐步发展和成熟起来的一门交叉学科。系统工程的理论基础是由一般系统论及其发展、大系统理论、经济控制论、运筹学、管理科学等学科相互渗透、交叉发展而形成的。系统工程也在自然科学、社会科学、数学之间架设了一座沟通的桥梁。

系统工程既具有广泛而厚实的理论和方法论基础，又具有很明显的实用性特征。

在运用系统工程方法来分析与解决现实复杂系统问题时，需要确立系统的观点（系统工程工作的前提)、总体最优及平衡协调的观点(系统工程的目的)、综合运用方法与技术的观点(系统工程解决问题的手段)、问题导向和反馈控制的观点(系统工程有效性的保障)。这些集中体现了系统工程方法的思想及应用要求。

系统工程作为开发、改造和管理大规模复杂系统的一般方法,与各类专门的工程学(如机械工程、电气工程等)相比,有许多明显的差异,表现了相应的特征,主要有:①系统工程一般采用先决定整体框架,后进入内部详细设计的程序;②系统工程试图通过将构成事物的要素加以适当配置来提高整体功能,其核心思想是"综合即创造";③系统工程属于"软科学"。软科学的基本特征是:人(决策者、分析人员等)和信息的重要作用,多次反馈和协商,科学性与艺术性的二重性及其有机结合等。

总体来看,系统工程方法具有如下比较明显的特点及相应的要求:科学性与艺术性兼容,这与系统工程主要作为组织管理的方法论和基本方法,在逻辑上是一致的;多领域、多学科的理论、方法和技术的集成;定性分析与定量分析有机结合;需要各有关方面(人员、组织等)的协作。

(三)系统工程方法论

系统工程给人们提供了一套处理问题和解决问题的科学方法论,它将人们改造自然的社会生产过程中所形成的工程方法论应用于社会系统中,使得人们能以工程的观念与方法研究和解决各种社会系统问题。系统工程强调的是整体系统的综合最优化,其基本的观念是将定性分析和量化处理手段结合起来,把人和信息处理机器协调地结合起来,达到切合实际的、高效率的决策。

(1)全局性原理。系统工程不是孤立地研究系统的各个要素的一般性质,而是从整体出发,研究各要素在系统中所表现的特性和功能,将要素的属性转变为系统的属性,从而使系统处于最佳的运行状态,实现整体效果最优的系统目标。此外,系统工程不仅要把研究对象视为一个整体,还必须把研究过程也视为一个整体,把系统作为若干子系统结合的整体来设计。对于每个子系统的技术要求,首先要从实现整个系统技术协调的观点来考虑,各子系统都最优,整体功能不一定最优;反之,各子系统并不都很完善,却可综合、统一成为具有良好功能的系统。故对于研制过程中各子系统之间的矛盾或子系统与总系统之间的矛盾,都要按整体协调的需要选择解决方案。

(2)综合性原理。即在解决系统问题时,必须综合考虑系统内外多因素的影响和作用,这就要求在完成任务时,要综合运用各子学科和技术领域所获得的成就,使各技术相互配合,达到系统整体的最优化。

(3)满意性原理。系统工程的最终目的是要实现系统的最优化,但系统各方面不确定性随机因素决定了绝对最优方案实际上是不存在的,只能从按实际情况制定的若干供选择方案中选定一个与当时主观条件相适应的,满足各项基本指标前提下各方面都比较满意的"最优"可行方案,做到"整体最优,各方满意"。

(4)动态性原理。任何一个系统中都存在着物流、能流和信息流的不断运动,系统的结构、行为、功能和环境都是随时间而不断变化的。系统以前的行为和状态可能影响到现在和将来。所以,系统工程处理问题时要考虑系统的动态过程,使系统具有整体过程最优、各方满意的动态特性。

系统工程方法的一般步骤包括:

（1）阐述问题。该过程主要包括对系统性质的认识，了解系统的环境、目的、系统的各组成部分及其联系等。

（2）目标分析。系统目标是系统发展要达到的结果。它决定了系统的发展方向，对系统的发展起决定性作用。

（3）系统综合。在目标选定之后即可拟订方案。可供选择的方案是构成问题的因素之一，是进行系统分析的基础，因为如果没有方案选择的余地，就不可能存在任何决策问题，也就不需要系统分析了。

（4）系统分析。系统的分析是对系统综合中所有备选方案进行模型化的过程，对难以用数学模型表达的社会系统和生物系统等，也常用定性和定量相结合的方法来描述。

（5）系统方案的优化选择。所谓优化就是在约束条件规定的可行域内，从多种可行方案或替代方案中得出最优解或满意解。

（6）决策。一般来说，最优化过程即可得到最优化方案作为决策。但事实上，在处理问题时，涉及大量人的因素、社会因素和各种不确定因素，在当前科学技术条件下，有些因素尚不能准确定量，因此要求决策者发挥自己的决策能力，在充分考虑定性因素的情况下，参考最优解，做出最后决定。

（7）计划实施。决策之后，需要把方案的详细实施步骤和内容，变成切实可行的计划，然后下达执行。

需要说明的是，系统工程方法的一般步骤并非一成不变，针对不同研究对象会有所不同，但一般均以问题为起点，具有相应的逻辑结构。

工程建设标准体系具有明显的系统特征，基于工程建设标准体系的系统特征，系统工程理论是适用于工程建设标准体系的。将系统工程理论引入工程建设标准体系研究中，以工程建设标准体系的构建作为一项系统工程，运用系统工程的原理和方法，完成工程建设标准体系的构建任务。

二、公共产品理论

（一）公共产品定义及其属性

按照公共产品理论，整个社会产品分为公共产品和私人产品两大类。公共产品也称公共商品、公共物品或公共品。公共产品泛指公共行政组织或国家行政组织为维持国家机器正常运转和社会经济稳定发展所提供的用于满足社会共同消费需要的各种产品和服务。萨缪尔逊1954年发表的《公共支出的纯粹理论》一文中将公共产品定义为这样一种产品："每一个人对这种产品的消费，并不能减少任何他人也消费该产品。"这一描述成为经济学关于纯粹的公共产品的经典定义。

所谓公共产品，是相对于私人产品而言的。一般市场上交换和使用的物品或劳务，我们可称为私人产品。私人产品与公共产品的区分，依据两个特点，一是消费的竞争性，二是消费的可排他性。公共产品的两个特性是消费的非竞争性和非排他性。

消费的非竞争性，也称为公共产品消费时的合作性。主要表现为：一是边际生产成本为零，通常是指增加一个公共消费者，公共产品的供给者并不增加成本；如果一个商品在给定的生产水平下，向一个额外消费者提供该商品的边际成本为零，则该商品是非竞争的。对于私人提供的大多数商品来说，生产更多商品的边际成本是正的，但对有些商品来说，如国防、道路、海上的灯塔等，额外的消费者并不增加额外成本，新增人口一样享受国防安全，不会降低原有人口对国防的"消费"水平；交通流量较低时，道路上多一辆汽车不会妨碍原有汽车的行驶；一旦海上用于指示航船的灯塔建造好并起作用，额外船只对它的使用不会增加任何运作成本；同样，观看公共电视，多一个观众的边际成本为零。非竞争性商品使每个人都能够得到，而不影响任何他人消费它们的可能性。二是边际拥挤成本为零，即在公共产品消费中，每个消费者的消费都不影响其他消费者的消费数量和质量。

公共产品的另一特性是消费的非排他性，是指一个人在消费这类产品时，无法排除其他人也同时消费这类产品，而且，即使你不愿意消费这一产品，你也没有办法排斥，或者这种排除在技术上可行，但费用过于昂贵而使得排除没有意义，从而实际上也是非排他的。一个非排他性公共产品的例子是国防，一旦一个国家提供了国防，所有公民都能享受到它的好处，无法排除其他人也同时消费这类产品，而且，即使你不愿意消费这一产品，你也没有办法排斥。

对于公共产品来说，这两个特征是都应具备的，两者缺一不可，完全具备以上两种特征的公共产品，在现实生活中，是不多的。因此，完全具备非排他性和非竞争性特点的产品被称为纯公共产品，完全不具备非排他性和非竞争性特点的产品为纯私人产品，在纯公共产品与纯私人产品之间，散布着无数的处于中间状态的非纯公共产品和非纯私人产品，或缺少这一特征，或缺少那一特征，同时，对于各个特征来说，还有程度强弱之分，被称为混合产品。

对纯公共产品、私人产品及混合产品的划分并非一成不变，在不同的历史时期对同一种产品究竟属于何类产品的认识可能有所不同。例如被西方经济学家广泛作为公共产品典范的灯塔。从16世纪起，英国国王向领港公会颁发许可证授权其建造灯塔并进行管理，由领港公会向过往船只收取费用，这时灯塔可看作是混合产品。19世纪时，有一些灯塔是由私人拥有并经营的，灯塔所有者向附近港口所有者收费，如果港口所有者不付费，灯塔所有者就关掉灯塔，船只也就到不了这个港口，这类灯塔接近于私人产品。到1820年，英国有公营灯塔24个，私营灯塔22个，由于私人灯塔收费过高，1842年议会颁布法令将全部灯塔收归领港公会公营，这时灯塔就成了公共产品。可以看出，在不同的历史阶段，产品性质的区分必须考虑市场发展的程度。

全部的经济史都在证实，公共产品从来不是某一时代、某一政府的专有，但特定的时代、特定的政府一定有特定的公共产品的供给。

（二）公共产品理论的主要内容

公共产品理论在市场经济和私人经济的基础上，探讨公共经济的存在和国家对经济的介入等问题。该理论认为，公共产品存在之处，必然是市场机制运行失灵和私人经济难以存在的地方。这是由公共产品消费的非排他性决定的，产品的提供者没有办法让每个受益者都为之付费，因为大家都指望别人去购买，而自己坐享其成。这种"搭便车问题"的存在，使得如果私人部门提供某种公共产品将很有可能无法收回投资，因此私人部门提供公共产品，其数量会远远低于产品需求。所以，公共产品不可能像其他产品那样适合由市场提供，市场本身也无法解决此类矛盾，这就是市场失效问题，最终导致政府介入，由政府提供公共产品。政府介入则应限制在市场失灵的范围内。提供公共产品是政府最主要的活动范围之一。

这里还有一个概念——外部效应，简单讲是指一种行为对他人的利益产生了影响，却没有为其承担应有的成本或没有取得应有的收益的现象。在市场机制的作用下，对带有正的外部效应的产品，因对其交易之外的第三者所带来的收益没有在价格中反映，会导致其供给不足；而相反，带有负的外部效应的产品，由于其私人边际成本低于社会边际成本，因而会供给过剩，这也是一种市场失效的表现，无论是供给不足还是供给过剩，都需要政府部门利用经济手段、法律手段和必要的行政手段进行干预和纠正，即提供公共产品。因此，政府提供公共产品的原因是多方面的，外部效应同市场失效与公共产品也有着重要的联系。

既然公共产品是由公共部门提供的，那么从广义上讲公共产品可以理解为是由以政府为代表的国家机构——公共部门供给，用来满足社会公共需要的商品和服务。这些社会公众在生产、生活和工作中的共同需要，不是简单的个人需要的加总，而是每一个社会成员都可以无差别地共同享用的需要，存在于具体的特定的社会形态中。而从其涵盖面来看，范围颇广，既包括行政、国防、文化教育、卫生保健、环境保护，也包括基础设施、基础产业、支柱产业等的投资，还包括政府为调节市场经济运行而采取的各项政策措施的提供等。因此可以说凡有政府参与的各种社会活动都包含着不同公共产品的提供行为。

总之，公共产品理论研究了公共产品的特性，并由此引出了外部效应、市场失效等问题，于是人们得出了必须由政府、财政加以干预、弥补的结论。现今政府提供了各种有形或无形的公共产品，而作为一种产品、一种行为，对于公共产品及提供行为本身也有市场检验和市场认可的问题，即国家提供公共产品的效用能否实现的问题。人们也逐渐发现，如同市场会失效一样，政府本身的行为也不是时时事事都很完善，政府在提供公共产品、执行其职能时，也可能存在缺陷，带来负的外部效应，而造成资源的浪费，这就需要我们通过事实，结合理论找到解决问题的办法，从而完善公共产品并提高其效用价值。

（三）工程建设标准体系的公共产品属性

当前，我国的工程建设标准体系仍以政府相关部门主导为主，经费也主要由国家拨付，符合公共产品定义"公共行政组织或国家行政组织所提供"，另外，工程建设标准体系也具有消费的非竞争性和消费的非排他性的特点，表现在：

消费的非竞争性，一方面，工程建设标准体系制定颁布后，额外的消费者（使用者）并不增加额外成本，即增加一个公共消费者（使用者），工程建设标准体系的供给者并不增加成本，也即工程建设标准体系的边际生产成本为零。另一方面，工程建设标准体系制定颁布后，每个消费者（使用者）的消费都不影响其他消费者（使用者）的消费（使用）数量和质量，即工程建设标准体系的边际拥挤成本为零。

消费的非排他性，一旦工程建设标准体系制定颁布，所有公民都能享受到它的好处，无法排除其他人也同时消费（使用），而且，即使你不愿意消费（使用），你也没有办法排斥。

另外，工程建设标准体系，对规范建设市场行为，促进建设工程技术进步，确保工程安全性、经济性和适用性，保证和提高工程质量，加快建设速度方面，都具有重要的作用。而且工程建设标准体系还具有合理利用资源、促进科研成果和新技术推广应用以及保证社会效益的作用。因此，工程建设标准体系的受益者绝不仅仅是工程本身，它将使全社会受益。

综上所述，工程建设标准体系具有明显的公共产品属性，因此公共产品理论是适用于工程建设标准体系的。

三、过程管理理论

过程管理就是指为了达到某种目的，对企业或组织所涉及的过程，如生产过程、设计过程、商业过程、办公过程、后勤和分发过程等，进行设计、改进、监控、评估、控制和维护等各方面的工作。它包括过程描述、过程诊断、过程设计、过程实施和过程维护等步骤（图8-2）。

图8-2 过程管理实施步骤

（1）过程描述：对过程进行识别定义，并且找出开展过程管理活动的动力。它的主要工作内容包括对过程的目标以及过程本身进行具体描述定义。

（2）过程诊断：根据过程出现的问题的征兆找出导致问题出现的根因，从而达到根治问题本身以及由此根因产生的一连串问题的目的。

（3）过程设计：包括理解过程的需求以及如何把需求转变成可能的过程设计、提出若干个候选的过程改进方案、对各候选方案进行分析评价、筛选出一个最合适的方案等工作内容。过程设计活动主要有应用过程科学建立过程设计策略，通过计算机仿真对候选的过程设计方案进行评价，运用决策分析方法解决复杂利弊权衡问题，选出一个实施方案。

（4）过程实施：在整个企业或组织中对过程进行最终确认，并进行受控分发传播。具体包括获得和安装过程中需要的工具和设备，为正确应用新的过程进行预备培训等活动。

（5）过程维护：对过程进行动态监控和定期改进完善，以保证过程在内部和外部条件经常发生变化的情况之下仍能保持优良的性能。

过程管理在很多方面与业务流程重组（BPR）很相似，所不同的是，过程管理更注重具体过程的识别、分析、设计以及在整个生命周期中对过程加以维护。同时借助过程失效模式和影响分析、过程质量功能配置、计算机仿真和优化技术、数据采集和统计分析等工具对企业活动中的具体过程系统地、定性定量地进行识别、分析诊断、设计优化和不断改进完善，其主要诀窍是，在不同的过程管理阶段能够选用最合适的辅助工具。

过程管理技术综合吸收了业务过程重组、改善管理、精益生产等管理理论和技术的精华，提出在通过过程分析诊断和仿真优化的基础上，根据企业实际情况和特点，再决定是否采用根本性的重组业务过程，还是在现有的基础上渐进地改进和完善过程。过程管理理论和方法能够使得企业根据自己的特点以较小的风险、渐进地、动态地和稳定地改进和完善生产组织和管理。由此可见，过程管理是一种容易接受的、风险较小的不断改进和完善企业管理和过程的定性和定量的方法手段，不仅对提高各种类型企业的管理水平有重大的意义，而且通过过程管理对企业的各种业务过程进行优化，可以为企业进一步实施信息化打下良好的基础。

过程管理追求的目标是过程卓越，过程卓越在某种程度上意味着浪费是最小的。浪费最小则意味着资源、原材料和时间得到了最高效率的利用。要做到有效地利用时间和所有其他可利用的资源，就必须不断地改进组织的工作过程。这种设计和持续改进过程的方法就是过程管理。通过提高效率和有效性，过程管理为改善客户满意度，最终达到提高利润、业务增长率和保证业务的长期稳定性提供机会。

第三节　工程建设标准体系构建实践

一、建筑节能标准体系

建筑节能因涉及各专业学科和建筑物建设及使用的各环节，为达到总体的节能目标或某一方面的节能目标要求，其标准技术内容将充分整合利用各专业技术。建筑节能标准体系与各专业标准体系有着密不可分的必然联系。建筑节能标准体系中所涉及的各专业的基本原理和基本技术规定，将依存于各专业标准体系中。

因所追求的目标不同，工程建设各专业标准体系与建筑节能标准体系又有明显的区别。各专业标准体系中的标准均是为使建筑物达到某方面的预期使用功能而做出规定。而建筑节能标准体系中的标准，则是在保证建筑物的基本使用功能的前提下，利用现有各专业技术追求最大的节能效果，也就是说，是以最大限度地满足有效、合理利用能源为目的。

清楚界定建筑节能标准体系的总体构成，既有区别又有联系地处理好与各专业标准体系及具体项目间的关系，是建筑节能标准体系研究和制定的主要原则。

（一）编制原则

建筑节能是一个系统工程，涉及建筑材料、建筑设备、仪器仪表等的生产、选用其或建筑物业管理，包括制冷、采暖、热水、照明、动力等多专业或学科，贯穿建材生产、建筑施工、建筑物运行等多环节。要达到建筑节能目标，必须充分利用各专业或学科技术，合理控制可能造成能耗的各环节。

建筑节能标准体系的研究、编制的目的，是为最大程度地发挥标准对建筑节能工作的巨大推动与技术保障作用；更有效地通过标准化途径贯彻落实党和国家的有关政策和发展战略；更有针对性地统筹部署各专业学科标准体系项目，整体上凸显建筑节能的目标诉求。

建筑节能标准体系的实施，将为建筑节能标准的立项编制提供宏观指导，为建筑节能工作的系统、全面开展提供技术手段，为建筑节能技术研究和建筑节能产品开发提供方向，促进科技成果向现实生产力的转化以及建筑节能产业的形成与发展。

（二）体系表述

1. 体系构成

（1）建筑节能标准体系从形式上尽量与其他专业标准体系相统一，由标准体系框架图、各"层次"标准体系表、各标准项目适用范围说明及编制说明等构成。建筑节能标准体系将融合各专业技术，通过对建筑物的设计、建造到运行管理的各环节进行协同控制，并在节能相关产品的支持下，达到节能目标要求。建筑节能标准体系层次间更多地体现了控制指导或技术产品的支撑关系；对于同层次不同环节间的标准，其内在关系将反映于原相应专业的标准体系中。

建筑节能标准体系的总体框图见图8-3。

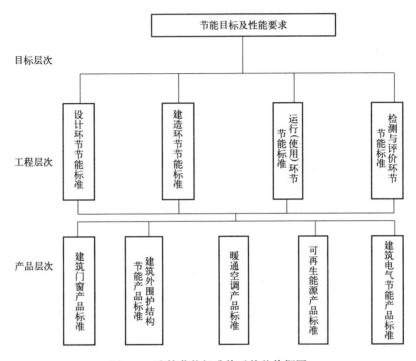

图8-3　建筑节能标准体系的总体框图

（2）对于工程层次和产品层次中所含各环节/门类的标准分体系，在体系框图中竖向分为基础标准、通用标准和专用标准，其中：

1）基础标准是指在某一环节/门类范围内作为其他标准的基础并普遍使用，具有广泛指导意义的标准。

2）通用标准是指针对某一环节/门类标准化对象，制定的覆盖面较大的共性标准。它可作为制订专用标准的依据。

3）专用标准是指针对某一具体标准化对象或作为通用标准的补充、延伸制定的专项标准，其覆盖面一般不大。

2. 各层次间的内在关联

（1）目标层次中的标准将提出对各气候区域中各类型建筑的总体节能目标要求，或针对下两层次中的某个、多个或全部环节提出具体目标性要求。此类目标要求也可能依附于有关的强制性标准或行政法规当中。

（2）工程层次中的标准将利用一个或多个专业的技术，以完成目标层次标准提出的要求为最大目的。此层次中每个环节均会涉及与节能有关的多个专业，工程层次中的每个环节都要有自己的分框架图。一个专业单独或若干专业组合构成该环节的某一项标准的技术内容。此层次中的标准与原各专业标准体系中的标准有着密切的联系，在一定情况下甚至是同一的。建筑节能标准体系与各专业标准体系以此层次为链接点。

（3）产品层次中的标准是对上层次标准中为达到目标要求或工程要求而采取的技术措施所可能涉及的材料、设备、制品、构配件、机具、仪器等标准。此层次标准隶属产品标准范畴，纳入此层次的产品标准均直接或间接地与建筑节能相关，服务于上层标准。此层次的横向分类可按产品应用领域进行，但要与上两个层次相呼应。

3. 体系编码规则

层次编号：目标层次——J1；工程层次——J2；产品层次——J3。

分类编号：如工程层次中，设计环节——1；建造环节——2；运行环节——3；评价环节——4。

标准项目编号（图8-4）：

图8-4 标准项目编号

4. 体系编码表

建筑节能标准体系编码见表8-1。

表8-1 建筑节能标准体系编码

层次	环节/门类	子层次	编码
目标层次	—	—	[J1]
工程层次	设计环节	基础标准	[J2] 1.1
		通用标准	[J2] 1.2
		专用标准	[J2] 1.3
	建造环节	基础标准	[J2] 2.1
		通用标准	[J2] 2.2
		专用标准	[J2] 2.3
	运行环节	基础标准	[J2] 3.1
		通用标准	[J2] 3.2
		专用标准	[J2] 3.3
	评价环节	基础标准	[J2] 4.1
		通用标准	[J2] 4.2
		专用标准	[J2] 4.3
产品层次	建筑门窗	基础标准	[J3] 1.1
		通用标准	[J3] 1.2
		专用标准	[J3] 1.3

层次	环节/门类	子层次	编码
产品层次	建筑外围护结构	基础标准	［J3］2.1
		通用标准	［J3］2.2
		专用标准	［J3］2.3
	暖通空调	基础标准	［J3］3.1
		通用标准	［J3］3.2
		专用标准	［J3］3.3
	可再生能源	基础标准	［J3］4.1
		通用标准	［J3］4.2
		专用标准	［J3］4.3
	建筑电器	基础标准	［J3］5.1
		通用标准	［J3］5.2
		专用标准	［J3］5.3

5. 构建理论应用

（1）初步分析。即进行建筑节能标准体系构建前的调查研究。

自 20 世纪 80 年代实施建筑节能以来，我国的建筑节能工作一直是按不同气候区域（严寒和寒冷、夏热冬冷、夏热冬暖）、不同建筑类型（居住建筑、公共建筑）、不同阶段（设计、施工及验收）来"分块、分段"分别提出要求并予以实施的，缺乏从建筑节能工作全局的高度，提出总体的、全面的节能目标与性能要求及实施措施。

2008 年 10 月 1 日开始实施的《民用建筑节能条例》，对建设、设计、施工、监理等相关建设主体都进行了要求。特别将新建建筑节能要求提前到规划方面，规定了在项目第一步的规划阶段就要获得建筑节能规划许可，必须符合规划阶段要求的节能标准。进入施工阶段后，施工图节能审查是能否取得施工许可证的依据。此外，《民用建筑节能条例》也对工程监理单位提出要求，工程监理单位发现施工单位不按照民用建筑节能强制性标准施工的，应当要求施工单位改正；施工单位拒不改正的，工程监理单位应当及时报告。在最终业主组织竣工验收时，要对民用建筑是否符合民用建筑节能强制性标准进行查验；不符合的，就不能出具竣工验收合格报告。《民用建筑节能条例》为建筑节能工作及有关活动提供了法律依据。

1）建筑围护结构的节能设计。在夏热冬冷地区和夏热冬暖地区，除外保温技术外，砌块墙体自保温技术受到很大重视，出现了墙体遮阳技术、阳光反射技术、通风间层技术、绿化技术等；屋面的保温隔热技术也在建筑设计中受到了极大重视；铝合金门窗和玻璃幕墙的大量应用、建筑走向通透、门窗的节能等问题日益突出，塑料门窗、金属隔热型材门窗、Low-E 中空玻璃等得到大量应用，节能门窗的技术得到了很大的发展；在夏热地区出现了大量建筑遮阳技术的应用。

2）空调系统节能设计。为了提高暖通空调系统运行效率，达到节能目的，空调系统的节能设计更加受到重视，并已研究开发应用了变水量（VWV）、变风量（VAV）系统，以及变冷剂流量（VRV）系统，空调系统的智能调控技术也得到了大量应用。但与发达国家相比，设备能效比及系统的自动、节能、优化控制方面还有一定的差距。蓄冷（蓄冰、蓄水）技术已引起重视，并逐步发展应用。

3）采暖供热系统。随着供热收费体制改革，集中采暖系统（特别是室内采暖系统）正面临技术更新，热源、室外管网、室内采暖系统、室温调节控制设备、热量计量设备以及相应的技术得到发展，调控手段更加完善，调控设备质量更高，散热器安装恒温阀，用户可按需要设定室内温度。

4）地源热泵技术。近年来热泵的应用范围在迅速扩大，同时热泵技术（包括风冷热泵及水源热泵）也在建筑中得到了较快、较广的应用。热泵既可以用来生产热水，也用来空调或采暖。2005年，建设部发布了《地源热泵系统工程技术规范》GB 50366。

5）太阳能技术在建筑中的应用。在建筑应用领域中，技术成熟、应用最广泛的是太阳能热水器，其次是被动式太阳能采暖，太阳能空调和光电技术的综合利用是今后的努力方向，太阳能与建筑一体化应用技术已经逐步成为基本要求。

6）建筑照明节能技术。由于现行标准体系的问题，照明节能方面的要求一直未直接纳入国家现行有关建筑节能设计标准，后来在《建筑照明设计标准》GB 50034—2004中有了专门的照明节能内容。建筑照明节能要充分利用绿色照明的成果，在建筑物中广泛使用高效的照明光源和产品，合理地设计照明系统，强化照明系统的智能控制。

7）用能系统的智能管理控制技术。利用人工或智能控制技术实现建筑物内的系统节能，是建筑节能非常重要的组成部分。用能系统智能管理控制技术包括：室内温度控制精度提高，空调目标温度值的自适应调节，机组的最佳启停时间控制，新风量控制，风机盘管系统的控制，空调系统优化改进控制措施，冷热源系统的群控功能（台数自动控制），照明系统时间、照度等控制，机电设备最佳启停控制，能源管理系统软件的应用等。

（2）需求分析。基于以上初步分析所做的准备工作，完成建筑节能标准体系的结构框架。

1）目标层次的确定。本层次设定的节能标准是对我国建筑领域节能的总体目标要求或为达到节能目标而必需的技术规定及管理要求。本层次的标准将对工程层次和产品层次的标准均具有约束和指导作用。

2）工程层次的确定。工程层次按设计、建造、运行和评价环节进行划分。其中，设计环节的标准针对建筑的城市环境，建筑区域的规划，建筑的能源供应，建筑总体设计，建筑围护结构、采暖、通风、空调、照明、建筑动力设备（包括电梯）、建筑智能控制，可再生能源在建筑中的应用以及建筑用能系统的管理等各个技术环节进行设置。建造环节的标准针对节能工程施工和建筑施工节能进行设置。运行环节的标准针对建筑物运行与维护和建筑节能服务进行设置。评价环节的标准针对建筑节能检测和建筑节能评价进行设置。

3）产品层次的确定。产品层次针对建筑外围护结构、暖通空调、可再生能源、建筑电气等节能产品进行设置。

二、工程建设标准体系（煤炭工程部分）

（一）编制原则

（1）适应社会主义市场经济体制深化改革与经济全球化进程的需要，有利于推进工程建设标准化管理体制、运行机制的改革，有利于工程建设标准化的科学管理。

（2）有利于新技术的发展及推广，尤其是高新技术在工程建设领域的推广应用，充分发挥标准化的桥梁作用，扩大覆盖面，起到保证工程建设质量与安全的技术控制作用。

（3）以最小的资源投入获得最大标准化效果的思想为指导，兼顾现状并考虑今后一定时期内技术发展的需要，以合理的标准数量覆盖最大的专业技术领域。

（4）力求做到结构优化、数量合理、层次清楚、分类明确、协调配套。

（二）体系表述

1. 标准体系的总体构成

煤炭工业工程建设标准体系下分6个专业，其框架构成见图8-5。

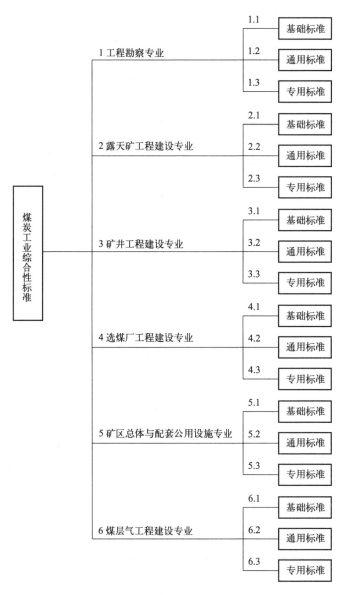

图 8-5　工程建设标准体系（煤炭工程部分）框架示意图

（1）每部分的综合标准（图8-5左侧），均是涉及质量、安全、卫生、环保、公众利益、节能减排与综合利用等方面的目标要求，以及为实现这些目标而制定的技术要求、管理要求。它对该部分各专业各层次标准均具有制约和指导作用。

（2）每部分体系所含各专业标准分体系（图8-5右侧）中，竖向分为基础标准、通用标准和专用标准3个层次。上层标准的内容包含了其以下各层标准的某个或某些方面的共性要求，并指导其以下各层标准。其中：

1）基础标准，是指导某一专业范围内作为其他标准的基础并普遍使用，具有广泛指导意义的术语、符号、计量单位、图形、模数、基本分类、基本原则等标准。

2）通用标准，是针对某一类标准化对象制定的覆盖面较大的共性标准。它可作为制定专用标准的依据。如通用的安全、卫生与环保要求，通用的设计、施工要求与试验方法，以及通用的管理技术等。

3）专用标准，是针对某一具体标准化对象或作为通用标准的补充、延伸制定的专项标准。它的覆盖面一般不大。如某种工程的勘察、规划、设计、施工、安装及质量验收的要求和方法，某个范围的安全、卫生、环保要求，某项实验方法，某类产品的应用技术及管理技术等。

（3）部令类技术要求。

2. 标准体系的表述

本标准体系包含各专业的标准分体系，用专业综述、专业标准分体系框图（图8-6）、专业标准体系表和专业标准项目说明等4部分内容表述。

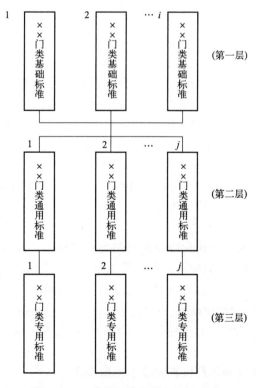

图8-6 ××专业标准分体系框图示意

（1）各专业的综述部分重点论述国内外的技术发展，国内外技术标准的现状及发展趋势，标准的立项问题，以及标准体系的特点等。

（2）本标准体系拟在综合性标准以下划分为工程勘察专业、露天矿工程建设专业、矿井工程建设专业、选煤厂工程建设专业、矿区总体与配套公用设施专业和煤层气工程建设专业等6个专业（图8-6）。每个专业又划分为若干个门类（总计14个）。

（3）各专业标准体系表的栏目包括：标准体系编码、标准名称、现行标准编号和备注4栏。体系编码为4位编码，分别代表专业号、层次号、同一层次中的门类号、同一层次同一门类中的标准序号（图8-7）。

（4）在标准项目说明中，重点说明各项标准的适用范围、主要技术内容。

（5）列入本标准体系的其他体系国家标准和行业标准，有体系编码的标准均在体系表备注一栏中注明其体系编码。

$$[*] \qquad *. \qquad *. \qquad *. \qquad **$$

| 部分号 | 专业号 | 层次号 | 门类号 | 标准序号 |

图8-7 体系编码示意图

3. 专业标准体系的特点及重点解决的问题

（1）标准体系的特点。在全面分析各专业国内外技术和标准发展现状及趋势的基础上，本着与时俱进的思想理念，比较完整地提出煤炭建设工程各专业标准项目名称和具体内容，确立每项标准在标准体系中的位置，以实现标准项目确立的系统性和完整性，避免今后标准编制中出现的内容交叉、重复、矛盾和缺项等现象。标准体系在其适用的范围内，按照需要，内容力求完整，相互协调一致，结构力求严谨，同时也考虑技术的先进性，并为未来技术的发展描绘出最佳的结构。在满足标准技术内容完整和准确的前提下，合理选择标准，各级各类标准间力求相互协调、相辅相成，以获得良好的系统效应，满足建设市场发展的需要，取得预期的社会效益和经济效益。标准体系按专业建立，既适应当前的行业管理需要，又为将来有关部门合编而淡化行业管理以及标准的有序管理创造了条件。体系中项目的归属，不再以国家标准与行业标准、强制性标准与推荐性标准定位，便于操作并为今后的修改于调整留下空间。

（2）重点解决的问题。

1）考虑到今后的发展，住房和城乡建设部当时提出了"综合标准"的概念，它是我国技术法规的特定表现形式，为今后标准的强制性与推荐性内容的分离创造条件。

2）增列若干新的或引用的标准项目，尽量扩大覆盖面，为此充分利用了相关的现行国家标准及少量其他部门的行业标准。

3）基于目前的认识水平，力求使标准体系的结构合理，层次分明，有效定位，避免重复。

4）为下一步管理体制和运行机制的改革创造条件。

4. 标准体系内容的综合说明

（1）由于标准体系按专业建立，不涉及行业管理问题，本体系最终可能要被纳入国家标准体系中的某一部分。目前，为了做好前期准备工作，本体系仍按国务院建设行政主管部门的统一部署和范例进行。煤炭行业暂按本行业的特点自成体系进行编制，用以指导标准化工作的开展。

（2）本标准体系所设定的 6 个专业，是基于流程和学科相结合的原则划分的。

（3）在标准体系中，凡涉及工程勘察专业、公用与建筑工程部分，同住房和城乡建设部编写的城镇建设部分和房屋建筑部分有重复之处，但又是煤炭工程不可分割的内容，基于标准成果共享的原则，本体系仍将有关标准一并纳入，以求总体构成的相对完整和便于应用，但不列入本体系编码。

（4）煤炭行业曾根据建设部下达的任务，编制了一套工程项目的建设标准，虽然其内容技术含量较高，涉及生产规模分级、工艺流程选择、装备水平、建设周期、劳动定员、建设投资指标等，对煤炭工业相关项目的建设有制约和指导意义，但由于其不属于技术标准系列，建设部已在另行编制工程项目建设标准体系，因此本标准体系未将其纳入。

（5）在本标准体系中未列入国际标准和国外先进标准，这是由于采标工作不能盲目进行，尚需要根据我国煤炭行业的特点统筹规划，做大量的工作。

（6）列入本标准体系的标准，多数标准已超过需要修订的 5 年标龄期限，有些先进技术不能及时转化为标准，使得工程建设标准落后于工程建设的发展，同时落后的标准又得不到建设企业的积极采用，形成恶性循环，目前应加快标准的修订速度，缩短制修订周期。

本 章 小 结

工程建设领域的所有工程建设标准，都存在着客观的内在联系，它们相互依存、相互制约、相互补充和衔接，构成一个科学有机整体，这就是工程建设标准体系。

工程建设标准体系的特征包括：集合性、目标性、整体性、可分解性、相关性或内在联系、环境适应性。

工程建设标准体系的构建应遵循如下基本原则：①以贯彻新发展理念、面向高质量发展为统领，以优化标准化治理结构、增强标准化治理效能、提升标准国际化水平为目标，有利于推进工程建设标准化体制改革，有利于工程建设标准化工作的科学管理，有利于政府颁布标准与市场自主制定标准二元结构的建立。②助力高技术创新，促进高水平开放，引领高质量发展，适应社会主义市场经济与技术快速发展的需要，满足目标需求，实现目标下的全覆盖。③以最小的资源投入获得最大标准化效果的思想为指导，兼顾现状并考虑今后一定时期内技术发展及体制改革的需要，以合理的标准数量覆盖最大范围。④以系统分析的方法，做到结构优化、主题突出、数量合理、层次清楚、分类明确、协调配套，形成科学、开放的有机整体。

参 考 文 献

［1］汪应洛. 系统工程［M］. 第 5 版. 北京：机械工业出版社，2019.

［2］鲍仲平. 标准体系［M］. 北京：中国标准出版社，1990.

［3］中国煤炭建设协会. 工程建设标准体系：煤炭工程部分［M］. 北京：中国建筑工业出版社，2012.

［4］麦绿波. 标准学——标准的科学理论［M］. 北京：科学出版社，2019.

［5］冯智辉. 标准实施系统工程方法与实践［M］. 广东：华南理工大学出版社，2017.

［6］麦绿波. 标准化学——标准化的科学理论［M］. 北京：科学出版社，2017.

［7］白殿一，王益谊. 标准化基础［M］. 北京：清华大学出版社，2020.

［8］杨瑾峰. 工程建设标准化实用知识问答［M］. 第 2 版. 北京：中国计划出版社，2004.

第九章　工程建设标准中的知识产权

第一节　标准与知识产权

在经济全球化背景下，以专利为代表的知识产权以多元化的表现形式向技术标准渗透。知识产权，主要是专利与技术标准相互融合作为市场竞争的新手段，其强大的影响力冲击着各个行业。与电子、计算机行业相比，工程建设领域是一个庞大的、分散的、有若干分支行业的领域，除个别分支技术创新迅速且专利密集外，大部分行业分支的技术创新速度相对较慢且彼此独立，因此总体上工程建设领域内标准与专利的冲突不如专利密集的电子、计算机行业表现激烈。但是，工程建设领域的特殊性和专利进入标准的隐蔽性，使得工程建设标准的专利问题更加复杂，妥善处理工程建设标准与专利的关系显得尤为重要和必要。工程建设项目作为典型的大型复杂系统，往往投资高、参与主体多、工序环节多、相互之间粘滞效应强，且对标准的依赖性大，若不能妥善处理专利与标准的关系导致某个环节出现法律纠纷，其影响可能扩展到其他环节或整个项目系统，从而产生巨大的经济损失和严重的社会影响。

第二节　标准的专利政策

一、标准涉及专利的总体情况

20世纪90年代开始，有的企业将标准与专利巧妙地结合起来，以便为企业市场竞争获得有利地位。随着技术的快速发展，这种标准与专利结合的市场策略愈发显见，已经成为一些企业获得市场竞争优势的有力武器，但同时也出现标准滥用专利权进行不正当市场竞争的行为。在工程建设领域，标准与专利的冲突不如电子、计算机行业表现激烈，但专利数量的迅速增加，一方面标准必要专利促进了新技术的推广，另一方面也存在专利通过各种隐蔽方式进入标准，对工程建设标准化工作造成了一定影响。

近些年，在工程建设的一些专业领域，如地基施工、节能保温等，涉及专利的标准，尤其是团体标准涉及专利数量逐渐增多。很多的建设工程一线人员对标准与专利的关系并不清楚，仍认为纳入国家标准、行业标准、地方标准或者团体标准的技术都是可以免费使用的技术，从而更易引起法律纠纷。因此，分析研究标准与专利的关系，妥善处理标准与专利的冲突，促进两者互促发展，对于工程建设标准化发展非常重要。

二、标准、专利与技术的关系

（一）工程建设标准对新技术的需求

近些年，在各级建设行政主管部门的大力推动下，工程建设国家标准、行业标准、地方标准数量逐年增加，截至 2021 年，工程建设国家标准、行业标准、地方标准已经超过一万多项；团体标准数量增长更加迅速，据不完全统计，已有超过一百多家社会团体开始工程建设相关标准的编制工作。标准数量急剧增长，标准内容涵盖新技术的需求也不断增加。

（二）工程建设专利对新技术的需求

根据 IPC 分类方法，工程建设领域的专利大部分在 E 部固定建筑物类。自从我国建立专利制度以来，固定建筑物类的发明专利和实用新型专利总体数量已经从 1985 年的五百多件增加到二百四十多万件，越来越多的工程建设新技术被专利技术所覆盖。

（三）专利与标准结合不可避免

从工程建设标准数量与专利数量迅速增加的现状可以看出，两者都在抢占新技术，标准技术和专利技术重叠的部分越来越多。一方面，为保证标准质量，提高标准的适用性和先进性，克服标准技术滞后性的缺陷，新技术不断被纳入标准中，标准难免会涉及专利技术。另一方面，随着我国民众知识产权意识的增强，新技术越来越多地被专利保护起来。甚至某些高新技术领域，标准的核心技术大都被专利技术覆盖，标准可能已经没有多少通用技术可以采集，标准技术和专利技术重叠的部分将越来越多。长远来看，标准无论如何都躲不开无所不在的专利大军，标准已经很难回避专利而独立发展，两者结合将是大势所趋。

三、标准与专利结合的法理分析

（一）专利制度与标准化制度的价值追求

从标准、专利与技术分析可以看出，客观上，标准已经很难回避专利而独立发展，但是从法律保护的客体上看，专利属于私权，标准属于公权，两者是排斥的。标准与专利结合对于标准来说是被迫的还是具有一定的合理性、是否能找到两者的最佳结合点，这些问题值得关注。

从专利制度直接目标上看，保护专利技术的专利制度规定侧重于：赋予专利权人一定时间的垄断权，其直接保护客体是专利权人的私权益—即专利权。从终极目标看，专利制度以赋予专利权人有限的垄断权为代价，让公众获取专利技术的公开技术信息，从而最终促进科技的进步，使公众受益，增进社会福利。在这种意义上，专利制度最终目标的保护客体是公众和社会的公共权益。

我国关于标准的定义见《标准化工作指南　第 1 部分：标准化和相关活动的通用词汇》，该定义与 ISO/IEC 指南《标准化和有关领域的通用术语及其定义》对标准的定义是一致的。该文件也明确指出，标准宜以科学、技术和经验的综合成果为基础，以促进最佳共同效益为目的。

对比发现，标准化制度与专利制度的最终目标是一致的，都是保护公众和社会公共利益，增进社会福利。因此，标准与专利的结合具有一定合理性与积极性，两者的最佳结合点是促进最终目标的实现，即保护公众和社会公共利益，增进社会福利。因此，下文从如何达到标准制度与专利制度的最终目标来分析标准涉及专利的问题。

（二）非强制性标准与专利融合的法理分析

根据我国《标准化法》，标准包括国家标准、行业标准、地方标准和团体标准、企业标准。国家标准分为强制性标准、推荐性标准，行业标准、地方标准是推荐性标准。强制性标准必须执行，国家鼓励采用推荐性标准。

从是否具有强制执行效力来看，标准分为非强制性（推荐性标准与自愿性标准）标准与强制性标准两大类。标准的法律属性对标准的专利问题分析至关重要，因此下文我们按法律属性不同，分别讨论非强制性标准与强制性标准的专利问题。

非强制性标准的使用不是法定要求，因此是否使用非强制性标准可以看作一种市场行为。只要不损害公共利益，保障专利权的前提下，非强制性标准可以纳入专利。目前标准纳入专利后影响公共利益的情况主要是专利权人利用社会对标准认可而过分使用或不正当使用专利权，即专利权的滥用。专利权滥用的几个主要表现是拒绝交易、不能合理非歧视的许可、专利搭售、多标准中的排他性交易等。标准化组织作为标准制定与管理者，为避免或减少发生专利权滥用现象，可采取两个政策：一是保证标准制定过程中纳入专利的公平、透明，相关专利信息及早披露，让标准编制者、标准使用者都知道标准是否涉及了专利以及相关的专利信息。二是促进专利持有者能合理非歧视的许可标准使用者使用专利。标准化组织可作为中间方，让标准持有者提供合理非歧视的许可专利的声明，从而在专利持有者、标准化组织、标准使用者之间形成一个合同关系，使标准使用者能在合理非歧视的许可条件下使用专利。目前，国际标准化组织普遍采用这种政策，即不反对纳入专利，但要事前披露，且获得专利权人合理无歧视许可（RAND）或免费许可（RF）。

（三）强制性标准与专利融合的法理分析

强制性标准是无"法"的形式，但有"法"的效力的技术性文件，具有"技术法规"地位。强制性标准是必须实施的，不实施就是违法。如果强制性标准纳入了专利，而不对专利权实施进行一定规制，那么就是用"法"的形式强制要求标准使用者必须实施专利。专利权人在专利定价上则有绝对的优势，无论价格多高，标准使用者都必须购买。随意定价势必会损害作为社会大群体的标准实施者的利益，不利于保护公众和社会公共利益，达不到标准与专利的统一目标。因此，对于强制性标准涉及专利问题的解决思路是：不纳入专利或使专利持有者没有定价的权利。

当前，我国工程建设标准化正处于改革阶段，虽然已发布部分全文强制性工程规范，但强制性标准还有一部分以强制性条文形式存在。以条文形式存在的强制性标准，构成完整的技术方案的可能性不大，其本身与专利重合的可能性很小。随着工程建设标准化改革的深入，逐步用强制性标准（全文强制性工程规范）取代现行标准中分散的强制性条文，故工程建设强制性标准将主要考虑全文强制标准涉及专利的情况。《国家标准涉及专利的管理规定（暂行）》中提到"强制性国家标准一般不涉及专利"，如果确实出现特殊情况，标准确实涉及了专利，标准又必须作为强制执行，这要对专利权实施进行一定规制，规制的目的是不允许专利权人任意定价，以便保护公众利益。可采取的规制方法包括：标准化主管部门或标准化组织出资购买专利或获得专利使用许可。如果专利权人拒绝出售或拒绝许可，那么理论上可以启动强制许可程序，因为强制性标准是为了保护公众利益的目的（涉及人体健康、人身、财产安全），符合强制许可的条件。强制性标准纳入的专利也不意味着专利权不能得到保障，专利权人仍有与政府议价的权利以及行政诉讼的权利。

四、标准必要专利

（一）标准必要专利的定义

2017 年，杜比实验室全球执行副总裁兼法律顾问 Andy Sherman 在国际专利年会中指出：标准必要专利就是在实施标准时没有办法可以再通过运用其他商业上可实施的且不构成侵权的方式来避免该项专利中的权利要求被侵犯的专利。国内学者一般认为，标准必要专利是从技术方面来说对于实施标准必不可少的专利，或者说为实施某一技术标准而必须使用的专利。根据《国家标准涉及专利的管理规定（暂行）》，必要专利是实施该项标准必不可少的专利。

标准必要专利的优势是促进创新，增进效率，可减少消费者的适应成本，消除国际贸易障碍；保护专利权人权益的同时又推动了知识的共享和发展。标准必要专利的劣势是限制标准技术多样性；由于制定者多为行业龙头企业，容易导致垄断发生。

（二）标准必要专利的产生和认定

（1）标准必要专利的产生。

1）标准化组织牵头开会形成标准草案稿，当出现新技术时，标准化组织一般会召集编制组成员讨论是否推出普遍遵守和采用的技术成为标准，编制组成员先申请专利，形成专利申请文件，然后分析专利申请文件与标准草案稿之间的对应关系。

2）在标准制修订过程中，各方技术切磋、利益博弈，多次分析专利申请文件与标准稿件之间的关系，不断修改标准稿件。

3）编制组经过多次修改标准稿件最终定稿，与之对应的专利申请授权，标准必要专利产生，同时披露专利信息。

（2）标准必要专利的认定。

1）自我认定。如果专利权人不向行业内其他企业收取许可费，披露的标准必要专利一般处于自我认定状态。

2）第三方认定。专利权人自己或者委托专利许可公司向行业内其他企业收许可费时，被收取费用方或者专利许可公司就会进行专利与标准文稿对应关系分析，来确认主张权利的专利与标准是否对应；如果确认对应，专利权人或者受委托的专利许可公司就会与专利权使用方就许可费问题进行谈判。

3）法院认定。如果有企业使用了标准必要专利却拒绝支付费用，无法通过谈判解决专利许可费问题，只能采取法院诉讼手段。经过诉讼程序认定的标准必要专利，可以算是最高层次的认定，不需要再找侵权证据，因为按照标准进入市场就必然使用了标准必要专利，需要缴纳专利许可费。

五、国际国外标准必要专利政策分析

（一）国际标准化组织的专利政策

国外标准体系多为自愿性标准体系，其专利政策建立于需求各方自愿性标准体系的基础之上。当今世界，各大标准组织普遍认为，适当的专利政策可以在一定程度上协调标准所代表的公权与专利所代表的私权之间的矛盾，平衡标准实施者和专利权人之间的利益。

国际标准化组织（ISO）、国际电工委员会（IEC）和国际电信联盟（ITU）在标准涉及专利的处置规则方面，在标准必要专利、披露原则、许可原则、不介入原则等方面基本达成共识。2007 年，三大国际标准化组织正式公布了《ITU/ISO/IEC 共同专利政策》及《ITU/ISO/IEC 共同专利政策实施指南》。该实施指南经过多次修订，2018 年形成《ITU/ISO/IEC 共同专利政策实施指南》（4.0 版）。这两项政策的核心是在兼顾各组织具体情况的前提下，统一规范标准必要专利，其发布标志着首个国际标准化领域的统一专利政策的诞生，为世界各国的标准化组织制定专利政策提供了重要参考和解决标准必要专利问题切实可行的准则。

三大组织在技术标准中引用专利的共同策略归纳起来有以下几点：①技术标准中可以纳入专利，但应尽量避免；②标准化组织必须获得专利持有者免费许可或合理无歧视的许可声明后，才能将专利纳入技术标准；③标准化组织不介入具体的专利许可事务。

（二）欧洲标准化组织的专利政策

1. 欧洲标准化委员会（CEN）和欧洲电工标准化委员会（CENELEC）的专利政策

欧洲标准化委员会（CEN）和欧洲电工标准化委员会（CENELEC）制定了《CEN/CENELEC 指南 8：CEN-CENELEC 关于专利（和其他基于发明的法定知识产权）的共同知识产权政策实施细则》，该实施细则在专利披露、合理无歧视原则和承诺许可等方面与《ITU/ISO/IEC 共同专利政策实施指南》基本一致，确保了 CEN 和 CENELEC 顺利参与 ISO、IEC、ITU 的标准化工作，促进了欧洲标准与国际标准之间的相互转化，避免了标准必要专利相关的矛盾冲突。该实施细则增加了对专利权转移时的告知义务、对必要专利的界定考虑了时间特性，增加了对参与技术机构的专家披露专利的要求，加强了可操作性。

2. 欧洲电信标准学会（ETSI）的专利政策

欧洲电信标准学会（ETSI）制定了《ETSI 知识产权政策》，涉及就知识产权政策目标、技术机构主席职责、必要知识产权所有权转移、许可条款等内容，主要包括三个要点：①基本原则：ETSI 致力于减少标准必要专利带来的损失，确保标准顺利实施，保证专利权人得到合理的回报；②披露原则：ETSI 仅对会员、准会员和关联公司的披露义务进行了要求，特别是会员、准会员及其关联公司参与标准制定时更要履行信息披露原则；③承诺许可原则：专利权人需要提交不可撤销的书面承诺，声明同意在公平、合理、无歧视的原则下颁发专利许可。如果未获得专利权人做出的承诺，委员会主席将通过与秘书处磋商来判断应暂停这个标准涉及标准必要专利的相关工作，直至该问题解决。ETSI 还明确了必要专利所有权转移情况下的专利处置问题，并对标准发布前、后专利权人拒绝许可的情况提供了解决途径。

（三）日本标准化组织的专利政策

日本工业标准调查会（JISC）于 2000 年制定了《制定使用受专利权保护的技术的日本工业标准的程序》，并于 2012 年发布了修订后的专利政策，要求专利权人提交同意在合理、无歧视原则下许可的承诺后，方可制定标准。JISC 专利政策为：①披露原则：要求日本工业标准的项目承包人和标准草案提案者在提交草案前，必须对与草案相关的专利技术进行检索；②承诺许可原则：项目承包人或 JISC 草案提案者要求专利权持有人提交声明书，同意在无歧视基础上以合理的费率进行专利许可，否则该标准将被调查修订或废止；③不介入原则：JISC 不以任何方式介入专利持有人与被许可人之间的事宜。

各国标准化政策虽然在具体规定上有所不同，但在关键原则上有很多共通之处：①披露原则。披露制度的目的在于方便识别标准中存在的必要专利，从而加快标准的制修订过程。几乎所有的国际标准化组织、区域标准化组织和国家标准制定机构都在不同程度上对披露者、披露义务的强制性或自愿性、披露的范围、披露的时间进行了规定。②承诺许可声明原则。大多数标准化组织采取许可声明原则，要求专利权人签署一份同意许可的声明，确保专利发布后不会因专利权人拒绝许可导致标准不能实施。③公平、合理、无歧视原则。该原则为国际标准化组织的通用原则，但该原则至今无明确的定义或释义，可操作性有待加强。④不介入原则。标准化组织一般不介入专利的鉴别、许可的谈判和专利纠纷的处理，标准中的专利许可一般由专利权人和标准实施者在标准化组织外部协商解决。

六、我国工程建设标准涉及专利政策分析

（一）标准涉及专利问题相关政策现状

在政府颁布标准方面，国家标准化管理委员会于 2013 年出台了《标准涉及专利的管理规定（暂行）》；2014 年，发布了国家标准《标准制定的特殊程序　第 1 部分：涉及专利的标准》GB/T 20003.1—2014，内容偏重于国家标准制定过程中专利的披露和许可声明，促进了涉及专利的国家标准制修订工作的公开、透明。在工程建设领域，2017 年住房和城乡建设部办公厅发布了《工程建设标准涉及专利管理办法》，主要提出了工程建设国家标准、行业标准和地方标准的立项、编制、实施过程中涉及专利相关事项的管理要求，主要原则与《标准涉及专利的管理规定（暂行）》基本相同，但更加强调工程建设标准的必要专利应当经工程实践检验，在该项标准适用范围内具有先进性和适用性。

在市场自主制定标准方面，中国标准化协会编制了团体标准《团体标准涉及专利处置指南　第 1 部分：总则》T/CAS 2.1—2019、《团体标准涉及专利处置指南　第 2 部分：专利披露》T/CAS 2.2—2018、《团体标准涉及专利处置指南　第 3 部分：专利运用》T/CAS 2.3—2018，规定了团体标准涉及专利处置的基本原则、总体目标，并给出了管理与职责、专利披露的主要内容等。2021 年，基于以上团体标准，国家标准化管理委员会立项了《团体标准涉及专利处置指南》国家标准化指导性技术文件。以上相关文件的发布和编制，对于提高社会团体对团体标准涉及专利处置工作的重视程度，引导各行业就团体标准涉及专利的原则和目标达成一致，促进团体标准与专利联动创新，提升团体标准的整体质量发挥了积极作用。

（二）工程建设标准涉及专利政策分析

1. 强制性标准的专利对策分析

工程建设强制性标准发展趋势是制定以功能和性能为目标的全文强制性标准，条文内容涉及专利的可能性较小。但是，强制性标准和专利都为技术性文件，理论上不排除相互交叉的可能。为保证工程建设强制性标准的公益性，强制性标准原则上不应涉及专利；如

强制性标准确实遇到难以回避专利的情况，可考虑作为推荐性标准。如确定必须强制执行且难以回避专利，可采取的措施依次有：首先，专利免费许可是最优方案；其次，专利权人不愿意免费许可，标准主管部门或标准化组织出资购买专利；再次，采取专利强制许可。当然，对专利强制许可必须谨慎，仍然需要保护专利权人合理的经济收益权，给予其适当的经济补偿，否则就会既侵害专利权人的利益，又违背有关国际公约的订约宗旨，也与我国"入世"的承诺相左。

2. 推荐性标准的专利对策分析

我国工程建设推荐性标准在具体政策上，宜有两方面的考虑：首先，基本原则应与国际标准化组织基本保持一致，不拒绝专利，同时采用披露义务和许可义务。基本原则在相当长的一段时间内维持较好的稳定性。其次，在具体管理流程设计上，可随着专利技术的发展和工程建设标准体制发展的不同阶段适当调整。现阶段，在非专利技术能够基本满足工程建设标准发展需要的情况下，工程建设标准尽量回避专利或对进入标准的专利进行相对较多的限制。随着工程建设体制的逐步完善，同时可能工程建设领域内高科技含量技术的不断增加，非专利技术已经不能满足标准的发展需要，这时可对专利更加开放。对于专利权人来说，专利进入推荐性标准后，也不意味着专利权人是弱势，专利权人可以通过复议、行政诉讼或者其他司法途径来维护专利权。

3. 团体标准的专利对策分析

我国发布了相关团体标准涉及专利具体政策，例如，《深化标准化工作改革方案》和《关于培育和发展工程建设团体标准的意见》中都提到支持专利融入团体标准，推动技术进步。《团体标准管理规定》强调社会团体应当合理处置团体标准中涉及的必要专利问题，应当及时披露相关专利信息，获得专利权人的许可声明等。

工程建设团体标准是工程建设标准体系中重要的、不可或缺的一部分。团体标准作为工程建设国家标准、行业标准、地方标准的有益补充，发挥着完全意义上的非强制性标准的作用。因此，在公权益和私权益平衡点选择上，团体标准可以结合自己的能力、特点与发展策略，制定灵活的专利政策；一旦专利权应用过度，可以通过反垄断、违反合同法等法律限制其权利的使用，以保证标准的公权益。当前工程建设领域内，企业推动专利进入标准的积极性很高，但国家标准、行业标准、地方标准政策相对严格，不易进入，因此可以考虑将企业的热情引导到团体标准。在具体专利政策上，团体标准可以采用与国际标准化组织类似的专利政策，也可采取更为积极的专利政策。一是团体组织应建立适用且完整的专利规则，做到既能鼓励成员专利创新，获取合理价值回报，又能保证标准顺利实施，并能扩大推广范围；二是团体组织尽早引导成员明确其团体标准专利规则；三是团体组织应完善专利管理体系。

现阶段，可以参考国际标准化组织，采用披露义务和许可义务，同时适当放松对必要专利的要求，允许一部分技术先进、应用效果好的专利有序、规范地进入团体标准。社会团体在制定涉及专利政策时，主要应包括以下几个方面的内容：

（1）必要专利。《工程建设标准涉及专利管理办法》中规定，标准中涉及的专利应当是必要专利，并应经工程实践检验，在该项标准适用范围内具有先进性和适用性。

（2）专利信息的披露与公布。专利信息的披露是标准涉及专利问题的第一步。进行专利信息披露时，要明确以下3个方面，即披露的主体是谁、披露的内容是什么、披露方式是什么。

专利信息披露主体可以是参与团体标准制定的组织和个人（包括主编单位、参编单位、参与单位、标准化技术委员会等）、团体标准管理协调机构的人员。尽管社会团体要求在团体标准制定过程中披露专利信息，但难免还有没有披露出来的专利，因此，通过公布团体标准及其涉及专利的信息，以鼓励未参与团体标准制定的组织和个人在标准制修订任何阶段披露其拥有和知悉的必要专利信息，即鼓励第三方披露专利信息。

专利披露的内容包括已经授权的专利和公布的专利申请。

参与团体标准制定的组织和个人在披露专利信息时，可以是自己拥有的专利，也可以是他人的专利。不管是披露谁拥有的专利，披露者都应通过提交书面材料的方式进行披露，即填写专利信息披露表，并将披露表与相关证明材料一起提交至团体标准管理协调机构。专利披露者应对其所提交的证明材料的真实性负责。证明材料包括：

1）对于已授权的专利，是专利证书复印件或扉页；

2）对于已公开但尚未授权的专利申请，是专利公开通知书复印件或扉页；

3）对于未公开的专利申请，是专利申请号和申请日期。

专利信息第三方披露是在专利信息公布的基础上进行的。因此，专利信息公布也是非常必要的。社会团体应当在团体标准发布前公布团体标准涉及专利的信息，一般来讲，专利信息公布可以选择在立项和征求意见阶段进行。公布渠道可以是社会团体官方网站、对外发行的期刊或全国团体标准信息平台上。公布内容应包括：团体标准项目计划草案或征求意见稿和其中涉及专利的信息、社会团体的联系方式、向社会公众征集有关团体标准涉及专利信息的通知等。

（3）专利实施许可。对于已经披露出来的团体标准中涉及的专利信息，团体标准制定机构应该联系专利权人或专利申请人，并商请签署专利实施许可声明，以保证团体标准的顺利实施。专利权人或专利申请人在进行许可声明时，必须填写许可声明表。

许可声明表中给出三种许可方式，专利权人或者专利申请人只能在其中选择一种。三种许可方式如下：

1）专利权人或者专利申请人同意在公平、合理、无歧视基础上，免费许可任何组织或者个人在实施团体标准时实施其专利；

2）专利权人或者专利申请人同意在公平、合理、无歧视基础上，收费许可任何组织或者个人在实施团体标准时实施其专利；

3）专利权人或者专利申请人不同意进行专利实施许可。

对于第三种许可方式，实际上是不同意将其专利纳入标准。当出现这种情况时，应修改团体标准的条款，使之不涉及该专利。如果该专利确为团体标准的必要专利，则应放弃制定该团体标准。

（4）专利转让后许可承诺的存续要求。由于专利权是一种私权，这就决定了尽管专利权人或者专利申请人向团体标准制定机构做出了许可承诺，但他仍可以将专利权转让、转移或授予他人独占许可等。这将给团体标准实施带来较大的不确定性。在这种情况下，为了尽量减少因专利权转移等问题带来的损失，建立对专利权人适当的约束机制是非常有必要的。

专利权人或者专利申请人一旦向团体标准制定机构做出了许可承诺，就应该遵守其承诺，在转让或者转移该专利时，应事先告知受让人这一事实，并确保受让人同意接受该专利实施许可承诺的约束。

（5）团体标准实施后发现未披露专利的处理。尽管团体标准制定机构尽量披露团体标准中可能涉及的专利信息，但难免会出现专利未被披露的情况。在这种情况下，团体标准制定机构首先应该联系专利权人，并通知专利权人或者专利申请人在规定的期限内做出许可声明。如果专利权人或者专利申请人在规定期限内做出了许可承诺，并同意许可，则该团体标准继续实施；如果团体标准制定机构未能获得专利权人或者专利申请人同意的许可承诺，团体标准制定机构应修订或废止该标准，以免出现无法获得专利许可而导致团体标准不能实施的情况。

社会团体宜根据上述主要内容制定团体标准涉及专利的政策，以妥善处理团体标准中涉及专利的问题，平衡专利权人与标准实施者的利益，确保自愿实施团体标准的有关各方能够顺利实施团体标准。

（6）文件上专利信息标注的要求。国家标准《标准化工作导则　第1部分：标准的结构和编写》GB/T 1.1—2020 附录 D 对于专利信息的标注有明确的规定。团体标准对于专利信息的标注应符合 GB/T 1.1—2020 的规定。

对于工程建设团体标准，也可以参照《工程建设标准涉及专利管理办法》（建办标〔2017〕3号）执行。在团体标准的初稿、征求意见稿、送审稿封面上，应当标注带有专利信息的提示。在标准的初稿、征求意见稿、送审稿、报批稿前言中，应当标注标准涉及专利的信息。

工程建设团体标准对专利信息的标注，可以采取以下做法：

1）对于专利信息的征集，可在标准编制各阶段草案的封面显著位置标出："在提交反馈意见时，请将您知道的相关专利连同支持性文件一并附上。"

2）如果编制过程中尚未识别出文件的内容涉及专利，在标准的前言中可给出以下内容：请注意本标准的某些内容可能涉及专利，本标准的发布机构不承担识别专利的责任。

3）如果编制过程中已经识别出标准的某些内容涉及专利，根据具体情况，在标准的引言或前言中需要说明以下相关内容：

"本标准的发布机构提请注意，声明符合本标准时，可能涉及……［条］与……［内容］相关的专利的使用。

本标准的发布机构对于该专利的真实性、有效性和范围无任何立场。

该专利持有人已向本标准的发布机构承诺，他愿意同任何申请人在合理且无歧视的条款和条件下，就专利授权许可进行谈判。该专利持有人的声明已在本标准的发布机构备案，相关信息可以通过以下联系方式获得：

专利持有人姓名：……

地址：……

请注意除上述专利外，本标准的某些内容仍可能涉及专利。本标准的发布机构不承担识别专利的责任。"

4. 企业标准的专利对策分析

企业标准在企业内部使用，除非能形成事实标准，一般来说企业标准不具有"公益性"，因此企业标准的专利政策制定自由度较大。在权益平衡原则应用上，企业可以尽可能发挥标准与专利结合的优势。如果造成知识产权的滥用，引起不公平竞争甚至行业垄断，可以采用反垄断法、合同法等相关法律法规对专利权进行限制和约束。在具体政策选择上，企业可以从经济利益出发，结合自身条件、技术环境，积极地将专利与标准捆绑在一起，运用专利的法律独占性和技术垄断性，增强企业核心竞争力，提高企业经济效益，实现高质量发展的目标。

（三）范例

以中国工程建设标准化协会标准《变截面双向搅拌桩技术规程》为例，介绍标准涉及必要专利的具体程序。

（1）预研阶段。

1）本标准项目提案方在提交项目提案之前，收集了其涉及双向搅拌桩的成桩操作方法（ZL 200410065862.9）、钉形水泥土搅拌桩操作方法（ZL 200410065863.3）和使用中形搅拌桩处理三层软弱地基的方法（ZL 200910026108.7）等必要专利信息，并按照必要专利信息的披露原则（见《标准制定的特殊程序 第1部分：涉及专利的标准》GB/T 20003.1—2014）披露自身及关联者拥有的必要专利。

2）项目提案方向标准编制管理机构中国工程建设标准化协会地基基础专业委员会提交项目提案（包括必要专利信息披露表、证明材料和已披露的专利清单）。

3）协会地基基础专业委员会在自行规定的截止日期前，按必要专利信息的披露原则披露本人、委员所在单位及其关联者拥有的必要专利。

4）协会地基基础专业委员会向中国工程建设标准化协会上报标准项目建议书等相关材料时，同时报送该标准必要专利信息披露表、证明材料和已披露的专利清单。

（2）立项阶段。中国工程建设标准化协会在对该标准项目进行公示时，同时公布涉及专利的标准草案稿、已披露的专利清单和协会地基基础专业委员会的联系方式。

（3）起草阶段。

1）编制组成员和不属于编制组但正向该标准提供技术建议的所有单位或个人按照必要专利信息的披露原则披露自身及关联者拥有的必要专利。

2）协会地基基础专业委员会联系必要专利的专利权人或专利申请人，并按照必要专利实施许可声明的规定获取专利权人或专利申请人的书面实施许可声明；协会地基基础专业委员会将收到的必要专利信息披露表、证明材料和必要专利实施许可声明表通知编制组。

3）编制组向协会地基基础专业委员会提交标准草案征求意见材料，其中包括必要专利信息披露表、证明材料、已披露的专利清单和必要专利实施许可声明表。

（4）征求意见阶段。

1）该标准在征求意见阶段时，协会地基基础专业委员会公布相关信息，并注明鼓励组织和个人按必要专利信息的披露原则披露其所拥有和知悉的必要专利。

2）协会地基基础专业委员会的委员在征求意见截止日期前按必要专利信息的披露原则披露委员本人、委员所在单位及其关联者拥有的与标准征求意见稿内容有关的必要专利。

（5）审查阶段。

1）协会地基基础专业委员会采用会议审查的方式对该标准进行审查。会议审查时，会议主持人提醒参会者慎重考虑该标准是否涉及专利，通告该标准涉及专利的情况和询问参会者是否知悉该标准涉及的尚未披露的必要专利，并将结果记录在会议纪要中；审查该标准涉及专利相关材料（必要专利信息披露表、证明材料、已披露的专利清单和必要专利实施许可声明表）的完备性。

2）协会地基基础专业委员会向中国工程建设标准化协会提交的标准报批材料中包括必要专利信息披露表、证明材料、已披露的专利清单和必要专利实施许可声明表。

（6）批准阶段。

1）中国工程建设标准化协会对该标准必要专利信息披露表、证明材料、已披露的专利清单和必要专利实施许可声明表的完备性以及处置程序的符合性进行审核。如不符合报批要求，退回协会地基基础专业委员会，限时解决问题后再进行报批。

2）中国工程建设标准化协会在该标准发布前公布其涉及专利的信息（至少包括涉及了专利的标准、已披露的专利清单和协会地基基础专业委员会的联系方式）。公示期为30天。

（7）出版阶段：出版时，在前言中说明该标准涉及专利的情况。

第三节 标准的版权政策

一、标准版权问题的法律依据

根据《中华人民共和国著作权法》（以下简称《著作权法》），除"法律、法规，国家机关的决议、决定、命令和其他具有立法、行政、司法性质的文件，及其官方正式译文；时事新闻；历法、通用数表、通用表格和公式"外，中国公民、法人或者其他组织的作品，不论是否发表，都享有著作权。工程建设国家标准、行业标准和地方标准都是由政府部门发布的文件，其实施也受政府部门监管。这类文件是否属于该规定中"法律、法规，国家机关的决议、决定、命令和其他具有立法、行政、司法性质的文件，及其官方正式译文……"？是否属于受《著作权法》保护的范畴？如果是，那其著作权应归谁所有？

标准的内容虽然是以科学、技术和实践经验的综合成果为基础的，但标准的草拟和制定并不是对这些成果事实的简单重述，而是需要进行整理和综合，需要有人付出创造性劳动。标准本身属于智力活动的成果，具备独创性的基本因素，标准的内容也具有可复制性的特性，因此从《著作权法》的角度看，可以认为，标准可以构成《著作权法》意义上的作品。

这样，上述问题简化为判断工程建设标准是否属于"法律、法规，国家机关的决议、决定、命令和其他具有立法、行政、司法性质的文件，及其官方正式译文；时事新闻；历法、通用数表、通用表格和公式"，如果属于这些被《著作权法》排除的对象，标准就不享有著作权，否则标准就应享有著作权。以下分类论述工程建设标准的著作权及其权属。

二、工程建设强制性标准

（一）工程建设全文强制性标准不受《著作权法》保护

标准可以称为作品，但却不一定享有著作权，尤其是公权力特征明显的强制性标准（不包括条文说明）。强制性标准之所以不受著作权保护，是由于法律赋予了其强制执行的效力因而具备了法规的性质，根据《著作权法》规定这类作品不享有著作权。1999年8

月国家版权局版权管理司给最高人民法院知识产权厅的答复："强制性标准是具有法规性质的技术规范。"（国家版权局版权司〔1999〕50号函），也明确了强制性标准的技术法规性质。因此，强制性标准属于《著作权法》第五条规定的不适用范畴，即不受《著作权法》保护。

工程建设强制性标准是属于全社会的公共资源。这些标准的制定、审批、发布和组织实施者是国家机关。国家机关制定、审批、发布和组织实施标准的行为，是履行其法定职责的公法行为，只能是出于公共利益而不能去追求本部门或者本机关的利益。同时，强制性标准具有强制实施者执行的效力，相当于技术法规。强制性标准作为全社会的公共资源，国家要鼓励公众尽可能地加以复制和传播。而著作权作为一种垄断权，意味着未经许可他人不得复制、传播或者以其他方式利用相关作品，这与官方文件是截然相反的。因此，在我国法律上，强制性标准不能成为《著作权法》的保护对象。

（二）工程建设强制性标准的条文说明受《著作权法》保护

工程建设标准在制定和出版方面有一个重要特点，就是将标准条文及其说明同时编制、一并出版。工程建设标准的条文说明主要说明正文规定的目的、理由、主要依据及注意事项等。对于工程建设强制性标准的条文说明而言，虽然依附于强制性标准一并出版，但并不具备强制性标准条文的性质，没有强制执行的效力。同时，工程建设强制性标准的条文说明也是智力活动的成果，因此应受《著作权法》保护。这样，对于包含强制性条文和条文说明的工程建设全文强制性标准单行本，从整体上来说应受到《著作权法》保护，但其中强制性条文部分不受《著作权法》保护。

（三）含有非强制性条文内容的工程建设强制性标准单行本受《著作权法》保护

这里的强制性标准单行本是指同时包含强制性条文和非强制性条文及条文说明的工程建设标准。工程建设领域的标准，由于强制性条文的出现，很多标准中既包含强制性条文，也包含非强制性条文。同前所述，强制性条文构成《著作权法》意义上的作品，之所以不受《著作权法》保护，是由于法律赋予了其强制执行的效力，从而具备了法规的性质，因此根据《著作权法》这类作品不享有著作权。当一本标准全部为强制性条文时，该部作品自然不能受到《著作权法》的保护（条文说明除外）。但是，当强制性条文分散在一部标准文本当中，同其他非强制性条文以及条文说明一同构成标准文本的内容，从整体上看该部标准能够形成自己独立完整的著作权，应该受《著作权法》保护，但其中强制性条文部分不受《著作权法》保护。

三、工程建设推荐性标准

（一）工程建设推荐性标准不具有法规性质

按照我国现行标准管理体制，工程建设推荐性国家标准、行业标准和地方标准也是由政府组织制定、审批、发布和组织实施的，但工程建设推荐性标准并不具有法规性质。按照强制性的程度，法律规范可以分为强制性规范和任意性规范。工程建设推荐性标准是推荐执行，不属于法律规范中的强制性规范。任意性规范是指在特定情况出现时当事人可以在法定范围内的多种方式中任意采取一种方式进行处理的法律规范。任意性规范并非意味着当事人可以自由选择是否适用法律规范，而是在法律规范设定的情况出现时，当事人有多种可能的选择。换言之，当事人并无权利选择法律规范本身是否可以适用。推荐性标准则因自身能否适用具有不确定性，不属于任意性规范，因此不能归入法律规范的范畴，不具有法规性质。

（二）工程建设推荐性标准受《著作权法》保护

如前文所述，标准本身属于智力活动的成果，具备独创性的基本因素，标准的内容也具有可复制性的特性，因此标准本身具有《著作权法》保护客体的全部要素。强制性标准因具有法律规范的性质而不受《著作权法》保护，但推荐性标准不属于法律规范的范畴，也就不能被《著作权法》排除在保护范围之外，理应具有著作权。

根据最高人民法院知识产权庭［（1998）知他字6号函］，"推荐性国家标准属于自愿采取的技术规范，不具有法规性质。由于推荐性标准在制定过程中，需要付出创造性劳动，具有创造性智力成果的属性，如果符合作品的其他条件，还应当确认属于《著作权法》保护的范围。对于这类标准应当根据《著作权法》相关规定予以保护。"这个文件也明确了推荐性标准属于《著作权法》保护范围，应予以保护。

虽然《国家标准管理办法》已明确规定国家标准批准发布主体享有标准的版权，但行业标准、地方标准版权归属尚无明确规定。《国家标准管理办法》属于部门规章，其法律效力低于《著作权法》，为更好地明确著作权归属，在工程建设标准编制之前，可在编制合同或通过其他合同约定的方式中对推荐性标准（包括条文说明）以及强制性标准的条文说明的著作权明确为归工程建设标准主管部门所有。只有版权归属于政府部门，标准主管部门才能依据《著作权法》对国家标准免费公开，实现政府公开国家标准信息与标准版权保护之间的协调。同时，也只有版权归属政府标准主管部门，政府部门才能具有版权处置权利，才能授权特定出版社专有出版权。

此外，关于工程建设标准主管部门是作者还是相关编制单位和编制组是作者、是不是职务作品的争议，主要影响的是相关单位和人员的署名权等人身权。参与编制的单位和人员对于标准编制进行了不同程度的投入，应该对署名权予以保障。事实上，在现行工程建设标准文本中，对参与编制的单位和人员都有署名。关于署名权这一点，也可以在合同中予以明确。

四、工程建设团体标准

我国现行《标准化法》第十八条规定：国家鼓励学会、协会、商会、联合会、产业技术联盟等社会团体协调相关市场主体共同制定满足市场和创新需要的团体标准。团体标准作为社会团体协同市场主体自主制定的标准，具有版权，受《著作权法》保护。社会团体作为具有法人资格的主体，能承担民事责任，在团体标准制定过程中投入了大量人力、物力，故团体标准的版权一般应属于社会团体，同时建议通过合同方式予以明确。

团体标准著作权管理一般要明确以下事项：

（1）团体标准著作权的归属，以及相关著作权的处置规则、程序和要求；

（2）团体标准公开的程度和范围；

（3）起草人和团体成员关于著作权的权利和义务；

（4）团体标准出版物的使用和销售；

（5）第三方使用和销售团体标准的原则、程序和要求。

目前，《团体标准管理规定》及《团体标准化　第 1 部分：良好行为指南》GB/T 20004.1—2016 都对团体标准版权管理提出了相关要求。《团体标准管理规定》第二十二条规定，社会团体应当合理处置团体标准涉及的著作权问题，及时处理团体标准的著作权归属，明确相关著作权的处置规则、程序和要求。GB/T 20004.1—2016 规定社会团体宜制定团体标准版权政策，以避免团体标准在使用和销售过程中产生版权纠纷，促进团体标准的制定和传播。同时，指南给出了团体标准版权的主要内容及团体标准制定过程中引用或参考其他标准化组织或机构发布的标准时的要求。2021 年，中国标准化协会发布了团体标准《团体标准版权管理指南》，也可作为工程建设标准版权管理和处置的参考。

第四节　标准的标识政策

一、标准的标识（标志）问题背景

根据当代汉语词典，标志的含义为"表明特征的记号"。根据这个定义，标准的标志以及标准衍生标志有很多种，例如标准的代号、标准的编号、标准出版的标志、标准认证标志、指示标准管理机构的服务标志、标准化组织的标志等。这些标志可以是文字、图形、字母、数字及其组合的形式或是其他形式。注册商标应该是保护标志最好的方法。目前，工程建设标准主管部门尚未将标准相关标志注册为商标。

工程建设标准常见的标志有：标准的代号、编号，标准的出版标志，标准的认证标志。以下对这三种标准标志进行论述，并从商标法的角度分析，以便完善标准标志相关管理制度，促进工程建设标准可持续发展。

二、标准的代号、编号

（一）标准代号、编号是法定义务

1990 年，国家技术监督局发布了《国家标准管理办法》（第 10 号令）；2022 年，国家市场监督管理总局发布修订的《国家标准管理办法》（总局令第 59 号）。根据现行《国家标准管理办法》第三十二条，国家标准的代号由大写汉语拼音字母构成。强制性国家标准的代号为"GB"，推荐性国家标准的代号为"GB/T"。国家标准的编号由国家标准的代号、国家标准发布的顺序号和国家标准发布的年份号构成。该办法属于部门规章，部门规章属于法律法规范畴，因此"GB"或"GB/T"作为国家标准的代号，"GB"标注在数字前面代表该国家标准的编号，是一种法定义务，国家标准必须按照此规则进行编号。在《行业标准管理办法》《地方标准管理办法》《工程建设国家标准管理办法》《工程建设行业标准管理办法》中也有相应的规定。作为一种法定义务，如将国家标准、行业标准和地方标准的代号和编号注册为商标，禁止他人在标注标准时使用标准代号和编号是不适宜的。即使某些类别可以注册商标，也不能排除他人在标准标注或者标准识别时按照国家相关管理办法使用标准代号、编号。因此，将国家标准、行业标准和地方标准代号或编号申请为商标是没有实际意义的。

（二）标准代号、编号免费使用的优势

标准代号、编号使标准易于识别，免费使用更利于标准的传播和应用。采用标准的产品或服务，可以直接通过标准代号、编号来公告标准的使用，使用起来方便、直观，避免照抄标准的全部技术内容，也不用对符合标准的特性逐一描述。因此，无论是国家标准、行业标准和地方标准，还是协会标准和企业标准，标准代号和编号免费使用都更为有利。

（三）标准代号、编号的使用规则

标准代号、编号虽然可以免费使用，但标准主管部门（机构）应当制定标准代号、编号的使用规则。使用规则应明确标准代号、编号的使用范围、使用方式等，以帮助社会大众和标准的使用者正确识别和使用标准代号、编号。

三、标准出版物的标志

（一）标准出版物标志受《著作权法》保护

工程建设标准出版时，在国家标准封面带有 GB 标志，行业标准封面带有 CJJ、JGJ 等标志。这类标志目前主要用在标准出版物上，因此我们可以将其看作标准出版物的标志来分析。

这类标准的标志首先是用文字、字母、数字及符号等表达出来的作品，它是"思想性"以及"创造性"的一种表达形式，它一经设计产生就自然获得了《著作权法》的保护。在我国，与其他大陆法系国家一样，著作权的取得采取自动保护原则：即无需专门的确认机关按照法定的程序予以确认，不需要履行任何审核手续，作品便自动地依法享有著作权。因此，标准标志一旦设计产生，便自然获得了《著作权法》的保护。

（二）标准出版物标志商标化的优势

商标，是商品生产者或经营者在其生产、加工或经销的商品上所加的特殊标记，以便使自己生产、加工或经销的商品与他人生产、加工或经销的同类商品相区别。商标也可以是一个企业的服务标记。围绕标准，可以进行多类别的商标申请，对标准相关标志进行多方位的保护。如果只是针对标准出版物而言，根据《商标注册用商品和服务国际分类》（中文第九版）的分类原则及类似商品的判定标准，标准出版物的标准申请商标应属于第十六类商品，即"报纸""期刊""杂志（期刊）""新闻刊物""书籍""印刷品""印刷出版物"等。

虽然标准标志一旦设计产生，便自然获得了著作权的保护，但将标准标志注册为商标，从商标法的角度进行保护也是必要的。国家标准、行业标准指定出版社出版，出版社通过出版标准获利，标准出版属于民事经营活动。其他单位如获得专有出版权单位或者标准著作权单位的许可，也可以出版标准汇编等。因此，标准出版属于市场行为，也有必要从商标法的角度进行保护，以区别不同生产者生产商品质量的不同。将标准出版商标与标准出版质量联系在一起，标准购买者可以根据标准商标信誉去选择，从而加强了消费者对标准出版的监督，有利于增强标准出版的责任心，保证和提高标准出版质量。虽标准专有出版权归少部分单位享有，但如能将标准标志注册为商标由主管部门享有，则可以通过商标使用授权来进一步控制标准出版质量。而且，标准出版标志作为作品受著作权保护的期限一般是 50 年，而商标可以无限期地续展，受保护的时间是无限的，从保护时间上来看也有必要将标准出版标志商标化。

（三）标准标志著作权、商标权的归属

标准标志一经设计产生就自然获得了《著作权法》的保护，它同时也可以通过申请注册商标和外观设计专利，被同时纳入商标法和专利法的保护之中。如果标准标志的著作权、商标权和专利权分属于不同的所有权人，商品的保护范畴横跨商标、专利、著作权等几个知识产权保护领域，其权利分配就会非常复杂，也极易出现纠纷。标准标志是由相关人员设计的，如果标准主管部门能够在设计之前通过合同约定获得标志的著作权，那么就可以获得在先合法权利，其他单位再以标准标志申请商标或外观设计专利是不受保护的。同时，著作权人应当进行必要的版权登记，以形成在先合法权利的初步证据。标准标志设计完成后，还可根据需要申请商标或外观设计专利，其所有权自然属于著作权人所有。

对工程建设标准来说，标准官方出版物的标志宜由工程建设标准主管部门组织设计，通过合同获得标志的著作权后再申请为商标，然后将商标授权给标准专有出版机构使用。这样更有利于标准主管部门或标准化组织对标准出版质量的监管。如对出版标准的质量不满意，标准主管部门或标准化组织有权将商标使用权收回并委托其他机构出版。

四、标准的认证标志

（一）标准认证

标准认证是指由认证机构证明产品、服务、管理体系符合相关技术标准的合格评定活动。换言之，认证是对标准符合性的评定活动。

《著作权法》保护的是标准作为作品的表现形式，标准出版标志商标化进一步加强了对标准表现形式的质量的监督和保护，这些都是对标准的表现形式的保护。标准价值更多的是凝聚在标准的内在价值上，例如标准的思想性、功能性等方面，但《著作权法》和商标法都不能保护标准的思想性和功能性，而标准认证恰恰是针对标准思想性和功能性进行的。

（二）认证商标属于证明商标

商标按照用途划分，可以分为商品商标、服务商标和证明商标。商品商标和服务商标是用来区分不同的商品生产者和服务的提供者的标记，一般都是由有关的生产企业和服务企业注册并在注册后享有该商标的专用权。证明商标是指由对某种商品或者服务具有监督能力的组织所控制，而由该组织以外的单位或者个人使用于其商品或者服务，用以证明该商品或者服务的原产地、原料、制造方法、质量或者其他特定品质的标志。大多数标准化组织或相关机构，自身并不开展认证工作，而是授权第三方合格评定机构开展独立的认证工作，对于通过认证的商品等给予认证标志，用于证明商品原产地、原料、制造方法、质量、精确度或者其他特点的符合认证的相关标准。

（三）标准认证标志商标化的优势

将标准认证标志申请为商标，可以促进标准的推广使用，提高产品的质量，保护消费者的利益，同时对标准自身也有积极的反推动的作用。证明商标在长期使用过程中，会得到消费者的广泛信任，消费者更愿意使用通过认证的商品，从而进一步推动标准的使用。

如果使用该商标的产品发生了问题，除了消费者的利益直接受到损害外，该证明商标的信誉也会受到损害，影响消费者使用认证商品的积极性，从而影响了标准的应用。为避免这种情况，标准化组织会积极提高自身标准质量。

标准认证是一项系统工程，目前我国工程建设领域的标准认证工作还处于发展过程中，可从注册认证商标入手，开展标准认证工作。

（四）认证商标的使用规则

在我国，申请注册证明商标时，应当提交证明商标的使用规则。使用规则要求证明商标的使用者能证明商品的特定品质，并要求证明商标的注册人拥有对使用该证明商标商品的检验监督制度和能力。检验监督制度的核心工作就是按照一套标准化的流程对机构、企业的产品、服务和活动进行评价，保证标准得以正确地实施。只有经过认证，并经过许可的申请人，才能使用证明符合标准的标志——证明商标。基于证明商标使用规则的要求，标准主管部门或标准化组织还需建立或委托建立检验评价机制和机构。

（五）工程建设强制性标准认证标志商标化的讨论

根据前文论述，将工程建设标准认证标志申请为证明商标具有很多优势，这对于工程建设推荐性国家标准、行业标准、地方标准等是适用的，但是对于工程建设强制性标准是否适用？强制性标准虽然表现形式是标准，但却具有技术法规的属性，其地位相当于技术法规。下面就围绕强制性标准讨论其认证标志商标化的可能性。

根据我国商标法第十条"下列标志不得作为商标使用：（四）与表明实施控制、予以保证的官方标志、检验印记相同或者近似的，但经授权的除外"的规定，表明实施控制、予以保证的官方标志、检验印记是政府履行职责，对所监管事项作出的认可和保证，具有国家公信力，不宜作为商标使用，否则，将对社会造成误导，使这种公信力大打折扣。根据《保护工业产权巴黎公约》第六条之三的规定，表明实施控制、予以保证的官方标志和检验印记，非经授权，不得作为商标使用。在世界知识产权组织 WIPO 的权威学者的《巴黎公约条款的解说》一书中，对第六条之三第（1）和（2）款（a）的解释"（g）表明监督和保证的官方标志和检验印章，在有几个国家用于贵金属，或用于肉、奶酪、黄油等产品。"这种官方标志或检验印记不是商标。在我国如检验检疫的印章等也不作为商标注册。

如果一项标准是强制执行的，且需要强制进行认证，不通过认证就不允许生产和销售，那么强制认证标志无疑应该属于"表明监督和保证的官方标志和检验印章"类别，应禁止注册为商标，以避免他人注册和滥用，有利于国家的行政监督和管理。因此，强制性标准认证标志不能申请为商标。

另外，需要注意的是，官方标志和检验印记要受到保护，应当在商标注册审查机构取得备案，以便在审查商标时，予以把关。也就是说，如果工程建设强制性标准要开展强制性标准认证工作并要求必须进行认证，应该将其认证标志在商标注册审查机构取得备案。

工程建设标准的具体商标策略，例如注册商标的种类和多寡等，应取决于标准化组织的职能、组织结构、业务范围、国际化程度等。对于工程建设国家标准、行业标准、地方标准、团体标准，可采取以下商标策略：

（1）国家标准、行业标准、地方标准代号和编号不宜申请为商标，应免费使用且给出使用规则。

（2）国家标准、行业标准、地方标准出版物的标志应申请为商标，纳入商标法的保护范围。

（3）国家标准、行业标准、地方标准如计划全面开展标准认证工作，应将标准认证标志注册为证明商标，但强制性标准的认证标志不能注册为商标。

（4）团体标准的标志可注册为商标，用于团体标准的推广、宣传等活动。团体标准涉及的商标管理主要包括集体商标和证明商标的申请和许可使用。

（5）除以上商标种类外，工程建设标准也可将其他相关标志及其衍生标志注册为其他类别的商标，通过商标权的保护促进工程建设标准化工作可持续发展。对于不适合商标化的标志，可以提出使用规则，以便合理、规范地使用工程建设标准的标志。

本 章 小 结

当今世界，随着知识经济和经济全球化不断发展，知识产权已成为当前企业参与市场竞争、赢取竞争优势的重要手段。同样，在工程建设领域，知识产权的发展直接影响着企业的市场竞争力和可持续发展力。市场经济与知识经济的相互交织又将标准与知识产权相结合，这二者虽区别很大，却又有很强的关联性，因而研究标准与知识产权的关系对我国工程建设的发展具有现实的指导意义。本文介绍了工程建设标准中的专利、版权、标识政策，结合目前的政策分析，我们应该在厘清标准与知识产权关系的基础上，不断提高自身技术创新能力和核心竞争力，在高新技术领域建立以知识产权为基础的标准，提高我国工程建设标准的影响力，促进行业健康高质量发展。

参 考 文 献

[1] 程志军，姜波，高印立．工程建设标准的知识产权问题研究与案例分析 [M]．北京：中国建筑工业出版社，2018.

[2] 孙巍，陈建，薛晗，等．中国建设工程法律评论（第三辑）[M]．北京：法律出版社，2015.

[3] 姜波等．工程建设标准的专利问题 [J]．中国标准化，2012（增刊）.

[4] 章立赟．专利技术标准的法律问题研究 [D]．上海：复旦大学硕士论文，2008.

[5] 杨瑾峰．工程建设标准化实用知识问答 [M]．第2版．北京：中国计划出版社，2004.

[6] 胡波涛．标准化与知识产权滥用规则 [D]．武汉：武汉大学学位论文，2005.

[7] 刘立婷．标准必要专利若干问题与对策研究 [J]．法制博览，2022（03）：139-141.

[8] 商黎，陈亚因，郑霞，等．涉及专利标准的法律规制研究 [C]．第十五届中国标准化论坛论文集．北京：中国学术期刊（光盘版）电子杂志社有限公司，2018：23-35.

[9] 姜波，程志军，程骐，等．工程建设标准纳入专利的对策研究 [J]．工程建设标准化，2014（08）：52-55.

[10] 程志军，姜波，李东芳．工程建设标准的著作权问题研究 [J]．中国标准化，2014（12）：86-89.

[11] 谢冠斌，周应江．标准的著作权问题辨析 [C]．中华全国律师协会知识产权专业委员会年会暨中国律师知识产权高层论坛论文集（上）．南京，2009：358-363.

［12］李东芳．浅析工程建设标准的著作权保护［J］．法制与社会，2013（18）．

［13］姜波，郭庆，姚涛，等．工程建设标准标志与商标保护［J］．中国标准化，2015（01）：57-60．

［14］中国建筑科学研究院等．"工程建设标准的知识产权问题研究"课题研究报告［R］．北京：中国建筑科学研究院，2013．

［15］郭庆．工程建设标准标志商标权保护研究［C］．第一届工程建设标准化高峰论坛论文集（上册）．北京：中国建筑工业出版社，2013．

第十章 工程建设标准信息化

第一节 概　　述

当今世界，以数字化、网络化、智能化为特征的信息化浪潮蓬勃兴起。信息技术是当代社会最具潜力的新的生产力，信息资源已成为国民经济和社会发展的战略资源，信息化水平已成为现代化水平和综合国力的重要标志。信息技术的发展深刻影响了各个行业，没有信息化就没有现代化。党的十九大报告要求"善于运用互联网技术和信息化手段开展工作"，党的二十大报告进一步提出"加快建设制造强国、质量强国、航天强国、交通强国、网络强国、数字中国"。以计算机、网络通信等信息技术以及大数据、云计算、人工智能等数字技术的快速发展和广泛应用，对标准化工作提出了新的需求，同时也让标准的信息化、数字化成为可能。

一、信息化与标准信息化

信息化一词最早是由日本学者梅棹忠夫（Tadao Umesao）在 20 世纪 60 年代提出。中央办公厅、国务院办公厅印发的《2006—2020 年国家信息化发展战略》将信息化表述为：充分利用信息技术，开发利用信息资源，促进信息交流和知识共享，提高经济增长质量，推动经济社会发展转型的历史进程。党中央、国务院高度重视信息化发展，《国家信息化发展战略纲要》提出以信息化驱动现代化，党的十九大报告要求"善于运用互联网技术和信息化手段开展工作"。

通常而言，标准信息化是指用信息技术和信息化手段，对标准制定、组织实施、监督管理等相关工作进行优化和固化，以提升标准化工作效率。比较典型的标准信息化工作便是搭建标准化信息平台系统，实现标准制定、实施、管理的全生命周期的网络化和协同化运行，如标准查询系统、标准制定系统、标准管理系统、标准实施监督系统等。

二、数字化与标准数字化

数字化是把各种自然信息、表述信息进行"比特化"或"二进制化"处理，让计算机可以存储、识别、计算的过程。数字化需要利用数字技术对政府、企业等各类主体进行系统全面的变革，强调数字技术对整个组织的重塑，不仅要做到降本增效，还要赋能模式创新和业务突破。当前，新一轮科技革命和产业变革深入推进，以数据资源为关键要素，以现代信息网络为主要载体，以信息通信技术融合应用、全要素数字化转型为重要推动力的数字经济成为继农业经济、工业经济之后的主要经济形态。

标准数字化是近年新出现的概念，目前还没有权威、统一的定义。在国际上，标准数字化工作主要聚焦在标准的"机器可读"方面，即标准的技术内容可直接由机器、软件或其他自动化系统解析和使用，并以数字形式提供给应用程序或用户自定义的方式，即在系统中无须人工操作即可实现机器可用、可读、可解析的标准，简称 SMART（Standards Machine Applicable, Readable and Transferable）。在国内，2021 年印发的《国家标准化发展纲要》提出"标准数字化程度不断提高"发展目标，要求"推动标准化工作向数字化、网络化、智能化转型"。中国工程院院士、国家标准化专家咨询委员会主任邬贺铨认为"标准数字化指利用数字技术对标准本身及生命周期全过程赋能，使标准承载的规则与特性能够通过数字设备进行读取、传输与使用的过程。提出标准的数字化，是希望借助新一代数字技术，更好实现标准的制定和标准的推广、宣贯和实施。标准的数字化包括两个方面，一是标准的表现形式的数字化，二是标准化方法的数字化，通过数字化技术来推动标准化工作的发展。"

三、工程建设领域总体情况

全球工程建设领域的信息化、数字化正在加速，发达国家高度重视工程建设标准信息化，将信息化技术全面融入工程建设标准化工作中，许多国家和组织正在制定自己国家、领域的"数字路线图"。在此背景下，工程建设标准信息化建设也处于高速发展的阶段，而标准信息数据资源库建设是其中的重点工作。这有助于完善标准信息网络架构，保证标准的权威性、公开性、透明性、可控性，形成信息资源传播交流的载体，在实现数据成果积累的同时，加快推进标准信息交流，提高标准信息利用水平，实现标准资源数据信息的社会共享。在我国，工程建设标准信息化建设也进行了大量的工作，包括根据工程建设标准的主管部门、发布部门或机构以及标准层级等信息，搭建多类型、多渠道、多形式的信息平台，帮助工程建设从业人员及研究人员准确便捷地获取工程建设标准的文本、相关信息和最新动态，方便运用。在标准数字化方面，工程建设领域也开展了一系列工作，但总体上仍处于前期探索阶段。

工程建设标准信息化、数字化是世界发展趋势，是实现国民经济和社会可持续发展的重要基础；工程建设领域的快速发展与转型也对标准信息化和数字化提出新的要求。运用信息化技术手段强化提升工程建设标准化工作，构建新型标准体系，增强标准生命力，是一项基础性、战略性、全局性的系统工程，需要广泛从事标准化建设事业的工作者长期共同努力，在实践中不断探索。

第二节　工程建设标准信息化应用

从制定标准和实施标准角度，可以将工程建设标准的生命周期划分为两个阶段。制定阶段以标准的立项、编制、发布为主要工作，其中在编制过程中又包括内部讨论、征求意见、专家审查等众多工作。实施阶段主要为标准的应用，包括勘察、规划、设计、施工、监理、咨询、维保等全过程活动中标准的使用。工程建设标准制定阶段相对于实施阶段更易开展信息化，信息化应用也更为普及。目前，工程建设标准信息化的应用形式以各类标准信息网站和平台为主。

一、总体情况

随着各级部门、组织对运用信息化手段开展工作的认识增强以及互联网和移动互联网技术的进步，工程建设标准化主管部门、相关标准化机构、地方标准化主管部门等对标准制定和发布的信息化工作越来越重视，并进行了一定的探索和尝试。

住房和城乡建设部作为工程建设国家标准和城乡建设、建筑工程行业标准的管理和批准部门，在其官网上进行标准的立项计划发布、征求意见、批准公告和标准全文下载。由住房和城乡建设部标准定额研究所主办的国家工程建设标准化信息网实现了工程建设国家标准和城建、建工行业标准管理和相关信息发布，包括提供工程建设标准制定全过程管理（计划管理、征求意见、报批、发布）和标准备案、标准查询、标准全文下载等。各行业主要通过行业主管部门或机构官方网站或标准信息平台发布工程建设标准相关动态，个别行业（如建材、公路）还开办了微信公众号辅助工程建设标准信息化建设。工程建设领域部分行政主管部门、全国性协会及标准化机构开发的标准信息平台的汇总，如表10-1所示。同时，各省工程建设标准化管理机构也通过信息平台向社会公众提供各省相关的标准化信息和地方标准的情况，但各省对外公开地方标准信息的方式、内容也各不相同，见表10-2。

表10-1　工程建设领域部分主管部门、全国性协会及标准化机构开发的标准信息平台

序号	行业	信息平台/数据库名称（网站、公众号等）	标准规范文本是否免费公开	是否有流程管理系统	是否支持在线协同编纂
1	城建、建工	住房和城乡建设部	是	否	否
		工程建设标准化信息网	是	有	否
		中国工程建设标准化协会官网	否	有	否
		中国勘察设计协会	否	否	否
		中国土木工程学会	否	否	否
		中国建筑业协会	否	否	否
2	石油工业	石油工业标准化信息网	否	是	否
3	化工工程	中国石油和化工勘察设计协会	否	否	否
4	建材	中国建筑材料联合会	否	否	否
5	水利	水利部国际合作与科技司网站	否	否	否
		中国水利学会	否	否	否
6	广播电视	国家广播电视总局	是	否	否
		国家广播电视总局工程建设标准定额管理中心	否	否	否
7	铁路	国家铁路局	否	否	否
		铁路技术标准信息服务平台	是	否	否
8	公路、水运、航空	交通运输标准化信息平台	是	是	否
		水路运输建设综合管理信息系统	是	是	否
		中国民用航空局	是	是	否
9	能源电力	国家能源局	否	否	否
		中国电力企业联合会	是	否	否
10	地方标准	地方标准信息服务平台	是	是	否

表 10-2 信息化建设情况

序号	省份	信息平台/数据库名称	公开内容（地方标准）
1	北京	北京市市场监督管理局	目录、全文
		北京市住房和城乡建设委员会	公告、全文
2	上海	上海市建设市场信息服务平台	目录、公告、全文
3	天津	天津市住房和城乡建设委员会	目录、全文
4	重庆	重庆市工程建设标准化信息网	公告、全文
5	广东	广东省住房和城乡建设厅	公告、全文
6	浙江	浙江省住房和城乡建设厅	公告、全文
7	湖南	湖南省住房和城乡建设厅	公告、全文
8	山东	山东省住房和城乡建设厅	目录、公告、全文
9	江苏	江苏省市场监督管理局	公告、全文
		江苏省住房和城乡建设厅	目录、公告
		江苏建设科技网	目录、公告
10	河南	河南省住房和城乡建设厅	公告、全文
11	贵州	贵州省住房和城乡建设厅	公告、全文
12	云南	云南省住房和城乡建设厅	目录
		云南省工程建设科技与标准定额管理网	目录、公告
13	四川	四川省住房和城乡建设厅	目录、公告、全文
14	甘肃	甘肃省住房和城乡建设厅	公告、全文
15	青海	青海省住房和城乡建设厅	公告、全文
16	宁夏	宁夏回族自治区住房和城乡建设厅	目录、全文
17	吉林	吉林省住房和城乡建设厅	目录、公告、全文
18	江西	江西省住房和城乡建设厅	全文
19	安徽	安徽省住房和城乡建设厅	公告、全文
20	海南	海南省住房和城乡建设厅	目录、全文
		海南省工程建设标准定额信息	公告
21	新疆	新疆维吾尔自治区住房和城乡建设厅	无
22	西藏	西藏自治区住房和城乡建设厅	无
23	湖北	湖北省住房和城乡建设厅	公告
24	山西	山西省住房和城乡建设厅	公告、全文
25	河北	河北省住房和城乡建设厅	公告
26	福建	福建省住房和城乡建设厅	公告、全文

序号	省份	信息平台/数据库名称	公开内容（地方标准）
27	广西	广西壮族自治区住房和城乡建设厅	公告
28	陕西	陕西工程建设标准化信息网	目录、公告、全文
29	黑龙江	黑龙江住房和城乡建设厅	公告
30	辽宁	辽宁省住房和城乡建设厅	公告
31	内蒙古	内蒙古自治区工程建设标准管理系统	公告

从项目开发、规划、设计、施工、监理、咨询、运营维护等下游环节来看，标准信息化的应用需求较为广泛。一项针对工程建设标准信息化的调查显示，32.84%的调查对象所在单位购买或者开发了标准信息平台，其中，央企和地方国企占比77.27%，民营企业占比22.73%；67.16%的调查对象所在单位购买或者开发了标准信息平台，所在单位未购买或者未开发标准信息平台的调查对象中，53.33%的调查对象认为有必要购买或开发标准信息平台。在对信息平台的费用投入调查中，58.33%的调查对象愿意投入5万元/年的费用用于标准信息平台建设，仅有25.00%的调查对象愿意投入10万元/年的费用用于标准信息平台建设。同时，仅有5.97%的调查对象从来不用电子版及标准信息平台，超过76.12%的调查对象认为在办公室是使用电子版及标准信息平台频率最高的场所之一。

二、成效经验

（1）信息平台功能逐步完善。当前，大多数工程建设领域的标准化主管部门、相关机构、地方标准主管部门等标准信息平台提供标准的公告信息、征求意见信息及标准名称和标准编号的检索功能；在此基础上，部分平台提供现行标准目录、制修订计划、标准全文下载的功能；仅有个别主管部门、相关机构、地方主管部门的标准信息平台，具备从标准立项到发布的全流程管理功能。这些主要用于满足为相关从业人群和社会大众提供标准相关信息发布和标准下载的需求，以及为自身标准管理和标准编制人员提供便利。在工程建设领域相关设计、施工、监理等企业，其开发和购买的相关标准信息平台一般具备标准在线查询、标准下载、标准更新提示等功能，主要用以满足本单位相关人员对标准的查询和使用。此外，标准出版单位和部分互联网公司开发的相关标准信息平台，除具备上述平台的基本功能外，还在功能和服务项目上进行了一些有益的探索。如中国计划出版社开发的"工标库"（gongbiaoku.com）——中国工程建设标准知识服务库，将标准进行逐条拆解，支持标准条目级检索、新旧标准比对、术语比对、标准引用对照、标准追踪等，以及提供标准解读视频服务。这些平台，旨在为广大标准编制和使用人员提供标准精准检索、智能推荐及标准相关知识服务等标准的一站式服务。

（2）信息平台建设运营模式基本健全。建设好、运营好一个工程建设标准化信息平台需要注意许多事项。简单地说，在前期需要明确定位，在建设过程中需要侧重开发功能，在后期需要注重内容资源组织与更新以及平台功能迭代。具体而言，在标准信息平台立项时，首先要明确平台建设目的、服务人群，根据自身条件，做好平台定位；其次要做好现有相关标准信息平台调研工作，进一步明确拟建平台的功能和内容。在拟定平台建设方案时，既要着眼平台建设的长远规划目标，又要按照从易到难、从简单到复杂原则规划分步实施方案，切忌毕其功于一役；同时要选择好平台采取的核心技术、底层架构等主要技术路线。在平台建设过程中，要尽量抓大放小，先开发平台核心功能，再不断完善相关辅助功能，同时要兼顾平台内容资源的梳理、组织和扩充。当平台上线试运营后，要尽快根据试运营中发现的问题调整平台相关功能，同时尽快建立平台的运营机制。在平台正式运营后，要不断根据用户的反馈对平台相关功能进行优化，对平台相关内容资源进行更新扩充。

（3）信息平台建设应量力而行。工程建设标准信息平台建设动辄需要投资数百万元甚至几千万元，还需要专门的团队负责建设与运营，是一项长期持续性的工作。因此，并非所有的企事业单位都需要自建平台，相关企事业单位可以考虑通过购买第三方工程建设标准信息化服务的方式来满足自身对工程建设标准的使用需求。

三、存在问题

（1）标准信息平台的建设和应用尚不普遍。在标准编制阶段，编制标准的专家及相关人员习惯于线下传统的标准编制模式，一时间较难改变传统观念和工作习惯，对开展标准信息化工作有一定的消极和抵触情绪。在标准实施阶段，根据调查数据，仅有约1/3的企业购买或开发了标准信息平台，且以央企和地方国企为主，民营企业购买或开发标准信息平台较少。

（2）对标准信息平台重视不够。标准信息平台建设需要投入大量的人力物力，接近六成的从业人员认为标准信息平台年投入应低于5万元，这一数额相对于大部分工程建设企（事）业单位的收入规模和体量不成比例，从侧面反映了对标准信息平台建设和应用意识薄弱。

（3）缺乏权威、全面的标准信息化服务平台。由于国家标准及部分行业标准、地方标准等信息网络传播权不够清晰，导致标准信息服务平台鱼龙混杂，一些平台走在盗版和违法的边缘，而一些正规合法的标准服务信息平台维权艰难甚至无法维权。同时，由于标准的知识产权分散，整合困难，导致正规合法的标准服务信息平台往往只能收录部分标准文本，标准收录不够全面。然而一些平台无视知识产权，反而大量收录标准文本，最终出现劣币驱逐良币的现象。

（4）标准信息化服务平台的信息化和数字化水平还不高。现阶段工程建设标准制定过程，大部分还停留在印发、转发或发布标准计划、标准目录、征求意见、公告、文本及电子版的基础层面，甚至有极少数机构的标准制定过程尚未开展信息化建设，仅有个别主管部门和机构建立了标准制定到发布的流程管理信息系统，尚未有标准制定协同编纂平台应用。同时，市面上的标准信息服务平台，大多以提供标准 PDF 文本、标准目录及相关信息为主，仅有部分平台能够实现跨标准的条文级检索，大数据、人工智能等先进的互联网技术应用不足，信息化和数字化的水平有待提高，尚未实现智能推送、千人千面。

（5）工程建设标准信息化复合型人才不足。在工程建设标准制定、管理的部门和机构，多以工程建设专业人才和管理人才居多，具备信息技术和工程建设标准管理、服务的复合型人才严重不足。在工程建设领域的相关企业中，仅有一小部分企业成立了专门的信息化部门负责标准信息化工作，但相关人员对标准信息化工作的认识和理解不够深入。

总体而言，标准信息化应用尚处于初级阶段，还有诸如上述问题需要解决。随着相关主管部门、地方政府和各企（事）业单位的推动，我国标准信息化应用水平将会越来越高。

第三节　工程建设标准数字化探索

人类社会正在逐步进入数字经济时代，数字化技术已经向经济社会生活全面渗透，数字化、网络化、智能化成为不可阻挡的发展趋势。标准作为经济活动和社会发展的技术支撑，尤其是与生产建设密切相关的工程建设标准，已深入民众生活的方方面面。为适应经济社会的数字化转型，工程建设标准也必须进行数字化转型，以满足用户更便捷、更高效、更简单的使用需求。

一、标准数字化现状

（一）发展背景

标准数字化来源于数字经济时代发展的要求。从国际上看，数字化转型大幕已拉开，各行业、各领域数字化程度日益加深，新技术、新产业、新业态正在成为新的全球经济增长点。从国内来看，党的十九届五中全会提出建设数字中国，党的二十大报告进一步提出加快建设网络强国、数字中国，数字化已经成为我国供给侧改革的一个重要抓手，是宏观角度的政策要求。在这样的时代背景下，政府的数字化改革、产业和企业的数字化转型成为必然之路。这对标准的数字化转型提出了新的要求，标准化工作必须及时跟进。同时，标准的数字化转型又能更好支撑和促进对政府、产业、企业的数字化建设。因此，标准的数字化转型与政府、产业和企业的数字化转型相辅相成、互相促进。

数据已经成为数字经济中的关键生产要素，标准是最可靠、最权威的数据来源之一。统计数据表明，近40%的工程和制造数据源于标准。然而，随着数字化转型的加速推进，作为重要数据源的标准仍以纸型文件或电子文档形式存在，工程人员或其他使用人员不得不通过对标准进行阅读、剪辑、理解后，通过复制粘贴、手工录入或制作图样等较为原始方式进行使用。这已无法满足用户对标准中数据、公式、图样、模型等知识内容精准性、实时性和快速关联响应等需求，也无法满足已经数字化的研制生产场景的需要。此外，由于一项标准通常会引用、参考多项标准，并且被引用的标准同时会引用更多标准，因此，一项标准可能"带出"不同组织制定的几十项，甚至上千项标准。如果没有实现标准数字化转型，标准之间的引用关系和版本变动的梳理很难开展，人工梳理的工作量巨大且无法保证完整性。标准数字化转型需求日益迫切。

（二）国际国外情况

国际、国外标准化组织对标准数字化工作高度关注。航空作为高端装备制造业，标准化贯穿于企业科研生产的各个环节，由于行业的数字化转型，触及了标准的数字化需求，因此较早对标准数字化进行了探索和实践。早在2005年，美国航空航天工业协会（AIA）就提出"未来标准将作为一系列数据单元进行管理和控制，而不再是一堆纸型的图表文件""用户（包括人、机器和其他使用者）能够方便地根据自身的需求以恰当的形式使用标准数据"。2017年，ISO副秘书长在其"标准与数字化：拥抱变革"（Standards and Digitalization：Embracing change）中提出，数字化影响下的未来标准化，包括通过内容结构化创建更具价值的产品（Structured content to create added value products），创建机器可读标准

（Create machine-readable standards）。IEC 发展规划（2017 年版），提出鉴于产业数字化转型，IEC 将继续对影响其核心运营的根本变革做出准备，如开源和开放数据趋势，以及直接通过机器使用的新型数字标准。2018 年，ISO 建立机器可读标准的战略咨询小组（SAG MRS），负责研究机器可读/SMART 标准的定义、制定 ISO 采用和实施机器可读标准的路线图、制定 ISO 机器可读标准指南等工作。2020 年，CEN-CENELEC 发布《2020 年欧洲标准化工作战略重点》，提出继续开展在线标准化项目、未来标准项目（Smart standards）、开源创新项目，并在建筑、石油等领域开展试点研究。此外，美国、德国、俄罗斯、日本等也将标准数字化作为标准化战略的重要内容。例如，德国 DIN/DKE 提出数字标准倡议（IDiS），从国家层面实施标准数字化转型；美国推进 SWISS 项目，搭建可互操作标准的共享平台，将静态文档转化为可互操作、可操作的数据。

目前，ISO 与 IEC 已就机器可读标准分级模型（图 10-1）达成一致意见，根据机器可读能力将标准分为 0~4 级。0 级：传统文本格式（如纸质文件）；1 级：机器可显示文件（如 PDF）；2 级：机器可读文件（如 XML）；3 级：机器可读可执行内容；4 级：完全机器可解析内容。其中 3 级和 4 级标准被称为 SMART 标准。

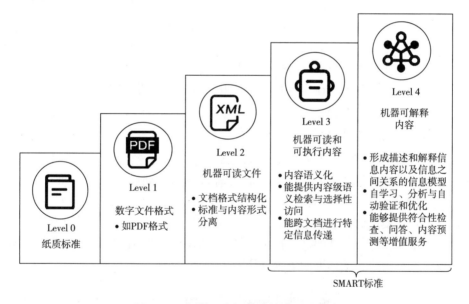

图 10-1 机器可读标准分级模型示意图

（三）国内探索情况

我国在标准数字化应用和研究方面还处于探索起步阶段。部分标准服务机构建立标准化管理或服务的信息系统，主要是以标准化工作和标准资料检索为主，没有实现与数字化研发生产环境的集成应用。在数据库型式标准方面，开展了符号、图形类标准的研究分析工作，没有针对产品需求阶段开展标准的应用。在标准文本结构化方面，开展了一定研究工作，对部分行业标准进行了文本结构化，提出了基于 XML 的标准结构化通用模型，但该模型只是将标准进行了一般碎片化处理，并没有提出面向产品技术指标的结构化模型。

2021 年，中共中央、国务院印发的《国家标准化发展纲要》作为第一个以中共中央名义发布的标准化纲领性文件，首次在国家层面提出"标准数字化"概念，具有里程碑意义。《国家标准化发展纲要》印发后，国家有关部门、相关企事业单位等各方面积极采取行动、推进相关研究和探索工作。2022年1月，国家筹建全国标准数字化标准化工作组，负责标准数字化基础通用、建模与实现共性技术、应用技术等领域国家标准制修订工作；3月，成立机器可读标准国际合作组，组织参与 ISO、IEC 机器可读标准国际标准化活动，开展机器可读标准双多边合作和技术交流。此外，全国信息技术标准化技术委员会成立标准数字化转型标准研究组，研究制定标准数字化转型工作方案，标准数字化转型标准框架，开展机器可读标准、开源标准、标准知识图谱等数字化标准管理机制研究。国家重点研发计划项目"国家质量基础设施体系 NQI"重点专项，设置标准数字化演进关键技术与标准研究方向。标准数字化已经成为标准化技术革命和推动产业（企业）数字化转型的重要抓手。

二、标准数字化应用

（一）优化标准检索

在标准实现数字化之前，标准信息平台很难直接检索到标准内容知识，只能通过标准名称、标准号等题录信息进行检索。使用人员检索到相关标准后，再进一步点击阅读标准内容，提取所需要的信息、知识等标准要求。通过标准数字化，将标准文件中所有的相对独立的信息点离散提取出来，辅助以知识图谱等先进技术，将相关信息形成相互关联的知识网络，可实现标准条文、图表、公式、数据等细颗粒度的精准查询，极大提高检索的准确率和效率。目前，部分机构在实现标准数字化基础上，尝试探索基于标准离散数据库，实现人机交互的问答式检索。

（二）标准知识模型化

标准知识模型化是将标准要求的参数固化到产品模型、数据库、信息模型等，例如，紧固件产品标准模型（图 10-2）。紧固件产品标准模型是将传统产品标准中的所有信息（包括几何信息如尺寸、公差、配合等，非几何信息如标记示例、统一编码、技术要求等）变成可供用户直接使用的标准参数和模型，能够跨平台使用，实现三维浏览和实时驱动，同时完整保留建模过程与零件属性，提供 CAD、CAITA 等数据接口，减少了人理解标准的过程，能极大提高用户实施标准的效率和质量。

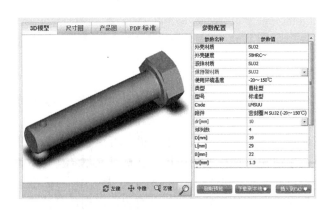

图 10-2　紧固件产品标准模型化示意图

随着标准数字化的发展，数据库型式标准又一次成为研究热点。所谓数据库型式标准（Database-Format-Standard）是指标准内容以数据集为主，使用元数据和模型描述，标准内容存储在数据库中，发布后在线更改和使用的标准。数据库型式标准并不是一个新事物，早在 2001 年 ISO/IEC 就首次发布了数据库型式的国际标准《电气简图用图形符号》IEC 60617，并同时宣布取消 IEC 60617 纸型标准文本。数据库型式标准是一种全新的标准形式，具有良好的发展前景，适应了当前特定种类标准的数字化发展需要。

（三）嵌入业务场景

将标准结构化、数字化形成的标准知识，结合具体业务场景的需求，通过对知识的甄别、融合、集成使用等，解决具体场景下标准应用问题。例如，基于标准相关知识集成开发软件工具，使用工具即应用标准，实现"工具即标准"。比较典型例子是 MBD 模型检查工具（图 10-3）。当在针对设计的产品模型的检查工作中，通过定制化开发软件系统，为产品设计、标准化及管理人员提供一套自动化的检测工具，该工具根据标准进行定制，能高亮显示错误信息、自定义错误级别和描述、主动修复部分错误，保证模型在发放前能够满足特定的建模规则和数据质量要求，克服了以人工方式进行审查的工作量大、效率低、易出错等缺陷。

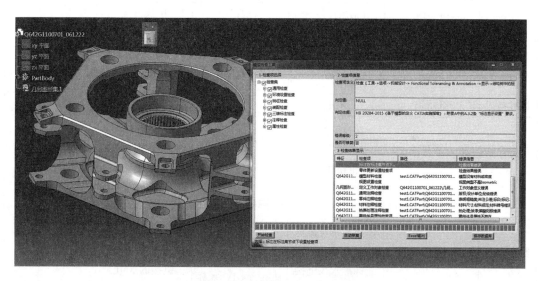

图 10-3　MBD 模型检查工具示意图

标准数字化与经济社会数字化转型密切相关。在应用场景方面，相当多的企业，尤其是在航空航天等复杂装备行业领域，其研发、生产、运营中已经使用了数字化、智能化的平台、工具和流程手段。如何将数字化后的标准内容，包括指标、公式、模型、数据等，以恰当的形式及时便捷地嵌入到研制生产、经营管理等活动中，将是未来的重要研究和实践方向。

三、工程建设标准数字化

（一）ISO/TC 59 的研究

国际标准化组织建筑和土木工程技术委员会（ISO/TC 59）成立于 1947 年，聚焦建筑设计寿命、耐久性、建筑环境、建筑信息模型和建筑可持续发展等方面的标准编制。其下设的 ISO/TC 59/SC 13（ISO 建筑和土木工程技术委员会第 13 分委会），主要负责制定在建筑和土木工程范围内的组织机构和信息数字化，包括建筑信息建模（BIM）在内相应规范的制定和维护。从工作范围来看，SC 13 专注于建筑和基础设施全生命周期的信息交互、信息处理和面向对象的信息交换等。作为建筑领域与数字化最直接相关的一个组织，基本担负起了 ISO 建筑行业在数字化标准转型方面的基础性研究工作。

2017 年，在审查 ISO/TC 59 战略业务计划期间，ISO/TC 59 成员提出了"建筑业未来可能需要什么样的标准"的讨论。为此，ISO/TC 59 咨询小组成立了一个工作组，专门开展建筑物和土木工程标准内容数字化发展应用的潜力研究。研究内容包括：①如何制定数字社会中使用的标准；②如何将现有的标准进行数字化转型以满足数字化发展的需求；③ISO/TC59 为了实现标准数字化目标的未来发展建议及方向。基于工作组研究，ISO/TC59/SC 13 发布了《数字化社会的标准——标准数字化的成熟步骤分析》研究报告，提出了标准数字化成熟度步骤（表 10-3）。

表 10-3 标准数字化成熟度步骤

成熟过程	第 0 步	第 1 步	第 2 步	第 3 步	第 4 步
说明	纸质版 （A4 纸）	开放数字格式 （PDF、ODF）	机器可读 （产品）	机器可读 （服务）	机器可译
标准格式	纸质版	PDF	XML	XML+信息模型	信息模型
市场现状	在售标准	在售标准—— 与纸质版 价格相同	制定标准， 但不出售	建筑业（AEC）/ 设施管理（FM） 行业创新需求	目前有限， 但期望很高
数字发展	无	使用数字对象标识符（DOI）补充标准永久链接	国际标准化组织（ISO）、欧洲标准化委员会（CEN）以及挪威标准协会（SN）都处于该发展阶段	基于 ISO 12006-3：2007，带参考库链接的 XML	语义技术/ 新兴技术
商业发展	根据页数确定价格（纸质印刷价格较高）	根据 PDF 页数确定价格	根据软件使用 确定价格	根据目的确定 价格——为终端 用户节省时间	根据对用户的价值确定价格——为终端用户提高质量
市场覆盖范围	低	有些覆盖范围 高于第 0 步的 覆盖范围	软件专业用户 数量显著增加	文档所有部分的 使用人数都 大量增加	使用人数 飞速增长—— 每个人都使用

续表

成熟过程	第0步	第1步	第2步	第3步	第4步
数字实践	无	可阅读，可在屏幕上搜索标准	为软件应用所准备的标准	将不同标准已选定章节组合在软件中，以支持所定义的目的	软件类标准——将建立新的实践规范

注：根据作者要求，可免费使用：EilfHielseth（2018年），EilfHielsth，是挪威科技大学（NTNU）建筑信息模型专业教授。该表为进行中研究活动结果展示。

根据标准的数字化成熟度，被分为以下5个步骤：

第0步，即形成纸质版标准。

第1步，电子版标准。采取PDF格式替代纸质标准。

第2步，机器可读标准。标准以XML形式存储，以碎片化知识的形式呈现。

第3步，标准互联互通。此部分是对第二步中标准XML存储的扩展，但它嵌入了术语和参考库链接，带有定义的术语与ISO在线浏览平台和其他参考库相关联。该步骤的目标是，使用者可以按照需求调出并读取相应的标准页面，无需浏览检索整本标准。

第4步，智能标准。标准结构以信息模型形式呈现，能够表达内容元素和术语之间的内容和关系的信息模型，可以通过使用UML语言类图或采用语义方法来完成。

与此同时，欧洲标准化组织CEN-CENELEC在建筑领域开展标准数字化试点。CEN建筑信息模型技术委员会（CEN/TC 442）与ISO共同制定一系列标准，聚焦互连字典中的属性描述、编写和维护的方法，数据模板的概念和原理，以及BIM总体框架和适应性指南。使建筑师、工程师和建筑专业人士能更高效地规划、设计和管理建筑项目。

（二）BIM与标准数字化

新时代背景下，互联网、大数据、云计算特别是BIM技术等都在不断冲击着工程建设领域。BIM是由Autodesk公司在2002年提出的一种应用于工程设计、建造、管理的数据化工具，是建筑学、工程学及土木工程的新工具。BIM一般指建筑信息模型，以建筑工程项目的各项相关信息数据为基础而建立的建筑模型，通过数字信息仿真，模拟建筑物所具有的真实信息（图10-4）。采用BIM技术，可以进行进度工期控制、造价控制、质量管理安全管理、施工管理、合同管理、物资管理等方面的管控，用BIM技术控制好了规划设计阶段，才能让项目发挥更大的经济效益和社会效益。

图10-4 BIM模型实例

近年来，随着国家政策的推动和工程建设参与方的不断努力，BIM技术在工程建设领域得到了迅速发展，尤其是建筑行业的应用逐步趋于成熟。建筑行业制定了与自身相符的BIM标准，并为其他行业BIM标准的制定提供了思路。在 BIM 模型构件库方面，标准以数据的形式呈现，以数字化的形式交付，一些简单的源自标准的数据信息可直接在模型中添加，而一些无法建立的组件信息（如钢筋、模板），可以通过标准参数固化的方式添加进入 BIM 模型。BIM 模型构建标准中的一部分内容包括 IFC 标准，IFC 标准目前的主要作用是进行数据交互和不同格式间的数据流通，是标准数字化中数据互认互操作的直接体现。BIM 模型的数字化移交恰好是以 BIM 模型数据为基础，将工程建设期数字化采购、设计、施工管理所产生的模型、数据、文档进行系统性、标准化整理，把各种信息有机关联起来，将其作为一个整体移交给业主。可以说，标准数字化理念与落实在实现 BIM 技术的协同化应用方面起到了很大的作用。基于 BIM 的模型检查是数字化标准支持工程建设领域标准数字化使用的优秀案例，由于 BIM 中的信息内容已在标准的约束下固定表示为规则，用户无需输入额外信息来验证是否符合标准，将极大提高工作效率。

（三）国内工程建设领域探索

随着标准数字化研究的推进，国内工程建设领域也逐步开展重视工程建设标准的应用探索。标准数字化与标准的数字化应用成为促进工程建设标准化质量变革、效率变革、动力变革的重要手段。例如，中国工程建设标准化协会专门成立标准数字化工作委员会。该工作委员会以提升工程建设标准信息化数字化国际化水平、服务数字经济建设、推进产业数字化和数字产业化发展、助力行业高质量发展为目标，充分发挥委员会的桥梁纽带作用，团结和组织工程建设领域产学研用等相关单位，开展工程建设标准制定、管理、实施与监督工作的信息化数字化网络化建设、标准数字化基础性战略性应用性研究、机器可读标准与数字化标准研制，以及标准数字化咨询服务、行业交流与国际合作等标准化活动。

数字化技术不断发展，标准自身的数字化程度不断提高，标准的数字化应用也不断延伸。工程建设领域，标准被期望以一种使数字软件解决方案的形式应用，以机器能够解释信息的方式呈现。在未来，这些标准将以数字交付物的形式构建，以便直接实施到软件解决方案中。

第四节　工程建设标准信息化建设实践

随着信息技术的发展和大数据应用的普及，工程建设标准信息化建设蓬勃发展，并涌现出大量优秀的实践成果。标准信息化建设侧重以数据资源库为核心，通过信息技术让标准资源更好地服务于标准工作及应用，有机串联工程建设标准管理部门、研制单位及各行业标准使用者，形成标准信息网络，提高标准化工作效率，促进标准化信息交流，实现标准资源共享。在此，选取工程建设标准领域内影响力较大的信息平台进行概略介绍。

一、工程建设标准化信息网

工程建设标准化信息网（http://www.ccsn.org.cn）（图 10-5），是工程建设标准信息发布、技术管理、面向国际的工程建设标准化信息平台，由住房和城乡建设部标准定额研究所主办，以打造工程建设标准化工作宣传和服务的国家级基础性工作平台为目标，为政府部门、技术管理单位、技术支撑机构、工程技术人员等提供工作宣传和信息服务，是 13个全国标准化委员会和 21 个住房和城乡建设部标准化技术委员会共同开展标准技术管理的工作平台。网站以工程建设国家标准和城建、建工行业标准的管理和相关信息发布作为重点内容，包含工程建设标准编制计划和局部修订计划管理、标准征求意见、标准发布公告、标准全文公开、标准备案等标准全过程管理环节，提供标准综合新闻发布、标准政策、标准查询以及标准发布公告、标准征求意见、标准年度计划等标准信息发布功能。此外还专门开发了标准化管理工作信息平台、工程建设标准体系、标准备案（暂停使用）、专家库四个业务平台。

图 10-5　工程建设标准化信息网

（1）"标准"栏目（图 10-6）。该栏目主要提供由住房和城乡建设部批准发布的国家标准与行业标准的查询和阅读。

图 10-6　"标准"栏目

（2）"机构"栏目（图10-7）。该栏目主要提供工程建设领域的住房和城乡建设部标准化技术委员会、全国标准化委员会、国际标准化组织（ISO）、工程建设标准化社会团体的相关信息。

图10-7　"机构"栏目

（3）"政策"栏目（图10-8）。该栏目收集整理了工程建设标准化相关法律法规、中央和国务院文件、综合性规章及规范性文件、部门规章和规范性文件、地方性法规和规范性文件。

图10-8　"政策"栏目

二、中国工程建设标准化网

中国工程建设标准化网（http://www.cecs.org.cn），由中国工程建设标准化协会（以下简称协会）主办，围绕协会标准收录了丰富的标准数据资源，同时发布协会综合新闻与标准学术研究成果，包含协会期刊与标准精品文章，并为行业提供标准技术交流平台。网站分为协会介绍、协会动态、综合新闻、标准检索、协会标准、协会期刊、标准宣贯、咨询服务、学术研究、网上书店、分支机构、会员服务、专家库13个栏目（图10-9），同时链接了中国工程建设标准化协会标准管理平台、标准科技创新奖申报平台等独立平台。

图 10-9　中国工程建设标准化网

（1）协会标准（图10-10）。该栏目分为标准动态、发布公告、征求意见（图10-11）、制修订计划、文件下载、标准咨询、意见反馈等子目录。提供标准全过程多个管理环节信息服务，报道协会标准最新动态。

（2）协会期刊（图10-12）。《工程建设标准化》杂志创刊于1985年，由中华人民共和国住房和城乡建设部主管、中国工程建设标准化协会和住房和城乡建设部标准定额研究所联合主办的国家级刊物。刊物始终坚持"普及与提高、管理与技术并重"的办刊方针，重点宣传贯彻党和国家对工程建设标准化工作的方针、政策；介绍国内外最新的工程建设标准化成果；研究和探讨在工程勘察、设计、施工、监理中实施标准的经验和体会；记录

图 10-10　协会标准页面

图 10-11　协会标准征求意见页面

和见证标准化体制改革；全面反映全新的工程建设国家标准、行业标准、协会标准和地方标准发布和废止的信息；普及工程建设标准化知识。协会期刊栏目分协会期刊大事件、期刊导读、精品文章下载、知识园地等多个板块，支持期刊在线预订（图 10-13）和在线投稿，是宣传工程建设标准化工作的重要阵地。

图 10-12　协会期刊页面

图 10-13　协会期刊在线预订系统

（3）中国工程建设标准化协会标准管理平台（图 10-14）。该平台主要包括主编单位、分支机构、协会三个层级的管理内容，每个层级有各自的管理权限和功能，实现对标准编制工作的关键环节动态管理，实时展示标准概况、标准编制进度、站内通知等数据信息，大大提高了标准申报与审核的效率，降低了各个环节的时间成本，为协会标准管理提供了更加精准化、精细化、实效化的辅助工能，推动了协会标准管理模式的多样性与创新性。

图 10-14　协会标准管理平台登录页面

（4）标准科技创新奖申报平台（图 10-15）。该平台主要为组织申报"标准科技创新奖"开发建设，能够实现申报材料一键汇总、申报信息一键查询、评分结果自动汇总等智慧化设置。该平台是奖项申报和推荐的重要通道，是专家参与评审的主要工具，为科技创新奖申报评审工作评奖提供了重要技术支撑，对促进奖项有序申报、实现奖项信息化管理、保障评奖工作良好发展发挥了重要作用。

图 10-15　协会标准科技创新奖申报平台登录页面

三、中国工程建设标准知识服务库

中国工程建设标准知识服务库（简称"工标库"，https://www.gongbiaoku.com，网页如图 10-16 所示），是由中国计划出版社主办的标准知识服务平台，平台聚焦工程建设领域，以数字化的形式全面收录业内标准规范、服务资讯、工程术语、视频音频等资源，同步上线 PC 端和移动端微信小程序，运用大数据、云计算等先进的互联网技术倾力打造内容丰富、专业可靠、创新务实、便捷实时的标准资源数据库。"工标库"逐步成为标准规范网络宣贯的主阵地、生力军，为我国工程从业人员提供优质专业的标准知识服务。下面介绍有关的几个栏目。

图 10-16　中国工程建设标准知识服务库

（1）标准规范（图 10-17）。标准规范栏目收录了工程建设国家标准、行业标准、建设标准、团体标准、地方标准、标准英文版等资源，提供"计划版阅读"和"原版阅读"两种模式，实现标准条文级检索及检索结果推荐，提供条文说明整合和强制性条文聚合功能，配备标准资源对比、工程术语查询、知识库管理等标准服务。对于通用类规范，设置条文跳转链接，阅读标准时可了解条文状态，查看废止条文。

图 10-17　标准规范

（2）专家解读视频（图10-18）。工标库设置专家解读视频专栏，请到业内相关专家解读标准内容，帮助工程从业人员更好地理解和运用标准规范，包括专家解读、3D动画演示，涵盖工程建设领域多个专业。

图10-18 专家解读视频

（3）"工标库"CECS团体标准数字专栏（图10-19）。为深化中国工程建设标准化协会团体标准（以下简称 CECS 团体标准）改革，宣传、推广 CECS 团体标准，加快推进CECS 团体标准数字化建设与出版深度融合发展，中国工程建设标准化协会与中国计划出版社有限公司发挥各自优势，合作共建准确、唯一、权威的数字化出版服务平台——"工标库"CECS 团体标准数字专栏。

图10-19 CECS 团体标准数字专栏

（4）"工标库"全文强制性工程规范废止的相关强制性条文链接及内容展示（图10-20）。为推进工程建设标准化改革，住房和城乡建设部发布了一批全文强制性工程规范，这些全文强制性工程规范对相关工程建设标准中的强制性条文进行了废止。为方便广大用户查阅被废止强制性条文的具体内容，"工标库"通过技术攻关成功地解决了强制性条文内容的查询问题。当用户在查询全文强制性国家标准时，通过点击被废止的条文编号，即可跳转链接到被废止的强制性条文的具体内容（相关内容被划线突出展示，图10-21）；反之，在查阅相关国家标准时，也能够知道该国家标准的强制性条文被哪项全文强制性工程规范所替代。

图10-20 全文强制性工程规范废止的相关强制性条文的相关信息

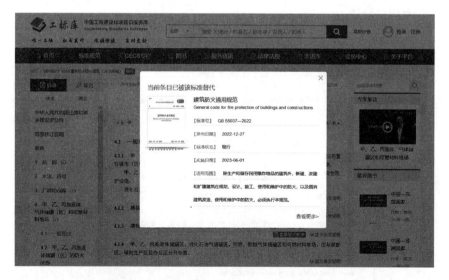

图10-21 被废止强制性条文的具体内容及替代其的全文强制性工程规范的相关信息

四、山东省住房和城乡建设厅官网

本章第二节对工程建设地方标准信息化工作进行了概述总结。下面以山东省住房和城乡建设厅对工程建设地方标准信息化实践做简要介绍（图10-22）。

图10-22　山东省工程建设标准管理页面

山东省住房和城乡建设厅在首页设置的"专题专栏"栏目设置了"标准造价"子栏目，在子栏目实现对地方工程建设标准的信息化管理，提供标准制定、征求意见、标准发布、标准复审、现行标准全文下载等功能及标准现行与和废止目录（图10-23、图10-24），方便广大用户使用。

图10-23　山东省工程建设地方标准目录及全文下载页面

图 10-24　山东省废止工程建设地方标准目录

同时，网站还提供山东省工程建设地方标准制定样表（图 10-25）。

图 10-25　山东省工程建设地方标准制定样表

本 章 小 结

通过对我国工程建设标准信息化的梳理，我们发现，虽然我国工程建设领域的标准化主管部门、非政府管理机构和一些企事业单位普遍已经开展了标准信息化工作，但是整体水平不高，发展还不充分不平衡，具体到各部门、各机构和企业信息化水平参差不齐。伴随着信息化的开展，标准数字化在我国工程建设领域越来越受到重视，非政府管理机构和企事业单位进行了标准数字化相关探索，取得了一定的成绩。然而，工程建设标准的数字化仍处于初级探索阶段，尚未形成成熟的技术路径和运营模式，工程建设标准数字化仍有较长的路要走。

参 考 文 献

[1] 倪知之. 浅析工程建设标准信息化建设 [J]. 工程建设标准化, 2021 (06): 63-66.

[2] 贺鸣. 浅析中国工程建设标准化协会标准新变化 [J]. 工程建设标准化, 2022 (06): 56-60.

[3] 徐义屏. 辉煌三十载 扬帆再起航——写在《工程建设标准化》创刊 30 周年之际 [J]. 工程建设标准化, 2015 (07): 10-11.

[4] 张佩玉, 曹欣欣, 邬贺铨. 标准数字化是大势所趋 (英文) [J]. China Standardization, 2022 (03): 28-35.

[5] 刘宏博, 于欣丽. 对我国标准数字化工作的思考 (英文) [J]. 中国标准化, 2022 (03): 36-41.

[6] 刘曦泽, 王益谊, 杜晓燕, 等. 标准数字化发展现状及趋势研究 [J]. 中国工程科学, 2021, 23 (06): 147-154.

[7] 汪烁, 卢铁林, 尚羽佳. 机器可读标准——标准数字化转型的核心 [J]. 标准科学, 2021 (S1): 6-16.

[8] 宋婕. 标准数字化: 未来发展新趋势——国际标准化组织 (ISO) 数字化战略综述 [J]. 工程建设标准化, 2021 (10): 51-54.

[9] 汪烁, 段菲凡, 林娟. 标准化工作适应全球数字化发展的必然趋势——标准数字化转型 [J]. 仪器仪表标准化与计量, 2021 (03): 1-3+14.

[10] 刘晶, 张旭, 金磊, 等. 水利工程 BIM 模型构建标准及数字化移交 [J]. 人民黄河, 2021, 43 (S2): 268-271.

第十一章　工程建设标准化与科技创新

第一节　标准化与科技创新互动发展

在经济全球化背景下，标准化已成为世界各国推动外贸发展和高新技术产业化的重要手段。科学技术活动产生的创新成果，需要通过标准化形成相关技术标准，才能获得快速推广应用，从而提高创新成果的经济效益。与此同时，市场环境的发展和完善同样要求技术标准跟上步伐。提高标准制修订效率，使得标准制修订周期、节点与新技术出现或变革节奏相适应，进而推动标准化与科技创新的互动发展具有重要意义。

立足新发展阶段、贯彻新发展理念、构建新发展格局、推动高质量发展，对标准化科研与创新提出了更高要求。作为科技创新的重要力量和探索科技体制机制改革的先锋队，科研机构、生产企业要充分认识标准化工作在科技创新中的重要贡献，在标准化与科技创新互动发展中发挥主力军作用。

一、标准化在科技创新中的贡献

标准是科技发展水平的集中体现，可为自主创新确定突破点提供全面的技术引领。

1. 标准化是科技创新的需求

科技创新依赖于科研活动，需要通过立项、组织实施、评估、项目验收以及市场准入等科研活动，不断创造技术先进、适应市场、经济价值高的科技成果，创新技术通过标准化过程逐步形成新的技术标准。科技创新为技术标准化进程提供充分的技术支持，通过科学技术的不断发展，逐步提高技术标准中的科技含量，特别是自主创新技术含量，促进我国科技产业技术进步和竞争力提升。

2. 标准化是科技创新的助力

科技创新活动具有一定的未知性和风险性，在科技创新活动中适时地加入标准化方法能够开拓科技创新的思路，促使科技创新成果更好地被市场所接受，减少不必要的重复研发工作，从而减少科技创新的成本、降低科技创新项目的风险，增强科技创新的动力。科技创新成果转化是一个复杂的过程，涉及科技成本和相关主体等多种因素，而标准化可以协调与统一成果转化过程中的各项活动。技术标准的制定实施有利于创新成果快速转化为现实生产力，促进科学技术在整个行业和产业中的推广，提高产业的科技水平和竞争力；有利于提高市场竞争的秩序，实现相互竞争企业双方以更高的速度优胜劣汰，促进市场机制优化升级，使技术标准先进的企业获取更多的利润，进而带动新一轮科技创新活动的可持续发展；有利于调动政府机构、科研机构和企业等组织参与科技研发创新的积极性，形成研发主体多元化，研发项目市场化的激励机制。同时，企业和科研主体可以运用标准化，根据市场信息来确定未来的科研方向。标准化为科技创新提供了一种良性循环的激励机制：标准化推动科技创新，提高科技成果市场适应性。

3. 标准化引领科技创新

标准化工作引领战略性前沿科研方向。在战略性前沿科研方向和产业领域，世界各国积极争取国际标准的主导制定权，旨在以标准带动研发，引领科技、产品和产业更新换代，从而抢占发展制高点。特别是在国际标准的竞争过程中，能够发现许多在研或预研的战略性前沿科研方向，为参与未来的国际科技和经济竞争做好准备。

标准化工作提升科研成效和质量。"技术专利化—专利标准化—标准国际化"已经成为科研领域的共识，标准能够有效增强技术或产品的市场竞争力，进而在该技术和产业的国际竞争中争取话语权，确保科研成效。现行技术标准是科研的重要基础、依据和门槛。通过参考和执行标准，科研就有了诸多可供使用的技术路线和可供比较的先进技术指标，极大降低了科研风险、节约了科研成本、加快了科研速度。

标准化工作促进科研成果转化应用。科研成果只有被广泛应用才能转化为实际生产力，提高国家综合实力，达到科研目的。标准作为衔接科研与产业的桥梁，通过对新产品、新技术、新方法等的积累和固化，能够有效推动科研成果转化，促进科研成果产业化、规模化。

标准化工作规范科研管理。科研工作需要以技术标准为主体，实现科研过程的规范化、科学化、标准化，形成包括管理标准和工作标准在内的标准化体系，将科研活动按照科学管理的客观需要，规定标准的工作程序、工作内容、职责划分、管理要求等，作为统一管理准则，实现科研机构管理高效化、工作程序化、方法现代化。

二、科技创新对标准化的作用

科研活动是科技创新的基础，科技创新是一种对未知的探索，是科学技术和经验的积累过程中的突破。在创新过程中，不断利用标准化手段固化创新成果，可以促进创新成果的应用，既为新的科技创新奠定新的基础，也为科技创新提供方向指引。

1. 促进新标准制定实施

制定高质量并能对产业发展起重大推动作用的标准，必须有大量的科学研究做基础。随着科技创新成果的不断涌现，旧标准逐渐满足不了时代的需求，更契合新技术应用的新标准会逐渐形成。随着新技术的出现，旧标准的内容也需要不断补充和修订，从而形成新的标准。在市场竞争中占据优势地位的企业为追求更高的利润、扩大市场占有率和巩固市场地位，会不断进行科技创新活动，一旦企业展开一场全新的技术变革，新标准将随之推出。因而，科技创新会不断推动新标准的制定，标准的实施应用促进产生更多的经济效益，使得经济可持续发展。

2. 引领标准化持续提升

标准是沉淀科技创新成果的重要载体。在标准形成和发展过程中与科技创新互为促进。科技创新形成的创新成果通过产品、过程、服务等形式最终为社会应用实现价值，标准化过程本身就是新产品、新技术、新方法和新工艺等积累的过程，创新成果应用的最佳途径就是形成技术标准。标准化是创新成果显性化、市场化、得以有效扩散的平台。随着创新的加速，促进标准化文件不断出现，从而导致标准存量的增加。技术标准研制正在逐步嵌入科技活动的各个环节，与科技创新同步，甚至形成引领的趋势愈发明显。发挥科技创新在技术标准工作中的引领作用，能够全面提升技术标准水平。

"创新是一个民族进步的灵魂，是国家兴旺发达的不竭动力"，这是党和国家领导人对科技工作重要性的高度概括。新时代是科技创新突飞猛进的时代。在知识和科技创新方面占据优势，就能抓住机遇，掌握发展主动权。同时，标准越来越成为产业、企业竞争的制高点。面对机遇与挑战，科研机构、生产企业应充分发挥标准化的作用，健全科技创新与标准化互动支撑与引领机制，以技术标准的有效供给推进科技创新，以标准化科研为抓手，努力提高科技创新能力和标准化工作水平。

三、具体举措

标准是衔接科研与产业，推动科技创新成果转化为现实生产力、促进综合国力提升的桥梁。面向未来、面向前沿，世界各国纷纷将标准化工作上升到国家战略层面予以实施和推进。中共中央、国务院印发的《国家标准化发展纲要》，为开启新时代标准化发展新征程指明了方向，是推动标准化和科技创新深度融合的重要指南。《国家标准化发展纲要》提出了三个方面的具体举措：

（1）聚焦关键技术领域加强标准研究。重点是开展标准化前沿研究、加强关键技术标准研制；在应用前景广阔的技术领域，同步部署技术研发、标准研制与产业推广；制定和完善技术安全相关标准，防范潜在风险，提升技术领域安全风险管理水平。

（2）围绕重大科技创新提升标准技术水平。建立重大科技项目与标准化工作的联动机制，在科技研发中强化标准核心技术指标研究；及时将先进适用科技创新成果融入标准，提升标准水平；对符合条件的重要技术标准给予奖励，激发全社会标准化创新活力。

（3）针对成果转化应用完善标准化制度机制。健全科技成果转化为标准的评价机制与服务体系；完善标准必要专利制度，加强标准制定过程中的知识产权保护；将标准研制融入共性技术平台建设，缩短研制周期，加快创新成果产业化应用步伐。

第二节　国内外标准化科研综述

一、标准化科研的意义和作用

标准化科研是指以标准为主要研究对象的科学研究活动，其内容以标准制修订和标准化基础研究为主。标准化可在国际、区域、国家、地方等不同区域内进行，其目的是使产品、过程或服务适合其用途。标准是科学技术成果和经验的一种体现，反映了科学技术和经验的客观规律。科学合理的标准和标准化不仅不会限制新技术应用，还能引导促进技术创新。科研是指利用科学的方法研究事物内在本质和客观规律，是一系列调研、试验和分析的活动。科研是开展一切科技活动的基础；科研具有明确的目标，其结果具有新颖性、创新性。科研输出的成果是多样的，可分为三大类型：基础理论成果、应用技术成果和软科学成果。科研具有先进性、创新性，能够促进新技术的发明和应用，科研活动注重重点突出、单个突破。

在现代化生产领域中，标准化对组织专业化生产、实现各方协作、提高产品质量、降低生产成本、推广先进技术等诸多方面都有显著作用。随着经济技术发展，标准化工作不断从生产领域向贸易、服务等方面扩展；从经济层面向社会治理、文化建设以及管理层面不断延伸，领域覆盖范围不断扩大。标准化科研的关注重点也逐步转移到公共安全、社会经济可持续发展、提高经济运行质量等领域。科研发展必须和标准化工作改革的整体方向一致，积极为企业、政府提供优质服务；把推动技术创新、促进产业升级、服务和谐社会作为重点任务和首要目标。

科技自立自强是国家发展的战略支撑，需注重标准化基础研究和科技创新发展。标准化基础研究与科技创新、经济贸易及社会发展实践活动相互作用、相互促进，标准化根植于经济社会进步，服务于国家科技研发，作用于产业发展和社会治理，基础性作用非常重要。党的十八大以来，我国标准化工作全面深化改革取得历史性突破，标准化基础研究有力支撑新标准化法等配套法规研制，推进完善标准化工作导则等基础系列国家标准体系，支撑国家重大战略咨询课题研究，为政府、企业和社会团体等提供推动高质量发展的标准化解决方案，对全面提升我国标准化水平发挥了重要作用。

二、国外标准化科研概况

标准作为国际贸易中技术壁垒的重要手段，已经成为国际经济竞争的制高点。在经济全球化的今天，技术标准已经成为国际间技术合作和经济贸易中不可或缺的共同语言，成为推动经济全球化的助推器。在国际贸易中，标准是进行仲裁的依据，特别是进入 21 世纪，经济全球化的快速发展把国际标准推向空前的高度。随着标准化促进科研成果推广实施的不断深入，当今国际贸易的竞争逐渐转化为技术标准的竞争，全球标准化机构越来越注重标准化与科研活动的融合。主要以欧洲为例，欧盟及欧洲标准化组织机构一直都非常重视标准化与科研的联系，相继发布了具有战略性和指导性的政策文件等。其中，欧洲标准化委员会和欧洲电工标准化委员会研究提出了标准化与科研的"集成方法"及相关指南。目前，欧盟已有不少科研项目都将标准化作为必要的关键性活动，将技术标准作为科研项目的预期成果之一。

（一）欧洲标准化科研概况

2008 年，欧盟发布了题名为《标准化对创新的贡献日益增加》的通讯，指出"标准化对创新和竞争力的贡献日益明显；提出利用其创新性的市场来强化欧盟利用其知识经济优势的竞争地位。"2010 年，英国商业、创新和技能管理部门发布了题名为《标准经济学》的报告，对标准和技术创新的关系进行了详细的分析。同年，欧盟发布了题名为《欧盟 2020 旗舰行动创新联盟》的通讯，指出"标准在创新中起到重要作用。标准促进知识扩散，使新产品和服务之间实现互操作，并为进一步创新提供平台"，同时提出建议"将标准整合到欧盟框架计划研发项目中"。2010 年在欧洲议会通过的关于欧洲标准化未来的决议中指出，"虽然标准化是开发新技术的主要助推器，但是在科研成果通过标准实现转移方面还存在很大的差距，因而要增进标准化组织、学术界和研究机构的相互了解与合作"。2011 年欧盟发布了题名为《欧洲标准的战略愿景：为增强和加快欧盟经济可持续增长前进》的通讯，指出"标准能够帮助缩短科研与畅销产品或服务之间的距离。标准集成了公共资金资助的研发项目的成果，使其成为进一步创新的基础。这是知识和技术传播的非常有效的机制"。同年发布题为《与研究和创新建立伙伴关系》的通讯，指出"标准化在确保研究和创新的连贯性方面发挥了重要作用"。2013 年，标准化研究者克努特·布兰德（Knut Blind）以《标准化和标准对创新的影响》为题对标准和创新之间的研究进行了系统的总结。

欧洲标准化委员会和欧洲电工标准化委员会在加强标准化与科研的联系方面开展了很多工作，研究提出了标准化与科研的"集成方法"（见表11-1），开发了欧洲标准化委员会和欧洲电工标准化委员会的技术服务平台，并制定了《连接科研与标准化　将标准整合到科研项目中：科研项目申请人的袖珍指南》，为技术人员在科研过程中进行标准化活动提供了引导和专业指南。

表11-1　标准化与科研的"集成方法"

序号	科研过程	需考虑与标准化关联事项
1	提出新项目	筛选现有标准，确定标准需求
2	设计项目	确定标准化可以从哪些方面为项目带来效益 确定项目实施过程中如何开展标准化工作 确定标准化合作伙伴
3	实施项目	评估项目成果标准化的可能性 与标准化合作伙伴共同开展工作 为标准制定提供技术支撑
4	项目成果保护、推广和应用	将标准和标准化作为成果推广的途径

标准化与科研的"集成方法"为技术人员提供了其在科研过程中将标准化工作引入的方法。同时，根据技术人员在其科研过程中对标准化的需求，欧洲标准化委员会和欧洲电工标准化委员会还同时提供相应的专业服务，例如，提供与科研项目相关的标准化需求的咨询服务、为技术人员提供合作伙伴候选人名单等。《连接科研与标准化　将标准整合到科研项目中：科研项目申请人的袖珍指南》为项目申请人提供了将标准化工作整合到科研过程中的具体指导。根据该指南，如果项目申请人确定需要相关标准化合作伙伴参与到其项目中，项目申请人只需联系欧洲标准化委员会和欧洲电工标准化委员会技术服务平台，欧洲标准化委员会和欧洲电工标准化委员会将为其提供可能的路径等。

此外，从标准化策略层面来讲，为加快科研的标准产出，赢得竞争先机，欧盟在政府对标准化的战略干预下，通过加强对国际标准化组织机构的影响，使得其在国际标准化某些领域领先于美国及其他国家，欧盟也因此获得了明显的国际竞争优势。欧盟在标准化过程中，努力协调欧洲各国的技术法规体系和欧洲市场高度一体化，倾向于采用成熟技术，缩短科研转化技术标准的时间，在国际标准的竞争中获得了竞争优势。

欧洲在加强标准化与科研联系的做法和实践方面值得我国有关部门的关注和思考。在我国，标准化与科研两者之间仍需进一步协调，应充分发挥巨大的国内消费市场以及进军国际市场的渠道和优势，积极吸取和借鉴欧盟的做法，制定更加具体的措施将标准化与科研密切结合起来。

（二）其他发达国家标准化科研概况

科研过程中技术和经验积累的突破往往会产生科技创新。科研中，科技创新竞争的焦点均集中于技术标准、知识产权和创新政策等方面。不仅欧盟，其他发达国家也都高度关注新兴产业，研究分析新兴产业科研和标准化相关应对战略。例如，美国的创新战略提出：创新是在长期增长和竞争中赢得未来的关键，是美国经济发展和国家竞争力的基础；目标是要赢得未来，保持美国在创新能力、教育和基础设施等方面的竞争力，强调的是要守住优势。由于标准是规范新产品内在特性、创造新产业、传播技术成果、实施市场准入的最佳工具和手段，因此发达国家的创新战略中基本都涉及标准产出和标准主攻方向等标准化任务。这在美国的创新战略中便有充分体现。

美国的标准化具有市场主导的特征。由于美国的科研水平总体处于世界领先地位，具有较完善的研发系统和庞大的跨国企业群体，其技术推广、商业循环和标准化工作能力等方面都较优秀。长期通过分散决策、自由创新，形成开放的标准化和商业化体系渠道，由市场自主选择产生创新技术标准。但这种市场化导向的标准化策略导致从科研到标准形成需要很长的时间，与欧盟标准化策略相比，不利于在国际贸易和技术中产生竞争优势。

日本在标准化科研方面落后于美国和欧盟，而且国内市场相对狭窄且资源匮乏，其国内市场无法支撑发布的技术标准，使得日本在国际标准的竞争中处于不利地位。在科研到技术标准的市场化发展过程中，即使日本在某些技术上领先，但由于其标准化科研的落后，导致其技术标准落后于美国和欧盟，在国际竞争中处处受限。如果其技术标准不能转化为国际标准，国内市场又不足以支撑发布的标准，科研努力成果就会付之东流。在这种情形下，日本实行标准化科研一体化策略，在科研项目启动时就同步制定技术标准，科研项目完成时发布相应的技术标准，以此来缩短科研到创新技术标准形成的时间。技术标准推广实施时，日本政府会同时介入，组织科研和标准同步攻关，迅速推行科研、标准化、知识产权策略，大大缩短了标准化进程，很多领域都能位于美国和欧盟之前，成功实现了创新科技产业的跨越式发展，培养了优异的跨国企业群，并实现了主导国内创新科技产业标准的话语权。

综上所述，美国标准化的市场导向更符合科技创新对标准化的内在要求，科技创新和标准化活动的自由主义，是美国的"熊彼特式技术创新"领先于其他国家的重要原因，但产生的问题是标准制定周期过长，失去竞争先机，对维持和提高国际竞争力造成了很大的消极影响。欧盟的战略性标准化策略类似于战略性贸易政策，在获得短期收益的同时，存在着资源配置扭曲的风险，从技术创新角度看，战略性标准化政策收益实际上是以"熊彼特垄断创新利润"的减损为代价的。而日本的标准化科研一体化策略，提前对技术发展方向进行预测，容易出现决策失误而浪费大量的人力、物力。从美国、欧盟和日本标准化战略的优缺点来看，我国当前的总体技术水平相对落后，但我国拥有巨大的市场潜力，要实现科研标准的跨越式发展，必须要集中力量于我国高科技水平的技术上，借鉴日本标准化与科研融合的做法，加快科研商业化，确保领先技术及时转化为生产力。同时，在标准化科研推进策略上，应侧重科技创新纳入标准体系，防止一体化带来的弊端。

三、国内标准化科研概况

长期以来，我国标准化和科技主管部门认真贯彻落实党中央、国务院关于标准化与科研工作的决策部署，不断推动标准化与科研的协调互动发展。

2006 年 2 月发布《国家中长期科学和技术发展规划纲要（2006—2020 年）》，明确要求将形成技术标准作为国家科技计划的重要目标；同年发布《标准化"十一五"发展规划纲要》，提出要加强标准化科研，并强调在加强标准科研机构建设的基础上，做好标准化基础研究工作,提升我国标准的水平和市场竞争力。2011年7月发布《国家"十二五"科学和技术发展规划》,提出要增强自主创新能力,发挥技术标准在创新活动中的导向和保障作用,在国家科技重大专项和计划执行中,加强技术标准研制;同年发布《标准化事业发展"十二五"规划》,指出构建标准化科技支撑体系,着重完善标准化与科技紧密结合机制、建立全国标准化科技协作平台等。2012年9月出台《中共中央国务院关于深化科技体制改革加快国家创新体系建设的意见》,指出"完善科技成果转化为技术标准的政策措施,加强技术标准的研究制定"。2015年8月发布新修订的《促进科技成果转化法》,规定"国家加强标准制定工作,对新技术、新工艺、新材料、新产品依法及时制定国家标准、行业标准,积极参与国际标准的制定,推动先进适用技术推广和应用"。2015年12月国务院办公厅印发《国家标准化体系建设发展规划(2016—2020年)》,明确要求"加强标准与科技互动,将重要标准的研制列入国家科技计划支持范围,将标准作为相关科研项目的重要考核指标和专业技术资格评审的依据"。2016年5月印发《国家创新驱动发展战略纲要》,明确提出"健全技术创新、专利保护与标准化互动支撑机制,及时将先进技术转化为标准"。2017年6月印发《"十三五"技术标准科技创新规划》,要求"全面实施技术标准战略,健全科技与标准化互动支撑机制,引导科技、产业等各类资源积极参与技术标准研制与应用,加速科技成果转化应用,建立健全新型技术标准体系,促进发展动力转换,提升发展的质量和效益。"2021年10月,中共中央、国务院印发《国家标准化发展纲要》,指出要建立重大科技项目与标准化工作联动机制,将标准作为科技计划的重要产出,健全科技成果转化为标准的机制;完善科技成果转化为标准的评价机制和服务体系。

我国在标准化基础研究方面也做了大量工作。

(1)关于我国标准化体制改革。从20世纪90年代开始,我国对欧美发达国家和我国的标准化体制开展了比较研究,对我国标准化体制机制改革起到了非常重要的指导作用。我国加入WTO后,在与发达国家标准化体制比较研究的基础上,对我国体制进行剖析,研究显示我国政府主导的标准化管理体制是一个"多决策体系",导致机构裂化、治理碎片化以及治理失灵的问题,建议用"整体治理"思路进行政府体系整合,并对民间标准化放松管制。

(2)关于联盟和团体标准化研究。进入21世纪,我国的产业创新发展过程中产生了很多活跃的技术标准联盟,政府主管部门也大力提倡社会团体组织开展标准化。我国学术界对政府提出的政策及现实中涌现出的很多典型案例给予了极大热情,并开展了关于联盟和团体标准化研究工作。

(3)关于产业自主创新及标准必要专利研究。自从ICT技术迅速发展以来,标准与创新、专利的关系就成为国际学术界研究的重点,我国也不例外,国内学术界展开了很多相关研究。

第三节　我国工程建设标准化科研概况

一、工程建设标准化科研现状

改革开放以来,随着中国经济体制改革,工程建设标准体制不断推进与之相适应的改革。为此，住房和城乡建设部组织开展了国内外技术法规与技术标准相关的研究，例如，德国、美国、英国、加拿大、日本、澳大利亚建筑技术法规研究，以及我国建筑强制性标准形成机制研究等。技术法规是有法律约束力的强制性技术文件的总称，具有法规属性和技术属性，在效力上具有法的强制性，在内容上具有特定性和技术性。技术法规随着经济社会发展和科技进步而不断发展完善。而标准本身并不具有强制性，这一点与技术法规具有重大差别。我国直接以法律形式规定了标准分为强制性标准和推荐性标准。其中强制性标准被视为具有技术法规效用的规范性文件。

国外的技术法规体系包括法律、条例等，世界上主要发达国家和地区均已建立与其政治体制、法律体系配套的、完整的技术制约体系，例如，德国、美国、英国、加拿大、日本、澳大利亚都编制了独立的建筑技术法规。我国在 WTO 中用了"技术法规"这个词，随着国际贸易的发展，技术法规演变成了技术性贸易壁垒的一种表现形式。我国工程建设领域顺应法治建设需要和技术快速发展需要，正在成体系编制全文强制性工程规范，力图构建具有中国特色的工程建设技术性法规体系。

截至目前，住房和城乡建设部组织开展了《国外建筑技术法规研究》《工程建设标准化发展战略研究》《工程建设强制性标准体系研究》《工程建设标准化科技环境研究》《工程建设标准深化改革方案研究》《建筑技术法规和强制性标准研究》《工程建设强制性标准实施监督管理制度和工作机制研究》《基于国际通行做法的工程建设规范合规性判定机制研究》等标准化研究或专项课题项目（表11-2），为推动工程建设标准化改革和可持续发展提供了强有力的支撑。

表11-2 标准化研究或专项课题项目

序号	项目名称
1	国外建筑技术法规研究
2	工程建设标准化发展战略研究
3	住宅可容纳担架电梯配置标准研究
4	城市综合地下管线信息系统标准研究
5	低能耗绿色建筑示范区技术导则研究
6	"三新"许可制度评估及相应管理方式研究
7	智慧城市建设标准体系研究
8	住房和城乡建设领域信息化标准体系研究
9	涉老设施规划建设标准关键技术和标准体系研究
10	地铁列车定员、车站规模动态计算方法及其标准研究
11	工程建设强制性标准体系研究
12	《建筑地基基础技术规范》全文强制标准研究
13	工程建设标准化科技环境研究
14	社团标准培育和发展政策研究
15	工程建设标准专利管理制度研究

序号	项目名称
16	工程建设标准深化改革方案研究
17	落实国务院有关部署，推广高强钢筋、高性能混凝土、优质钢材在建筑中应用的政策、机制及标准前期研究
18	工程建设强制性标准实施监督管理制度和工作机制研究
19	工程建设标准实施评估机制研究
20	推进施工现场标准员制度建设研究
21	重要标准实施指南编制研究
22	标准实施指导监督的信息化机制研究
23	推进标准实施的国际化研究
24	建筑技术法规和强制性标准研究
25	2018 年工程建设标准实施指导监督研究项目
26	基于国际通行做法的工程建设规范合规性判定机制研究
27	强制性工程建设规范专题研究

此外，为加快推进中国工程建设标准国际化工作，住房和城乡建设部还组织开展了《构建国际化工程建设标准体系的法规制度研究》《城镇建设和建筑工业领域标准国际化战略》《城乡建设领域国际标准化工作指南》《城乡建设领域标准国际化英文版清单》等标准国际化研究课题，形成了一批高水平的研究成果。同时与美国、加拿大、欧盟、英国等国家的建筑结构、建筑节能等领域标准进行比对研究，通过中外标准规范基本要素、编制思路、关键技术指标的对比分析，为相关标准的制修订及全文强制性工程规范的制定提供有益参考和借鉴。

自住房和城乡建设部 2009 年制定实施《住房和城乡建设部科学技术计划项目管理办法》（建科 2009〔290〕号）以来，工程建设标准化研究为推进工程建设领域标准化科研工作的顺利开展提供了基础支撑，但也存在工程建设标准化有关顶层设计或相关制度性研究课题不多等问题。主要表现在：针对工程建设标准化缺少战略性发展规划研究，导致系统性工作布局滞后，阶段性发展目标不明确；工程建设标准技术基础性研究投入不足，技术指标的形成过度依赖工程经验，造成部分技术规定"一刀切"，实施中难以落地。

二、典型案例

1. 近零能耗建筑技术与标准

服务国家双碳战略，标准助推近零能耗建筑技术攻关、关键产品研发、示范工程建设、技术应用与推广的产业化过程。自 2011 年起，依托中美清洁能源联合研究中心建筑节能合作项目、"十三五"国家重点研发计划重点专项"近零能耗建筑技术体系及关键技术开发"，中国建筑科学研究院有限公司不断探索并逐步建立了适合中国国情的近零能耗建筑技术体系，在科研过程中，鼓励科研人员积极参与标准化工作，将创新科技成果成功转化为技术标准，编制完成首部近零能耗建筑国家标准《近零能耗建筑技术标准》GB/T

51350—2019，填补了我国建筑节能标准的空白，具有技术引领性，现已形成由《被动式超低能耗绿色建筑技术导则（试行）》等30余项国家标准和行业标准组成的建筑节能标准体系，为超低能耗建筑发展提供了技术依据。

2. 零碳建筑技术与标准

在零碳建筑技术和标准方面，中国建筑科学研究院有限公司积极开展零碳建筑技术科技攻关，打造建设未来建筑实验室、光电建筑等零碳平台，构建零碳建筑标准体系，完成建筑领域"双碳"战略相关国家和行业技术标准近100项，全面引导提升建筑节能标准。依据零碳建筑标准体系，积极开展零碳建筑技术应用与示范项目。同时，利用科研平台及人才的集聚力量，在项目研发过程中同步制定先进技术标准，积极将科技创新成果纳入标准体系，推进零碳建筑技术标准体系的完善，体现了标准化与科研的充分融合，加快科研产业化，确保领先技术及时转化为标准。

3. 既有建筑改造技术与标准

服务我国城市更新行动，标准助推既有建筑改造技术规模化应用。中国建筑科学研究院有限公司长期致力于既有建筑改造技术集成与研发，通过承担相关"十一五""十二五"国家科技支撑计划项目、"十三五"国家重点研发计划项目，重点突破了既有建筑改造的理论和设计方法、建筑改造全过程创新技术与产品等方面的关键技术难题，支撑了既有建筑由单一改造向综合改造、再向绿色改造的跨越，引领了既有建筑改造技术进步。在关键技术难题领域加强标准研究，实施科技项目与标准化工作联动机制，成功主导或参与编制《住宅项目规范》《既有建筑鉴定与加固通用规范》等全文强制性工程规范以及《既有建筑绿色改造评价标准》《既有居住建筑节能改造技术规程》等国家标准、行业标准，配套制定相关团体标准，构建形成了我国目标明确、层级清晰的既有建筑改造技术标准体系。相关成果已在中国国家博物馆、北京火车站、北京工人体育馆等重大项目改造设计及多个部委和北京市各级政府上百万平方米的既有建筑、老旧小区改造及整治项目中得到普遍应用。通过标准化与科研的良好协同，将技术成果转化为技术标准的同时，进行标准的推广、应用和实施，提高了整体技术水平。

4. 健康建筑技术与标准

服务绿色健康，标准助推健康建筑技术规模化应用。中国建筑科学研究院有限公司长期致力于健康人居环境理论与技术研究，"十一五"开始连续承担国家科技计划重点专项，形成系列重要科技成果，服务行业健康发展。在科研过程中，建立涵盖我国工程建设全过程、多尺度的健康建筑标准体系，形成了健康建筑工程化推进与规模化应用体系。健康建筑系列研究成果在全国得到广泛应用，指导23个省、直辖市和香港地区1.23亿 m^2 健康建筑、社区、小镇、住区改造等的设计和建设，带动我国健康建筑实现了从单学科为主到跨领域融合、从部品建筑到城镇片区、从个别城市到全国范围、从市场先行到政策加持双驱动推进的健康快速发展。

5. 装配式混凝土结构套筒灌浆质量检测技术规程

服务装配式建筑，标准推进装配式混凝土结构套筒灌浆质量检测关键技术的产业化发展和标准化应用。上海建科集团股份有限公司从"十二五"末就开始布局从新型结构体系、结构检测评估到缺陷综合治理的产业链关键技术研发，经过多年研发与实践，目前已在检测技术和缺陷整治技术方面取得重要突破，并编制我国首部专门针对套筒灌浆质量检测的中国工程建设标准化协会团体标准《装配式混凝土结构套筒灌浆质量检测技术规程》T/CECS 683—2020，该标准的技术成果已经在全国 90 余个项目、超 200 万 m² 的实际工程中进行了应用，实现了技术专利化、专利标准化、标准产业化的良性发展模式，为有效消除装配式建造中的质量与安全隐患提供了关键技术支撑，可有效保障全国装配式混凝土建筑的健康发展，产生了良好的经济、社会和环境效益。

6. 装配式医院建筑设计标准

服务疫情防控，标准为医院建筑项目改扩建、快速建造、高品质建造提供有力支撑。中国工程建设标准化协会团体标准《装配式医院建筑设计标准》T/CECS 920—2021 由中国建筑标准设计研究院有限公司主编，该标准将装配式建造理念及要求与医院建筑相结合，实现装配式医院的人性化、本土化、低碳化、长寿化、智慧化，填补我国在装配式医院建筑设计领域的标准空白，使相关装配式医院建筑设计有据可依。在标准制定过程中，充分发挥科研与标准的联动作用，吸纳专业人才，将创新技术转化为先进标准。该标准的实施对于指导和规范装配式医院建筑设计发挥重要的作用。

7. 海绵城市系统方案编制技术导则

服务海绵城市建设，标准为规范海绵城市系统方案的编制提供保障措施。中国工程建设标准化协会团体标准《海绵城市系统方案编制技术导则》T/CECS 865—2021 由上海市政工程设计研究总院（集团）有限公司主编，随着海绵城市建设理念的实践，目前我国已有 50 余个不同气候带城市开展了海绵城市建设，其中西安等 35 个城市制定了海绵城市建设专项规划，青岛等 25 个城市开展了海绵城市建设项目设计，支撑投资超过 300 亿元。在新技术发展过程中，科研人员同步进行标准化工作，吸收先进技术，形成创新标准，同时标准化推动科研成果的应用。该导则实施后，对于各地的海绵城市系统方案编制具有直接指导作用，同时直接指导各地海绵城市建设项目各阶段相关内容，确保工程建设的系统性和落地性，避免重复建设和资源浪费，优化各地的财政支出，将会带来直接的经济效益。

三、未来思考

基于工程建设领域标准化研究现状，参考典型案例相关经验，在标准化与科研协同发展的四个方面，提出相关思考。

（一）标准化与科研项目深度融合

标准化工作是科技工作的组成部分。大量技术标准的形成源于技术的成熟和产业化，科研是创新竞争的源泉，是技术标准得以产生并发挥作用的基础，只有不断提升标准中的科技含量，标准才能真正适应市场需求。标准具有科学性和权威性，因此科研成果一旦转化为标准，就会被潜在的使用者接受。技术标准对科研成果的推广作用，不仅可以使创新企业获得可观的经济效益，更重要的是通过技术创新扩散和传播过程展开所产生的累积效应，促进经济社会的发展。新技术或新产品在研发阶段就应考虑如何形成标准，加速先进技术的转化和普及应用，这种做法在发达国家非常普遍，科研与标准紧密结合，大大缩短标准制定周期，加速技术推广和产业化进程。

企业应以科研项目为依托，建立科学有效的科技转化标准的审核机制，将解决标准技术体系、指标依据、试验方法等标准化问题作为科研项目立项的重要目标；提前布局科研中的标准化工作，探索标准化与科研项目同步推进机制，聚焦国家重大战略需求，加强关键技术领域标准研究。例如，《国家标准化发展纲要》提出建立健全碳达峰、碳中和标准，绿色建筑就是助力碳达峰、碳中和的重要选项。相关单位可研究设置一定比例的"双碳"主题自筹科研基金项目，并将标准的产出作为科研项目验收的重要指标，使绿色低碳技术及时纳入标准，强化标准化支撑，明确标准要求，同步部署技术研发、标准研制与产业推广。

（二）标准化与科研平台深度融合

制定高质量并能对产业发展起重大推动作用的技术标准，必须以科学研究做基础。尤其在当今高新技术快速发展的新时代，拥有自主知识产权的核心技术固然重要，但要使技术能够产业化，并被社会普遍应用，标准发挥着重要的作用。发达国家为了保证技术领先地位，积极主导或参与国际标准的制修订工作，这些国际标准为其技术、产品的全球拓展发挥了积极的推动作用。因而，我国需加强技术标准的科研能力，借助科研平台汇聚优势，建立以标准为抓手的技术创新和成果孵化器，推动技术标准产业化进程。

企业应充分发挥科技创新平台的支撑作用，强化科技创新平台资源对标准研制的技术支持，搭建起"标准化"成果转化的桥梁。《国家标准化发展纲要》中提出要提升标准化技术支撑水平，加强标准化理论和应用研究。企业可通过加强国家重点实验室、工程技术研究中心等科技创新平台与国家技术标准创新基地的联动，聚焦制约行业高质量发展的热点、难点问题，围绕建筑行业发展中遇到的"卡脖子"问题，探讨建立共性技术研发机制。通过标准化与科研平台深度融合，充分发挥科技创新平台的支撑，共同构建技术、专利、标准联动的创新体系。

（三）标准化与科研成果深度融合

知识产权是创新性的科研成果，具备新颖性、创造性和实用性，有利于激发科研人员的积极性，提高科研成果转化率，利于竞争和技术进步。而专利又是知识产权在技术上的集中体现。因此，专利几乎成为科研项目考核指标的必备要素。企业的科研活动应具有知识产权和标准化战略，注重知识产权开发与保护，提高知识产权技术含量，大力推进技术专利化、专利标准化，加强标准化与科研成果的深度融合。

企业应加强标准必要专利化相关研究，完善标准必要专利制度，加强标准制定过程中的知识产权保护；及时将先进适用科技创新成果融入标准，健全科技成果转化为标准的评价机制与服务体系，打通科技转化为标准的最后一公里。

（四）标准化与科研激励深度融合

在一些发达国家的高科技企业中，科技人员的比例高达60%~80%，特别是科技产业部门的技术、产品更新速度快，对人才的需求一直保持旺盛状态。各单位机构，特别是科研院所与各种科技型企业，应强化技术标准与科技研发结合的意识，建立人才管理中相应的激励机制，培养既懂标准又能够承担研发任务的科研人员。

科研院所企业可将标准研究成果纳入科研成果奖励范围，对符合条件的重要技术标准和标准化工作按规定给予奖励。例如，针对制定国际标准、承担重要国际学术组织职务等，并根据目前国际或国家的标准从标准预研、立项到发布的平均周期长的情况，对标准化工作实施分段奖励，提升科研人员参与标准制定的积极性。又如，科研院所企业还可在职称评定和晋升、经费保障等方面多方位为标准化研究人员提供有利条件，将重要标准制修订、标准国际化、国际标准化组织任职等内容作为科技考核体系的基本指标或重要分项，引导激励科技人才自觉开展标准研编，激发标准化创新活力。

本 章 小 结

当前，我国已逐渐建立科技发展体系和标准化发展体系，并拥有庞大的国内消费市场以及进军国际市场的渠道和优势。在此基础上，我们应当吸取和借鉴国外的先进做法，制定更加适用的措施将科技研发与标准化密切结合起来。特别是新时期，更应重视标准化与科技创新之间的相互促进关系。科技创新成果要发挥其在市场中的价值，实现产业化，则需要进行科技成果的标准化构建。标准化是一个国家核心竞争力的基本要素，是直接关系国家经济社会运行秩序、产业发展质量和竞争水平、人民生活质量和公共安全的重要技术制度。科技研发与技术标准一体化能把科技成果快速转化为技术标准，增强国家在国际贸易和高技术发展中的竞争力。

参 考 文 献

[1] 孙志远，吴文忠．检验检疫风险管理研究 [M]．北京：中国质检出版社，2014．

[2] 陈锐，周永根，沈华，等．技术变革与技术标准协同发展的战略思考 [J]．科学学研究，2013 (7)：1006-1012．

[3] 王艳青，张鹏．标准化科研项目管理系统分析与设计思路 [J]．航天标准化，2018 (4)：34-39．

[4] 杜晓燕，王益谊．欧洲标准化与科研的"集成方法"研究 [J]．标准科学，2012 (4)：82-84．

[5] 张向晨，安佰生．WTO 与中国国家标准化战略：一个基本的理论分析框架 [J]．WTO 经济导刊，2005 (07)：48-50．

[6] 中国标准化协会．2016—2017 标准化学科发展报告 [M]．北京：中国科学技术出版社，2018．

[7] 住房和城乡建设部标准定额研究所．中国工程建设标准化发展研究报告 (2021) [M]．北京：中国建筑工业出版社，2021．

[8] 葛楚，张靖岩，张昊，等．建筑领域科技创新与标准化互动融合的探索 [J]．工程建设标准化，2022 (07)：61-66．

[9] 迪特·恩斯特．中国标准化战略所面临的挑战 [M]．北京：对外经济贸易大学出版社，2012 (10)：31．

[10] 李英亮，郑伟．试论企业科技创新与企业标准化工作 [J]．航天标准化，2015 (04)：35-37．

[11] 孙丹，王虎，张捷．企业标准化与科研创新 [J]．中国标准导报，2016 (11)：42-44．

第十二章　工程建设标准化的经济效益

第一节　国内外标准化经济效益研究现状

一、国外标准化经济效益研究现状

目前，国际上针对标准化经济效益的研究是标准化研究的重要领域。然而，以工程建设标准作为独立的研究对象还很少，这主要是因为各个国家的管理体系不尽相同，因此专门研究其对经济发展的影响很少，对经济效益影响的研究就更少。

标准化经济效益的研究内容主要集中在标准化对经济效益影响机理、标准化对经济效益的贡献率两大方面。前者以英、德、日等发达国家为代表，研究了标准化的经济效益影响函数，进而对影响机理等方面进行了探索性研究；而标准化的经济效益的贡献率研究则以 ISO 为主，进行了企业、国家层面的量化研究。

（一）标准化对经济效益影响机理研究现状

1. 英国、德国标准化经济效益研究现状

英国理论学界认为标准化之所以能促进经济的发展，是因为标准和劳动生产率提高之间存在长期关系。英国对标准化经济效益的相关研究主要采用生产函数法。如果不考虑其他因素，而数据和建模方式出现错误的话，会得到度量标准和经济直接的错误关系结论，因此需要将其他指标代入模型中，然后从生产函数中技术的变化对经济的作用来衡量标准对经济的作用。

来自德国的学者们基本上也将技术标准作为研究的重点，并考虑了标准化领域的四个主要合作伙伴（组织、私人家庭、国家和标准化机构），他们认为标准中的技术规定是新技术成功传播的重要因素，也就是说德国学者们也同意这样的观点：标准化推动经济发展主要是通过技术进步实现的，强调技术变革与标准化之间的基本关系，然后以此观念为基础计算标准化促进经济增长的效用。尽管理论基础是相同的，但英、德两国却采取了完全不同的研究方法，德国的研究充分考虑了行业不同造成标准化对经济增长影响的不同，所以德国主要使用面板数据的研究方法。和英国相比，这种模型得到的结果更具有真实性。另一方面，德国的研究还关注标准对公司及与公司密切相关的商业环境的影响，探讨标准的实施是否可以带来潜在的竞争优势并形成战略联盟。

从英德两国的研究可以看出，国外对标准化经济效益的研究是一般先通过建立标准化与技术进步之间的联系，然后计算技术进步对经济的影响，最后综合测量标准化的经济效益。标准化支持技术领域和市场的竞争力，通过这种方式，所有参与者都可以实现互补产品和服务的互操作性等目标。标准化对经济效益的作用路径可以简单地归纳为：标准化——技术创新——科技进步——生产力（率）——经济发展。

以英、德两国的研究为代表，美国、澳大利亚、法国、新西兰等国以此作用机理为依据，利用相关的经济模型对本国的标准化经济效益进行了测算。研究结果表明，标准化能够极大地推动经济的增长速度。

2. 日本标准化经济效益研究现状

日本是最早开展标准化经济效益研究的国家之一，日本政府通过对参与制（修）订国际标准所需要的项目投入一定经费，当某项国家标准被采纳为国际标准后，在知识产权等层面将产生一定的经济效益。在经济活动的许多领域，日本政府都在投入大量的财政资源和智力资本进行新技术和新产品的开发，给日本产业界带来经济效益，即通过"费用和效益"进行计算，得出制（修）订国际标准项目投入费用和制（修）订国际标准所产生的经济效益的数据。

（二）标准化的经济效益贡献率研究现状

2010 年 3 月，ISO 发布了标准经济效益评估方法，该方法论的基础是价值链分析法（VCA）。VCA 旨在调查价值链的结构以及价值链中每个阶段所开展活动的结构，以便理解和量化各项活动对价值创造的贡献。ISO 方法论通过分析价值链中各个业务功能的活动，以识别和量化标准对价值创造产生的贡献。2013 年，ISO 在 Roland Berger 战略咨询公司的支持下开发出了一个"基于共识的标准经济效益的方法"，在该方法中提出了一个标准效益经济评估的一般框架，该框架有助于设计和开发类似的研究，并能对结果进行更好的比较。采取这一框架是为了在标准化及其带来的影响方面为基准测试和一般趋势识别提供支持。在该方法的支持下，大多数受访的企业，都证实了标准的重要性及其对销售和成本的直接影响。事实证明，标准化在生产复杂产品的行业中有着重要的意义，主要体现在最终的产品的定制及规划研究成本。

1. 企业层面标准化经济效益贡献率相关研究

此外，在企业标准化对经济效益的影响研究中，ISO 认为标准对经济的影响作用是贯穿于企业的整个价值链过程中，标准通过影响价值链中的各个环节，进而影响企业的经济效益。其研究成果《标准的经济效益——全球案例研究》已出版。研究表明，对大多数案例而言，标准带来的总体效益占公司年销售额的 0.5% 到 4%。

书中标准化的经济效益贡献率根据比较对象不同可以分为三个方面：标准化对企业销售收入的影响、标准化对息税前利润（EBIT）的影响和标准化对企业营业额的影响。企业标准化经济效益影响见表 12-1。

表 12-1　企业标准化对经济效益影响的贡献率（%）

公司名称	EBIT	销售收入	营业额
泰国 PTT 化学公共公司（标准对 HDPEI-1）		3	3
越南第一 VINAKIP 电气公司（插座和电线电缆）	21.3	10.4	
德国 Nanotron 技术公司		33	
南非 PPC 水泥公司		2.5	
印度尼西亚 PT WIKA Beton	6	0.43	
德国西门子公司	1.1~2.8		

公司名称	EBIT	销售收入	营业额
中国新兴铸管股份有限公司	13.92		
巴西 Festo 巴西公司			1.9
哥伦比亚 Gerfor 塑料和合成纤维公司	56.25		7.7
秘鲁 DanPer 公司和 FrioAereo 公司			1.7
博茨瓦纳 LCW 黏土公司	4.96		2.63

值得注意的是，这些案例的评价范围是不同的。一些案例的分析范围仅限于一项业务功能（如生产），以及在该项业务功能中所用的标准及其影响。另一些案例则分析了几项业务功能（如研发、采购、生产、市场营销和销售）。显然，凡涉及较多业务功能时，标准的影响也较大。一些研究案例证明，标准确实在新技术领域发挥了重要作用——确保以其客户所要求的质量持续提供产品和服务，从而使该领域的潜在客户对公司产生信赖感，或有利于公司开拓新市场。

由表 12-1 中可以看到，ISO 的研究成果旨在用同样的方法论来量化企业的标准经济效益，但由于研究对象并不全都是价值链的整个过程，大部分选取的是其中的几项业务功能，并不能完全反应标准的经济效益。此外，评价结果设想的是全部转化为对 EBIT 的影响来进行评价，但实际结果中却是 EBIT、销售收入与营业额的混用，由于评价的参考对象不同，也为以后企业之间的横向比较带来了不利。

2. 国家层面标准化的经济效益贡献率研究现状

国际上，标准化的经济效益研究方法大多是建立在柯布道格拉斯（Cobb-Douglas）生产函数，即 C-D 生产函数模型上的，该方法最初是由德国提出的。截至目前，法国标准化协会（ANFOR）共发布过 4 次《法国标准化战略》，而关于标准化对于法国经济效益的研究，AFNOR 曾在 2009 年做过相关的研究，表示在 1950—2007 年标准对于法国 GDP 增长的影响是 0.8%。1997 年，德国标准化学会（DIN）在德国、奥地利和瑞士三国开展了长达两年的"标准化总体经济效益"研究，采用经济学方法分析了 1960—1996 年的经济发展情况，根据资本、劳动力生产要素和三个技术进步指标（注册专利数量、德国采用外国专利的成本、标准与技术规则数量）对商务部门进行分析，利用回归分析计算出了各个生产要素对整个经济增长贡献率。此后，各国针对标准化经济效益的研究相继开展起来。各国研究成果见表 12-2。

表 12-2 各国标准化对经济效益贡献率一览表

国家	作用对象	研究结果	内容
中国	标准存量变化 ——→ 经济增长变化	0.79%	于欣丽 2008 年编著的《标准化与经济增长——理论、实证与案例》一书中，研究表明：近 30 年来，我国标准数量每增加 1%，经济增长 0.79%

续表

国家	作用对象	研究结果	内容
德国	标准体系 ⟶ 经济体系	1%	1999 年，DIN 研究表明：标准化在德国经济年增长率为 3.3% 中贡献了 0.9%，即约占实际 GDP 年均增长的 30%，并测算出标准化的经济效益约为 GDP 的 1% 左右；在 DIN 的研究中，还表示 1992—2006 年标准化的经济效益占德国 GDP 的 0.72%，相当于同期每年平均贡献 167.7 亿欧元；在其 2011 年的研究中试图更新和改进有关标准化经济效益（DIN，2000）的初始研究结果，研究显示：德国统一后，标准数量每增加 1%，经济则增长 0.7% ~ 0.8%
	标准存量变化 ⟶ 经济增长变化	0.7% ~ 0.8%	
英国	标准存量变化 ⟶ 劳动生产率变化	0.05%	英国运用 1948—2002 年英国统计数据，分析得出以下三个结论：一是有效标准数量每增长 1%，劳动生产率增长 0.05%。二是标准与劳动生产力年增长率中的 0.28% 有关，即标准与 1948—2002 年英国生产力增长的 13% 有关。三是标准对技术进步的贡献率超过 25%。通过专著《标准对英国经济的贡献（2015）》可知：1921—2013 年，标准促进英国经济劳动生产率每年增长了 37.4%，相当于年度 GDP 增长的 28.4%。在 2013 年国家 290 亿英镑的 GDP 增长额中，标准化对 GDP 增长的贡献率为 0.7%，约为 82 亿英镑（2014 年为基准年）
	标准体系 ⟶ 劳动生产力变化	0.28%	
法国	标准体系 ⟶ 经济体系	0.81%	法国标准化协会（AFNOR）于 2009 年开展了标准对经济增长影响的宏观经济研究，针对 1950 年至 2007 年间的宏观经济进行了分析，研究表明：标准化对法国每年经济增长率的贡献是 0.81%。此外，研究结果还表明标准数量每增长 1% 的变化，TFP 就增长 0.12%
	标准存量变化 ⟶ 全要素生产率（TFP）变化	0.12%	
加拿大	标准存量变化 ⟶ 劳动生产率变化	0.356%	加拿大会议委员会于 2007 年测量了 1981—2004 年，标准和资本劳动比率对加拿大劳动生产率的影响，研究表明：标准数量每增加 1%，劳动生产率增长 0.356%
新西兰	标准存量变化 ⟶ 全要素生产率（TFP）变化	0.10%	新西兰于 2011 年实施了一个二阶段评价程序，研究表明：标准数量每增长 1%，TFP 就增加 0.10%，从而劳动生产率增加 0.054%
	标准存量变化 ⟶ 劳动生产率变化	0.054%	

国家	作用对象	研究结果	内容
澳大利亚	标准存量变化 ——→ 生产力变化	0.17%	2002 年，澳大利亚开展了"标准、创新与澳大利亚经济"的研究。依据截至 2002 年的前 40 年的数据，研究结果表明标准数量增加 1%，整个经济的生产力增加 0.17%

注：为了便于比较，将我国的标准化的经济效益贡献率的研究成果也一并编制在本表里。

由表 12-2 中可以看出，标准化对经济效益的贡献率主要分为两方面，一方面是标准化对经济的影响，有德国（0.7% ~ 0.8%）、法国（0.81%）、中国（0.79%）。另一方面是标准化对生产率的影响，有英国（劳动生产率为 0.05%）、法国（TFP 为 0.12%）、加拿大（劳动生产率为 0.356%）、新西兰（TFP 为 0.10%，劳动生产率为 0.054%）、澳大利亚（生产力提高 0.17%）。由这些数据发现，虽然标准化对生产率的影响不同，但最终对经济增长的贡献都在 0.8% 左右。这说明，无论国家发达与否，标准化都能给国家带来巨大的经济效益。

二、国内工程建设标准化经济效益研究现状

我国对标准化经济效益的研究始于 20 世纪 60—70 年代。20 世纪 80 年代初期，我国政府相关部门针对标准化经济效益的评价和计算等推出了多项标准。进入 21 世纪后，欧美等发达国家学者们对标准化经济效益的研究在全球掀起了研究热潮，我国也认识到了标准化经济效益研究的重要性，加大了该领域研究的投入。

（一）工程建设标准化对国民经济的贡献率相关研究

在国内关于工程建设标准化的经济效益研究尚处于起步阶段。2008 年，住房和城乡建设部标准定额研究所联合社科院数量经济所、中科院数学与系统科学院等单位率先开展"工程建设标准对国民经济和社会发展影响"研究。该研究通过定性定量分析，总结和刻画出了工程建设标准所发挥的重要作用，充分表现其在国民经济和社会发展中的重要地位，并籍此提出建设性发展战略建议，促进工程建设标准化事业的可持续发展，填补工程建设标准化经济效果研究的理论空白。研究得出，"工程建设标准化对我国国内生产总值的拉动为 0.4 个百分点左右的结论。"研究认为，工程建设标准化服务于工程建设全寿命周期，通过制定和实施工程建设标准，工程建设单位可以在生产中简化或消除大量不必要的重复劳动，降低生产成本，节约劳动时间，取得比较大的经济效益；制定和实施严格的工程建设标准，可以减少环境污染以及资源浪费带来的巨大损失。因此，分别定性地分析了工程建设标准会对微观（企业）层次、中观（产业）层面、宏观层次的作用机理及效益，从微观角度上升到宏观角度。此外，该研究建立了 CGE 模型，即可计算的一般均衡模型（Computable General Equilibrium，CGE），定量研究了工程建设标准化对国民经济的影响，并主要由三个方面体现：延长工程使用寿命、促进技术进步、对投资产生影响。围绕这三方面，设计了针对折旧、投资、技术进步等经济指标的影响调查问卷，通过调查问卷分析得出 CGE 模型有关参数，结合社会核算矩阵（SAM）、生产函数法、投入产出法等

计算方法，最终得出影响程度。2014 年，张宏等基于调查问卷，运用回归分析法建立相关回归方程，直接从标准化的角度，定量测算工程建设标准化对北京市国民经济的影响。该研究确定了工程建设标准化对北京市国民经济的贡献率为 0.45%。这一研究结果肯定并量化了工程建设标准化活动的价值。

（二）工程建设标准化对经济的影响模型相关研究

当前，研究工程建设标准化对经济的影响模型主要分为两类：一类是从"生产函数"的角度建模；另一类是从"投入—产出"的角度建模。

1. "构建 C-D 生产函数"模型的研究路径

吴海英（2005）、于欣丽（2008）、宋涛（2008）、梁小珍（2010）、吴旭丹（2010）、周宏（2011）、孙碧秋（2013）、邱方明（2014）、叶萌（2018）、赵云鹏（2020）等运用 C-D 生产函数模型对标准化的经济效益进行了测算。这些研究主要是参照英、德等发达国家，从标准影响技术进步，进而提高劳动生产力影响经济效益的角度进行分析。中国标准化研究院（2007）从管理创新角度测算企业标准对产值的贡献率，是将标准作为企业的一项管理创新，可以包含在广义的技术进步中。该方法也是在 C-D 生产函数的基础上变形进行标准化经济效益的测算。

王超（2009）在 C-D 生产函数的基础上，运用 CGE 模型，测算了工程建设标准化对国民经济的影响系数，并对工程建设标准化的作用机理进行了探索：微观市场主体在建设项目上实施工程建设标准，利用工程建设标准工作中的各个环节带来的传导作用，将其价值在工程建设的过程中实体化。标准制定者在制定标准时要综合考虑科学技术发展水平、国家宏观政策、产业发展趋势、市场变化方向等，结合标准制定者对主体产生的影响，实现相关信息的反馈。由此可知，传导是标准化得以实现的重要基础，同时也是工程建设标准系统能够发挥作用的必备条件，也是能够促进经济社会发展的重要因素。然而，文章最终将标准化活动的"传导机制"引到了影响技术进步，发挥科学技术进步对生产力的推动作用，进而提升经济效益的方向展开分析。

2. "投入—产出"模型的研究路径

《标准化效益评价》GB/T 3533 的所有部分构成我国的标准化经济效益评价体系，也是我国最早研究标准化经济效益的文件，其研究是将标准当作对经济的一种独立的促进因素，标准化的经济效益等于实施标准化获得的节约减去标准化投资费用之差。宋敏（2003）通过输入、输出指标的选定，建立 DEA 模型仿真运算，从而对企业标准化效益进行动态评价。中国标准化研究院（2007）基于层次分析法（APN）建立指标体系，通过调查问卷获取各指标的贡献系数，再进行模糊综合评价，利用标准化效益指数 N 与企业效益指数 M 的比值确定标准化对企业效益的贡献率；标准贡献系数的获取实质上是被调查者对标准投入与产值比值的主观判断。刘洋（2011）通过确定工程建设标准实施的成本与效益的组成，建立成本效益分析模型，得出边际效益和平均成本的走向。肖柳金（2022）研究某发电公司，该公司以 ISO 标准化经济效益方法论指引，从标准化劳动耗费、标准化节约成本、标准化投资回收期和标准化投资收益率等方面定量评价企业标准化经济效益。这些研究都是从"投入—产出"角度进行标准化经济效益评价，理论上与日本的类似，定性地认为标准可以对经济产生直接或间接的影响。

(三) 标准化对经济增长的贡献率相关研究

标准的经济效益问题一直备受国际标准化组织和各国专家学者的关注。德国、英国、澳大利亚、加拿大等国都对标准的经济效益进行了研究，研究结论都验证了标准对经济的正向推动作用。当前标准化经济效益的研究内容基本上都是从企业、行业、国家等三个不同层面展开，着重分析了标准化对经济的贡献率。

1. 企业标准化对经济增长的贡献率

企业是标准化工作的主体，标准化与质量管理属于企业管理的两个重要方面，两者相辅相成，对提高产品质量十分重要。企业标准化的综合贡献主要体现在有益于提高企业效益，有益于改进工作方法，有益于提高企业核心竞争力。然而，企业执行标准无论是为了改进工作方法，还是提高企业核心竞争力，最终的目的还是提高企业效益。近年来，众多国内外学者对企业标准化经济效益做了研究，都一致认为标准化为企业带来了巨大的经济效益。

2015 年，孙峰娇以北京市建筑企业作为研究对象，针对工程建设标准化对企业的经济效益影响，采用定量与定性相结合的研究方法，构建工程建设标准化对北京市建筑企业经济效益影响的模型。通过研究得知，影响企业经济效益的最大标准化活动为：反馈处理与监督检查。通过该研究，优化工程建设期间的监检反馈的质量及效率，从而最终提高企业的经济效益。

2021 年，王颢蓉在《标准化对通信企业经济绩效的影响研究》文中采用实证分析研究了标准化对通信企业经济绩效所产生的影响，并通过 TOPSIS 综合评价对企业的标准化水平进行定量评价。研究发现：①标准化对通信企业的收入产生显著的影响，且为正向影响；②标准化在通信技术的不同阶段对经济绩效的影响存在明显差异等。

2. 行业标准化对经济增长的贡献率

目前，对介于宏观和微观之间的各行业领域的标准化经济效益评估的分析研究还很缺乏。宏观层次的标准化经济效益评价由于涉及的范围太广，难以为企业标准化活动提供具体的指导；而微观层次的评价由于针对某个具体的企业，评价结果难以为其他企业的标准化活动提供具有一定普适性的指导。从整个行业角度检验标准化的活动成果，使得人们对标准化的地位和作用的认识具体但不狭隘，可以为同行业各个企业标准化投入决策、标准制定和标准规划提供基础和依据。

2009 年，王超在《工程建设标准化对国民经济影响的研究》中，运用可计算一般均衡模型（CGE），得出的结论是工程建设标准化对 GDP 的拉动为 0.4%左右。此项研究针对的是整个工程建设标准化体系对国民经济的影响，更能整体把握工程建设标准化在国民经济中的贡献。2010 年，吴旭丹在《工程建设标准化对国民经济影响的评价方法研究》运用 C-D 生产函数模型进行研究，得出的结论是工程建设标准化变动 1%，相应的 GDP 变动 0.28%。同年，梁小珍等人在国家自然科学基金项目中的研究成果《工程建设标准对我国经济增长影响的实证研究——基于协整理论、Granger 因果检验和岭回归》一文也是基于 C-D 生产函数模型，经研究表明，1978 年至 2006 年间，工程建设标准对 GDP 的贡献度为 0.222，也即其他因素保持不变的情况下，标准数量每增加 1%，相应的 GDP 会增加 0.222%。后两项研究均是以标准存量的变化来反映标准在新增 GDP 中的贡献率，能够准确反映标准的量变在国民经济增长中的贡献。

2011 年，周宏等在《我国农业标准化实施经济效益分析——基于 74 个示范县的实证分析》一文中，通过全国 74 个标准示范县的一手调查数据，对标准实施前后进行对比分析，设计标准化内生投入变量，运用广义 C-D 生产函数，测算标准化实施的经济效益，得出农业标准化实施对农业经济增长贡献率在 30% 左右。

2013 年，郭政等在《服务标准化对经济增长的贡献研究》一文中，对服务标准化的贡献进行了定量测算，建立了一种新的量化模型——复合矩阵方法。从微观企业的调查入手，利用企业对服务标准化贡献的认定，经层层复合，最终得出其在国民经济中的贡献率在 1.040 8%，这意味着该项工作共计创造了 4 142.207 亿元的新增 GDP。

2014 年，邱方明等在《林业标准化实施对林业经济增长的影响分析——基于 C-D 生产函数》一文中，通过实证分析研究了林业标准化对林业经济增长所产生的影响，运用广义的 C-D 生产函数并结合浙江省 45 个林业标准化项目实施的统计数据，得出结论：实施林业标准化会产生显著的正向收益；从适用范围和实施强度两个角度，得出林业标准化对林业的经济增长贡献率分别为 19.98% 和 20.80%。

2015 年，乔柱从项目层面，研究分析了工程建设标准化对项目经济效益影响的机理。构建工程建设标准化对项目经济效益影响评价的指标体系，采用调查问卷等方式对北京地区的工程从业人员展开调查，而后通过 SPSS 等分析软件深入挖掘各指标之间的内部联系，将工程建设标准化对项目经济效益的影响量化。

2018 年，叶萌等人在《标准化对我国物流业经济增长的影响——基于 C-D 生产函数及主成分分析法的实证研究》一文中，将标准化对物流业的经济增长进行量化研究，参考国内外相关的定量研究方法，采用 C-D 生产函数与线性回归模型相结合的统计分析方法，发现标准化对我国的物流业经济增长具有正向促进作用，即标准存量每提高 1%，我国物流业产出增长 0.203621%，高于专利投入和劳动投入对物流业经济增长的影响，仅次于资本投入对物流业经济增长的影响。以上三个行业的标准经济效益实证研究，充分说明标准化的制定、推广和实施对我国各行业经济的增长有显著促进作用。目前，我国需要大力推进标准化建设，行业标准化的实施更需要政府的大力支持、推广和普及。

3. 国家标准化对经济增长的贡献率

在我国，国家层面标准化对经济增长的贡献率研究目前主要是于欣丽在 2008 年编著的《标准化与经济增长——理论、实证与案例》，该研究采用了实证研究的方法，通过研究标准存量变化和经济增长变化之间的关系，得出结论：我国近 30 年来，标准数量每增加 1%，经济增长 0.79%。这是我国目前在国家层面研究标准化对经济增长贡献率的较早期研究。

2021 年 10 月，中共中央、国务院印发《国家标准化发展纲要》，明确指出：标准是经济活动和社会发展的技术支撑，是国家基础性制度的重要方面；并将标准化对我国经济、社会的进一步促进作为新时代标准化发展的目标，通过标准化有效推动国家综合竞争力提升，促进经济社会高质量发展，在构建新发展格局中发挥更大作用。

第二节　工程建标准化经济效益评价方法

一、常见的工程建设标准化经济效益评价方法

工程建设标准化在不同领域和不同层次的作用效益评价，需要选择具体合适的测算方法。如在微观层面起作用，要选用微观经济方法，如成本效益法（CBA）等；如在产业层

面起作用，要选用中观经济方法，如计量经济学方法；如在宏观层面上起作用，要选用宏观经济分析方法，如 CGE 模型或生产函数法等。如要全面、多角度、多层面测算标准的经济效益，则需确定多模型综合测算体系，如经济测算方面选择宏、中、微观三层次相结合，标准研究对象选择点、线、面结合，在此基础上再选择不同的数学模型，对工程建设标准化在不同领域和不同层次的作用效益进行科学测算。主要的经济效益评价方法有以下 7 种。

（一）C-D 生产函数（柯布-道格拉斯生产函数）

生产函数是用来预测国家和地区的工业系统或大企业的生产和分析发展生产的途径的一种经济数学模型，基本形式为：

$$Y = A(t)L^{\alpha}K^{\beta}e^{\mu}$$

式中：Y——工业总产值；

$A(t)$——综合技术水平；

    L——投入的劳动力数（单位是万人或人）；

    K——投入的资本，一般指固定资产净值（单位是亿元或万元，但必须与劳动力数的单位相对应，如劳动力用万人作单位，固定资产净值就用亿元作单位）；

    α——劳动力产出的弹性系数；

    β——资本产出的弹性系数；

    μ——表示随机干扰的影响，$\mu \leqslant 1$。

从这个模型可以看出，决定工业系统发展水平的主要因素是投入的劳动力数、固定资产和综合技术水平（包括经营管理水平、劳动力素质、引进先进技术等）。根据 α 和 β 的组合情况，它有三种类型：①$\alpha+\beta>1$，称为递增报酬型，表明按现有技术用扩大生产规模来增加产出是有利的。②$\alpha+\beta<1$，称为递减报酬型，表明按现有技术用扩大生产规模来增加产出是得不偿失的。③$\alpha+\beta=1$，称为不变报酬型，表明生产效率并不会随着生产规模的扩大而提高，只有提高技术水平，才会提高经济效益。

（二）CGE 模型

CGE 模型对抽象的一般均衡模型给出具体的数字设定，依此来判断外生变量变化将导致内生变量如何变化。由于 CGE 模型具有清晰的经济结构，可以反映出宏观与微观变量之间的关系，所以 CGE 模型可以描述多个市场和主体间的相互作用、估计政策变化所带来的直接和间接的影响以及对经济整体的全局性影响，并通过对宏观经济结构和微观经济主体进行的描述评价相关的政策效应及政策变化影响。

（三）ISO "价值链" 方法论

ISO 运用比较分析的方法，以 "价值链" 概念为基础采取 4 个步骤对标准的经济效益进行评估。

（1）确定行业的价值链。将待研究的企业置于行业价值链的背景中，确认与企业最相关的业务功能。

（2）明确标准对企业主要业务功能及相关活动的影响，并选择指标确定这些影响。

（3）确定价值驱动因素和关键绩效指标。通过明确企业的价值驱动因素，把评估的重点放在评估与企业最相关标准的影响上。然后，推导出每一个价值驱动指标，即关键绩效指标，把标准的影响转化为成本的减少或收入的增加两种形式。

（4）评估标准化的经济效益。将与企业最相关标准的影响量化，计算每个影响对利息及税项前盈余的影响。最后，在企业层面上对标准的经济效益进行汇总。

（四）基于层次分析法（APN）

基于层次分析法的企业标准化经济效益分析是基于层次分析的概念，从标准化对企业效益产生的作用机理出发，构建评价指标体系，并引入"贡献系数"，运用模糊隶属度赋值、专家打分等方法确定各指标的贡献系数和权重，综合评价企业标准化效益贡献率。

（五）从管理创新角度测算企业标准对产值的贡献率法

从管理创新角度测算企业标准对产值的贡献率，是将标准作为企业的一项管理创新，将其包含在广义的技术进步中。首先分解广义技术进步在产值贡献率中的影响，考察管理创新在广义技术进步的产值贡献率中所占的比重；进一步将管理创新具体化为企业标准，考察其对产值的贡献；测算标准对企业产值的贡献率。

（六）成本效益分析法

首先确定工程建设标准化实施的成本与效益的组成，然后建立关于成本效益的盈亏数学模型，根据模型求得标准的临界数量、边际成本、边际收益。当企业在衡量工程建设标准化对企业的作用大小时，根据各项财务指标测算出模型所需的评价指标，就可以得出工程建设标准化为企业带来的边际效应的大小。

（七）数据包络分析法（DEA）

数据包络分析，是指运用数据包络分析技术，研究分析企业技术效率和规模效益随时间变化的实际状况。数据包络分析是以相对效率概念为基础发展起来的一种相对有效性的评价方法。DEA特别适用于具有多个投入以及多个产出的复杂系统。

二、工程建设标准化经济效益评价方法对比

针对我国工程建设标准化经济效益的评价方法，结合现有的标准化经济效益研究，表12-3梳理了当前标准化经济效益评价方法的对比。

表12-3　标准化经济效益评价方法对比分析

评价方法	评价层面			优缺点	参考文献
	国家	行业	企业		
C-D 生产函数	适用	适用	理论可用	优点：模型在以往的增长经济学中已广泛应用，且国内外用此方法研究标准化的经济效益的理论已较为成熟	著作《标准化与经济增长——理论、实证与案例》——于欣丽； 硕士论文《工程建设标准化对国民经济影响的评价方法研究》——吴旭丹； 期刊论文《林业标准化实施对林业经济增长的影响分析——基于C-D生产函数》——邱方明等
				缺点：把标准与其他指标一起作为科技变化的影响因素，不能准确反应是标准对经济的贡献	

续表

评价方法	评价层面			优缺点	参考文献
	国家	行业	企业		
CGE 模型	理论可用	适用	尚无研究	优点：具有清晰的经济结构，可以反映出宏观与微观变量之间的关系，是投入产出模型和线性规划模型的结合和完善，反应结果更直观	博士论文《工程建设标准化对国民经济影响的研究》——王超
				缺点：对数据要求极高，而我国的工程建设标准化缺乏 SAM 等国际通用的基础数据，使得借鉴 CGE 模型的难度加大。另外，模型所要求的软件系统较为高端，个人计算机操作系统难以运行	
ISO 方法论	理论可用	理论可用	适用	优点：该方法的核心是价值链理论，获得的标准的经济效益更加准确。该方法还可延伸用于描述和量化标准对个体组织产生的非经济效益，即标准的社会和环境效益	著作《标准的经济效益——全球案例研究》——深圳市标准技术研究院等 期刊论文《标准化效益评估方法研究》——刘纯丽
				缺点：要把标准的影响和其他因素区分开来比较困难。需要获得足够多的数据	
基于层次分析法的企业标准化经济效益分析	不太适用	不太适用	适用	优点：此方法在一定程度上避免了原始数据收集困难、各指标数值量纲不统一等因素带来的评价障碍，对评价工程建设标准化企业层面影响较适用。此法可以通过多因素之间的两两对比，量化"重要程度"的等级，引用数学函数来表示不同因素之间的重要程度	著作《标准化若干重大理论问题研究》——中国标准化研究所 期刊论文《标准化视域下国有企业数字化转型路径研究》——郑激运等 期刊论文《企业标准化水平评价计算方法研究》——黄珊等
				缺点：无法对定性指标直观判断工程建设标准化对国民经济相关因素的影响，此外，如果相关统计数据不足，会使定量指标的计算变得极为困难	

评价方法	评价层面			优缺点	参考文献
	国家	行业	企业		
从管理创新角度测算企业标准对产值的贡献率	尚无研究	尚无研究	适用	优点：标准化知识积累与管理和技术创新绩效正相关，故从经济学角度分析标准和管理创新之间的关系及其对企业标准产生的效益进行评价。以创新思维来认识企业标准对产出增长的贡献，使得标准的效益评价更加全面	著作《标准化若干重大理论问题研究》——中国标准化研究所 期刊论文《R&D strategy and innovation performance：the role of standardization》——e of st 期刊论文《Technology standardization，competitive behavior，and enterprises' performance of innovation——terprises' performa》——terprises'
				缺点：以内生经济增长模型为基础，会遗漏一些影响企业业绩和收入因素，对于个案的、微观的企业运行进行分析有一定的限制，且很难保证一定时期内企业自身的管理创新只包括标准经营这一方面	
成本效益分析法	适用	适用	适用	优点：测算出的结果较为直观，且方法比较权威	硕士论文《基于企业层面的工程建设标准效用研究》——刘洋 期刊论文《The origin of cost 建设标准效用研究》——刘洋 和 收入因素，comparative view of France and the United States》——mparative
				缺点：存在很多无形收益没有加以测算、部分参数人为设定，并未考虑标准对综合行为能力的影响	
投资收益理论评价体系	适用	适用	适用	优点：规定了一系列评价标准经济效益的指标体系和计算方法，指标体系主要包括标准化经济效益、投资回收期、投资收益率、经济效益系数等，测算方法较为简单	《标准化经济效益评价》GB/T 3533 系列国家标准
				缺点：该方法评价对象大多针对产品标准，缺乏对标准化作用的系统考虑，缺乏对企业外部环境的考虑，忽视对经济效益定性分析的详细描述，在评定综合标准化经济效益的时候，定性的评价方法往往多于定量的评价方法，难以量化	

评价方法	评价层面			优缺点	参考文献
	国家	行业	企业		
数据包络分析法（DEA）	尚无研究	尚无研究	适用	优点：可以避开指标间相互作用关系的影响，从被评价对象的相对有效性对其定位，避免了确定各指标在统计平均意义的权系数，排斥了主观因素，具有内在的客观性，确保了评价的准确性和有效性	期刊论文《基于 DEA 方法的企业标准化效益评价》——宋敏等期刊论文《物流企业服务质量标准化管理绩效研究——以辽宁为例》——孙晓红等
				缺点：由于 DEA 是一种非参数技术，所以统计假设检验非常困难，也不能够知道理论上的最大值。此外，该方法计算繁杂，企业效益评价指标众多，以及公式较多且难以计算，增加了在企业标准化效益评价运用中的难度	

三、工程建设标准化经济效益评价方法运用建议

通过对各种标准化经济效益评价方法的对比分析可以明确它们各自的优缺点。为了对标准化的经济效益进行精确的评估和量化，以及不同国家、行业、企业之间能够进行对比分析，国内外相关专家都试图研究出一种评价体系，能够针对标准在不同层面上进行评价。但到目前为止，还没有哪一种方法能够准确地从不同层面来对标准化的经济效益进行评价。因此，结合各种方法的优缺点，以及已有的研究成果，给出对不同层面进行评价的建议，如表 12-4 所示。

表 12-4　评价方法建议

层面	评价方法建议	建议理由
国家	C-D 生产函数法	无论是国家还是行业，该方法的理论与研究都较为成熟，通过标准存量的变化来反映其对经济效益的影响，数据来源为官方统计，较为客观
行业	C-D 生产函数法	
企业	ISO 方法论	以价值链为核心，通过对公司价值链的分析，将标准对各个环节的影响提炼出来，直接测算出标准带来的经济效益，且数据来源准确，评价客观

由表 12-4 可知，国际上较为成熟且被广泛应用的评价方法是"C-D 生产函数法"和"ISO 方法论"，但是这两种方法运用到工程建设标准化的经济效益评价中存在着弊端。由于我国工程建设领域的数据不够完整，运用 C-D 生产函数建立模型会因数据的缺失不够准确；此外，该方法是以技术进步为媒介来测算工程建设标准化的经济效益的，把标准与

其他指标一起作为科技变化的影响因素，估算结果的偏差较大，还需要进一步完善。ISO方法论主要立足于企业微观层面对标准经济效益进行量化分析，对于国家和行业层面的研究还需要进行全面的考量和研究。总之，对评价方法的研究还需要进一步深入，要吸取这两种方法的优点，从建立计量模型、确立评价指标体系和细化标准产生经济效益的角度，探究一种更加准确的评价方法。

第三节　工程建设标准化经济效益评价内容

工程建设标准化经济效益的影响路径一般以项目为媒介，通过项目管理实现，因此通过研究工程建设标准化对项目管理的影响，进而分析项目管理对经济效益的影响，最终可建立工程建设标准化的经济效益影响模型，即工程建设标准化经济效益评价的内容可分为工程建设标准化对项目管理和项目管理对经济效益的影响两大部分。

一、工程建设标准化对项目管理影响的分析

在工程项目建设中，工程建设标准化为项目质量提供关键保障，可加快建设速度以使项目尽快投入经营和使用，间接促进了项目取得良好的经济效益。因此，工程建设标准化对经济效益的影响需要通过项目管理作为传导媒介。

工程项目围绕"工期、成本、质量"三大目标进行建设，而这三大目标是通过项目管理实现的，因此，在不考虑国家、行业、地区经济政策等方面影响的条件下，将项目管理作为分析工程建设标准化对项目经济效益影响的媒介。项目管理的内容通常可以归纳为"三控三管一协调"七方面，即进度控制、成本控制、质量控制、信息管理、安全管理、合同管理和组织协调，此外，品牌管理作为企业管理的一项重要内容也应一并考虑，因此，项目管理的内容可拓展为"三控四管一协调"八方面，并以此作为影响项目经济效益的要素。本节以项目管理作为媒介，研究工程建设标准化对项目管理的影响。

（一）工程建设标准化对"三控"的影响

全面有效的工程建设标准化能够加快项目建设速度，降低工程成本，提高工程质量，从而保障项目管理中三大目标的实现，如图 12-1 所示。

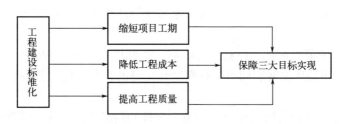

图 12-1　工程建设标准化对"三控"的影响

1. 工程建设标准化对进度（工期）控制的影响

有效的进度控制体系是项目在限期内竣工的保障，决定了项目经济效益的高低。在进度控制中，业主负责项目的设计和实施进度，如设计准备工作进度、施工进度、资源采购

进度等；设计人员需要以设计合同内容为基础，结合实践经验对工作进度进行设计；施工人员在进行施工过程中，必须严格遵循施工合同中双方所认可的工程进度，保证施工进度能够按时如约完成；供货方要依据供货合同对供货的要求控制供货进度。

工程建设标准化通过影响各参建方，实现对项目的进度控制，主要表现在：标准化使项目各参建方的工作效率明显提高、项目建设的实际工期明显缩短，使项目总进度计划及各子系统计划制定的更加科学，实际进度更接近项目进度计划，各工序在时间搭接上有很好的安排，停工窝工的现象明显减少等。当然，如果施工时采用过于严格的质量和安全等标准，可能会耗费较多时间，导致工期有所延长，因此项目的质量和安全标准在设计时要根据需要而设定，在符合强制性标准并结合当地情形的条件下，选择适宜标准。

2. 工程建设标准化对成本控制的影响

成本控制对项目成本产生直接作用，直接影响项目的经济效益。工程建设标准化有利于降低建设项目的生产成本，可以为建设项目全寿命周期的各个环节提供服务。

（1）立项审批阶段。将可行性研究中对技术经济的科学性、合理性的论证过程标准化，可以降低项目估算难度、提高估算精度等，从而降低该阶段的成本。

（2）设计阶段。要促进项目各项资源有效利用率的提升从而创造更大的项目经济利益，必须对结构形式、大小、建筑材料等进行合理的设计。不但能够降低设计的资金和时间投入，还能为结构件提供更多选择，降低后期维修工作量和成本投入。

（3）施工阶段。降低材料等资源的闲置率，能够促进工程建设产业化和工业化水平的全面提升，为结构质量和施工进度提供更多保障。一旦工程进入验收程序，有了标准化作为依据，就相当于给验收工作一个定量的指标和参照物，提高验收质量，有助于及时发现问题并解决问题。

（4）运营维护阶段。工程建设标准体系除了能够降低项目在工程建设阶段的投资成本，还能给竣工后的维护提供统一的标准，这对于降低维护工作量和维护成本有着十分重要的作用。

3. 工程建设标准化对质量控制的影响

工程建设标准化是项目质量的重要保障，它通过影响项目质量从而在一定程度上决定了项目的经济效益。在工程建设中，建立有效的标准化体系并严格实施的作用主要体现在：提高建筑市场规范化、保障工程质量、提高项目建设速度、降低项目成本、提高资源利用率、减少生命和财产安全隐患及促进企业和社会经济效益的提升等，为企业赢得更具有优势的竞争地位。

（1）工程建设质量管理必须以标准为依据，强制性标准在工程建设中必须得到落实。无论是从能力角度还是从态度层面不执行强制性标准的企业，应该强制性迫使其退出建筑工程行业。

（2）标准为工程质量提供了全面、客观、合理的判断依据。在工程建设过程中加强质量监督和检测，以工程质量标准为要求和参照，对工程建设质量进行评价。标准执行的尺度是决定工程质量的重要因素之一。

（3）标准的主要作用是从技术角度为工程质量提供更有力的保障。标准是衡量工程技术的重要指标；标准是促进工程质量和安全全面提升的量化的、客观的检测依据。

（4）标准对建筑用材料的质量也有所规定。工程采购人员必须严格遵循标准对于材料的要求进行采购，另外，检验部门也要以标准对材料的要求进行工程质量评价。材料的质量是工程质量的重要保障之一。

（二）工程建设标准化对"四管"的影响

将工程建设标准贯彻于项目建设、运营的全过程，能够使得工程管理制度更为精简，促进项目分工合理化和专业化水平的提升，节约组织生产和经营的资源投入，促进运行效率的提升。工程建设标准化可以提升项目安全管理水平、信息管理水平、合同管理水平、品牌管理水平，从而提高项目管理水平，如图 12-2 所示。

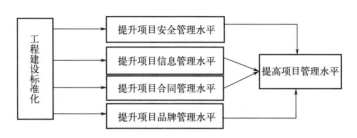

图 12-2　工程建设标准化对"四管"的影响

1. 工程建设标准化对安全管理的影响

安全管理对于实现项目目标来说是一项重要的保障。我国工程建设标准从新中国成立初期的初步建立到如今的发展完善，建立了一系列符合我国工程建设安全生产管理工作实际的标准体系。其在提高行业安全管理水平，降低安全事故发生概率，提高生产管理效率，改进安全生产业绩，提高行业竞争能力和水平等诸多方面发挥了重要作用。

（1）为工程从业者提供安全与健康保障。首先必须建立完整的具有量化指标的安全生产标准，按照国家法律法规，要求所有人员都能按照标准规定展开工作，不要挑战自然、经济和生产的一般规律，企业要努力为劳动者创造能够安全生产的工作环境。

（2）将工程建设活动中的安全责任分解至各利益相关方，同时建立行为准则，保障其实施。工程建设活动涉及多个责任主体，如建设单位、勘察单位、设计单位、施工单位、监理单位以及设备生产安拆单位等，任何一个责任主体的安全生产过程不规范或未按标准行事，都会直接影响施工过程的安全生产。通过工程建设标准的建立，促进其行使项目安全职责，可有效促进项目安全生产的实现。工程建设标准中还包含了提高项目安全生产系数的科学方法，这对于营造安全生产环境、提升安全生产投入资源有效利用率起到十分积极的作用。

（3）使得政府相关机构有了更为明确和客观的监管标准。工程建设标准对安全生产有明确的定性定量规定，是政府相关部门展开监督管理工作的依据，这对于提高政府相关部门工作效率和质量有非常重要的指导作用。

（4）为工程建设企业形成安全生产的企业文化提供氛围。通过工程建设标准的实施，为工程人员提供了足够的生命安全保障，施工条件达到预期的标准能够促进生产安全系数的提升，促进企业效率和经济效益的提升。同时，强制企业执行安全标准，有助于企业营造更好的工作环境，促使不断研究改进生产安全技术，形成良好的安全文化。

2. 工程建设标准化对信息管理的影响

随着我国经济社会发展以及信息技术的飞速发展，信息化管理已广泛应用于各个领域。此外，城镇化的快速发展对现代化工程项目管理提出了更高的要求，信息技术对于工程项目管理水平的提高有着极大的促进作用，尤其是建筑信息模型（Building Information Modeling，BIM）在我国的快速发展，使得工程项目管理水平向前迈了一大步。

（1）工程建设标准化与信息管理相互促进，形成了良好的互动。工程建设标准化为信息管理提供了基础数据平台，信息管理基于一定的数据平台进行信息的交换，而工程建设标准化在前期投资决策、设计与实施、运营等全过程为投资决策数据采集、招投标尤其是电子招投标数据库的对接、标准化的设计与施工，尤其是装配式建筑构配件的设计与生产等均建立了基础。这些都是通过自动化的办公软件和各个模块的项目信息管理系统来实现的。

（2）工程建设标准化与信息管理相互制约，互为彼此发展的前置条件。信息传递的质量及传递的时效制约着工程建设标准化管理水平，因此在工程项目中进行信息管理必须充分结合信息的特征，有条不紊地进行信息的搜集和传递工作，确保信息能够在最短的时间内，保持最真实的状态，传递到项目管理者手中。相应的，通过建立标准化项目管理流程，对项目管理过程中的信息问题及时处理，使得信息管理工作更规范有序。通过标准化的信息管理工作，可以使下级对项目的任务进度反馈及时，因信息延迟而造成的损失减小，使项目的指令信息迅速传递等。

3. 工程建设标准化对合同管理的影响

建设工程合同管理指的是促使合同各方以双方约定作为各项工作的标准和要求，提升内部工作效率和外部合作深度，使得工程项目能够如期如约地完成的管理。合同管理常见的问题有：

（1）合同内容不够严谨。合同一方或双方对法律或工程本身的认识不够就会导致这一问题。

（2）合同签订后被搁置，没有将合同内容告知相关部门和人员，导致工作的开展不能以合同约定为指导，最终造成工程和合同内容产生偏差。

（3）合同没有根据实际情况及时变更。由于项目工程建设过程中存在很多不可预知的因素，因此合同双方有必要结合实际情况变更合同内容。很多合同管理人员缺乏这样的意识，未能对合同进行及时的更正，结果导致了损失。

对于合同管理中出现的问题，同样可以通过工程建设相关标准，使合同管理有章可循、有据可依；全面促进项目管理效益的提升，增进企业经济效益的同时树立正面的企业形象。积极开展工程建设标准化活动，可以使合同履行情况得到有效的跟踪与控制，能按标准化流程对合同实施中存在的偏差及时进行分析、纠正，使得合同内容更为严谨，合同签订后能及时进行合同交底，合同执行过程中对合同变更处理更及时，确保工程合同双方都能在合同中找到工作的依据。另外，合同管理的过程本质上就是制定一系列的标准，通过实现这些要求最终完成建设项目。

4. 工程建设标准化对品牌管理的影响

标准化工作的市场经营价值主要体现在可以为品牌提供支撑和包装，标准化是企业品牌发展的重要助力。从一些跨国企业的成功经验来看，它们在原材料、中间产品、质量管理、人员培训等经营管理的各个方面都拥有完善且有效的标准化体系。如此，企业品牌形象就会显得更加突出，促进品牌知名度和影响力的提升。另外，从消费者的角度来看，企业在产品和服务方面实施标准化，其产品和服务必然有更可靠的保障，增强客户对企业产品和服务的信心。有了这两方面的保障，品牌价值必然会大幅上升，并且能够保持长期的稳定。全球最具有知名度的品牌，无一例外地都有全面的标准化体系保证。

此外，品牌认证标准是品牌认证的基本原则和方法，只有具备统一明确的认证标准，才能对品牌认证的各个步骤进行有效管控，从而使品牌认证顺利开展。国际品牌标准工程组织（IBS）制定出全球第一个国际品牌标准系统——IBS 10000 标准体系，该标准体系是由国际品牌认定委员会（IBAC）和国际品牌标准工程委员会（IBS）共同推出的。IBS 10000 标准体系是 IBS 抽取一百多个世界知名品牌作为对象和案例，经过多年的研究，综合利用系统工程领域、辩证法、计算机技术等先进手段所提炼出的促进品牌标准化的系列标准。IBS 10000 标准体系为建筑类企业提升品牌价值打造出了一个可量化的标准化程序，这对于企业塑造品牌影响力有十分积极的作用。

工程建设项目是一种特殊的产品，工程建设标准化是建成合格产品的关键，是进行品牌认证的前提与基础。项目品牌属于企业品牌的一部分，当项目品牌效应都没有产生时，更别谈企业品牌影响。工程建设项目一般具有投资额巨大、建设周期长、整体性强以及具有固定性的特点，一个建设项目的好坏对企业的影响是长久的，而在消费者看来，项目形象等同于企业形象。要使项目的建设能够实现预期的目标，项目的所有工作环节都必须以工程建设标准为基础展开。这样，建设项目就能够按期按约高质地完成，在促进企业经济效益提升的同时，还能使企业品牌更具有知名度和影响力。

（三）工程建设标准化对组织协调的影响

项目的组织协调是指在项目建设各项工作推进中，将暴露出的各种问题及时解决，使得建设工作能够快速恢复到正常水平，从而促进建设项目质量提升、降低项目成本、提高建设效率，为总目标的完成提供更有力保障的活动。项目组织协调管理具有如下特点：

（1）协调的范围更广：涉及项目参建各方。

（2）需要协调的要素很多：如人际关系、买卖关系、合作关系等，因此协调工作也必须由有能力的人承担。

（3）具有阶段性：涉及项目的立项审批阶段、设计阶段、施工阶段和运营维护阶段，而且各阶段协调工作内容是不一样的，重点也有所差异。

（4）协调工作更为复杂：工程项目协调的性质并不是唯一的，它涉及工程建设中的方方面面，比如通过协调降低项目和目标之间的偏差、提升项目子系统之间的协调性、将不同的管理方法融合在一起等。

组织协调面对庞大冗杂的各种关系，通过订立一系列的标准，可以使组织协调工作更好地开展：标准化管理可以使得项目中各部门任务、分工明确，项目成员之间在工作中配合协调，使组织的目标、问题、策略等能得以进行有效沟通，组织中出现的冲突能够快速得到处理等。

二、项目管理对项目经济效益影响的分析

由前文可知，从项目管理的角度而言，影响项目经济效益的因素有进度控制、成本控制、质量控制、信息管理、安全管理、合同管理、品牌管理和组织协调八方面，如图 12-3

所示。本节将研究项目管理对项目经济效益的影响。

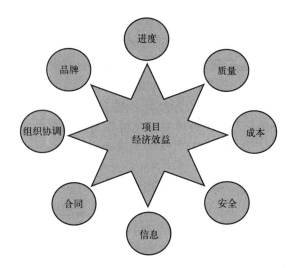

图 12-3　影响项目经济效益的因素

（一）"三控"对项目经济效益的影响

工程建设项目的工期、成本和质量三大目标是一个相互关联的整体，它们之间存在即矛盾又统一的关系，并且对项目经济效益都具有重要的影响，如图 12-4 所示。

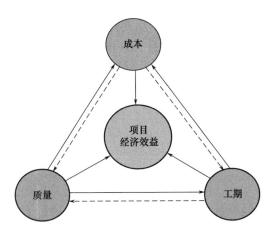

图 12-4　工期、成本、质量与项目经济效益之间的关系

图中带箭头的实线表示有因果：工期的延长，一般会带来项目成本的增加；质量的提高，一般会带来成本的增加和工期的延长。带箭头的虚线表示有影响，但并不一定是因果关系：如成本的增加，可能会导致质量的提升以及工期的延长，但也可能是由于施工过程中出现不可预见的因素或者变更造成的；工期的延长也并不一定会是质量提高，也可能是由于质量存在问题致使返修造成的。三大目标之间互为影响的结果最终都体现在了项目经济效益上。为了追求质量，可能造成工期的延长，投资费用的增加，但是由于项目的质量优异，可以给项目带来附加值，并且降低项目后期的运营维护成本，因此适当的提高质量会带来项目经济效益在原有基础上的提升；工期的缩短，可能影响项目的质量，并且需要加大投资，但是可以是项目提前运营，尽早回收成本，从而影响项目的经济效益。

1. 进度（工期）控制对项目经济效益的影响

所谓工程进度控制是指在规定的时间内，以工程开展前的拟定进度表为依据对工程的阶段性完成情况进行检查，以便能够尽早找到问题并予以解决。进度控制的目的是保证工程能够按期按约完成。

从工程项目的经济效益角度来看，如果不能在限期内完成工程的建设，必然会造成经济损失。一旦实际进度落后于计划进度，那么该时期内的所有资源成本以及产生的效益必然会发生变化，此时应该优先保证效益的最佳。当实际进度和计划进度不一致时，可以从组织角度、技术层面、管理方面采取一些优化措施：①如果实际进度落后于计划进度，除了要采取应急措施之外，更重要的是能够确定导致进度滞后的原因，然后提高各项资源的投入，但这必然会造成企业经济效益的流失。②如果实际进度超过了计划进度，原因有两种可能性，一是资源投入超过预期，经济效益也比预期低，那么必须尽快采取措施，削减资源的投入；二是资源效能超出预测值，也就是在制定计划进度表时低估了资源的价值，在这种情况下项目完成后整体经济效益也会超出预期。

在进行工程项目管理时，要确保工程项目经济效益能够达到预期要求，必须对工程进度进行全方位的控制，一旦出现问题，尽快予以解决。

2. 成本控制对项目经济效益的影响

成本控制是在工程建设竣工前，建立全面有效的成本管理机制，对成本支出进行实时的监控。通过各项手段的实施，确保工程建设过程中的各项支出低于预算成本；将成本管理意识灌输到各项开支的管理中去。财务人员要定期提供实际成本和计划成本的对比信息，以便发现成本使用问题，尽快采取措施降低成本。

对工程项目实施成本控制，能够确保项目预期利润能够达成。同时，要将工程的实时盈亏状态信息表现出来，为工程继续推进过程中成本的投入提供方向。结合各项阶段性工程所花费的实际成本和采购成本的变动情况，定期预测工程的盈亏水平和能力，为工程方案的调整提供财务依据。在项目建设过程中，随时检查预期成本、计划成本以及实际成本三者间的差异，对工程建设前的成本预算、工程投标决策具有重要的意义。有效的成本控制需要所有人员的参与，它渗透到工程建设的各个环节之中。成本管理水平的高低，直接关系到工程相关方的利益，要将工程整体成本控制在目标水平下，所有的分项工程都必须注重成本的节约。

成本控制对项目的整体经济效益起着直接的作用。全面有效的项目成本管理机制能够促进企业经济效益目标的实现，同时也是企业走向长期稳定发展的重要前提。

3. 质量控制对项目经济效益的影响

工程项目质量控制是指在满足工程质量要求的前提下，为了达到良好的工程质量，符合标准和合同要求而实施的相关措施及方案。

工程质量直接关系着项目结果是成功还是失败，也是项目经济、社会、环境等方面综合效益的重要影响因素。良好的质量管理才能使项目的经济效益落到实处。实践中，影响工程项目质量的因素很多，如决策、设计、材料、工程期限、人员能力水平等，这些因素的影响是概率事件，但这并没有否定其系统性。另外，考虑到每一样建筑产品的生产过程和环境都有一定的区别，这就决定了建筑产品不可能像普通的产品生产那样，用一套固定的体系和方法完成所有产品的生产，因此建设工程质量保证的稳定性较难。质量涉及的范围比较广，只要其中一个因素出现了问题，都会对整体质量造成极大的影响，基于这个原因，建设工程项目的质量变异较大。此外，在实施工程项目时，工序的交接也是很多的，一旦不能做到及时排查质量问题，就会对事后的内部质量造成影响，因此建设工程项目质量隐蔽性大，终检局限大。适当提升工程质量，有效地降低后期的运营成本；但是工程的质量也不是越高越好，因为越高的工程质量就会要求更长的工期与更大的成本投入，而过高的质量也不会带来与之匹配的超额利益。因此，要做好项目的质量控制。

（二）"四管"对项目经济效益的影响

信息管理、安全管理、合同管理和品牌管理是项目取得良好的经济效益所不可或缺的管理手段。

1. 信息管理对项目经济效益的影响

良好的信息管理工作，有助于推动项目的良好运作，某种程度来讲，甚至是影响项目成败的关键所在。只有掌握合理的信息管理方案，建立工程项目信息管理系统，通过良好的工程项目信息控制，对项目信息管理实施全程监控，才能推动项目指标的完成。

现阶段，不少施工方及业主方尚未实施科学的信息管理方案，令信息管理显示出滞后性。这不仅仅是个别企业的问题，而是整个行业的共性问题。如何通过信息化技术推动整个建筑业的高质量发展，提高效率，提升能力，是建筑业未来发展的重要环节。合理利用工程管理信息，可学习类似项目正反方面的经验及教训，通过组织、管理、经济、技术以及法规信息，推动项目决策方案的选择，同时实现项目实施期目标的管控。这将有利于项目完成后的运作，从而达到良好的经济效益及社会效益，最终达到建设项目的增值。

2. 安全管理对项目经济效益的影响

毋庸置疑，安全事故的发生，会严重影响企业目标的实现。首先表现在，安全事故的发生与工程质量密切相关；同时，安全事故会产生工程直接或者间接损失，进而增加了工程费用；最后，安全事故通常会极大影响工程工期。综上所述，事故的发生会影响工程项目赢利水平，进而损害企业形象。由于安全事故的损失和影响已经超出项目本身，影响到了社会公众利益。因此，对安全的重视，能推动项目目标的实现，同时也是对工作人员安全及健康的关怀，实现社会利益的最大化。基于这个原因，安全管理工作会极大影响到项目经济效益。

对安全的考虑要兼顾经济效益，达到系统最佳安全性。有关安全管理下的经济效益可以由下列几个角度展开：①实现内外部经济效益的协调，达到项目本身安全效益及生产结果对社会的安全。其综合反映项目安全生产的总效益。②直接与间接经济效益。前者表现在最大限度地降低生产时的无益消耗和事故损失，从而最大限度地保障及维护生产或价值，实现安全的最佳效益；后者表现在对劳动者心理、生理的保护以及提升素质，实现资源、环境质量的保护，推动社会的稳定发展。

3. 合同管理对项目经济效益的影响

合同管理是通过法律和行政方案，对建设行政主管部门、工商行政部门以及建设、监理和承包方单位等依据相关法律和相关制度，采用法律和行政措施，从而起到指导、协调以及监管的作用，有效维护所有当事人合法权益，制裁违法违规行为，保障合同条款活动顺利实施。强化工程项目的合同管理，既能从法律角度来规范工程承包活动，有效规避风险，提升企业应变、发展以及竞争能力；同时，也能提升各方遵守合同，维护工程建设市场和活动有序性，从而形成公开公正的市场竞争体制，有效提升工程质量，减少工程造价，同时起到缩短工期的作用。

合同管理需要企业全部人员的参与，它渗透到项目建设的各个环节中，是项目管理的核心所在。在工程项目建设过程中，各相关方的管理人员都要对合同中的内容有所了解，对合同的理解也是管理者个人能力的一个方面，它对企业经济利益有着显著的作用，所以合同管理在项目管理中的价值主要是引导并约束相关工作的展开以及个人的行为。但在实践中，很多工程建设人员缺少法律意识，当工程实施时，如果出现经济纠纷问题，而且合同中又找不到解决纠纷的条款，就会导致合同双方矛盾的进一步加剧，最终演变成工程经济案件。同时，由于签订合同不严谨，很多重要内容都没能在合同中得到体现，签订合同经办人没有认识到合同的法律效力，未能遵守有偿原则，缺乏健全的合同管理机构，都会造成工程经济纠纷，最终导致拖延工期、影响质量、增加成本、存在安全隐患等一系列问题的出现，直接拉低工程项目的经济效益。因此，合同管理是否到位直接关系到项目经济效益的好坏。

4. 品牌管理对项目经济效益的影响

品牌管理是指企业充分利用各项资源以促进品牌价值提升的管理过程。我国经济正深化市场化改革，很多企业已经意识到要在激烈的市场竞争力中赢得一席之地必须以品牌为切入点，通过建立品牌优势提升竞争力。只有不断实施有效的品牌管理手段，为品牌塑造所投入的各项资源才能转化成品牌资产，才能扩大品牌知名度和影响力的同时为企业带来更高的经济回报。

工程项目不同于其他产品，它除了有商品的共性之外，还有很多特殊的性质，具体体现在性能、寿命、可靠性等方面。所以，品牌管理在工程建设项目中的作用更加突出。在工程项目中，相对于设计方、施工方、监理方及供货方而言，业主的本质是消费者，因此在潜意识中也会对品牌好的产品更有好感；同时在工程进行过程中，由于对品牌好感的存在，针对项目管理中出现的分歧，双方更容易达成一致的意见。当工程项目是商品房时，消费者为广大具有购房意向的自然人，此时业主成为卖方，如果卖方是房地产龙头企业时，而且消费者的购买能力如不受限制的话，都会选择这些大品牌的产品。由此可见，无论是业主还是其他项目各参建方，好的品牌都会使项目的运行更加顺畅，直接影响业主的投资意向与合作后项目进展的情况，对提高项目的经济效益具有重大作用。

（三）"组织协调"对项目经济效益的影响

工程项目组织协调指的是调动一切资源，采取有效的措施，解决项目建设过程中出现的所有问题，并予以及时的解决和完善。从这一概念可以看出，工程项目组织协调在工程建设中起着不可或缺的作用，它是其他活动能够顺利开展的保障，能够促进整个系统全面发展。高水平的组织协调能力能够将项目团队更好地糅合在一起，充分发挥团队的作用，促进项目经济效益的提升，帮助企业获得竞争优势地位。除此之外，组织协调还能将所有分担的矛盾体集中起来，予以快速解决，促进系统结构达到再次平衡，为项目的按时推进提供保障。

建设项目参与者众多，作为理性人，所有的参与者都在为自己争取更多的利益。在此过程中很有可能发生牺牲大家、成全小家的行为，影响项目整体利益；同时，建设项目涉及的各方面因素十分广泛和杂乱，各利益相关方为了维护自身利益，在遵守合同的前提下，彼此制约，甚至走向对立关系；另外，项目目标较多，如果出现问题需要调节，调节工作难以分清主次，不知道该优先保障哪一目标的完成。这些方面都是目前国内项目管理所面临的实际问题，如果不能予以彻底解决，必然会导致项目经济效益受损。因此，做好项目的组织协调工作，对于保证项目目标的实现、项目经济效益的提高具有重要意义。

三、工程建设标准化影响项目经济效益的机理分析

本节通过分析工程建设标准化影响项目经济效益的机理，构建工程建设标准化对项目经济效益影响的评价体系。

在工程项目建设过程中，对项目管理程序、工作规则、工作模版等一系列工作实行标准化管理会增加一定的成本，但是较高程度的标准化管理能够促进项目整体管理水平，进而为项目带来更大的经济效益。

要分析工程建设标准化对项目经济效益影响的路径，首先要剖析工程建设标准化活动。根据前文有关工程建设标准化活动的内容，标准的认知、标准制修订与推广、执行标准、监督检查标准的实施情况、对实施情况的反馈处置，这五个阶段环节构成了工程建设标准化活动，该活动的 PDCA 循环原理如图 12-5 所示，图中计划（P）的内容涵盖了两个环节，即标准认知和标准制修订与推广。

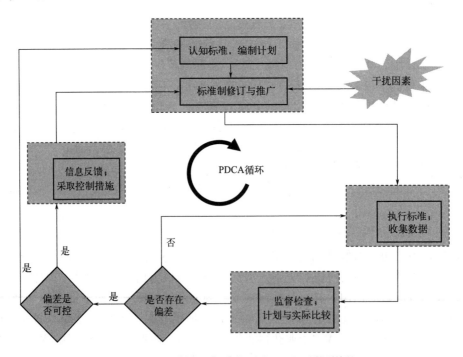

图 12-5　工程建设标准化活动 PDCA 循环原理

计划（P）阶段包含了2个环节的内容，首先要全面掌握目前标准的执行程度，从而评价标准是否为工程建设提供了足够的支持，是否需要重新制定或是进行更改。

执行（D）阶段主要是对已制修订的标准实施的过程，并在实施过程中收集相关的数据资料，为下一阶段的工作提供依据。

检查（C）阶段是对标准的执行情况进行监督检查，结合搜集的各项数据，和计划值进行对比看能否保持一致，如果是一致的，就保持现有标准不变并继续落实；如果存在偏差，则要先明确该偏差是否在可以控制的范围，如果偏差在可以控制的范围内，则对出现的偏差进行分析，明确影响因素，将分析所得信息进行反馈，通过有效的手段，将偏差带来的负面作用降到最低。

处置阶段（A）根据分析所得的影响因素，对现有标准中存在的不合适的内容进行修订，然后开始又一轮的循环工作。如偏差超出了控制的范围，则要重新认知当前的标准现状，重新编制计划，制定新的标准，从而进入下一轮的循环中。

在明确了工程建设标准化活动的内容前提下，分析工程建设标准化对八方面因素的影响，建立两者之间的联系，可知工程建设标准化对项目经济效益影响的作用机理如图12-6所示。

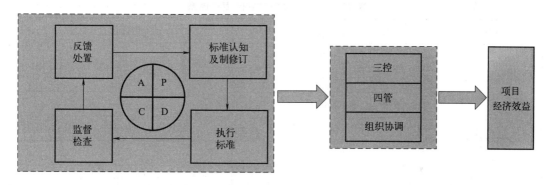

图 12-6 工程建设标准化对项目经济效益影响的作用机理

工程建设标准化对项目经济效益影响的机理是：标准的认知与制修订、执行标准、监督检查标准的实施情况、对实施情况进行反馈处置循环运动、不断更新，构成了工程建设标准化活动，该活动通过作用于项目的进度、成本、质量、安全、信息、合同、品牌和组织协调等八方面因素，从而影响项目的经济效益。

四、工程建设标准化对项目经济效益影响的评价指标

本节在工程建设标准化对项目经济效益影响机理分析的基础上，构建工程建设标准化对项目经济效益影响的评价体系。

（一）工程建设标准化活动的指标体系

由工程建设标准化对项目经济效益影响机理分析，可知工程建设标准化活动是由标准的认知、标准的制修订与推广、标准执行、监督检查标准的实施情况、对实施情况的反馈处置五个环节组成，这五个环节基本涵盖了标准化活动的全过程，构成了工程建设标准化活动的要素层。针对每个要素，需要由相应的若干指标来代替测量，这些指标合在一起构成了指标层。对工程建设标准化活动评价的指标体系如表12-5所示。

表 12-5　工程建设标准化活动的指标体系

目标层 1	要素层 1	指标层 1
工程建设 标准化	认知情况	…
	制修订与推广	…
	标准执行	…
	监督检查	…
	反馈处置	…

（二）项目经济效益的指标体系

影响项目经济效益的因素可以归纳为工期（进度）、成本、质量、信息、安全、合同、品牌和组织协调等八个方面，它们构成了项目经济效益的要素层。针对每个要素，需要由相应的若干指标来代替测量，这些指标合在一起构成了指标层。对项目经济效益进行评价的指标体系如表 12-6 所示。

表 12-6　项目经济效益的指标体系

目标层 2	要素层 2	指标层 2
项目经济效益	工期	……
	成本	……
	质量	……
	信息	……
	安全	……
	合同	……
	品牌	……
	组织协调	……

（三）工程建设标准化对项目经济效益影响的评价指标体系

根据上文分析，工程建设标准化的评价指标包括标准的认知、标准的制修订与推广、标准执行、监督检查标准的实施情况、对实施情况的反馈处置等五方面；项目的经济效益评价指标包括工期、成本、质量、信息、安全、合同、组织协调、品牌等八方面。

工程建设标准化对经济效益作用的机理，构建了评价工程建设标准化对经济效益影响的指标体系（图 12-7），图中双圆圈符号 ◎ 是指"工程建设标准化活动"。该体系包含两个模块和一个中心点，模块一是指构成工程建设标准化活动的"认知标准""制修订与推广""执行标准""监督检查"和"反馈处置"五个要素点，每个要素点又包含了若干可以解释它的指标；模块二是指影响项目经济效益的"进度控制""成本控制""质量控制""信息管理""安全管理""合同管理""品牌管理"和"组织协调"八个要素点，每个要素点又包含了若干可以解释它的指标；模块一通过"工程建设标准化活动"这个中心来影响模块二。

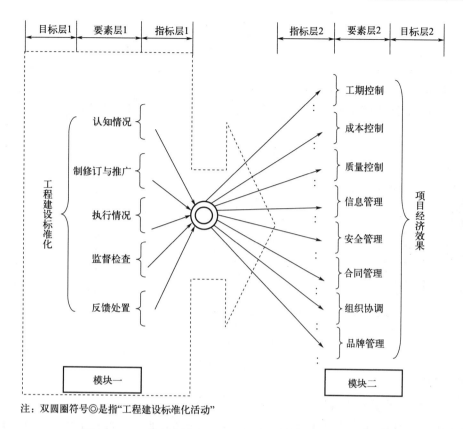

注：双圆圈符号◎是指"工程建设标准化活动"

图12-7　工程建设标准化对项目经济效益影响的评价体系

第四节　工程建设标准化对经济效益影响的实证研究

基于工程建设标准化对经济效益作用机理，以及工程建设标准化对经济效益影响评价模型，实证研究进行了广泛的问卷调查与实地访谈；依据所获得的资料，开展了工程建设标准化对经济效益影响实证研究。

一、问卷量表的设计与调查对象的选择

（一）问卷量表的设计

由于我国现阶段工程建设标准化对经济效益影响的研究大多停留在定性研究方面，缺乏定量研究，目前尚无成熟问卷可以使用。本书以工程建设标准化经济效益的作用机理以及所构建的评价体系为基础，以工程建设标准化活动为主线，结合工程建设项目管理中"三控""四管""一协调"理论知识，初步设计了研究工程建设标准化对经济效益影响的调查问卷。问卷由五部分组成，分别是答卷人基本信息、工程建设标准化的基本信息、工程建设标准化下项目的表现情况、工程建设标准化对利润的贡献率及反馈，问卷结构如图12-8所示。

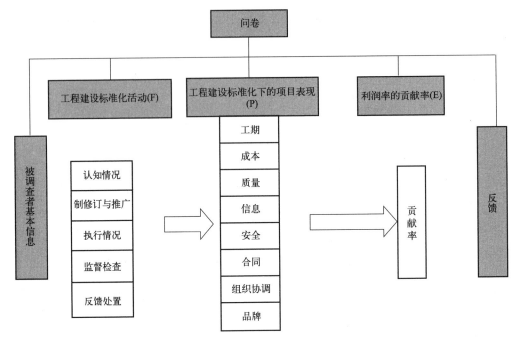

图 12-8　问卷结构

(二) 调查对象的选择

问卷在北京地区开展，对从事各类工程建设工作的专业人士进行了调查，调查所涉及的工程项目遍及全国。主要通过调查企业标准化实施状况，探索工程建设标准化对经济效益的影响路径与方式。为了使样本更具代表性，在筛选调查对象时需要同时满足以下两方面的要求，一方面，所调查对象能够全面反映工程建设标准实施的基本情况；另一方面，被调查人员具有足够的工作经验，以及所在岗位能够近距离接触工程建设标准的实施现场。

为满足以上两方面要求，一是在企业选择上，由于现阶段标准的实施主要是靠政府推动，资质等级较高以及北京市的龙头企业会及时响应政府的号召，并主动引领整个行业的发展。因此，本次调查将调查对象主要界定在资质等级较高的企业以及北京市的龙头企业。二是调查对象选择上，考虑被调查人员的工作岗位的特点、工作经验的积累程度、教育程度等可以直接反映答卷人对工程建设标准化实施状况的了解程度，因此选择了不同调查岗位的从业者为调查对象。

二、问卷的回收与统计

(一) 问卷的回收情况

本研究采用了调查问卷与访谈的方式开展了工程建设标准化对经济效益影响状况调查，问卷通过面访、传真、电子邮件、信函等方式，调查了北京市建筑业具有代表性的建筑企业在工程建设项目中标准化的实施状况，共发出问卷 500 份，收回 402 份，其中有效问卷为 359 份，问卷有效收回率为 71.8%。有效调查问卷介于 323~384 之间，样本容量合理，可以反映总体状况。

（二）被调查对象的基本信息

从被调查对象的单位性质来看，国有企业和民营企业占 88.9%，其中国有企业占调查对象总数的 51.3%；从单位类型来看，由于施工方处于标准执行的第一位置，他们对标准的贯彻程度，直接影响到标准化给国民经济带来的经济效益，因此调查对象中施工方应占据大部分，此份问卷中施工单位占 78.3%，满足问卷设计目的；企业资质等级一级居多（占 66.9%）。从人员方面来看：接受调查问卷的人员主要是项目经理（占 57.9%），项目经理是项目负责人，在整个工程中负责标准的执行工作；被调查者受教育程度基本是本科以上（本科占 69.6%），说明他们具有良好的教育背景，对标准化有一定认识；被调查对象从事建筑业的时间多在 10 年以上（占 69.9%），有 20 年以上工作经验的达到 27.6%，表明他们对工程建设整个过程非常熟悉，对标准化的影响有更为准确的判断。通过以上数据的分析，此次问卷调查所得信息对反映当前工程建设标准化的经济效益具有很强的可靠性。

三、数据分析

数据分析部分将对调查问卷所得数据进行处理，通过因子分析可以将问卷所涉及的各层级指标进行一致性及可靠性检验等，以确保后续研究的准确性。之后将进行相关性分析与回归分析，以确定各层级指标之间的相关性及因果关系强弱程度，并最终给出工程建设标准化经济效益的影响评价结果。

（一）因子分析

由于问卷涉及有关工程建设标准化的各个方面，包含的信息量较大，其结果是变量太多会导致分析过程繁琐，且变量之间的关联性可能很高，甚至产生多重共线性的问题，故采用因子分析可以减少变量数目，而且又不失去对原始数据的代表性。因此，在分析之前有必要采用因子分析将所有问题归类。除此之外，为了检验问卷每一部分的建构是否具有较高的可靠性和有效性，还要对被测因子做可靠性分析，以确保整体数据分析基础的可靠性。

1. 工程建设标准化的基本情况的因子分析

工程建设标准化基本信息调查由 45 个题目组成，在因子分析前，通常可以采取巴特利球度检验和 KMO 检验等方法来检验候选数据是否适合采用因子分析。本部分的 KMO 值为 0.955，非常接近 1，说明变量之间的共同因子越多，越适合做因子分析（KMO 至少要在 0.6 以上）。Bartlett 的球形度检验的显著性是 0.000，已达到显著水平，因此适合做因子分析。本部分的可靠性是 0.864，说明这个因子的构建具有较高的稳定性。经过因子分析之后得到 6 个公共因子，分别命名为 F1 监督检查，F2 执行情况，F3 反馈情况，F4 制修订与推广，F5 认知情况，F6 意识结果。对应的可靠性分别是 0.946、0.936、0.924、0.864、0.839、0.799，可靠性都比较好，说明这 6 个因子的构建非常的稳定。

2. 工程建设标准化下项目表现情况的因子分析

"工程建设标准化下项目的表现情况"由 90 个题目组成，该部分的 KMO 值为 0.972，非常接近 1，非常适合做因子分析。通过因子分析，有关"标准化下项目的表现情况"被分为 8 个因子，每个问题的荷载都大于 0.5，说明其内部一致性很强，此外，这 8 个因子的可靠性最低是 0.897，其他均高于 0.9，表明可靠性都处于较高水平，说明这 8 个因子的构建非常稳定。

（二）Pearson 相关性分析

此部分采用了 Pearson 相关性分析方法来确定其两两关系。"工程建设标准化基本情况"与"标准化下项目的表现情况"之间的关系主要是分析二者之间的相关程度如何，哪些标准化的基本情况对项目的表现影响程度更大。表 12-7 中 F1～F6 与 P1～P8 之间的关系就是工程建设标准化基本情况与表现情况之间的关系。

表 12-7　Pearson 相关系数表

		P1	P2	P3	P4	P5	P6	P7	P8
F1	Pearson 相关性	.671**	.641**	.590**	.539**	.645**	.550**	.652**	.600**
	显著性（双侧）	.000	.000	.000	.000	.000	.000	.000	.000
F2	Pearson 相关性	.649**	.653**	.472**	.628**	.602**	.537**	.652**	.520**
	显著性（双侧）	.000	.000	.000	.000	.000	.000	.000	.000
F3	Pearson 相关性	.732**	.728**	.581**	.656**	.650**	.590**	.682**	.640**
	显著性（双侧）	.000	.000	.000	.000	.000	.000	.000	.000
F4	Pearson 相关性	.416**	.454**	.378**	.365**	.469**	.499**	.517**	.423**
	显著性（双侧）	.000	.000	.000	.000	.000	.000	.000	.000
F5	Pearson 相关性	.480**	.519**	.292**	.503**	.427**	.330**	.475**	.491**
	显著性（双侧）	.000	.000	.000	.000	.000	.000	.000	.000
F6	Pearson 相关性	.438**	.491**	.320**	.391**	.417**	.330**	.414**	.410**
	显著性（双侧）	.000	.000	.000	.000	.000	.000	.000	.000

注：1. F1：监督检查；F2：执行情况；F3：反馈情况；F4：制修订与推广；F5：认知情况；F6：意识结果；P1：安全；P2：质量；P3：成本；P4：合同；P5：组织协调；P6：品牌；P7：信息；P8：工期。

2. ** 表示在 0.01 水平上显著；　* 表示在 0.05 水平上显著。

（三）回归分析

相关系数分析仅仅描述了各变量之间相关与否，但无法明确各变量间是如何相关的。回归分析是确定两种或两种以上变量之间相互依赖的定量关系的一种统计方法，它通过回归方程的形式描述和反映这种关系，可以较为准确地把握某个变量受其他一个或多个变量影响的程度。从回归分析的结果来看，各因变量（P）与自变量（F）之间的关系如下：

因变量"安全（P1）"与反馈情况（F3）、监督检查（F1）、认知情况（F5），这三个自变量之间呈较强的正相关，说明这三个因素对安全有正向的影响关系。

因变量"质量（P2）"与反馈情况（F3）、执行情况（F2）、认知情况（F5）、监督检查（F1），这四个自变量之间呈较强的正相关，说明这四个变量对质量有很好的解释作用。

因变量"成本（P3）"与监督检查（F1）、反馈情况（F3），这两个自变量的系数均为正数，说明这两个变量对成本有正向的影响关系。

因变量"合同（P4）"与反馈情况（F3）、执行情况（F2）、认知情况（F5）、意识结果（F6），这四个自变量的系数均为正数。

因变量"组织协调（P5）"与监督检查（F1）、反馈情况（F3）、执行情况（F2）认知情况（F5），这四个自变量的系数均为正数，这说明这四个变量对组织协调有很好的解释作用。

因变量"品牌（P6）"与反馈情况（F3）、制修订与推广（F4）、执行情况（F2），这三个自变量的系数均为正数，说明这三个变量对质量有很好的解释作用。

因变量"信息（P7）"与反馈情况（F3）、监督检查（F1）、执行情况（F2）、制修订与推广（F4）、认知情况（F5）、意识结果（F6），这六个自变量的系数均为正数。

因变量"工期（P8）"与反馈情况（F3）、认知情况（F5）、监督检查（F1），这三个自变量的系数均为正数，说明这些标准化的基本情况对工期有正向的影响关系。

（四）权重系数计算

项目管理的利润一般来源于"三控四管一协调"八方面因素的贡献，只是各自的权重不尽相同。因此，本研究通过被调查者对熟知的某项目的实际情况进行"小于"或"大于"的选择，间接获取权重。利润率贡献率为问卷的第四部分，通过两两对比，获取各因素对利润率贡献的权重。在计算过程中，大于号的得1分，小于号的得0分；然后对得分情况进行频数统计，以各因子的频率作为评价指标的权重（见表12-8）。

表 12-8　各因变量 P 对利润率贡献权重系数

项目名称	P1 安全	P2 质量	P3 成本	P4 合同	P5 组织协调	P6 品牌	P7 信息	P8 工期
平均得分	5.65	4.25	3.63	4.06	3.33	3.06	1.66	2.36
权重系数	0.202	0.152	0.130	0.145	0.119	0.109	0.059	0.084

由表12-8可知，对工程建设领域的利润率贡献的影响权重从大到小依次排列为：安全（P1）、质量（P2）、合同（P4）、成本（P3）、组织协调（P5）、品牌（P6）、工期（P8）、信息（P7）。由于利润率是衡量经济效益的重要指标，因此工程建设标准化对项目经济效益的影响与对利润率的影响是一致的。从权重的排列顺序可以看出，对项目经济效益影响最大的是安全与质量。无论安全还是质量出现问题，企业经济效益都会受到严重的影响。因此在工程建设领域，尤其要注重安全、质量的标准化工作。

四、工程建设标准化对经济效益影响的模型构建

工程建设标准化对经济效益影响的整体模型如图12-9所示。模型将通过工程建设标准化活动-工程建设标准化下的项目表现（F-P）和工程建设标准化下的项目表现-利润率的贡献率（P-E）两个子模型的构建，最终完成工程建设标准化活动-利润率的贡献率（F-E）模型。

上一节建立了"工程建设标准化基本活动（F）"与"工程建设标准化下的项目表现情况（P）"间的回归模型。这个八个回归方程分别反映了项目安全、质量、工期、成本、信息、合同、组织协调及品牌与工程建设标准化各活动之间的影响关系，这八个模型统称为"二级P-F模型"，回归系数绝对值的大小代表该自变量对因变量的影响程度的大小，如图12-10所示。

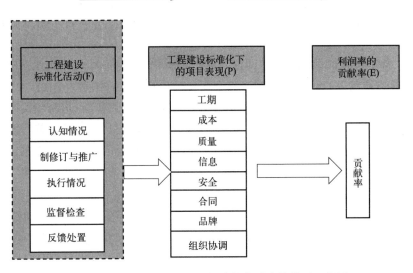

图 12-9　工程建设标准化对经济效益影响的模型示意图

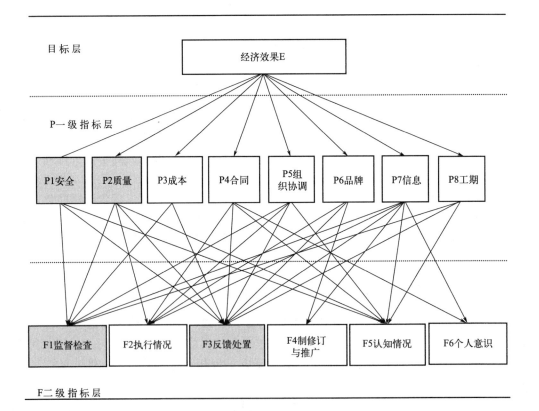

图 12-10　工程建设标准化对经济效益的影响模型图

注：①一级指标层与二级指标层之间的箭线代表该一级指标的回归方程中包含的二级指标，每个一级指标都用一
　　种颜色代表。
　　②标有底色的指标是影响系数最高的两个因素。

整个模型分为三层，第一层是目标层，执行工程建设标准后的经济效益 E；第二层是 P 一级指标层，包括标准化下项目的表现情况的八个因子，这一层的各指标均直接影响经济效益的变化，如 P1 安全，发生任何安全事故都会给企业的效益带来很大的损失；第三层是二级指标层，这一层包含了工程建设标准化各项活动，因标准化各环节执行力度的不同而直接影响 P 一级指标层的好坏，间接影响了企业经济效益。为了得到工程建设标准化经济效益的根本因素，在此，相当于将 P 一级模型作为中间变量，最终获得经济效益 E 与工程建设标准化活动 F 之间的回归模型。

可以看出，对经济效益的影响按权重的大小依次排列为：反馈处置（F3）、监督检查（F1）、认知情况（F5）、执行情况（F2）、制修订与推广（F4）、个人意识（F6）。其中，影响最大的是 F3，表明反馈与处置的标准化对经济效益的贡献是最大的；F1 居于第二位，对标准化的监督检查，关系着标准落实的情况，它对经济效益的影响也是不可忽视的；第三位是 F5，企业对标准的理性认知是工程建设能否进行标准化施工的重要因素，只有认识到标准化的作用，才能发挥其效用；F2、F4、F6 对经济效益的影响相对较小。

由前文所述的工程建设标准化活动内容可知，认知标准现状、参与标准制修订并推广属于工程建设标准化活动的 P 阶段内容；因子分析中又将对标准的认知分为理性认知与个人意识两方面。也就是说，标准制修订与推广（F4）、理性认知（F5）、个人意识（F6）三部分可以代表工程建设标准化活动 PDCA 循环的 P 阶段。执行情况（F2）代表 D 阶段，对标准实施情况的监督检查（F1）代表 C 阶段，对标准的反馈与处置（F3）代表 A 阶段。在工程建设标准化活动对项目利润率贡献的多元线性回归方程中，监督检查（F1）、执行情况（F2）、反馈处置（F3）、制修订与推广（F4）、认知情况（F5）、个人意识（F6）的系数分别为 0.212、0.103、0.373、0.035、0.127、-0.028。因此，工程建设标准化活动 PDCA 循环的各阶段对项目经济效益影响程度的比例为：$P:D:C:A=[0.035+0.127+(-0.028)]:0.103:0.212:0.373=0.134:0.103:0.212:0.373$，将这个比值标准化后得到 $P:D:C:A=0.163:0.125:0.258:0.454$，如图 12-11 所示。

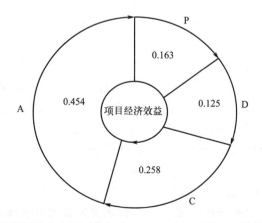

图 12-11　工程建设标准化各项活动内容（PDCAC）对项目经济效益的影响的权重

工程建设标准化通过 PDCA 循环活动推动项目经济效益向利好的方向发展，即工程建设标准化活动对项目经济效益的影响是通过标准认知和标准制修订与推广（P）、标准的执行（D）、标准实施情况的监督检查（C）、标准的反馈处理（A）四个阶段作用于项目管理运营活动，来影响经济效益的。其中，对项目经济效益影响最大的是标准的反馈处置（A）阶段，占到标准化对项目影响的 45.4%，其次是标准实施情况的监督检查（C）、标准认知和标准制修订与推广（P）、标准的执行（D）。从这个先后顺序可以发现，标准的执行情况（D）在标准化活动中对项目的影响是最小的，而标准的反馈处置（A）阶段影响最大，这再次说明项目实施过程中一味地重视标准的执行而忽略标准化的反馈处理是不合理地，是亟需转变这种管理思路的。

本 章 小 结

工程建设标准化活动是一个不断进行自身修正的 PDCA 过程，要经过认知标准、编制计划、执行标准、收集数据、监督检查、比较计划与实际情况间的差别、反馈信息并采用相应的控制措施等环节。工程建设标准化通过内部的不断循环修正的过程，作用于项目管理的三大目标，从而缩短项目工期，降低工程成本，提高工程质量；提升工程的安全管理水平、信息管理水平、合同管理水平，从而提高工程的管理水平；提高项目的品牌管理水平，增强企业品牌影响力；还可以提高项目管理者的组织协调能力，从而更高效地解决项目中的组织协调问题。

国内外工程建设标准化的经济效益研究目前主要集中在影响模型与贡献率两方面，前者以"C–D 生产函数""投入–产出"为路径建立了影响模型，后者主要从企业、行业及国家层面进行了贡献率的量化研究。从文献中可以看出，我国工程建设标准化活动的经济贡献率约为 0.45%。

本章第二节给出了常见的工程建设标准化经济效益评价的方法，并对每种方法的适用性进行了对比，最终给出了国家、行业、企业等不同层面的经济效益评价方法的建议：国家和行业层面一般采用 C–D 生产函数法，该方法是通过标准存量的变化来反映其经济效益，数据来源为官方统计，容易获取且客观真实；而企业层面的经济效益研究一般采用 ISO 以价值链为核心的分析方法，对标准的各个环节测算出标准的经济效益。

实证研究部分根据工程建设标准化对经济效益影响的机理进行问卷调查与分析，首先对"工程建设标准化的基本活动"和"工程建设标准化下项目表现情况"进行因子分析，提取可以代表本部分内容的公共因子；其次分析两部分公共因子之间的 Pearson 相关性；然后建立两部分公共因子间的回归方程，并验证其多重共线性、序列相关性和异方差性，以确保模型的正确性及科学性；最后通过"0–1 打分法"对影响项目经济效益的 8 个因素的权重大小进行了测算。

根据数据分析的结果，首先构建了"工程建设标准化活动"与"工程建设标准化下项目表现情况"间的"二级 F–P 模型"，"工程建设标准化下项目表现情况"与"经济效益"间的"一级 P–E 模型"；通过这两个模型最终构建了"工程建设标准化活动"与"经济效益"间的"目标 F–E 模型"，全面分析了工程建设标准化活动对经济效益的影响程度，确定了工程建设标准化活动对经济效益影响的积极作用。

参 考 文 献

［1］TrajkovićA, Isidora Milošević. Model to determine the economic and other effects of standardisation–a case study in Serbia ［J］. Total Quality Management & Business Excellence, 2016: 1–13.

［2］Wakke, Paul, Blind, et al. The impact of participation within formal standardization on firm performance. ［J］. Journal of Productivity Analysis, 2016.

［3］Jiang H, Zhao S, Zhang S, et al. The adaptive mechanism between technology standardization and technology development: An empirical study, 2018.

［4］孙锋娇, 张宏, 乔柱, 等. 国内外工程建设标准化经济效益研究现状 ［J］. 工程建设标准化, 2014（06）：48–52.

［5］Shin D H, Kim H, Hwang J. Standardization revisited: A critical literature review on standards and innovation ［J］. Computer Standards & Interfaces, 2015（38）：152–157.

［6］Blind K, Mangelsdorf A. Motives to standardize: Empirical evidence from Germany ［J］. Technovation, 2016（48–49）：13–24.

［7］Choi J O, Shrestha B K, Kwak Y H, et al. Exploring the benefits and trade–offs of design standardization in capital projects ［J］. Engineering Construction & Architectural Management, 2021.

［8］O'Connor J T, O'Brien W J, Choi J O. Standardization Strategy for Modular Industrial Plants ［J］. Journal of Construction Engineering & Management, 2015, 141（9）：04015026.

［9］Goedhuys M, Sleuwaegen L. International standards certification, institutional voids and exports from developing country firms ［J］. International Business Review, 2016, 25（6）：1344–1355.

［10］陈展展, 许甲坤, 许尔淳. 欧洲八国标准化现状比较 ［J］. 机械工业标准化与质量, 2019（02）：30–34.

［11］许甲坤, 黄华. 法国标准化发展现状及中法标准化合作建议 ［J］. 标准科学, 2018（12）：20–23.

［12］叶萌. 我国流通业标准化经济效应研究 ［D］. 北京：首都经济贸易大学, 2019.

［13］林杰斌, 林川雄, 等. spss12 统计建模与应用实务 ［M］. 北京：中国铁道出版社, 2006.

［14］英国经济和商务研究中心. 标准对英国经济的贡献 ［R］. 伦敦：英国标准学会, 2015.

［15］骆方, 刘红云, 黄崑. SPSS 数据统计与分析 ［M］. 北京：清华大学出版社, 2011.

［16］Moder J. J. & Phillips C. R. Project Management with CPM, PERT and Precedence Diagramming ［M］. New York: Van Nostrand Reinhold, 1983.

［17］张宏, 乔柱, 孙锋娇, 等. 工程建设标准化对国民经济的影响——以北京市为例 ［J］. 建筑经济, 2014, 35（09）：5–10.

［18］邱方明, 沈月琴, 朱臻, 等. 林业标准化实施对林业经济增长的影响分析——基于 C–D 生产函数 ［J］. 林业经济问题, 2014, 34（04）：324–329.

［19］叶萌, 祝合良. 标准化对我国物流业经济增长的影响——基于 C–D 生产函数及主成分分析法的实证研究 ［J］. 中国流通经济, 2018, 32（06）：25–36.

［20］赵云鹏. C–D 生产函数在农业生产标准化中的应用 ［J］. 农业技术与装备, 2020（01）：56–57.

［21］肖柳金, 张伟力, 杨翔, 等. "121" 评价法在企业标准化经济效益评价中的应用 ［C］. 第十八届中国标准化论坛论文集, 2021：633–644.

［22］张宏, 乔柱, 孙锋娇. 标准化对经济效益贡献率的对比分析 ［J］. 标准科学, 2014（06）：16–20.

［23］AlMaian, R. Y., Needy, K. L., Walsh, K. D., et al. Supplier Quality Management Inside and Outside the Construction Industry［J］. Engineering Management Journal, 2015, 27 (1), 11-22.

［24］Raziei Z, Torabi S A, Tabrizian, S, et al. A Hybrid GDM-SERVQUAL-QFD Approach for Service Quality Assessment in Hospitals［J］. Engineering Management Journal, 2018：1-12.

［25］孙锋娇. 工程建设标准化对建筑企业的经济效益影响研究［D］. 北京：北京建筑大学, 2015.

［26］王颢蓉. 标准化对通信企业经济绩效的影响研究［D］. 武汉：中南财经政法大学, 2020.

［27］张宏, 乔柱, 孙锋娇. 工程建设标准化经济效益评价方法的对比研究［J］. 标准科学, 2014 (07)：23-27.

［28］乔柱. 工程建设标准化对项目经济效益影响的机理研究［D］. 北京：北京建筑大学, 2015.

［29］刘纯丽. 标准化效益评估方法研究［J］. 现代工业经济和信息化, 2019, 9 (05)：5-6.

［30］郑激运, 陈宗远. 标准化视域下国有企业数字化转型路径研究［J］. 中国电子科学研究院学报, 2021, 16 (11)：1132-1137+1144.

［31］黄珊, 薛娟, 吴冠钧, 等. 企业标准化水平评价计算方法研究［J］. 中国石油和化工标准与质量, 2021, 41 (12)：53-54.

［32］Zhou X, Shan M, Li J. R&D strategy and innovation performance：the role of standardization［J］. Technology Analysis & Strategic Management, 2018, 30 (7)：778-792.

［33］Jiang H, Zhao S, Zhang S, et al. The adaptive mechanism between technology standardization and technology development：An empirical study［J］. Technological Forecasting and Social Change, 2018 (135)：241-248.

［34］Jiang W, Marggraf R. The origin of cost-benefit analysis：a comparative view of France and the United States［J］. Cost Effectiveness and Resource Allocation, 2021, 19 (1)：1-11.

［35］孙晓红, 侯亚茹. 物流企业服务质量标准化管理绩效研究——以辽宁为例［J］. 商业时代, 2014 (23)：32-33.

［36］罗纳德·扎加, 约翰尼·布莱尔. 抽样调查设计导论［M］. 重庆：重庆大学出版社, 2007.

［37］张红坡, 张海峰. SPSS 统计分析实用宝典［M］. 北京：清华大学出版社, 2012.

［38］骆方, 刘红云, 黄崑. SPSS 数据统计与分析［M］. 北京：清华大学出版社, 2011.

［39］刘京娟. 多元线性回归模型检验方法［J］. 湖南税务局高等专科学校, 2005：5.

［40］邱皓政, 量化研究与统计分析—化研究与统中文视窗版数据分析范例解析［M］. 重庆：重庆大学出版社, 2009.

［41］范洲平. 标准化经济效益评价模型研究［J］. 标准科学, 2013 (8)：26-29.

［42］张君. 我国工程建设标准管理制度存在问题及对策研究［D］. 北京：清华大学, 2010.

［43］Beuth Verlag. Economic Benefits of Standardization：Summary of results. DIN German Institute for Standardization E. V., 2000.

［44］中国标准化研究院. 标准化若干重大理论问题研究［M］. 北京：中国标准出版社, 2007.

［45］Hong Zhang, Zhu Qiao. Contrast Analysis of Standardization Economic Contribution Rate. Proceedings of the 19th International Symposium on Advancement of Construction Management and Real Estate (CRIOCM2011), 2015：1145-1154.

［46］孙秋碧. 标准对福建省经济增长的行业与产业差异研究［J］. 福建论坛, 2013 (2).

［47］沈坤荣, 田源. 人力资本与外商直接投资的区位选择［J］. 管理世界, 2002, 11.

［48］穆祥纯, 宋增国. 中外技术标准体系的比较及对策研究［J］. 特种结构, 2013.

［49］Christophehe, N. Bredillet. Genesis and role of the standards：theoretical foundations and socio-economical model for the construction and use of standards. International Journal of Project Management, 2003 (21)：463-470.

［50］王超. 工程建设标准化对国民经济影响的研究［D］. 北京：北京交通大学，2009.

［51］吴旭丹. 工程建设标准化对国民经济影响的评价方法研究［D］. 北京：北京交通大学，2010.

［52］刘洋. 基于企业层面的工程建设标准效用研究［D］. 黑龙江：东北林业大学，2011.

［53］宋涛. 标准化与经济增长的实证分析［D］. 长沙：湖南大学，2008.

［54］梁小珍，陆凤彬，等. 工程建设标准对我国经济增长影响的实证研究——基于协整理论、Granger 因果检验和岭回归［J］. 系统工程理论与实践，2010（5）.

［55］周宏，朱晓莉. 我国农业标准化实施经济效果分析——基于 74 个示范县的实证分析［J］. 农业技术经济，2011（11）.

［56］刘伊生. 建设项目管理［M］. 第 3 版. 北京：清华大学出版社，2014.

［57］王琴丽. 工程项目成功的影响因素及项目卓越模型研究［D］. 哈尔滨：哈尔滨工业大学，2009，06.

第十三章　工程建设标准国际化

自 20 世纪 90 年代起，我国标准国际化工作经历了从无到有、能力从弱到强、内容从单一到丰富的发展历程，大致可分为"起步""跟跑""并跑"和部分领域"领跑"四个阶段。我国在 1947 年作为 25 个创始国之一加入国际标准化组织（ISO），但一度中断。1978 年 8 月，我国重新加入 ISO，再次进入国际标准化大家庭。1982 年 5 月，在 ISO 第 12 届全体会议上，中国被选为 ISO 理事会成员国。2008 年 10 月，中国成功当选 ISO 常任理事国。2013 年 3 月，中国成为 ISO 技术管理局（ISO/TMB）的常任成员。2015 年 1 月，中国专家首次就任国际标准化组织（ISO）主席。

近年来，我国标准国际化成绩显著，在实质性参与国际标准制定、国际标准组织工作、双多边标准化合作等方面取得积极进展。《国家标准化发展纲要》明确提出，"提升标准化对外开放水平""积极参与国际标准化活动""积极推进与共建'一带一路'国家在标准领域的对接合作""提高我国标准与国际标准的一致性程度"等，完整形成了我国在标准国际化方面的战略布局，将标准国际化工作提到重要位置。

作为标准国际化的重要组成部分，工程建设标准国际化工作随着标准化工作改革的不断深化，也得到了行政主管部门和各级政府的高度重视。

2016 年 8 月 9 日，住房和城乡建设部印发《深化工程建设标准化工作改革意见》（建标〔2016〕16 号），明确要求推进标准国际化工作，完善标准翻译、审核、发布与宣传推广工作机制；鼓励有关单位积极参加国际标准化活动，加强与国际有关标准化组织交流合作。2017—2018 年，时任倪虹副部长、易军副部长分别主持召开"工程建设标准服务'一带一路'建设座谈会"，调研中国工程建设标准在海外重点工程项目应用及标准国际化工作领头企业情况。住房和城乡建设部有关司局先后赴国家发改委、外交部、商务部、交通运输部、亚投行、丝路基金、中国对外承包工程商会，以及中国建筑、中国电建、中国交建、中国中铁等对外承包工程项目较多的大型建筑业企业走访调研，了解各部委、各企业国际业务发展情况、对外承包工程情况及工程建设国际合作及海外推广应用情况。通过调研发现，经过各方面共同努力，工程建设标准国际化能力和水平都有较大提升，在主导制定国际标准、承担国际标准组织技术机构领导职务方面取得重要突破，在工程建设标准国际化研究、标准外文版翻译、标准国际化宣传推广及交流合作等取得了积极进展。

2017 年 8 月，住房和城乡建设部在工程建设标准体制改革方案中进一步明确要求实施标准国际化战略，促进中国建造走出去，提出要加强与国际、国外标准对接；对发达国家、"一带一路"沿线重点国家、国际标准化组织的技术法规和标准，要加强翻译、跟踪、比对、评估；创建中国工程规范和标准国际品牌；完善中国工程规范和标准外文版的同步翻译、发布、宣传推广工作机制；深入参与国际标准化活动；支持团体、企业积极主导和参与制定国际标准，将我国优势、特色技术纳入国际标准。另一方面，在国际工程项目中过去一般采用欧美等国家和区域标准，即使是没有自己标准的非洲或拉美国家，项目也多聘用欧美公司提供咨询、设计、监理等服务，因此也以采用欧美标准为主。在这种情况下，我国工程建设标准在编制过程中也在研究和学习国际标准和国外先进标准，吸收借鉴国外先进经验，与国际接轨，促进我国标准体系改革，强化我国标准"走出去"和国际、国外标准"引进来"。2018 年 12 月，全国建设工作会议指出"完善工程建设标准体系。加快建设国际化的中国工程建设标准体系，推动一批中国标准向国际标准转化和推广应用，加快建筑业'走出去'步伐。"2019 年 12 月，全国建设工作会议也指出"改革完善工程建设标准体系。加快构建以强制性规范为核心、推荐性标准和团体标准为补充的新型标准体系，推动中国标准国际化，打造中国建造品牌，提升建造品质。"

第一节　概　　述

一、标准国际化的内涵

标准国际化具有丰富内涵。从工作内容上来说，不仅包括参加国际标准化活动，研究、转化国际标准和国外标准，还包括推动我国标准在海外被认可应用等；从工作目标来说，可简单概况为国际、国外标准的"引进来"和我国标准的"走出去"两方面；从研究对象来看，包括国际标准的跟踪采用、国外先进标准的对比和我国标准的国外适用性研究等。我国标准国际化是以服务我国标准化战略、创建中国标准品牌为主要任务，以实质性参与国际标准化活动，跟踪、评估和转化国际标准与国外先进标准，构筑良好的标准化国际合作关系为主要内容，通过标准互认、标准转化、参与制定国际标准等方式，实现相互转化、优势互补以及中国标准被各国认可和采用的过程。

二、相关概念

（一）国际标准和国外先进标准

1. 国际标准

根据《采用国际标准管理办法》中的规定，国际标准是指国际标准化组织（ISO）、国际电工委员会（IEC）和国际电信联盟（ITU）制定的标准，以及国际标准化组织确认并公布的其他国际组织制定的标准。这里说的 ISO 确认并公布的其他国际组织包括如国际原子能机构 IAEA、国际铁路联盟 UIC、联合国教科文组织 UNESCO、国际卫生组织 WHO、世界知识产权组织 WIPO 等。

在 ISO/IEC 导则中，国际标准有两条定义：一条是国际标准化/标准组织采纳的并且可向公众提供的标准；另一条是 ISO 或 IEC 制定的国际标准。

国际标准是全球治理体系和经贸合作发展的重要技术基础。随着世界互联互通和经济一体化的进一步发展，采用统一的国际标准推动经贸往来、支撑产业发展、促进互联互通，已经成为各国普遍认同的规则和发展趋势。因此，以国际标准为载体是最容易推广标准并被其他国家或地区所接受的方法。在全球科技竞争日益加剧的今天，能否掌握国际标准化制高点成为衡量一国实力的重要指标。事实上，通过大力推动国际标准化活动，将本国标准或标准主要技术内容上升为国际标准，已成为各国普遍采用的标准国际化手段。

2. 国外先进标准

国外先进标准是国际上有权威的区域性标准、世界主要经济发达国家的国家标准和通行的团体标准，以及其他国际上先进的标准。

其中，有权威的区域性标准是指如欧洲标准化委员会（CEN）、欧洲电工标准化委员会（CENELEC）等区域性标准化组织制定的标准；世界主要经济发达国家的国家标准是指：美国国家标准（ANSI）、英国国家标准（BS）、日本工业标准（JIS）等；国际上通行的团体标准较有名的有：美国材料试验协会标准（ASTM）、美国混凝土协会标准（ACI）等。

（二）ISO 文件类型

ISO 主要出版物有：

1）国际标准（International Standard）；

2）可公开获取的规范（Public Available Specification）；

3）技术规范（Technical Specification）；

4）技术报告（Technical Report）；

5）国际研讨会协议（International Workshop Agreements）；

6）指南（Guides）。

（三）采用国际标准和国外先进标准

采用国际标准是指将国际标准的内容，经过分析研究和试验验证，等同或修改转化为我国标准（包括国家标准、行业标准、地方标准、团体标准和企业标准。下同），并按我国标准审批发布程序审批发布。采用国际标准活动中，用一致性程度来描述国家标准化文件和对应的国际标准化文件之间的变化情况，分为三种：

（1）等同采用（IDT）：等同采用具有文本结构相同、技术内容相同和最小限度的编辑性改动。

（2）修改采用（MOD）：修改采用情况下至少存在结构调整（清楚说明这些调整）或技术差异（清楚说明差异及产生的原因）等情况。

（3）非等效（NEQ）：非等效不属于采用国际标准，只表明我国标准与相应标准有对应关系；非等效与修改采用的区别主要在于结构调整或技术差异是否被明确的说明。但如果技术差异太大，只保留了国际标准中数量较少的条款，那么无论差异是否被清楚说明，都只能是非等效。

除采用国际标准，还可采用国外先进标准，将国际上先进的标准进行分析研究，将其中内容不同程度地纳入我国的各级标准中，并贯彻实施以取得最佳效果。

三、国际标准编制规则和流程

（一）编制原则

（1）透明性。在标准立项、编制过程中，所有的重要信息都应该面向国际标准化组织所有成员国公开，并给予他们足够的时间和机会来进行意见反馈。

（2）开放性。国际标准化组织应无差别地对 WTO 成员国等开放，使得各成员国可以公平参与政策和相关标准的制定工作。

（3）公平协商性。WTO 成员的所有相关机构都应获得有意义的机会为国际标准的制定做出贡献，以确保国际标准的制定过程不会给予某些国家、团体或区域不当的竞争优势。还应建立程序确保所有利益相关方的观点都能够得到考虑，并通过协商有效处理其中的争议。在整个标准编制过程中都应该严格做到公平协商。

（4）相关性和有效性。为了帮助 WTO 成员国更好地推动国际贸易，减少不必要的贸易壁垒，国际标准应该具有相关性，并能有效解决成员国的市场、法规以及科学技术发展的需要。国际标准不应该扰乱国际市场，影响公正的市场竞争，或阻碍科学技术的发展。当不同国家存在不同需求和利益时，国际标准不应该偏向或有利于某些国家或地区的要求和利益。在可能的情况下，国际标准的编制应该基于性能的目标导向，而不是基于设计方法。

（5）一致性。国际标准应该加强相关标准化组织之间的合作和协调，以避免国际标准化组织内或不同组织之间的标准存在冲突和重叠。

（6）发展空间。公平性和开放性原则都要求所有的标准化工作都离不开发展中国家的参与。考虑到发展中国家在参与标准编制工作中遇到的困难，ISO 会采取切实有效的措施来帮助发展中国家参与标准编制，从而提高他们国际标准的参与度。

国际标准的编制流程，根据《ISO/IEC 导则　第 1 部分：ISO 补充部分-ISO 专用程序》，可分为预工作项目（PWI，也称预阶段）。这个阶段是制定 ISO 国际标准研究的第一个阶段，代表 ISO 正式受理此立项申请，是立项申请工作的开始，此时提案将被授予前缀为 PWI 的文件编号。正式进入 ISO 国际标准编制主要有 6 个阶段，分别为：提案阶段（NP）、准备阶段（WD）、委员会阶段（CD）、征询意见阶段（ISO/DIS）、批准阶段（FDIS）和出版阶段（ISO）。国际标准发布实施后，需要定期进行复审。

ISO 标准按照技术内容可大致分为几个类型：

（1）基础标准：基础标准是指在一定范围内作为其他标准的基础并具有广泛指导意义的标准。包括：术语标准、符号标准等。

（2）产品标准：产品标准是指对产品结构、规格、质量和检验方法所做的技术规定。

（3）方法标准：方法标准是指产品性能、质量方面的检测、试验方法为对象而制定的标准。其内容包括检测或试验的类别、检测规则、抽样、取样测定、操作、精度要求等方面的规定，还包括所用仪器、设备、检测和试验条件、方法，步骤、数据分析、结果计算、评定、合格标准、复验规则等。

（二）编制工作流程

按照相关管理办法，企业、科研院所、检验检测认证机构、行业协会及高等院校等我国的任何机构均可提出国际标准新工作项目和新技术领域提案。提交国际标准新工作项目提案应按照以下工作流程：

（1）由提案单位选择适合的技术委员会，对立项提案进行立项必要性和可行性等相关情况说明，联系其国内技术对口单位。

（2）新工作项目提案的提案人准备国际标准新工作项目提案申请表中所要求的相关内容材料，以及国际标准的中英文草案或大纲。

（3）上述材料经相关国内技术对口单位协调、审核，并经行业主管部门审查后，由国内技术对口单位报送国务院标准化行政主管部门；国务院标准化行政主管部门审核后统一向国际标准化组织（ISO）相关技术机构提交申请。

（4）在国内申报流程中任何环节出现困难，提案人可与国内技术对口单位联系，国内技术对口单位将提供辅导与协助。

（5）ISO 相关技术委员会或分委员会秘书处受理项目立项申请资料后立项工作便进入到立项申请流程中的预阶段也称初步阶段，这个阶段是制定国际标准化组织（ISO）国际标准研究的第一个阶段，代表国际标准化组织（ISO）正式受理此立项申请，是立项申请工作的开始，此时提案将被授予前缀为 PWI 的文件编号，国际标准化组织（ISO）国际标准的编制工作有 7 个阶段，各项目阶段的顺序如图 13-1 所示。相应阶段有关的文件名称和缩写如表 13-1 所示。

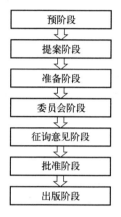

图 13-1　国际标准编制流程

表 13-1　项目阶段及有关文件

项目阶段	有关文件	
	名称	缩写
预阶段	预工作项目	PWI
提案阶段*	新工作项目提案	NWIP
准备阶段	工作草案[a]	WD
委员会阶段*	委员会草案[a]	CD
征询意见阶段*	征询意见草案[b]	ISO/DIS IEC/CDV
批准阶段	最终国际标准草案[c]	FDIS
出版阶段	国际标准	ISO、IEC 或 ISO/IEC

注：a. 可能省去阶段；

　　b. ISO 中为国际标准草案，IEC 中为投票用委员会草案；

　　c. 可能省略；

　　* 表示强制阶段。

（三）结构和描述深度（以工程建设领域标准为例）。

如前所述，ISO 主要出版物有：国际标准（International Standard），可公开获取的规范

（Public Available Specification）、技术规范（Technical Specification）、技术报告（Technical Report）、国际研讨会协议（International Workshop Agreements）和指南（Guides）。以国际标准为例，ISO 标准按照技术内容可大致分为基础标准、产品标准、方法标准。以下结合具体的 ISO 标准，举例说明 ISO 标准的一般结构和描述深度等。

ISO 在 20 世纪 80—90 年代制定了大量的产品试验方法类标准，这也是当时急需和关注的热点。以 ISO 9882：1993 建筑物的性能标准——预制混凝土楼板的性能试验——在非集中荷载下的工况为例，介绍此类标准的结构。标准的主要技术内容包括范围、试验原理、试验设备、试验方法等。

范围

本国际标准规定了确定由单块板或由多根预制小梁（钢筋混凝土或预制混凝土），并加填块和现浇混凝土做成的预制混凝土楼板的力学性能的试验程序。测定的参数有：

——最大荷载，逐级加荷，不产生破坏；

——加荷情况下的瞬时变形和延缓变形；

——楼板或其预制零部件可以承受的最大非破坏性施工荷载。

本国际标准适用于设计负荷小于 $5\,000\text{N}\cdot\text{m}^{-2}$ 和跨度小于 12m 的楼板的试验。

试验原理

用楼板截段或预制楼板部件做成的几个试件搁置在两个或三个支点上，做加荷（瞬时试验）或长期试验。

试验设备

能将力增大到足以破坏被试验的楼板、并可以将力按垂直于跨度的一条或两条直线施加到试件上，所有这样的压力机都可以用作试验设备。如果在两条线上施加压力，它们通常是在填块的 1/4 处或跨度的 1/3 处。

试验方法

试验方法分为两种，一种是在做好的楼板上试验，另一种是小梁的断裂试验。都从试件描述、试验条件、试验程序进行规定。最后给出试验结果的表达。

第二节　国际和区域标准化机构

一、国际标准化机构简况

（一）国际标准化组织 ISO

ISO 是国际标准化组织（International Organization for Standardization）的简称，成立于 1947 年，中央办事机构设在瑞士的日内瓦，是目前世界上最大、最有权威性的国际标准化专门机构。ISO 和 IEC 从一开始就是非政府组织（NGO）。尽管随着后来很多发展中国家加入 ISO，增加了其成员国的标准化组织是政府机构的比例，但它的组织形式依然保留着非政府机构的形式。"ISO"并不是首字母缩写，而是一个词，它来源于希腊语，意为"相等"，现在有一系列用它作前缀的词，诸如"isometric"（意为"尺寸相等"）"isonomy"（意为"法律平等"）。从"相等"到"标准"，内涵上的联系使"ISO"成为组织的名称。

ISO 的目的和宗旨是"在全世界范围内促进标准化工作的发展，以便于国际物资交流和服务，并扩大在知识、科学、技术和经济方面的合作"。其主要活动是制定国际标准，协调世界范围的标准化工作，组织各成员国和技术委员会进行情报交流，以及与其他国际组织进行合作，共同研究有关标准化问题。

（二）国际电工委员会 IEC

IEC 是国际电工委员会（International Electrotechnical Commission）的缩略语，成立于 1906 年，负责有关电气工程和电子工程领域中的国际标准化工作，总部设在瑞士日内瓦。

IEC 的宗旨是，促进电气、电子工程领域中标准化及有关问题的国际合作，增进国际间的相互了解。目前，IEC 的工作领域已由单纯研究电气设备、电机的名词术语和功率等问题扩展到电子、电力、微电子及其应用、通信、视听、机器人、信息技术、新型医疗器械和核仪表等电工技术的各个方面。IEC 标准已涉及了世界市场中 35% 的产品。

（三）国际电信联盟 ITU

ITU 是国际电信联盟（International Telecommunication Union）的缩略语，成立于 1865 年 5 月 17 日，是由法、德、俄等 20 个国家在巴黎会议上为了顺利实现国际电报通信而成立的国际组织。

ITU 的实质性工作由三大部门承担：国际电信联盟标准化部门、国际电信联盟无线电通信部门和国际电信联盟电信发展部门。其中标准化部门由原来的国际电报电话咨询委员会（CCIR）和标准化工作部门合并而成，主要职责是完成国际电信联盟有关电信标准化的目标，使全世界的电信标准化。ITU 目前已制定了 2 000 多项国际标准。

二、区域标准化机构

（一）欧洲标准化委员会（CEN）

欧洲标准化委员会（CEN）1961 年成立于法国巴黎，其宗旨是促进成员国之间的标准化合作，制定欧洲统一标准，实行合格评定制度，消除技术性贸易壁垒，是欧洲标准的主要制定机构之一。CEN 的组织体系由全体大会、管理局、技术管理局、对外政策咨询委员会、财务咨询委员会等机构组成。

（二）欧洲技术认可组织（EOTA）

EOTA 是欧洲技术认可组织（European Organization for Technical Assessment）的英文缩写，该组织由与欧盟成员国及欧洲自由贸易协议成员国提名的欧洲技术认可认证机构组成，主要从事建筑产品领域的技术评估，其目的是解除欧洲对于建筑建材产品的不同标准而导致的技术壁垒。EOTA 的主要职责是依据欧盟建筑产品条例（305/2011/EU-CPR）编制汇总欧洲技术评价文件（European Assessment Documents，简称 EADs），并采用 EADs 进行 ETA 认证相关的一切活动。通过 ETA 认证的产品，满足符合性证明的规定，可以标注 CE 标志并在欧洲协议成员国进行自由贸易。

（三）欧洲电工标准化委员会（CENELEC）

欧洲电工标准化委员会（CENELEC）1976 年成立，总部设在比利时布鲁塞尔，由欧洲电工标准协调委员会（CENELCOM）和欧洲电气标准协调委员会（CENEL）合并而成，主要负责电工电子工程领域的标准化工作。CENELEC 制定统一的 IEC 范围外的欧洲电工标准，实行电工产品的合格认证制度。欧洲电子元器件委员会（CECC）和电子元器件质量评定委员会（ECQAC）是电子产品的合格认证机构。现有33位成员，分别来自欧洲共同体的28个国家，前南斯拉夫的马其顿共和国，土耳其以及欧洲自由贸易协会成员国（冰岛、挪威和瑞士）。

（四）国际铁路联盟（UIC）

国际铁路联盟（UIC）是代表铁路部门，为促进铁路事业发展而成立的国际组织。UIC组织在欧洲、亚太、非洲、北美、拉美、中东设有6个地区大会，针对每个地区制定战略行动计划。每个地区设区域主席（有些区域有副主席）及一名协调员。UIC从建立起就有标准制定的职能。UIC标准制定主要包括UIC活页册（Leaflets）和UIC国际铁路标准（IRS）。UIC国际铁路标准（International Railway Solutions，IRS）是一个结构化标准框架，旨在为铁路系统设计、施工、运营维护和服务提供一系列自愿性的解决方案。IRS正在逐渐取代各项UIC活页册。目前UIC已发布数十项IRS。

（五）建筑智慧国际联盟（bSI）

建筑智慧国际联盟（buildingSMART International，简称"bSI"）通过制定、研发openBIM国际标准和工具以实现工程项目全生命周期数据共享的国际权威BIM组织。自1995年成立以来，一直致力于为建筑业通过共同开发开源的、中立的国际化的数字化数据共享解决方案和标准以解决行业常见问题，带领关键利益相关者（设计师、建造者、业主和运行者）共同制定标准。为了实现工程建造全生命周期的数据流通，buildingSMART创建了"openBIM标准体系"，其中所包括的的IFC、IDM和IFD标准被全球公认为"实现BIM的三大基石"，且均被ISO采纳为国际标准。bSI同时还是ISO的A级联络组织，其编制的BIM标准都可快速转化为ISO国际标准。

三、工程建设领域的ISO合作组织

ISO同时与多个国际组织有合作关系，其中的一些组织通过与ISO技术委员会的联络关系参与ISO标准的制定工作。与工程建设领域相关的部分组织有：

欧洲预制混凝土联盟（BIBM）European Federation for Precast Concrete

建筑智慧国际联盟 buildingSMART International

欧洲木工工业联盟（CEI-Bois）European Confederation of Woodworking Industries

欧洲水泥协会（CEMBUREAU）The European Cement Association

国际建筑和工程研究与创新理事会（CIB）International Council for Research and Innovation in Building and Construction

欧洲钢结构公约（ECCS）European Convention for Constructional Steelwork

环境标准联盟（ECOS）Environmental Coalition on Standards

欧洲电梯协会（ELA）European Lift Association

欧洲弹性地板制造商协会（ERFMI）European Resilient Flooring Manufacturers Institute

欧洲密封协会（ESA）European Sealing Association

欧洲空气处理和制冷设备制造商委员会（EUROVENT）European Committee of Air Handling and Refrigeration Equipment Manufacturers

欧洲门窗幕墙制造商协会（EuroWindoor AISBL）European Window, Curtain Walling and Door Manufacturers

欧洲焊接协会（EWA）European Welding Association

欧洲焊接、连接和切割联合会（EWF）European Federation for Welding, Joining and Cutting

欧洲钢丝绳工业联合会（EWRIS）European Federation of Wire Rope Industries

欧洲窗户和幕墙制造商协会联合会（FAECF）Federation of European Window and Curtain Wall Manufacturers′ Associations

欧洲胶合板工业联合会（FEIC）European Federation of the Plywood Industry

全球第三类环境产品声明网（GEDNet）Global Type Ⅲ Environmental Product Declarations Network

美国电气和电子工程师学会（IEEE）Institute of Electrical and Electronics Engineers, Inc IISD

国际可持续发展研究所 International Institute for Sustainable Development

亚太电梯及自动扶梯协会（PALEA）Pacific Asia Lift and Escalator Association

国际建筑师联盟（UIA）International Union of Architects

国际铁路联盟（UIC）International Union of Railways

零排放平台（ZEP）Zero Emissions Platform

四、 ISO 主要技术机构

ISO 是非政府性国际组织，不属于联合国，但它是联合国经济和社会理事会的综合性咨询机构，是 WTO 技术贸易壁垒委员会（WTO/TBT 委员会）的观察员，并与联合国许多组织和专业机构保持密切联系，如欧洲经济委员会、粮食及农业组织、国际劳工组织、教科文组织、国际民航组织等。它还与很多国际组织就标准化问题进行合作，其中，同国际电工委员会（IEC）的关系最为密切。

ISO 的主要机构包括全体大会（General Assembly），理事会（Council），中央秘书处（Central Secretariat），技术管理局（Technical Management Board），技术委员会（Technical Committee）。其中技术管理局（TMB）是 ISO 技术工作的最高管理和协调机构。我们通常所说的参与 ISO 标准化活动，大部分情况是参与 ISO 技术标准的编制和技术机构的任职，这些事务都归 TMB 管理。本文重点介绍技术管理局相关的工作和组织架构情况。

（一）技术管理局（TMB）

技术管理局（TMB）由 1 名主席和理事会任命或选举的 14 个成员团体组成。技术管理局（TMB）的主要任务是：

（1）协调、运转和管理 ISO 全部技术工作、制定 ISO 战略计划、向理事会做工作报告，在需要时向理事会提供咨询。

（2）负责技术委员会机构的全面管理。

（3）审查 ISO 新工作领域的建议，批准成立或解散技术委员会，修改技术委员会工作导则。

（4）代表 ISO 复审 ISO/IEC 技术工作导则，检查和协调所有的修改意见并批准有关的修订文本。

技术管理局（TMB）的日常工作由 ISO 中央秘书处承担。TMB 认为必要时，可设立一些专门机构，专门机构就有关标准化原理问题、基础问题、行业问题及跨行业协调问题、必要的新工作及相关计划等方面向 TMB 提出建议。

（二）ISO 技术委员会

技术委员会（Technical Committee）：承担 ISO 标准制修订工作的技术机构。技术委员会（TC）由技术管理局（TMB）设立、管理、监督和解散。技术委员会是 ISO 绝大多数技术工作的承担机构，有些技术委员会下设分委员会 SC，不直接管理标准，有些技术委员会直接下设工作组 WG，这些组织形式不尽相同，是根据具体情况而定的。

项目委员会（Project Committee）：当需要制定个别不属于现有技术委员会范围内的新工作项目提案时可成立项目委员会（PC）。项目委员会与技术委员会（TC）的设置和构架相同，只针对某个领域特定项目而成立的临时性技术机构，相关标准一旦出版，项目委员会即应解散。项目委员会由技术管理局（TMB）批准成立。

咨询组（Advisory Group）：技术委员会或分委员会可成立具有咨询职能的小组，帮助委员会主席和秘书完成与协调、策划及指导委员会工作或其他具有咨询特性的具体任务。其成员应由国家成员体指派，由上级技术委员会最终批准咨询组的组成。这类小组可对有关起草或协调出版物（特别是国际标准、技术规范、可公开获取的规范及技术报告）提出建议，一旦咨询任务完成，咨询组将解散。

（三）ISO 标准和机构现状

截至 2023 年 7 月，ISO 总共编制了 24 869 本标准，涉及各个领域。其中 2022 年发布了 1 412 项标准，是近 5 年最少的一年（2021 年发布了 1 619 项，2020 年发布了 1 627 项）；新立项 1 512 项，按照 ISO 的分类和编制情况，见表 13-1。

机构方面，ISO 总共有 3 873 个技术机构，其中包括 259 个技术委员会（TC）、500 个分委会（SC）、2 490 个工作组（WG）和 567 个其他其他组。ISO 的标准编制活动主要以开会讨论的方式推进，其中 2022 年，ISO 以视频/现场会议的方式共召开 6 499 场会议，此外，ISO 对各国家成员体承担秘书处和工作组也有统计，36 个国家成员体承担了秘书处，表 13-2 给出 2022 年承担数量比较多的一些国家（2021 年不同的在括号中给出）。

表 13-2 重点国家承担 ISO 秘书处和工作组召集人情况（2022、2021 年）

国家成员体	TC 和 SC 秘书处数量（2021 年）	工作组召集人数量（2021 年）
澳大利亚 SA	23	57
加拿大 SCC	18（16）	97（88）
中国 SAC	79（71）	274（226）
法国 AFNOR	81（79）	205（190）
德国 DIN	131	372（356）
印度 BIS	11	13
意大利 UNI	23（22）	56（51）

续表

国家成员体	TC 和 SC 秘书处数量（2021 年）	工作组召集人数量（2021 年）
日本 JISC	80	233（223）
韩国 KATS	22（21）	117（104）
荷兰 NEN	10（12）	60（57）
挪威 SN	7（10）	32（30）
南非 SABS	11（10）	11
瑞典 SIS	26（25）	59
瑞士 SNV	20	30（29）
英国 BSI	76（77）	237（217）
美国 ANSI	92（98）	415（421）

（ISO 2022 年数据统计）

五、 ISO 工程建设领域主要技术委员会

从 ISO 对房屋建筑领域的委员会划分来看，主要包括了 23 个 TC（见表 13-3），结合住房和城乡建设部管理范围来看，有些技术委员会存在管理交叉的情况，以下列举一些重要的机构进行介绍。

表 13-3　ISO 房屋建筑领域技术委员会清单

序号	ISO/TC	中文名称	英文名称
1	TC 21	消防设备	Equipment for fire protection and firefighting
2	TC 59	建筑和土木工程	Buildings and civil engineering works
3	TC 71	混凝土、钢筋混凝土和预应力混凝土	Concrete, reinforced concrete and pre-stressed concrete
4	TC 74	水泥和石灰	Cement and lime
5	TC 77	纤维增强水泥制品	Products in fiber reinforced cement
6	TC 89	木基板材	Wood-based panels
7	TC 92	防火安全	Fire safety
8	TC 96	起重机	Cranes
9	TC 98	建筑结构设计基础	Bases for design of structures
10	TC 136	家具	Furniture
11	TC 160	建筑用玻璃	Glass in building
12	TC 162	门、窗和幕墙	Doors, windows and curtain walling
13	TC 163	建筑环境中的热性能和能源使用技术委员会	Thermal performance and energy use in the built environment

序号	ISO/TC	中文名称	英文名称
14	TC 165	木结构	Timber structures
15	TC 167	钢和铝结构	Steel and aluminium structures
16	TC 178	电梯、自动扶梯和旅客运送机	Lifts，escalators and moving walks
17	TC 182	土工学	Geotechnics
18	TC 189	瓷砖	Ceramic tile
19	TC 195	建筑机械和设备	Building construction machinery and equipment
20	TC 205	建筑物环境设计	Building environment design
21	TC 218	木材	Timber
22	TC 219	铺地物	Floor coverings
23	TC 267	设施管理	Facility management

（一）ISO/TC 10/SC 8 建筑文件分委员会（Construction documentation）

秘书处：挪威标准协会（SN），主要的领域是建筑制图的符号、简化画法、标识系统、公差限制表示方法、计算机 CAD 中的图层、设备和建筑管理元数据文件等方面的内容。

TC 10/SC 8 是 ISO 中唯一的关于建筑工程在建设过程中，其技术文件如何组织和表述的技术机构，当前发布了 16 项标准，从最基本的建筑制图表达总则（例如 ISO 7519）到图层等专项表达方法（例如 ISO 13567）等，使全球工程建设行业能够在同一表达语境下进行技术交流。

（二）ISO/TC 59 建筑和土木工程技术委员会（Buildings and civil engineering works）

秘书处：挪威标准协会（SN），主要开展建筑和土木工程领域难于用量化的市场和贸易要求来表达的基础性标准。包括：一般术语、信息组织、一般几何要求，包含模数协调、公差的一般原则、使用寿命相关的功能和用户要求、可持续发展方面的一般规定和指导方针、工程采购的流程，方法和规程等。因此，ISO/TC 59 发展的是一些最基本的标准，常常被其他技术委员会用作基本引用文件。

1. ISO/TC 59/SC 2 术语和语言协调分委员会（Terminology and harmonization of languages）

秘书处：英国标准学会（BSI），致力于建筑和土木工程领域术语的标准化，包括 ISO/TC 59 或其他相关且不属于任何其他技术委员会的范围内的通用术语和特定主题术语。

ISO/TC 59/SC 2 是协调 ISO 在建筑领域各机构术语和定义的组织，重点是使得术语信息准确、简介、方便交流。已制定的术语标准包括通用术语、可持续术语、合同术语和设施管理术语等。

2. ISO/TC 59/SC 13 建筑和土木工程的信息组织和数字化，包含建筑信息模型（BIM）分委员会 Organization and digitization of information about buildings and civil engineering works，including building information modelling（BIM）

秘书处：挪威标准协会（SN），专注于建筑环境中贯穿整个建筑和基础设施生命周期信息的标准编制工作。①促进信息的交互性；②提供用于定义、描述、交换、监管、记录及安全地处理信息、语意及过程的标准、规程及报告，并与地理空间及其他相关的建筑环境信息相连；③实现面向对象的数字信息交换。

SC 13 是 ISO 在建筑领域关注信息化与数字化的分委员会，与全球性 BIM 领域标准机构 building SMART 紧密合作，目前的主要工作有以下几个方面：①标准相关的建筑数据的发展；②建筑行业信息分类；③建筑信息模型——信息交付手册；④建筑服务系统模型的产品数据；⑤资产生命周期中协同工作的实现。SC 13 发布了很多有重要影响力的标准，如信息管理方面的 ISO 19650 系列，工业基础类 IFC 16739，信息交付标准 IDM 29481 系列、还有新发布的关于数据字典的 ISO 23386、ISO 23387 等。目前这些标准已经通过软件应用实现了标准之间的相互连接。

3. ISO/TC 59/SC 14 设计寿命分委员会（Design life）

秘书处：英国标准学会（BSI），致力于服务寿命规划系列标准的编制，为不同建筑类型的使用寿命规划提供方法，宗旨是降低业主的成本。评估建筑物的每一部分的使用寿命，将最终决定适合的技术条件和细部设计。提高使用的可靠性和适用性，并减少报废的可能性。

SC 14 分委员会致力于服务寿命规划系列标准 ISO 15868 系列的编制，可为不同建筑类型的使用寿命规划提供了一个方法。在项目交付阶段，确保设计满足功能需求层次，通过考虑不同的概念设计解决方案，评价其对设计寿命产生的影响。宗旨是降低业主的成本。评估建筑物的每一部分的使用寿命，将最终决定适合的技术条件和细部设计。当已经预测建筑物及其各部分的使用年限时，可以应用维护规划和评估的技术，这将提高使用的可靠性和适用性，并减少报废的可能性。

4. ISO TC 59/SC 15 住宅性能描述的框架分委员会（Framework for the description of housing performance）

秘书处：日本工业标准委员会（JISC），主要工作致力于房屋住宅的性能描述和要求以及评估建筑和住宅解决方案的方法，包括但不限于：结构安全、结构可服务性、结构耐久性、防火、运行能耗、可访问性和可用性等；SC 15 发布的最重要的标准是 ISO 15928 系列，主要范围是针对住宅（house），一般为不高于 3 层的独栋房屋或连排住宅的性能要求。

5. ISO/TC 59/SC 16 建筑环境的可访问性和可用性分委员会（Accessibility and usability of the built environment）

秘书处：西班牙标准局（UNE），主要致力于建筑环境中无障碍和可用性的标准化，以确保可用于最广泛的人群。SC 16 编制了标准 ISO 21542，规定了在建筑环境方面的构件、组件和配件中的部件的建议和要求的范围。这些要求与正常进入或紧急疏散建筑、建筑中的环路和出入口的构件相关，也对建筑中无障碍管理方面进行了规定，包含了在一般场地上从建筑群之间或场地边界的外部环境进入建筑或建筑群的通道。本规范不包括外部环境的构件，例如公共开放空间，其功能是独立的，且与建筑使用无关，同时也不包括独栋住宅。

6. ISO/TC 59/SC 17 建筑和土木工程的可持续性分委员会（Sustainability in buildings and civil engineering works）

秘书处：法国标准化协会（AFNOR），SC 17 致力于可持续的术语、一般原则、产品环境声明和碳排放计量的方法和报告等方面的内容，未来将更多的考虑社会影响方面，将建筑的可持续性的三个方面逐步完善。其中 ISO 16745 主要从温室气体类型和计量对象两个方面阐述，在温室气体类型方面，ISO 16745-1：2017 将计量范围类型分为三种：CM1（只计量建筑直接能耗引起的碳排放）、CM2（计量建筑直接能耗、使用者相关能耗引起的碳排放）、CM3（计量建筑直接能耗、使用者相关能耗引起的碳排放，以及建筑相关的其他排放，如建筑清洗、维修、翻新带来的直接与间接碳排放，还有制冷剂造成碳排放当量）。

7. ISO/TC 59/SC 18 工程采购分委员会（Construction procurement）

秘书处：南非标准局（SABS），致力于建筑工程的建造、翻新、改造、维护和拆除的采购流程、方法和程序的概念框架和特点的标准化，包括：资金选择方法、定价方法和承包方法；客户在项目交付中的角色，以及控制框架。SC 18 工程采购委员会发布的重点标准是 ISO 10845（工程采购）系列的八本标准的维护，并将在可持续采购方面编制新的标准。ISO 10845-1 描述了在组织内建立公正、公平、透明、极具竞争力和成本效益采购体系的过程、方法和步骤。

8. ISO/TC 59/SC 19 装配式建筑委员会分委员会（Prefabricated building）

秘书处：中国国家标准化管理委员会（SAC），新成立于 2021 年，目前暂无已发布标准。将致力于装配式建筑领域的标准化，包括一般术语、设计基本原则，装配式建筑构件和连接件几何要求和性能要求，装配式建筑施工安装的一般要求，包括吊装工艺和施工工艺。

9. ISO/TC 59/SC 20 建筑和土木工程的韧性分委员会（Resilience of buildings and civil engineering works）

秘书处：中国国家标准化管理委员会（SAC），新成立于 2023 年，在 ISO/TC59/WG4 的基础上建立，接管了由 WG4 编制并已出版的 ISO/TR 22845：2020 和 ISO/TR 5202：2023，并将于 2024 年内接管剩余两本 WG4 在编的韧性相关标准。分委会致力于开展与解决建筑环境设计中的韧性问题相关的标准化工作，以降低因自然或人为灾害以及不断变化的环境引起的风险。

（三）ISO/TC 71 混凝土、钢筋混凝土和预应力混凝土技术委员会 Concrete, reinforced concrete and pre-stressed concrete）

秘书处：日本工业标准委员会（JISC），主要开展混凝土技术以及混凝土、钢筋混凝土和预应力混凝土结构的设计和施工技术的标准化工作，以保证在质量和降低成本方面持续发展进步；还包括相关术语、定义及试验方法的技术标准化工作，以促进研究工作的国际交流。

ISO/TC 71 目前编制的标准有：ISO 22040《混凝土结构全生命期管理》。ISO/TC 71

技术委员会及其分技术委员会负责开展覆盖混凝土结构全生命周期的材料、设计、施工、维护与修复、环境管理的标准化工作。

1. ISO/TC 71/SC 1 混凝土试验方法分委员会（Test methods for concrete）

秘书处：以色列标准协会（SII），主要负责开展混凝土试验方法的标准化工作。ISO 1920 系列标准是其重要的发布标准，范围主要涉及混凝土原材料性能试验方法、普通混凝土的拌合物性能和物理力学性能等性能相关试验方法，以及透水混凝土等特殊混凝土的性能试验方法等。

2. ISO/TC 71/SC 3 混凝土生产和混凝土结构施工分委员会（Concrete production and execution of concrete structures）

秘书处：挪威标准协会（SN），主要负责开展混凝土生产及混凝土结构建筑施工的标准化工作。范围主要涉及混凝土原材料通用要求、混凝土生产制备技术要求、混凝土结构施工等。

3. ISO/TC 71/SC 4 结构混凝土性能要求分委员会（Performance requirements for structural concrete）

秘书处：俄罗斯联邦技术控制和计量署（GOST R），主要负责开展结构混凝土、混凝土结构设计标准的性能要求相关标准化工作。主要围绕已发布标准 ISO 19338《结构混凝土设计标准的性能与评估要求》展开，这本标准规定了结构混凝土设计标准的性能和评估要求，可用于设计和施工要求的国际统一。

4. ISO/TC 71/SC 5 混凝土结构简化设计标准分委员会（Simplified design standard for concrete structures）

秘书处：韩国技术标准署（KATS），主要负责开展混凝土结构（房屋建筑、桥梁、水池等）简化设计、抗震性能评估及修复等标准化工作。这些标准适用对象主要集中在小面积低层建筑结构、预制结构、短跨度桥梁、水池构筑物等形式的混凝土结构，对其结构设计、连接设计及相关的施工做出规定；另外，还针对混凝土建筑抗震评估与修复的简化方法做出有关规定。例如，ISO 15673：2016《建筑用钢筋混凝土结构简化设计指南》、ISO 18407：2018《预应力混凝土饮用水蓄水池简化设计》、ISO 18408：2019《钢筋混凝土墙板建筑的简化结构设计》、ISO 20987：2019《建筑中预制混凝土结构构件间机械连接简化设计》、ISO 28841：2013《混凝土建筑抗震评估与修复简化方法指南》、ISO 28842：2013《钢筋混凝土桥梁简化设计指南》、ISO 22502：2020《混凝土围护结构与主体结构连接的简化设计》等。

5. ISO/TC 71/SC 6 混凝土结构非传统配筋材料分委员会（Non-traditional reinforcing materials for concrete structures）

秘书处：日本工业标准委员会（JISC），主要负责开展纤维增强聚合物（FRP）、纤维增强水泥基复合材料及钢纤维增强混凝土等非传统配筋材料混凝土及混凝土结构的试验方法、配料以及拌合设备的质量控制要求等标准化工作，水泥基纤维混凝土，纤维筋、纤维条材及纤维网片配筋混凝土结构的设计、性能评估及有关试验方法标准研究与制订。

6. ISO/TC 71/SC 7 混凝土结构的维护与修复分委员会（Maintenance and repair of concrete structures）

秘书处：韩国技术标准署（KATS），主要开展混凝土结构维护及修复标准化工作，主要涉及维护与修复的基本原则、裂缝渗漏、地震损伤的评估与修复、修复工作的结构状态评估、设计及施工，修复材料的试验方法等。例如 ISO 16311 混凝土结构的维护与修复系列标准包括基本原则、既有混凝土结构评估、修复和预防的设计、修复和预防的施工等。

7. ISO/TC 71/SC 8 混凝土和混凝土结构的环境管理分委员会（Environmental management for concrete and concrete structures）

秘书处：日本工业标准委员会（JISC），主要开展混凝土和混凝土结构的环境管理标准化工作。TC 71/SC 8 分技术委员会 ISO 13315 系列标准共八本，标准的主要范围是针对环境的混凝土结构使用、针对混凝土结构的环境设计等。

8. ISO/TC 71/SC 9 钢—混凝土组合结构和混合结构分委员会（Steel-concrete composite and hybrid structures）

秘书处：中国国家标准化管理委员会（SAC）。ISO/TC 71/SC 9 将开展基于全寿命周期的钢—混凝土组合结构和混合结构的设计、施工、运维、拆除和循环利用等方面相关国际标准的制定工作。

（四）ISO/TC 86/SC 6 空调和热泵的测试和评定分委员会（Testing and rating of air-conditioners and heat pumps）

秘书处：日本工业标准委员会（JISC），主要开展制冷和空调领域中空调器和热泵标准化工作，包括术语、设备测试和定级方法、声级测量。范围包括组合式空调或制冷设备、热泵、热回收设备以及其他设备或组件，如其他 ISO 技术委员会不涵盖的用于空调和制冷系统的通风设备、自控设备等。

（五）ISO/TC 98 结构设计基础技术委员会（Bases for design of structures）

秘书处：波兰标准化委员会（PKN），主要开展不考虑建筑材料的结构设计基础标准化工作，包括术语和符号，荷载、力和其他作用以及变形限制。考虑和协调结构整体的基本可靠性要求（包括由钢材、石材、混凝土和木材等特定材料建造的结构），与相关技术委员会联络，制定衡量可靠性的通用方法。标准数量并不多，但大多属于结构设计领域的"顶层标准"，是各类工程结构都要加以引用和遵循的。主要标准包括：ISO 3898《结构设计基础——物理量和一般量的名称和符号》、ISO 2394《结构可靠性一般原则》、ISO 12491《建筑材料和部件质量控制的统计方法》、ISO 13822《结构设计基础——既有结构的评定》、ISO 13823《结构耐久性设计总原则》、ISO 13824《结构设计基础——涉及结构的系统风险评估总原则》、ISO 22111《结构设计基础——一般要求》、ISO 3010《结构设计基础——结构的地震作用》、ISO4354《结构风荷载》、ISO 4355《结构设计基础——屋面雪荷载的确定》、ISO 10252《结构设计基础——偶然作用》、ISO 13033《结构设计基础——荷载，力和其他作用——建筑非结构构件的地震作用》等。

1. ISO/TC 98/SC 1 术语和符号分委员会（Terminology and symbols）

秘书处：澳大利亚标准协会（SA），主要与结构设计基础相关的术语和符号的标准化工作。如编制的 ISO 8930《结构可靠性总原则-词汇》，主要内容是列举了与结构可靠性相关的术语名称，以统一 TC 98 框架下各本标准中对同一物理量的不同提法。

2. ISO/TC 98/SC 2 结构可靠性分委员会（Reliability of structures）

秘书处：波兰标准化委员会（PKN），新编制的技术报告 ISO/TR 4553《正常使用极限状态下的建筑及其构件的变形和位移》。该技术报告由日本于 2018 年发起编制，中国专家承担了层间隔震设计、储液罐隔震设计等章节的编写工作，在标准编制工作中发挥了重要作用。

3. ISO/TC 98/SC 3 荷载，力和其他作用分委员会（Loads，forces and other actions）

秘书处：日本工业标准委员会（JISC），SC 3 主持制订了 11 项国际标准，主要涉及住宅、公共建筑、厂房和仓库等的使用荷载等方面，目前暂无开展工作的工作组，由于各国对作用的取值原则不尽相同、使用条件和自然条件千差万别，因此相关标准的修订难度较大。

（六）ISO/TC 127 土方机械技术委员会（Earth-moving machinery）

秘书处：美国国家标准学会（ANSI），TC 127 土方机械以满足土方机械全球标准的需求为己任。其主旨是制定一套完整的 ISO/TC 127 标准，用来作为世界各国的标准法规的基础。主要开展土方机械领域的 ISO 标准化工作，具体包括挖掘装载机、推土机、自卸车、挖掘机、平地机、回填压实机、装载机、吊管机、压路机、铲运机、挖沟机等多类土方机械及其零部件的标准化制修订工作。

1. ISO/TC 127/SC 1 关于安全及机器性能的测试方法分委员会（Test methods relating to safety and machine performance）

秘书处：英国标准学会（BSI），ISO/TC 127/SC 1 的宗旨是制定一套完整的关于安全及机器性能测试方法的国际土方机械标准，用来作为世界各国土方机械标准法规的基础。

2. ISO/TC 127/SC 2 关于安全、人类工效学及通用要求分技术委员会（Safety，ergonomics and general requirements）

秘书处：美国国家标准学会（ANSI），ISO/TC 127/SC 2 的宗旨是制定一套完整的关于安全、人类工效学及通用要求的国际土方机械标准，用来作为世界各国土方机械标准法规的基础。

（七）ISO/TC 142 空气和其他气体的净化设备技术委员会（Cleaning equipment for air and other gases）

秘书处：意大利国家标准化协会（UNI），ISO/TC 142 技术委员会主要开展一般通风和工业用通风领域中，空气和其他气体的净化及消毒设备的术语、分类、特性、试验方法和性能方法的标准化工作。不包括用于移动设备的燃气轮机和集成电路发动机的废气净化器，这在其他 ISO 技术委员会的范围内：ISO/TC 94 技术委员会的工作领域：个人防护设备过滤器；ISO/TC 22、23 和 127 所覆盖的移动设备中的舱室过滤器。

（八）ISO/TC 162 门、窗和幕墙技术委员会（Doors，windows and curtain walling）

秘书处：日本工业标准委员会（JISC），主要技术领域和为建筑门、窗和建筑幕墙，工作范围包含：门、门组件、窗和幕墙包括五金，针对特定性能要求的材料的生产，术语，生产规格和尺寸和测试方法的标准化。主要标准有：ISO 6442：2005《门扇——一般和局部平整度——测量方法》、ISO 6443：2005《门扇——高度、宽度、厚度和方正度测量方法》、ISO 8271：2005《门扇——抗硬物撞击性能检测方法》、ISO 8274：2005《门窗——耐重复开闭力——试验方法》、ISO 15821：2007《门和窗——动态压力下不透水性试验——气旋方面》、ISO 15822：2007《对角变形时门具开启性能试验方法——地震方面》等。

（九）ISO/TC 163 建筑环境中的热性能和能源利用技术委员会 Thermal performance and energy use in the built environment

秘书处：瑞典标准协会（SIS），主要范围是建筑和土木工程领域材料、产品、部件、元件和系统的热湿性能，包括新建和既有建筑；建筑和工业应用的保温材料、产品和系统，包括建筑安装设备的保温的标准化工作；具体涵盖了热量和水分传递、温度和水分条件的试验和计算方法；建筑能耗的测试和计算方法，包括工业建筑环境；建筑冷热负荷试验与计算方法；采光、通风、空气渗透的试验计算方法；建筑和建筑构件的热、湿、热和能源性能的现场测试方法，计算的输入数据，包括气候数据；保温材料、产品和系统规范及相关试验方法和合格标准；术语；在 ISO 内部对热和湿热性能的工作进行总体审查和协调等。

（十）ISO/TC 165 木结构技术委员会（Timber Structures）

秘书处：加拿大标准委员会（SCC），主要开展木材、木基板材、其他工程木产品、竹材以及相关木质纤维材料的结构应用标准化工作。主要包括：设计要求；材料、产品、构件和组合构件的结构特征、性能以及设计值；建立测定相关结构、力学、物理特征和性能的试验方法及相关要求。

木结构技术委员会建立了国际木材分类体系，解决了包括木材的目测分级、机械分级及测试方法的问题，为木材的国际贸易提供了一套能被各国接受的国际木材分类系统框架，在全球范围内促进了木材贸易。这些标准包括：ISO 9709《结构用木材—目测强度分等—基本原则》、ISO 12122-1《木结构—特征值的确定—第 1 部分：基本要求》、ISO 12122-2《木材结构—特性值的测定—第 2 部分：锯材》、ISO 13912《结构用木材—机械分级—基本原则》、ISO 13910《木结构—强度分等木材—结构特性试验方法》、ISO 16598《木材结构-锯材的分类》、ISO 18100《木结构—指接木材—加工及产品要求》等。

（十一）ISO/TC 195 建筑施工机械与设备技术委员会（Building construction machinery and equipment）

秘书处：中国国家标准化管理委员会（SAC），主要工作范围是施工现场使用的机械和设备领域的术语、应用、分类、分级、技术要求、试验方法、安全要求等方面，设备类型包括：混凝土机械（如配料机，搅拌机，泵，撒布机，输送设备，振动器，抹平机）、基础施工机械（如打桩设备，连续墙设备，钻机，喷射设备，灌浆设备，用于土壤和岩石混合物的钻机）、骨料加工机械（如筛分，破碎）、道路施工与养护机械设备、隧道掘进机（TBMs）以及相关的机器和设备（如护盾式隧道掘进机，敞开式隧道掘进机、伸缩护盾式隧道掘进机）、扩挖机械、微型隧道掘进机械，顶管机，定向钻机（除采矿用外），气闸，TBM 应急避险仓，隧道掘进用多功能胶轮车（MSV）、脚手架等，此外也包括用于建筑材料生产和加工的机器和设备，包括天然石材加工；制造精细、重质粘土和耐火陶瓷、平板、中空和特殊玻璃的生产，处理和加工；现场加工建筑材料的机器和设备；道路作业机械设备等。

（十二）ISO/TC 205 建筑环境设计技术委员会（Building environment design）

秘书处：美国国家标准协会（ANSI），主要就新建或改建建筑的设计制订标准，从而在保证室内环境质量的前提下有效降低能耗。建筑环境设计主要针对建筑技术及相关建筑设计，包括设计流程、设计方法、设计成果以及设计阶段的建筑调试。室内环境则包括室内空气品质、热环境、声环境以及视觉环境。具体包括：室内环境品质与能耗相关的可持续问题；建筑环境设计一般原则；节能建筑设计；建筑自动控制系统的设计；室内热环境设计与改造；室内热环境设计与改造；室内声环境设计与改造；室内视觉环境设计与改造；供热和制冷系统涉及含辐射式；建筑环境相关设备性能测试与分级方法应用等。

（十三）ISO/TC 214 升降工作平台技术委员会 Elevating work platforms

秘书处：美国国家标准协会（ANSI），主要开展用于提升和安置人员（及相关工作工具和材料）到执行任务的工作位置的工作平台的术语，分级，一般原则（技术性能要求和风险评估），安全要求，试验方法，维护和操作的标准化工作。

（十四）ISO/TC 224 涉及饮用水供应及污水和雨水系统的服务活动技术委员会（Service activities relating to drinking water supply，wastewater and stormwater systems）

秘书处：法国标准化协会（AFNOR），工作范围涉及饮用水供应、污水和雨水系统的服务活动管理理念的标准化。该结构包括实现供水、污水和雨水系统目标所需的各项活动。管理概念结构中还包括除饮用水之外的其他目的的供水。

（十五）ISO/TC 268/SC 1 智慧城市基础设施计量分委员会（Smart urban infrastructure metrics）

秘书处：日本工业标准委员会（JISC），智慧城市基础设施领域的标准化，包括定义和描述城市基础设施的智能性的基本概念，可扩展的和可积的系统，用于基准的协调度量，应用于不同类型社区的度量，以及测量、报告和验证的规范的使用。目前主要的领域是智慧交通和数据交换与共享。主要的标准包括：ISO 37153：2017《智慧城市基础设施性能和集成成熟度模型》、ISO 37154：2017《智慧城市基础设施最佳交通实践指南》、ISO 37155-1：2020《智慧城市基础设施整合和运营框架》、ISO 37156：2020《智慧城市基础设施数据交换与共享指南》、ISO 37157：2018《智慧城市基础设施紧凑型城市的智慧交通》等。

（十六）ISO/TC 300 固体回收燃料技术委员会（Solid Recovered Fuels）

秘书处：芬兰标准化协会（SFS），主要开展固体回收燃料的标准化，从可回收材料的接收点到交付点，将非危险废弃物制备成以能源利用为目的的固体回收燃料。不包括ISO/TC 238 固体生物燃料和 ISO/TC 28 石油及相关的产品、天然及合成的燃料和润滑剂的标准工作。技术委员会未来工作范围将从固废能源化扩大到固废资源化。

第三节　我国工程建设标准国际化工作概况

一、国内涉及国际标准化活动的相关部门和机构

（一）国家标准化管理委员会 SAC

国家标准化管理委员会于 2001 年成立，2018 年并入国家市场监督管理总局，对外仍

以国家标准化管理委员会的名义代表国家参加国际标准化组织（ISO）、国际电工委员会（IEC）和其他国际或区域性标准化组织；承担有关国际合作协议签署工作。

国家标准化管理委员会作为国务院标准化行政主管部门，统一组织和管理我国参加国际标准化活动的各项工作，履行下列职责：

（1）制定并组织落实我国参加国际标准化工作的政策、规划和计划。

（2）承担 ISO 中国国家成员体和 IEC 中国国家委员会秘书处，负责 ISO 中国国家成员体和 IEC 中国国家委员会日常工作，以及与 ISO 和 IEC 中央秘书处的联络。

（3）协调和指导国内各有关行业、地方参加国际标准化活动。

（4）指导和监督国内技术对口单位的工作，设立、调整和撤销国内技术对口单位，审核成立国内技术对口工作组，审核和注册我国专家参加国际标准制修订工作组。

（5）审查、提交国际标准新工作项目提案和新技术工作领域提案，确定和申报我国参加 ISO 和 IEC 技术机构的成员身份，指导和监督国际标准文件投票工作。

（6）审核、调整我国担任的 ISO 和 IEC 的管理和技术机构的委员、负责人和秘书处承担单位，并管理其日常工作。

（7）申请和组织我国承办 ISO 和 IEC 的技术会议，管理我国代表团参加 ISO 和 IEC 的技术会议。

（8）组织开展国际标准化培训和宣贯工作。

（9）其他与参加国际标准化活动管理有关的职责。

（二）行业主管部门

以工程建设领域为例，住房和城乡建设部作为建设行政主管部门分工管理住房和城乡建设领域参加 ISO 和 IEC 国际标准化活动，主要履行下列职责：

（1）指导、审查国际标准新工作项目提案。

（2）指导、审查新技术工作领域提案。

（3）提出国内技术对口单位承担机构建议，支持国内技术对口单位参加国际标准化活动。

（4）指导国内技术对口单位对国际标准化活动的跟踪研究，以及国际标准文件投票和评议工作。

（5）组织本部门、本行业开展国际标准化培训和宣贯工作。

（6）其他与本行业参加国际标准化活动管理有关的职责。

（三）国内技术对口单位

国内技术对口单位具体承担 ISO 和 IEC 技术机构的国内技术对口工作，技术对口单位的工作内容和性质根据所参与委员会的身份而决定。参加 ISO 和 IEC 技术活动的身份有积极成员（P）和观察员（O）两种。

国内技术对口单位主要的工作职责和内容：对口领域参加国际标准化活动的组织、规划、协调和管理，跟踪、研究、分析对口领域国际标准化的发展趋势和工作动态；根据本对口领域国际标准化活动的需要，负责组建国内技术对口工作组；及时分发国际标准草案和文件资料；协调并提出国际标准文件投票和评议意见；组织提出国际标准新技术工作领域和国际标准新工作项目提案建议；组织中国代表团参加对口技术机构的国际会议；提出我国承办 ISO 和 IEC 技术机构会议的申请建议，负责会议的筹备和组织工作；提出参加 ISO 和 IEC 国际标准制定工作组注册专家建议等。

二、标准国际化研究情况

（一）发达国家标准体制机制研究

2000 年以来，住房和城乡建设部组织开展了多项针对发达国家的工程建设领域的法律法规、标准体系、标准化战略、措施等专项研究，如开展《英国技术法规研究》《工程建设标准合规性研究》《国外标准和技术法规实施监督研究》《工程建设标准国际化研究》《工程建设团体标准培育和发展政策研究》等研究课题，取得了一系列研究成果，为深化工程建设标准化工作改革提供了支撑。

2016—2021 年，住房和城乡建设部组织开展民用建筑、市政工程、城市轨道交通、城乡规划等专业领域工程建设标准在"一带一路"相关国家应用情况及中国工程建设标准化对外合作交流现状，以及工程建设标准在海外工程应用情况的系列研究，如表 13-4 所示。

表 13-4　2016—2021 年住房和城乡建设部工程建设标准国际化课题

年度	课题名称
2016 年	服务于"一带一路"战略的工程建设标准化政策研究
2017 年	开展国际民用建筑标准法规管理性规定研究
	编制中国工程建设标准使用推广指南
2018 年	编制工程建设标准国际合作现状报告
	中国标准国际化成功案例汇编
	编制"一带一路"相关国家标准化活动相关组织及法规体系汇编
	编制中外工程建设标准比对研究行动方案
	编制美国工程建设标准体系及管理体系调研报告
	编制日本工程建设标准体系及管理体系调研报告
	编制法国工程建设标准体系及管理体系调研报告
	编制俄罗斯工程建设标准体系及管理体系调研报告
2019 年	开展民用建筑工程建设标准在"一带一路"建设中应用情况调查
	开展城乡规划工程建设标准在"一带一路"建设中应用情况调查
	开展城市轨道交通工程建设标准在"一带一路"建设中应用情况调查
	开展市政基础设施工程建设标准在"一带一路"建设中应用情况调查
	编辑出版"一带一路"相关国家和地区基础设施与城乡规划建设法律法规
	制作工程建设标准在"一带一路"建设中应用宣传片、宣传图册
	制定中外工程建设标准收集利用方案
	编制工程建设标准咨询解释案例

续表

年度	课题名称
2020 年	财政部世界银行贷款中国经济改革促进与能力加强项目（TCC 6）"一带一路"工程建设标准国际化政策研究
2021	出版《中国工程建设标准在"一带一路"相关国家工程应用案例集》

在国际标准化工作方面，住房和城乡建设部标准定额研究所组织开展了《城镇建设和建筑工业领域标准国际化战略》《城乡建设领域国际标准化工作指南》《城乡建设领域标准国际化英文版清单》等课题，形成了一批高水平出版物。

（二）住房和城乡建设部发布国际化工程建设规范标准体系表

2018 年 12 月，住房和城乡建设部为适应工程建设"走出去"和国际化需要，公布了《国际化工程建设规范标准体系表》（以下简称《体系表》）。《体系表》由工程建设规范、术语标准、方法类和引领性标准项目构成，涉及建工、城建、石油、天然气、化工、电力、交通、有色等多个行业。工程建设规范项目为全文强制性工程规范，术语标准项目为推荐性国家标准。根据相关规定和要求，《体系表》中有关行业和地方工程建设规范，可在国家工程建设规范基础上补充、细化、提高，有关行业、地方和团体标准，可在推荐性国家标准基础上补充、完善。方法类和引领性标准为自愿采用的团体标准项目。现行国家标准和行业标准的推荐性内容，可转化为团体标准，或根据产业发展需要将现行国家标准转为行业标准。《体系表》中工程建设规范和术语标准的项目相对固定，内容可适时提高完善；方法类和引领性标准的项目，可根据产业发展和市场需求动态调整更新。

三、国际标准化工作情况

（一）工作概况

1. 参与标准编制概况

从住房和城乡建设部直接归口管理的 ISO 国内技术对口单位（2021 年）的调研情况来看，近几年来，国内的相关标准技术组织对于主导制定国际标准的重要性认识不断强化，如中国建筑标准设计研究院主导编制了《建筑和土木工程——模数协调——模数》ISO 21723：2019，实现了建筑和土木工程领域国际标准"零"的突破；2020 年 1 月，中国建筑标准设计研究院一次性成功立项三项 BIM 制图国际标准修编工作。在 2020 年新冠肺炎疫情防控阻击战中，中国成功立项了《建筑和土木工程——与突发公共卫生事件相关的建筑弹性策略——相关信息汇编》ISO/CD TR 5202、《应急医疗设施建设导则》IWA 38 等。2021年，在建筑韧性、竹藤、建筑制图、建筑照明、城市水系统等领域又新立项了一批国际标准，如《建筑和土木工程——韧性设计的原则、框架和指南——第 1 部分：适应气候变化》ISO/AWI 4931-1、《竹结构——胶合竹——产品规格》ISO/AWI 7567、《光和照明——建筑物照明系统调试——ISO TS 21274 的解释和论证》ISO/AWI TR 5911、《智慧水务——第 1 部分：通用治理指南》ISO/AWI 24591-2 等，这些国际标准的编制为世界工程建设和"一带一路"倡议推进提供中国经验、贡献中国智慧。

2. 国际标准采用和转化情况

我国的工程建设标准主要含工程标准以及产品及产品应用标准两类，其中工程标准的研究转化受很多因素制约，标准从内容、编写方式到技术细节与国际标准的差异还是很大的。但是总体而言，工程建设领域的标准转化工作不同于其他行业，转化率不高，且多为在 2000 年左右围绕构件、产品等的测试方法标准。

部分转化标准：如《钢筋混凝土大板间有连接筋并用混凝土浇灌的键槽式竖向接缝实验室力学试验　平面内切向荷载的影响》GB/T 24496—2009、《承重墙与混凝土楼板间的水平接缝　实验室力学试验　由楼板传来的垂直荷载和弯矩的影响》GB/T 24495—2009、《建筑物垂直部件　抗冲击试验　冲击物及通用试验程序》GB/T 22631—2008、《建筑物的性能标准预制混凝土楼板的性能试验　在集中荷载下的工况》GB/T 24497—2009、《门扇抗硬物撞击性能检测方法》GB/T 22632—2008、《门扇　湿度影响稳定性检测方法》GB/T 22635—2008、《门扇尺寸、直角度和平面度检测方法》GB/T 22636—2008、《门两侧在不同气候条件下的变形检测方法》GB/T 24494—2009 等。

3. 国际标准化组织承担领导职务情况

相比其他领域，在住房和城乡建设领域由中国承担主席或秘书处的国际标准化组织（ISO）技术机构还很少。1993 年 12 月，经国际标准化组织（ISO）技术局批准，由我国专家担任该国际组织第 8 技术顾问组（ISO/TAG 8，建筑）成员，这是我国第一次在国际标准化机构中担任建筑领域的咨询性工作。2021 年，我国成功申请 TC59/SC 19 装配式建筑分委员会的主席与秘书处，是工程建设领域多年来的重大突破。2022 年 6 月，国际标准化组织技术管理局（ISO/TMB）批准由我国承担供热管网技术委员会（ISO/TC 341）秘书国，并经国家标准化管理委员会批复，由中国建科所属的中国城市建设研究院承担秘书处工作。该技术委员会是我国住房城乡建设领域在国际标准化组织（ISO）成立的首个技术委员会（TC），是我国住房城乡建设领域推动标准国际化战略进程中的里程碑事件，将为我国在供热技术国际标准化领域提出中国方案、发出中国声音、做出中国贡献。

此外，我国还担任建筑施工机械与设备技术委员会（ISO/TC 195）和起重机技术委员会（ISO/TC 96）的主席、智慧城市基础设施计量分技术委员会 ISO/TC 268/SC1 副主席，并承担这些委员会秘书处工作，实现了本领域"零"的突破。在工作组层面，中国专家担任建筑和土木工程-建筑模数协调（ISO/TC 59/WG3）、建筑和土木工程-建筑和土木工程的弹性（ISO/TC 59/WG4）、技术产品文件-建筑文件-包括装配式的建筑工程数字化表达原则（ISO/TC 10/SC 8/WG 18）、木结构-竹材在结构中利用（ISO/TC 165/WG12），以及门、窗和幕墙-术语（ISO/TC 162/WG 3）等多个工作组召集人。

四、对外工程项目采用中国标准情况

我国海外工程建设项目中采用中国标准的情况与项目的投资类别、所在国的经济水平、历史文化因素和标准化水平等有关。在具体的项目层面，采用中国标准主要有以下六种方式：通过中国对外援助项目成套采用；采用中国标准设计和施工，用欧洲规范验算；采用国外标准设计，中国标准施工；在项目推进的过程中采用中国标准代替原标准；填补项目所在国标准或英美标准的空缺；用中国标准进行替代，成为事实标准。其中，前两种方式，都属于整体采用中国标准形式；第 3、第 4、第 5 种属于部分采用中国标准；最后一种事实标准是中国标准属地化范畴。

（一）整体采用

这种形式是指在项目设计阶段或施工阶段，或项目设计及施工阶段整体采用中国标准，主要适用于中国投资或两优贷款项目，以及标准化发展水平相对落后的国家。

以投资类别情况来看，整体采用中国标准或主要采用中国标准的项目涉及以下三类项目：一是资金来源为中国优惠贷款的项目。如柬埔寨 Prek Tamak 消公河大桥项目、孟加拉达舍尔甘地污水处理厂、马尔代夫住房项目等。二是由中方独资的项目。如中柬金边经济特区启动区市政配套工程、中国–越南经济贸易合作区管道燃气项目等。三是少部分由当地政府投资的项目。只有在中国企业为总承包商，且设计、咨询单位为中国公司时，才大面积采用中国标准。如萨摩亚法莱奥洛国际机场升级改造项目等。

以采用方式来看，有成套采用中国标准、以中国标准设计施工国外标准验算等方式。例如，在援斯里兰卡国家医院门诊楼项目中，尽管欧美标准在斯里兰卡已有广泛应用，国际公开招投标的项目很难采用中国标准，但是由于是中国政府援助项目，中国政府出资建设，所以该项目全套采用了中国标准。有些项目，如在莫桑比克马普托大桥采用中国标准进行设计和施工，但是由于业主聘请的咨询公司为欧洲公司，对中国标准的不熟悉和中外标准客观存在的差异性，需要使用欧洲标准进行验算。

（二）部分采用

这种形式是在项目设计阶段或施工部分，局部采用中国标准或个别采用中国标准。从投资类型来看，这种形式主要存在于以下三种情况：

一是中国企业总包开发的项目，而属地国缺乏相关专业的标准，在当地强制性规定、规范外，部分应用中国工程标准。如越南芹苴市生活垃圾焚烧发电项目、埃塞俄比亚莱比垃圾发电项目等项目。

二是由中国企业总包但合同规定采用英美标准的项目，因英美标准不能适应项目建设需求而采用个别中国标准为有利补充。如马来西亚潘岱地下式水处理厂，项目采购来自中国的设备或材料，执行中国标准。

三是工程所在国投资的项目，因项目具有特殊性，采用中国标准与欧美标准结合而成的标准体系。如肯尼亚中央银行社保基金大楼项目，该项目主体设计采用肯尼亚标准、英标及美标，预制结构设计采用中国标准；在采用中国标准的部分中，需采用欧盟标准或英国标准复核，并提供英文版计算书供外方设计公司审核。

就采用标准的方式来说，普遍的情况是国外标准设计、中国标准施工。对于国际招标项目，设计咨询多为欧美公司。中国对外承包企业作为工程总承包商，承担深化设计、施工和采购。在设计阶段，欧美公司多采用国外标准，但随着项目的推进和开展，中国对外承包企业通过中外标准的比对复核，全部或部分采用中国标准进行施工。甚至于在许多具体的项目实施中，通过中外标准详细指标的比对，针对某种具体建筑材料或者施工工艺，结合项目推进的要求，用中国标准合理替换国外标准，也是应用实施方式之一。当项目所在国无相关当地标准和英美标准可遵循，而中国有技术实力，而且标准先进的情况下，中国标准也是在项目中应用的实施方式。例如，在马来西亚 PANTAI 2 地下式污水处理厂项目中，要求所有专业设计均要求采用当地标准，可接受欧美、国际标准与产品认证，原则上不采用中国标准。但实际执行过程中，当无标准可依时，可与对方探讨商议、出具报告证明国内标准可满足项目建设要求后使用。

（三）参考中国标准主要技术指标或中国标准属地化

这种形式是指在项目实施过程中，中国标准的主要技术内容或核心技术指标被项目引用；或者是根据项目具体情况，适当调整中国标准中的技术内容及指标取值，以确保工程质量符合当地经济发展水平、环境气候要求，使中国标准满足项目所在国的工程条件的差异性要求。通过在项目建设过程中使用中国标准对原标准进行替代或补充，逐渐习惯使用中国标准，使中国工程建设标准受到市场广泛认可和用户认同，从而逐步成为"事实标准"。

中国交通建设集团有限公司以中国技术标准为核心，融入当地国情编制了《肯尼亚蒙内标准轨距铁路设计规范（中英文版）》和《天然火山灰在混凝土中的应用技术规程（中英文版）》。

第四节　我国工程建设标准在海外项目的应用情况

一、总体情况

2016 年以来，住房和城乡建设部标准定额司组织开展了中国工程建设标准海外工程项目应用情况系列调研，收集了中国企业在"一带一路"相关国家工程项目案例总计 398 个。其中，涉及房屋建筑领域工程项目 204 例，市政基础设施领域项目 180 例，轨道交通领域项目案例 14 例。综合统计，在房屋建筑、市政基础设施、城市轨道交通三大领域 398 个海外项目中，使用中国标准的工程项目 132 个，占比 33%。其中，房屋建筑领域海外工程项目采用中国标准比例最高，占比 45%。除经援项目，非援助项目采用中国标准比例只有 21%，应用率仍然偏低。市政基础设施领域采用中国标准比例 20%；城市轨道交通领域中采用中国标准比例 33%。

二、中国标准在相关地区和国家应用情况

（一）东南亚

东南亚国家基础设施建设水平总体上呈现不平衡的态势。由于庞大的人口基数、快速发展的经济实力和相对有利的基建环境，东南亚地区基础设施建设需求持续保持旺盛，在能源、交通等领域的投资建设市场空间巨大，该地区是中国对外工程项目最多的地区。

东南亚各国工程建设标准化发展水平参差不一。相比而言，新加坡、马来西亚两国工程建设法律法规体系完善，同时受英国影响较深，在工程建设标准上除本国标准外，更加认可英国标准，中国标准很难在当地的工程实践中得到使用。新加坡庭·维苑、PANTAI 2 地下式污水处理厂、樟宜 Ⅱ 再生水厂、金新（南部）电气化双线铁路升级改造及吉隆坡生态酒店等项目均未采用中国标准。

越南、印度尼西亚两国尚未形成完善的工程法律法规体系，在标准的选取上没有严格的限制，当国际标准或中国标准高于本地标准时均可以采用。如越南国家体育联合区中心

体育场项目、越南海防市 Hoang Van Thu 大桥设计咨询项目、印度尼西亚巨港垃圾发电项目均采用了中国标准。

柬埔寨、缅甸、老挝建筑和基础设施相关技术标准匮乏，大多使用英国标准、美国标准。中国标准逐步应用到现有工程项目中，特别是中国援建或中资企业投资的工程中，中国企业在与工程建设方或当地政府事实上有较大的谈判空间和回旋余地。援柬埔寨西哈努克省职业技术教育与培训中心项目、中柬金边经济特区启动区市政配套工程等均采用了中国标准。

（二）南亚

南亚地区基础设施建设整体水平较为落后。城市基础设施建设及其背后承载的公共产品服务正成为南亚地区经济社会发展等方面的制约瓶颈，迫切需要解决。斯里兰卡、尼泊尔、不丹、马尔代夫等国近年因旅游业的兴起与发展，也加大了对电力、能源及交通运输等基础设施的需求。

南亚地区标准的制定主要由属于政府单位的标准化机构主导制定，南亚各国主要为英国原殖民地，独立后长期依附在英联邦，工程设计领域受英国影响较大，普遍使用英标，当地建筑、供电、给排水、消防等部门均长期采用英国标准，对英标以外的标准非常不熟悉。

中国在南亚地区工程项目相对不多，在房屋建筑、市政工程及城市轨道交通领域总计43项，占总数的11%。总体来看，中国标准在南亚地区应用较少，基本上局限于中国援建及优惠贷款项目。

由当地业主投资，中国企业负责建设的斯里兰卡珍珠酒店项目未采用中国标准。主要原因是斯里兰卡属于英联邦国家，有自己国家的施工标准，标准内容主要参考英国标准编写，对于本国未单独编写成册的施工标准，一般按照相应的英国标准执行。设计标准也主要采用英国标准，部分采用欧洲标准，对于部分特殊专业和设计计算也会参照澳大利亚标准或者美国标准。马尔代夫住房项目虽然使用中国标准，但在使用过程中经常需要与当地更加熟悉的英国标准进行比对，以验证中国标准的适用性。巴基斯坦标准体系基本完善，在基础设施建设领域广泛采用美标、欧标（英标）。首个由中国投资建设运营的印度垃圾焚烧发电项目（Gurgaon 整合垃圾焚烧发电项目），也未采用中国标准，而是采用印度标准和美国标准。

（三）西亚

西亚地区因石油资源丰富，资金充足，大多数国家基础设施建设水平较为完善。以色列、沙特经济发展水平高，工程建设市场非常成熟，两个国家均具备科学、完善的标准体系。伊朗则经济情况一般，标准化体系尚不完善，尤其在工程行业中暂无完整统一的标准体系，自有标准较少且并不完善，经常需要借鉴其他国家的相关标准，并且不同行业都有自己的工程技术标准。总体来看，欧美标准在西亚地区占据主流地位。西亚部分国家在原本长期存在的欧美标准基础上，结合本国特殊地理和气候条件进行了针对性的调整，形成了具有本国特色的工程建设规范，中国标准很难在工程项目推广使用。

阿联酋、沙特阿拉伯虽然一直是中国企业对外承包工程的重要的海外市场，但这两国的工程项目，都是以英标和美标为主导，欧标及当地标准为辅助，只有少数专利技术和产品采用了中国标准。以色列自身有一套严谨先进的标准体系，同时当地有众多欧美企业，出于利益保护，基本不采用其他标准。

（四）中亚

中亚地域辽阔，自然资源丰富，但基础设施建设基本上仍停留在苏联的水平上，基础设施均欠发达。交通基础设施落后是制约中亚各国经济发展的关键因素，因此中亚地区在交通基础设施方面的需求最为强烈，中亚国家纷纷制定了本国交通设施发展规划，如《哈萨克斯坦至2020年发展战略规划》《塔吉克斯坦至2025年国家交通设施发展专项规划》等。中亚五国的标准体系深受俄罗斯的影响，多数国家自身并无完整的技术标准体系，也没有建立相应标准体系的能力，均有对现有标准体系进行升级改造的意愿。

中亚地区共调研5个国家。总结前期调研的398个案例，其中13项位于中亚地区，仅占总数的3.2%。其中房屋建筑领域案例3个，分别在吉尔吉斯斯坦、乌兹别克斯坦；市政基础设施领域案例9个，分布在哈萨克斯坦、吉尔吉斯斯坦、乌兹别克斯坦；轨道交通领域1个，在哈萨克斯坦。中亚地区采用中国标准的项目大多为中国援建的项目。近年来，中国标准已经在当地多个项目应用，并取得了较好的效果，这为中国标准海外应用奠定了良好的基础。中亚地区的非援建项目多采用俄罗斯标准。通过海外工程项目调研发现，俄罗斯标准与欧洲标准越走越近，很多结构、电气的要求已超过中国标准要求。

总体上看，中国目前在中亚五国的建设工程并不多，中国标准在当地的推广使用虽有困难，但有较大的空间。

（五）非洲

整体而言，非洲地区经济发展水平相对落后，自身并无完整的技术标准体系。除埃塞俄比亚外，非洲地区国家基于曾经的宗主国与从属国关系，很多国家的法规体系都是原宗主国的，工程技术标准普遍受宗主国影响较深。主要使用英国标准的国家有：尼日利亚、塞拉里昂、利比里亚、喀麦隆、南非、加纳、冈比亚、埃塞俄比亚、厄立特里亚、莱索托、津巴布韦、马拉维、肯尼亚、塞舌尔、毛里求斯等国。主要使用法国标准的国家有：科特迪瓦、乍得、卢旺达、中非、多哥、加蓬、几内亚马里、布基纳法索、刚果（民）、喀麦隆、刚果（布）、贝宁、尼日尔、布隆迪、塞内加尔、吉布提、马达加斯加、海地、阿尔及利亚、毛里塔尼亚、摩纳哥等。

由于非洲标准化发展水平相对较低，加上中国与非洲多国具有良好的政治经济合作关系，因此非洲地区对采用中国标准持开放态度。阿尔及利亚阿尔及尔国际会议中心工程、加蓬让蒂尔体育场设计和施工工程、中刚非洲银行股份有限公司新大楼项目、巴塔宾馆项目、肯尼亚中央银行社保基金大楼项目、安哥拉社会住房项目、马普托大桥项目、埃塞俄比亚轻轨一期工程等一批典型工程项目都采用了中国标准。埃塞俄比亚是非洲唯一没有沦为殖民地的国家，对工程建设标准的应用无路径依赖。该国几乎没有自己的工业体系，工程建设标准体系几乎空白，其标准的采用更具多元性和融合性，主要是供应商推荐为主。

（六）独联体及中东欧

与基础设施建设发达的国家相比，中东欧国家仍存在差距。由于设施老化的问题，大多数中东欧国家铁路、公路、港口等交通设施都面临改造更新问题。因身处西欧与苏联的地缘政治之间，中东欧大部分国家的标准受西欧诸强国与苏联的交替影响。中东欧国家过去曾长期受苏联的影响，20世纪90年代后，这些国家纷纷向西方靠拢，逐步采用国际标准和欧洲标准体系，但苏联标准仍有一定影响力。独联体各国标准都是由苏联标准转化而来的。除原来的苏联标准外，还有一部分是由国际标准"修改"后转化的标准，这种做法称为"修改采用国际标准"。随着中东欧和独联体国家经济发展的需要，与欧洲、中国、美国等经济体深入融合，各国的标准体系也随之逐渐调整，标准的转化速度加快，标准使用的限制也逐渐放开。总体上讲，鉴于欧标体系的成熟度、系统化、通用性等方面有其优势，中国标准国际化推广难度较大。

在中东欧地区的中国工程项目基本上都采用的是欧洲标准。即使是中国对外援助项目，如援白俄罗斯学生公寓楼项目，虽然设计和施工均以中国标准为主，但却必须考虑当地的强制性规定，如防排烟系统、弱电系统都与中国的标准差别较大，即使中国标准高于白俄标准，白俄方也很难接受按照中国标准进行设计。

本 章 小 结

为了更好地梳理工程建设领域标准国际化情况，为更多想参与和正在参与其中的各方人士提供一些有用的信息，本章主要论述了以下几方面的内容：

（1）标准国际化涉及的基本概念。

（2）标准国际化涉及的国际、国内相关机构介绍。

（3）工程建设领域重要的ISO技术委员会介绍。

（4）工程建设领域近年来标准国际化研究和参与情况介绍。

（5）我国在国外项目中中国标准的应用情况介绍。

这样的内容安排主要基于标准国际化工作的三个方面：

标准制定过程的国际化——以ISO的现状和机构情况为切入点，介绍ISO技术工作相关技术委员会和工程建设领域主要技术机构的情况。

标准内容的国际化——介绍ISO标准的几种类型，在技术机构简介的同时尽可能结合标准项目。

标准服务对象的国际化——介绍我国在海外项目中，如何用我国标准服务海外项目，并总结应用情况和采标途径。

标准国际化的内容繁多，在有限的篇幅中，尽可能以抛砖引玉的方式给读者提供标准国际化工作的内容、路径、资讯和现有工作经验，帮助读者快速了解标准国际化工作，从而更快地熟悉和参与其中。标准国际化与我国的政治、经济、贸易和技术交流紧密衔接，是推动我国企业、产业国际化的重要基础，因此需得到广泛共识和各方的积极参与。

通过梳理近年来工程建设标准国际化工作，可以看到在参与国际标准化工作、中外标准比对研究、发达国家标准化机制体制研究、标准翻译和转化、国际合作和交流等诸多方面，我们取得了不少突破，但与我国工程建设标准化的发展要求仍有较大差距。我国工程建设自身特点及中国特色的工程建设标准化体系特征与发展模式有别于许多发达国家，这就使得我国标准在编制方法、条文规定模式等方面往往存在着无法直接转化，也无法直接拿着国内标准向国际提案。但从国家的标准化战略和海外工程的需求来看，从提高标准编制水平、促进行业内专家技术交流的角度来看，我国工程建设标准国际化工作在坚持好的经验做法基础上，还需进一步加强国际交流，既要"引进来"，更要"走出去"。因此，随着国家越来越重视标准国际化工作，一系列配套政策的出台，未来的标准国际化在顶层设计、组织引导、各方参与和人才储备等方面会持续健康地发展。标准国际化工作虽道阻且长，但未来可期。

参 考 文 献

［1］靳吉丽. 欧美探讨标准化国际合作战略方法［J］. 中国标准化，2020（07）：33-34.

［2］刘智洋，高燕，邵姗姗. 实施国家标准化战略　推动中国标准走出去［J］. 机械工业标准化与质量，2017（10）：36-40.

［3］张媛，陆津龙，宋婕，等. 国外建筑技术法规和标准体系实施监督分析［J］. 工程建设标准化，2017（07）：66-71.

［4］宋婕，顾泰昌，李晓峰. 发达国家建筑业保险制度及相关标准分析研究［J］. 建设科技，2017（09）：29-32.

［5］郭骞，刘晶，肖承翔，等. 国内外标准化组织体系对比分析及思考［J］. 中国标准化，2016（02）：51-57.

［6］住房和城乡建设部标准定额研究所. 工程建设标准国际化研究报告［R］. 北京：中国建筑工业出版社，2020.

［7］住房和城乡建设部标准定额研究所. 城镇建设领域国际标准化工作指南［M］. 北京：中国建筑工业出版社，2021

［8］住房和城乡建设部标准定额研究所. 城镇建设领域国际标准申报指南［M］. 北京：中国建筑工业出版社，2020.

第十四章　工程建设标准化改革与发展

第一节　工程建设标准化改革历程

随着我国经济社会的高速发展，工程建设标准化为国家经济社会建设提供了强有力的支撑，目前，已经形成了覆盖各领域基本健全的标准体系。工程建设标准为保证工程质量安全、实现节能降碳、强化生态文明建设、加速产业转型升级、推动经济提质增效、提升国际竞争力等诸多方面发挥了关键作用。作为工程建设标准化工作的重要组成部分，我国工程建设标准化体制和工程建设标准体系也经历了不同的改革发展阶段。

一、以开展推荐性标准试点为代表的标准体制改革

1979 年 7 月，国务院在总结建国三十年来标准化工作正反两方面经验的基础上，结合我国社会主义现代化建设所提出的新要求、新任务，发布了《中华人民共和国标准化管理条例》，明确了标准化在国家建设中的地位和作用，也为新时期开展标准化工作指明了方向。1980 年 1 月，国家建委根据该条例的规定并结合工程建设标准化的特点和要求，制定并颁布了《工程建设标准规范管理办法》。这两部法规、规章确立了我国改革开放之初工程建设标准的体制，即在我国经济社会建设中推行标准化，是国家的一项重要技术经济政策；工程建设标准分为国家标准，部标准，省、市、自治区标准和企业标准；标准一经批准发布就是技术法规，必须严格贯彻执行。

从 1979 年到 1988 年，工程建设标准化取得的突出成果，主要反映在四个方面：一是建立了专门管理机构，1979 年 10 月成立中国工程建设标准化委员会（中国工程建设标准化协会前身），1983 年 3 月成立国家计委基本建设标准定额研究所，1983 年 8 月成立国家计委基本建设标准定额局。二是工程建设标准制定、修订计划纳入国民经济和社会发展年度计划，标准制修订力度加大、速度加快、数量迅速增加。三是完善了管理制度，按照法规规章的要求，围绕标准制定，发布了一系列规范性文件，使工程建设标准化工作步入规范化发展的轨道。四是标准化理论研究十分活跃，在总结国内实践并借鉴国外经验的基础上，取得了大量研究成果，奠定了工程建设标准化的理论基础。

在工程建设标准体制改革方面，根据我国经济体制改革发展的需要，为打破"标准一经批准发布就是技术法规"的格局，促进"四新"的推广应用，开展了推荐性标准问题的研究和探索。1986 年 9 月 5 日，国家计委印发《关于请中国工程建设标准化委员会负责组织推荐性工程建设标准试点工作的通知》（计标〔1986〕1649 号），拟通过试点逐步实行强制性与推荐性相结合、分别由行政部门管理与学（协）会负责推荐相结合的体制，并正式委托中国工程建设标准化委员会负责组织开展推荐性工程建设标准的试点工作。

此外，工程建设标准化还进行了其他方面的实践和探索。一是为发挥标准对工程项目决策的宏观指导作用，开展了工程项目建设标准的研究和编制试点，推动标准化工作向建

设项目决策阶段延伸。二是为消除部门封锁、加强技术协调，开展了专业标准的研究和制定，为取代部标准进行了积极探索。

二、以标准清理整顿为代表的标准体制改革

1987年，党的"十三大"明确提出大力发展有计划的商品经济体制，我国的经济建设步入了一个新的历史时期，政府对经济建设的管理理念和管理方式开始新的重大转变。1988年12月发布的《标准化法》和1990年4月6日国务院发布的《中华人民共和国标准化法实施条例》，对标准体制进行了重大调整，核心有两个方面，即标准分为强制性标准和推荐性标准，强制性标准必须执行，推荐性标准自愿采用；标准层级分为国家标准、行业标准、地方标准和企业标准。

这一阶段从1988年到2000年，工程建设标准化工作在继续较快发展的同时，标准的体制改革被提到了重要的议事日程，开始了一个较长时期的变革过程。初期推动的改革重点是对工程建设标准进行全面梳理，按照《标准化法》中对标准级别与标准属性划分原则，确定哪些标准属于国家标准或行业标准、哪些属于强制性标准或推荐性标准，由单一的强制性标准体制向强制性标准与推荐性标准相结合的标准体制过渡。主要成果体现在两个方面：一是明确取消部标准和专业标准，将现行的部标准直接转化为行业标准，已经列入制修订计划的部标准按照行业标准的要求开展编制工作，同时，对已经列入制修订计划的93项专业标准，逐项进行分析，按照其适用范围和重要程度，分别确定其作为国家标准或变更为行业标准。二是对现行和在编的工程建设标准开展了清理整顿，按照既定的划分强制性标准和推荐性标准的原则，逐项确定了相应的标准属性。到1997年全面完成工程建设标准体制的过渡，初步形成工程建设强制性标准与推荐性标准相结合的标准体制和工作机制。

1992年，党的十四大明确提出建立社会主义市场经济体制，国家的经济建设步入了快速发展的轨道，大规模的建设热潮迅速兴起。建立适应市场经济体制要求的工程建设管理模式、有效发挥市场在建设活动资源配置中的主导作用，成为建设领域研究探索的热点和重点。工程建设标准体制的改革因此也进行了重点转移，提出了建立工程建设技术法规与技术标准相结合的新体制的构想，并从两个方面组织开展了标准体制改革的研究和探索。其一是立足国内，针对工程建设强制性标准数量多、结构不合理、标准内容杂的实际情况，以施工验收和质量检验评定类标准为突破，开展强制性标准结构调整的试点，取消评定标准，注重工程质量结果，强化质量验收要求。这事实上体现了以目标、结果为导向的思想。其二是借鉴市场经济比较发达的国家和地区经验，构建我国工程建设技术法规与技术标准相结合的技术制约新体制框架，从1994年到2000年，先后组织了20多次国外考察和国内研讨活动，取得了一大批有关的研究成果，并以建筑行业为重点，提出了建立标准新体制的政策建议。

三、以《强制性条文》为代表的标准体制改革

2000年1月国务院发布《建设工程质量管理条例》，对在市场经济条件下，建立新的建设工程质量管理制度和运行机制做出重大决定。其中，最为突出的变化之一就是对执行强制性标准做出了明确的、更加严格的规定，树立了不执行强制性标准就是违法，就要受

到相应处罚的理念，打破了传统的单纯依靠行政管理保证建设工程质量的模式，开始走上了管理和技术并重保证建设工程质量的道路。这一重大变化，对工程建设强制性标准数量、内容以及标准的制修订速度等，都提出了更高的要求。当时，我国现行的各类工程建设强制性标准有 2 700 多项，需要执行的强制性条文超过了 15 万条。在这些强制性标准或技术要求中，既有必须强制的技术要求，也有在正常情况下技术人员可以选择执行的技术要求。如果不加区分地都予以严格执行，必然影响工程技术人员的积极性和创新性，影响新技术等的推广应用；如果不突出确实需要强制执行的技术要求，政府管理部门将难以开展监督工作，必然影响标准作用的充分发挥。强制性标准实施监督可操作性差的矛盾，在《建设工程质量管理条例》实施后显得十分突出，迫切需要调整和改革。

针对工程建设强制性标准实施监督中的突出矛盾，结合标准体制改革的实践和研究成果，国务院建设行政主管部门决定组织编制《工程建设标准强制性条文》（以下简称《强制性条文》）。按照以工程类别为对象、以现行强制性标准规定为基础、以安全健康环保和公众利益技术要求为主要内容的原则，采取摘编的方式，完成了包括房屋建筑、工业建筑、水利工程、电力工程、水运工程、公路工程、信息工程、铁道工程、石油和化工建设工程、矿山工程、人防工程、广播电影电视工程和民航机场工程共十五个部分的《强制性条文》。各部分《强制性条文》的相继发布实施，在适应工程质量管理改革发展的同时，为推动工程建设标准体制改革，向前迈出了关键性的一步，不仅为加强工程建设质量安全管理提供了有力的技术保障，而且也为构建有中国特色的工程建设技术法规框架创造了条件。

以《强制性条文》为代表的标准体制改革，至今尚未结束，而且在可预见的未来一定时期，还将继续发挥重要作用。

四、以全文强制《住宅建筑规范》为代表的标准体制改革

围绕《强制性条文》的更新和实施监督，国务院建设行政主管部门建立了行业标准和地方标准的备案制度，调整了工程建设标准的编制要求，发布了《实施工程建设强制性标准监督规定》，完善了《强制性条文》与自愿采用标准有机结合的管理体制和运行机制。但是，随着原有标准修订和新标准制定，《强制性条文》与新发布标准中强制性条文的衔接、统一等矛盾，以及《强制性条文》完整性差、重点轻面、或宽或严等实施中的问题逐步凸现，如何更科学、更严格地完善《强制性条文》，成为标准体制面对的新问题。特别是我国在 2001 年底加入 WTO 后，如何与国际惯例接轨、建立完善工程建设标准体系、适应国际国内两个市场的要求，也成为进一步推进工程建设标准体制改革面临的新课题。

自 2003 年开始，工程建设标准体制改革确立了三个主攻方向：其一是继续完善《强制性条文》。分两步走，即汇总新发布标准的强制性条文，调整《强制性条文》的内容；同时，研究改变《强制性条文》的产生方式，逐步形成以《强制性条文》制定和调整带动相关标准修订或局部修订的工作机制。经过几年努力，在《强制性条文》的产生方式方面没有根本性改变。其二是组织编制《工程建设标准体系》，提出了"综合标准"概念，其内容均是涉及质量、安全、卫生、环保和公众利益等方面的目标要求或为达到这些目标而必需的技术要求及管理要求，它对体系各专业的各层次标准均具有制约和指导作用，为全文强制性标准的产生打下基础。其三是参照国外的通行做法，试点编制具有中国特色的

技术法规。2003 年下达房屋建筑、城市轨道交通、城镇燃气技术法规试编任务，2004 年正式启动，2005 年以住宅建筑为主实现重点突破，发布了全文强制的《住宅建筑规范》。这是我国批准发布的第一部以住宅建筑为一个完整对象，以住宅的功能、性能和重要技术指标为重点，以现行《强制性条文》和有关工程建设标准规范为基础，全文强制的国家标准。同时，也是在我国加入 WTO 以后，为使我国工程建设标准适应市场经济发展和与国际接轨的需要，进一步推进工程建设标准体制改革所做的又一次探索，使工程建设标准体制改革进入了一个新的阶段。

第二节　工程建设标准化改革实践

党的十八大以来，党中央和国务院高度重视标准化工作，随着经济社会发展和政府职能转变，国家对标准化工作提出了更高要求。党的十八届三中全会提出"政府要加强发展战略、规划、政策、标准等制定和实施"，应强化全社会对标准化重要性的认识。2021 年10 月，中共中央、国务院印发《国家标准化发展纲要》，明确了到 2025 年我国标准化发展总体要求和重点任务；也提出到 2035 年，结构优化、先进合理、国际兼容的标准体系更加健全，具有中国特色的标准化管理体制更加完善等远景目标要求。同时强调，标准在推进国家治理体系和治理能力现代化中发挥着基础性、引领性作用，已成为国家基础性制度的重要方面。作为标准化工作中的重要组成部分，工程建设标准化工作既是人民群众经济生活的重要安全保证，同时也是保障工程质量安全、实现节能降碳、强化生态文明建设等方面的重要技术依据。

一、构建全文强制性工程规范体系

为落实国务院《深化标准化工作改革方案》（国发〔2015〕13 号）的有关要求，进一步改革工程建设标准体制，健全标准体系，完善工作机制，住房和城乡建设部印发了《关于深化工程建设标准化工作改革的意见》（建标〔2016〕166 号）。在全面推进工程建设标准体制改革伊始，明确了加快完成工程建设标准体系的转换，构建中国特色的技术法规和技术标准体制，建立以全文强制性工程规范为核心，推荐性标准和团体标准相配套的工程建设标准体系。

全文强制性工程规范体系的构建坚持以下原则：

（1）牢牢把握对保障人身健康和生命财产安全、国家安全、生态环境安全以及满足经济社会管理基本需要的技术要求制定强制性要求，为经济社会发展"兜底线、保基本"。

（2）全面覆盖，坚持通用性原则，满足各领域、各建设环节、各方需求。

（3）制定强制性标准应当在科学技术研究成果和社会实践经验的基础上，深入调查论证，保证标准的科学性、规范性、时效性。

（4）坚持国际视野，结合国情采用国际标准。

（5）结构优化、边界清晰。

目前，全文强制性工程规范体系构建仍在探索过程中，初步分为两类：工程项目类和通用技术类。工程项目类规范，是以工程项目为对象，以总量规模、规划布局，以及项目功能、性能和关键技术措施为主要内容的强制性标准；通用技术类规范，是以技术专业为对象，以规划、勘察、测量、设计、施工等通用技术要求为主要内容的强制性标准。截至2023 年 6 月，已初步形成住房和城乡建设领域全文强制性工程规范体系（表14-1），其他领域全文强制性工程规范体系也在不断完善中。随着标准体制改革进一步深化，根据实施情况，对全文强制性工程规范体系需要进行评估，围绕《标准化法》规定的制定强制性标准要求，审视规范内容，严格限定强制性标准内容，形成结构优化、边界清晰、全面覆盖的全文强制性工程规范体系。

表 14-1　住房和城乡建设领域全文强制性工程规范体系

项目建设类规范（13 项）	通用技术类规范（25 项）	
1　《燃气工程项目规范》GB 55009—2021	14　《工程结构通用规范》GB 55001—2021	27　《建筑给水排水与节水通用规范》GB 55020—2022
2　《供热工程项目规范》GB 55010—2021	15　《建筑与市政工程抗震通用规范》GB 55002—2021	28　《既有建筑鉴定与加固通用规范》GB 55021—2021
3　《城市道路交通工程项目规范》GB 55011—2021	16　《建筑与市政地基基础通用规范》GB 55003—2021	29　《既有建筑维护与改造通用规范》GB 55022—2021
4　《生活垃圾处理处置工程项目规范》GB 55012—2021	17　《组合结构通用规范》GB 55004—2021	30　《施工脚手架通用规范》GB 55023—2022
5　《市容环卫工程项目规范》GB 55013—2021	18　《木结构通用规范》GB 55005—2021	31　《建筑电气与智能化通用规范》GB 55024—2022
6　《园林绿化工程项目规范》GB 55014—2021	19　《钢结构通用规范》GB 55006—2021	32　《安全防范工程通用规范》GB 55029—2022
7　《宿舍、旅馆建筑项目规范》GB 55025—2022	20　《砌体结构通用规范》GB 55007—2021	33　《建筑与市政工程防水通用规范》GB 55030—2022
8　《城市给水工程项目规范》GB 55026—2022	21　《混凝土结构通用规范》GB 55008—2021	34　《民用建筑通用规范》GB 55031—2022
9　《城乡排水工程项目规范》GB 55027—2022	22　《建筑节能与可再生能源利用通用规范》GB 55015—2021	35　《建筑与市政工程施工质量控制通用规范》GB 55032—2022
10　《特殊设施项目规范》GB 55028—2022	23　《建筑环境通用规范》GB 55016—2021	36　《建筑与市政施工现场安全卫生与职业健康通用规范》GB 55034—2022
11　《城市轨道交通工程项目规范》GB 55033—2022	24　《工程勘察通用规范》GB 55017—2021	37　《消防设施通用规范》GB 55036—2022
12　《住宅项目规范》	25　《工程测量通用规范》GB 55018—2021	38　《建筑防火通用规范》GB 55037—2022
13　《城乡历史文化保护利用项目规范 GB 55035—2023	26　《建筑与市政工程无障碍通用规范》GB 55019—2021	

二、中国特色工程建设技术法规的探索

在前期推荐性标准的事实强制、条文强制、强制性条文汇总、全文强制性标准的逐步改革基础上，改革强制性标准，制定全文强制性工程规范。全文强制性工程规范是中国特色技术法规的重要形式，其内容立足保障人民生命财产安全、人身健康、国家安全、工程安全、生态环境安全、公众权益和公共利益，以及促进能源资源节约利用、满足社会经济管理等方面的控制性底线要求。为构建具有中国特色的"技术法规"与技术标准相结合的体制，建设部先后编制了住宅、城镇燃气、城市轨道交通、城镇给水排水、生活垃圾处理等全文强制性标准，探索建立强制性标准体系，逐步理顺工程建设全文强制性标准、强制性条文和推荐性标准之间的关系。下面以燃气行业为例，介绍我国燃气工程从条文强制到全文强制性标准的编制并最终完成全文强制性工程规范的探索制定情况。

2005 年，建设部组织制定全文强制性标准《城镇燃气技术规范》，该规范以公告第291 号发布，编号为 GB 50494—2009。该规范是继条文强制之后的新发展，着力解决条文强制存在的片面性、局限性，缺乏逻辑性、协调性问题，是建立有我国特色的"技术法规——技术标准"体制的又一新的实践。规范的制定，本着好用管用的原则，在管理内容上体现政策性；技术上体现先进性、性能化、系统性、完整性、逻辑性和可操作性。努力做到四个结合：与国内"行政法规"有效结合，做到界限清楚、重点突出；与现行"强制性条文"有效结合，承袭"强制性条文"基础，在完整性、系统性上下功夫；与现行标准有效结合，涉及标准内容多的全部或按章引用，内容少的重复标准内容；与国情有效结合，在结构上、内容的规定上符合中国现状。

为适应我国工程建设标准化改革，2015 年起，在全文强制性国家标准《城镇燃气技术规范》GB 50494 的基础上，借鉴西方市场经济国家燃气行业的"技术法规"制定经验，以保证燃气工程的"本质安全"为目标，我国率先在燃气行业工程建设标准领域开展了改革探索。其中，编制符合我国燃气行业特点的燃气全文强制性工程规范和构建适应我国燃气发展并面向国际的新型燃气工程建设标准体系是两项关键核心工作。2022 年 1 月 1 日《燃气工程项目规范》GB 55009—2021 正式实施。

《燃气工程项目规范》GB 55009 作为行政监管和工程建设的底线要求，已成为我国燃气工程"技术法规"体系的重要内容。规范以燃气工程为对象，以燃气工程的功能性能目标为导向，通过规定实现项目结果必需控制的强制性技术要求，力求实现保障燃气工程本质安全的最终目标。规范作为燃气行业现行法律法规与技术标准联系的桥梁和纽带，一方面落实《城镇燃气管理条例》等法律法规的规定；另一方面也对今后推荐性标准以及团体标准、企业标准的制定，起到"技术红线"和方向引导的作用，为行业技术进步预留了发展空间。规范共 6 章 157 条，分别是总则、基本规定、燃气气质、燃气厂站、管道和调压设施、燃具和用气设备。在篇章结构设计上，基于现行工程建设强制性条文，进一步对燃气工程的规模、布局、功能、性能和技术措施等进行了细化，为燃气工程设计、施工、验收过程中五方责任主体所必须遵守的"行为规范"提出了具体技术要求。

（1）在燃气质量方面，明确了燃气发热量波动范围。现行的国家天然气质量标准 GB 17820 只规定了天然气的最低发热量。在具体工程实践中，天然气的热值波动较大，甚至

超过 10%。其结果一方面可能影响消费者的利益，同样的价格买到了较低热值的天然气。另一方面热值波动范围扩大，有可能降低灶具热效率和改变燃烧产物成分，影响清洁能源的高效利用。本规范首次明确提出燃气的发热量波动范围为正负 5%，作为强制性的技术条款将有效改变目前的状况，从而提高我国燃气供应的质量水平和技术水平。

（2）在管道和调压设施方面，进一步明确了燃气设施的保护范围和控制范围。在现行工程建设标准中，对燃气设施与其他建构筑物的间距有具体规定。但是由于现实情况的复杂性，这个间距要求，很难得到完全满足。在《城镇燃气管理条例》中，对燃气设施的保护控制范围提出了原则要求。该规范根据对国内情况的充分调研，提出了燃气设施的最小保护范围和最小控制范围的具体要求。改变了燃气设施单纯靠间距保证安全的局面，对于实现燃气设施科学建设和本质安全有着积极的意义。

在输配管道压力分级方面，与国际接轨调整了压力等级划分。我国现行的工程建设标准是按照设计压力来分级的。在实际运行过程中，管道的最高运行压力往往要低于设计压力。如果按照设计压力来进行分级，可能造成管道的保护控制范围加大，从而造成建设的困难程度加大和投资的增加。按照最高运行压力来进行分级可避免这类问题的出现，同时也和国际工程规范的通行要求保持一致。

（3）在燃具与用气设备方面，突出了提高用户燃具和用气设备本质安全，参照国外先进标准，规定家庭用户管道应加装具有过流、欠压切断功能的安全装置；参照英国和日本标准规定用户气瓶应具可追溯性。

规范编制过程中研究分析了国外燃气技术法规体系和相关技术内容、要求，包括：英国《天然气法案》《家用天然气和电力（关税上限）法案》《天然气和电力法案》《石油和天然气企业法案》以及《公用事业法案》；美国《天然气法》《公共公用事业管理政策法》《天然气政策法》和《管道法》；日本《高压气体安全法》《燃气事业法》《石油及可燃性天然气资源开发法》及《液化石油气安全保障及交易合理化法》。作为市场经济国家，英国、美国和日本燃气技术法规的特点主要有以下几个方面，一是强化燃气工程本质安全的理念，注重重要燃气设施安全制度的建设与技术实施，例如，英国燃气法案中规定：重要燃气设施要在显要位置公布联系电话、比重大的燃气设施要采用不发火花地面、一般行为人能够接触的位置要使用防静电火花的材料覆盖；二是强调家庭用户的安全技术措施，例如，日本燃气事业法中强制规定家庭用户管道必须加装避免燃气过流、超压或欠压的安全装置；三是燃气输配系统一般根据最高工作压力进行分级，例如，上述三国的燃气或天然气法律中运行管理要求均按照燃气输配系统的最高工作压力执行。

三、开创工程建设团体标准制定之先河

众所周知，在市场经济发达的国家，协会制定标准都非常活跃。很多协会性质的标准化组织都是权威性极高的标准化组织，且不少协会标准也成为公认的先进标准，如美国混凝土协会（ACI），专门编制混凝土结构方面的标准，每三年进行一次小修、每六年进行一次大修的基本原则已形成制度化，且具有一定影响力；还有美国材料试验协会（ASTM），专门编制材料制品标准等。

早在 1986 年，为了探索工程建设标准管理体制改革，充分调动各方面的积极性，加快工程建设标准的编制速度，增加标准的数量，提高标准的质量和水平，使一些还不具备

条件纳入国家标准或专业标准的新技术、新工艺、新材料、新设备、新方法等，可先作为推荐性标准及时提供有关单位应用，国家计委委托中国工程建设标准化委员会（中国工程建设标准化协会前身）负责组织推荐性工程建设标准的试点工作。试点的目的是探索工程建设标准管理体制的改革，即由当时单一靠行政部门管理强制性标准的体制，逐步实行强制性标准与推荐性标准相结合的、行政主管部门与专业协会分别管理的体制。1988 年 5 月 1 日，中国工程建设标准化委员会批准发布了第一部协会标准，即目前所称团体标准——《呋喃树脂防腐蚀工程技术规程》CECS 01：88。

当时制定的协会标准发挥了不可替代的独特作用，充分展现了它的优势：一是机制灵活、效率高，市场适应性强。二是充分发挥了协会标准对国家标准、行业标准的重要补充作用。如混凝土碱骨料反应，协会混凝土结构专业委员会根据某大学的大量科研试验，组织编制了《混凝土碱含量限值标准》CECS 53：93，既弥补了现行国家标准的缺项，又为以后国家标准编制提供了新内容，此项标准对碱骨料使用和外加剂使用都有必要的限制，具有引导作用。

几十年来，中国工程建设标准化协会根据主管部门的要求，参照国际通行的标准化管理模式，结合我国标准化工作实际，积极探索，持续推进，发布了一大批实用性、先进性兼备，基础性、前瞻性并举的工程建设协会标准。2015 年，国务院发布《深化标准化工作改革方案》，提出"建立政府主导制定的标准与市场自主制定的标准协同发展、协调配套的新型标准体系"；2018 年 1 月 1 日实施的《标准化法》，新增了团体标准一级。至此，试点制定的协会标准有了法律地位。

通过试点改革，以中国工程建设标准化协会为代表的团体标准化工作为完善我国工程建设标准体系，增加标准有效供给，形成工程建设领域政府颁布标准与市场自主制定标准二元结构的改革奠定了实践基础。同时，中国工程建设标准化协会也创造了可借鉴、可推广的团体标准化工作经验：一是坚持创新驱动，打造富有活力的标准制定模式。充分发挥协会的组织优势、专业优势、人才和信息优势，创新管理模式，完善工作机制，建立和完善协会标准从立项、制定、发布、出版、实施、修订全生命周期的管理模式和运行机制。二是实施标准质量提升战略。在团体标准"百家争鸣"时代，必须要充分发挥协会优势，在市场化程度高、产业创新活跃和技术发展较成熟的相关领域，制定一批严于或高于国家标准、行业标准的团体标准。三是坚持协同联动，打造我国开放共赢的团体标准合作模式。为避免同业组织或不同社会团体之间的不正当竞争或市场无序发展，要倡导建立团体标准制定主体之间的合作交流机制与标准竞争机制，共商合作大计、共建合作平台、共享合作成果，并遵守共同的行为准则和行为规范。四是坚持国际视野。社会团体作为我国标准化战略的实施主体之一，要更加积极、主动、高效和有效参与国际标准化竞争，进而提升我国工程建设企业及优势产业的国际竞争力。

四、提升标准国际化水平

2015 年，时任国务院总理李克强在审议推进标准化工作改革时提出，要提高标准国际化水平，努力使我国标准在国际上立得住、有权威、有信誉，为中国制造走出去提供"通行证"。近几年来，我国积极开展中外标准对比研究，跟踪国际标准发展变化，组织行业科研院所针对美国、欧盟、日本、澳大利亚等国家标准化管理体制和重点领域标准，并结合"一带一路"沿线国家市政基础设施建设,开展持续研究,努力实现中国企业转型升级、创新发展,从而带动中国技术、中国标准、中国产品和装备整体"走出去"提供了难得的机遇。表14-2列出了"一带一路"沿线国家工程标准应用情况。

表14-2 "一带一路"沿线国家工程标准应用情况

序号	国家名称	常用标准	采用国际标准	采用中国标准情况
1	马来西亚	英国标准、本国标准	√	√
2	新加坡	英美标准、欧盟标准、本国标准	√	
3	印度	本地标准、欧盟标准、美国标准	√	√
4	孟加拉国	英国标准	√	√
5	越南	法国标准、欧盟标准	√	√
6	老挝	欧盟标准	√	√
7	柬埔寨	欧盟标准、美国标准	√	√
8	泰国	本国标准、英国标准	√	√
9	印度尼西亚	本国标准、美国标准、欧盟标准、英国标准	√	
10	菲律宾	本国标准、美国标准	√	
11	缅甸	英国标准、美国标准	√	√
12	蒙古	本国标准、欧标、苏联标准	√	√
13	文莱	本国标准、欧盟标准	√	
14	斯里兰卡	英美标准、澳大利亚标准、本国标准	√	√
15	尼泊尔	印度规范、本国规范		
16	约旦	欧盟标准、GCC标准、本国标准	√	
17	土耳其	美国标准、欧盟标准	√	
18	巴基斯坦	本国标准、美国标准	√	
19	哈萨克斯坦	本国标准、美国标准、俄罗斯标准、欧洲标准	√	√
20	吉尔吉斯斯坦	俄罗斯标准	√	√
21	塔吉克斯坦	俄罗斯标准	√	√
22	乌兹别克斯坦	俄罗斯标准	√	√
23	俄罗斯	本国标准		
24	白俄罗斯	本国标准	√	√
25	埃塞俄比亚	英国标准、美国标准、欧盟标准	√	
26	乌干达	当地标准、英国标准、美国标准	√	
27	肯尼亚	英国标准	√	

为推动和促进中国工程技术标准"走出去",中国对外承包工程商会于2007年12月

成立了中国对外承包工程商会工程技术标准委员会。该标准委员会致力于在中国已有技术标准的基础上，建立统一的中国工程技术标准英文版体系，对外打造中国工程技术标准的统一品牌。多年来，标准委员会组织有关会员单位开展了卓有成效的技术标准对外推广工作。2010 年 4 月，商务部正式确立了中国工程技术标准对外推广的官方标志（China Code），并得到国家工商行政管理总局的获准和保护，标志着中国工程标准对外推广工作取得了重大进展。与此同时，中国对外承包工程商会积极承办了"发展中国家工程建设标准体系与应用研修班""非洲国家工程承包研修班""中亚国家工程承包研修班"等培训班，向主管本国基础设施建设的 30 多个国家的部级官员介绍了中国在铁路、桥梁、水电、风电、房建等领域的发展情况和工程技术标准。中国工程技术标准的合理性和先进性得到了这些官员的高度认可，对推动发展中国家了解和使用中国工程技术标准起到了很好的宣传促进作用。

第三节　工程建设标准化展望

一、完善重点领域标准体系

完善工程建设标准体系要按照统筹推进"五位一体"总体布局和协调推进"四个全面"战略布局要求，坚持以人民为中心的发展思想，立足新发展阶段、贯彻新发展理念、构建新发展格局，建立完善推动高质量发展的标准体系，以助力高技术创新、促进高水平开放、引领高质量发展。一要建立健全碳达峰、碳中和标准体系。加快完善碳达峰基础通用标准，完善行业、企业、工程、产品等碳排放核查核算标准；建设绿色低碳城市，打造绿色低碳县城和乡村，建立覆盖各类绿色生活设施的绿色社区、村庄建设标准；完善绿色建筑设计、施工、运维、管理标准，制定完善绿色建筑、零碳建筑标准，建立绿色建造标准，完善可再生能源应用标准；实施碳达峰碳中和标准化提升工程，加快城乡建设领域节能标准更新升级，提升能效。二要持续优化生态系统建设和保护标准，推进自然资源节约集约利用。不断完善生态环境质量和生态环境风险管控标准，持续改善生态环境质量，完善自然资源节约集约开发利用标准。三要推进乡村振兴标准化建设。加强数字乡村标准化建设；以农村环境监测与评价、村容村貌提升、农房建设、农村生活垃圾与污水治理、农村卫生厕所建设改造、公共基础设施建设等为重点，加快推进农村人居环境改善标准化工作。四要推动新型城镇化标准化建设。研究制定公共资源配置标准，建立县城建设标准、小城镇公共设施建设标准；研究制定城市体检、人居环境建设与质量评估、评价标准；完善城市生态修复与功能完善、城市信息模型平台、建设工程防灾、更新改造及海绵城市建设等标准；推进城市设计、城市历史文化保护传承与风貌塑造、老旧小区改造等标准化建设，健全街区和公共设施配建标准；健全智慧城市标准，建立智能化城市基础设施建设、运行、管理、服务等系列标准，制定城市休闲慢行系统和综合管理服务等标准；重点完善新一代信息技术在城市基础设施规划建设、城市管理、应急处置等方面的应用标准，完善房地产信息数据、物业服务等标准；推动智能建造标准化，完善建筑信息模型技术、施工现场监控等标准。五要加强公共安全标准制定。提升地质灾害、地震等自然灾害防御工程标准，加强重大工程和各类基础设施的数据共享标准建设，提高保障人民群众生命财产安全水平。

二、系统推进工程建设标准化改革

万事万物是相互联系、相互依存的。只有用普遍联系的、全面系统的、发展变化的观点观察事物，才能把握事物发展规律。工程建设标准化工作关系到经济社会发展的各个领域，工程建设标准化改革过程中，应将标准化工作放在国家改革与发展的全局中统筹谋划，处理好工程建设标准化改革中管理体制制约与标准化所发挥效能之间的关系，最大限度地实现工程建设标准化改革目标。《国家标准化发展纲要》提出，到 2035 年，结构优化、先进合理、国际兼容的标准体系更加健全，具有中国特色的标准化管理体制更加完善，市场驱动、政府引导、企业为主、社会参与、开放融合的标准化工作格局全面形成，为我国工程建设标准化改革工作指明了方向。

坚持新发展理念、坚持以人民为中心的发展思想作为工程建设标准化改革的根本指导思想。工程建设领域是经济建设的主战场，也是改善民生的主渠道。工程建设标准化改革要优化标准供给结构，充分释放市场主体标准化活力，优化政府颁布标准与市场自主制定标准二元结构，大幅提升市场自主制定标准的比重，推进团体标准"领先者"行动，实施工程建设企业标准"领跑者"制度。深化工程建设标准化运行机制创新，促进城乡基础设施建设，健全覆盖制定实施全过程的追溯、监督和纠错机制，实现标准研制、实施和信息反馈闭环管理。

坚持把实现高质量发展作为工程建设标准化改革的着力点。标准是经济活动和社会发展的技术支撑，标准化在推进国家治理体系和治理能力现代化中发挥着基础性、引领性作用，重视标准化是大势所趋、时代所需。推动高质量发展，基础在于改革工程建设标准化体制，提升标准水平，进而推动生产实践。作为世界第二大经济体，我国要在激烈的国际竞争中赢得更多话语权，必须把标准化放到更加重要的位置上，打造具有中国特色的国际标准，积极参与国际标准化活动，强化贸易便利化标准支撑，推动国内国际标准化协同发展，从而持续为高质量发展赋能助力。

坚持把助力实现中国式现代化作为工程建设标准化改革的出发点和落脚点。中国式现代化，既有各国现代化的共同特征，更有基于自己国情的中国特色。建立有中国特色技术法规与技术标准相结合体制是重要方面。要不断优化全文强制性工程规范体系，做到构成合理、边界明确、全域覆盖；把准规范的强制性内容，找准政府监管"发力点"、明确技术约束"关键点"、留出新技术"发展点"。此外，今后要更及时将先进适用科技创新成果融入标准，强化标准与科技互动，提升标准化技术支撑水平；要加强工程建设标准化人才队伍建设，提升科研人员标准化能力，充分发挥工程建设标准化专家在宏观政策和决策咨询中的作用；在高质量共建"一带一路"和"构建人类命运共同体"大背景下，不断推动工程建设标准"走出去"。

三、持续提升工程建设标准质量与水平

当前，工程建设标准体系已基本建立，标准全面覆盖城乡建设、房屋建筑、交通、水利、电力、信息、农业和医药卫生等各个领域，为国家重大基础设施建设和民生改善提供了重要支撑，为工程建设领域持续健康发展提供了重要保障，在推进国家治理体系和治理

能力现代化建设中的基础性、战略性作用凸显。

现阶段，我国经济正处在转型升级的关键期。面对困难和挑战，要保持经济平稳运行，既要保持总需求力度，也要加快推进供给侧结构性改革，着力改善供给质量。这就需要把标准化放在更加突出的位置，以标准全面提升推动产业升级，形成新的竞争优势，促进经济中高速增长、迈向中高端水平。

质量体现着人类的劳动创造和智慧结晶，体现着人们对美好生活的向往。质量就是效率，质量就是价值，质量决定发展。迈入质量新时代，就是要"把产品做好、把工程做好、把服务做好、把管理做好"，这其中关键要有高质量标准。标准是质量的基础，标准决定质量，有什么样的标准就有什么样的质量，只有高标准才有高质量。

提升工程建设标准水平，要瞄准国际先进水平，提升标准档次，坚持高标准、严要求，在各行业构建以国家强制性标准为核心的工程建设标准体系，不断提升涉及人身健康、生命财产安全、生态环境安全以及经济社会管理等方面的强制性国家标准水平，为国家发展、人民安居乐业构筑安全屏障，工程建设领域"质量第一、安全第一"发展理念深入人心，人民群众获得感增强。要坚持服务国家宏观调控目标和产业发展需求，通过不断提升标准技术水平，推广应用新技术、新工艺、新产品、新材料，促进建筑品质和工程质量提高，倒逼产业转型升级。要坚持创新引领、协同发展，通过健全标准化与科技创新的紧密互动机制，促进科技成果产业化、市场化，加大科技成果向技术标准转化力度，引领新兴产业发展，推动工程建设行业由"与国际接轨"向"国际化"转变，日益彰显我国工程建设企业在国际市场上的竞争优势。

四、进一步推动工程建设地方标准化工作协同发展

工程建设地方标准化工作是国家工程建设标准化的重要组成部分，抓好既有标准体系优化完善的同时，应不断推动地方标准的协同发展。一是要严守强制性标准的红线要求，积极实施国家、行业推荐性标准。其中重要的是要全面掌握全文强制性工程规范的内容，特别是要把握全文强制性工程规范的总体要求。二是要完善工程建设地方标准化工作机制。进一步优化工程建设标准化治理结构，推动实现标准供给由政府主导向政府与市场并重转变，标准化发展由数量规模型向质量效益型转变。三是要结合本地自然、人文情况，进一步完善地方工程建设标准体系。地方标准要围绕地方自然条件、风俗习惯等特殊技术要求制定；要结合全文强制性工程规范，重新审检现行工程建设地方标准，对标准中不适宜的技术要求进行调整。四是要积极探索建立统筹协调的区域标准化工作机制，实现区域内标准发展规划、技术规则相互协同。工程建设标准化不是孤立的一项工作，要与工程建设全过程形成完整的闭环，这里既有目标要求，也有强制保障的手段；既有底线支撑，也有创新和引领；既有统一规划，也有自我更新和完善。总之，切实将工程建设地方标准作为承上启下、履职尽责、做好工作的重要抓手。

五、加强工程建设团体标准培育培优

在国家相关标准化战略政策的指引下，团体标准呈现了迅猛的发展势头，整体质量水平不断提高。相关协会、学会在市场化程度高、产业创新活跃和技术发展较成熟的领域，充分发挥自身的组织优势、专业优势、人才和信息优势，制定发布了一大批实用、先进和

前瞻性并举的原创性、高质量的团体标准，为提升行业技术发展水平和企业市场竞争力提供了有力的技术支撑。《国家标准化发展纲要》提出，优化政府颁布标准与市场自主制定标准二元结构，大幅提升市场自主制定标准的比重。大力发展团体标准，实施团体标准培优计划，推进团体标准应用示范，充分发挥技术优势企业作用，引导社会团体制定原创性、高质量标准。培育发展团体标准既是政府职能转变的必然要求，也是助力经济社会高质量发展、高水平对外开放的有效手段。

工程建设团体标准的发展应坚持服务工程建设高质量发展的时代要求，落实新型城镇化战略和乡村振兴战略，强化标准科技创新，积极推动绿色低碳转型发展。要率先推动团体标准"领先者"行动，坚持面向市场，特别是要围绕新技术、新业态、新模式、新产业对团体标准的需求，及时填补市场发展需求空白。要坚持系统观念，系统谋划、前瞻布局，加快工程建设团体标准由单一技术为主向产业、服务等工程建设全域转变。要坚持国际化视野，加快推进工程建设团体标准国际化。在不断提升团体标准质量的同时，还应更加注重团体标准的管理，加强团体标准制定主体的标准化工作能力建设；积极探索团体标准的推广应用渠道，不断探索团体标准培优方式，推进团体标准的应用示范；强化团体标准的自我规制、社会监督和政府监督，事中监管和事后监管相结合，正面激励和负面惩戒相结合，建立完善团体标准的激励政策和保障措施，健全团体标准化良好行为评价机制。

六、深入推进工程建设标准国际化

《国家标准化发展纲要》明确提出"提升标准国际化水平""实施标准国际化跃升工程，推进中国标准与国际标准体系兼容。"工程建设标准国际化是我国发展战略的选择，是提升产业核心竞争力的需要；是"一带一路"建设的助力器；是提高标准话语权、掌握竞争主动权的关键手段。通过跟踪、评估和转化国际标准、国外先进标准，参与国际标准的制定，推广中国标准，可以促进我国工程标准水平的跃升，实现产品、工程和服务质量提高，扩大我国工程建设标准化的影响，也必将提高供给体系质量，增强我国经济质量优势。我国工程建设标准国际化工作虽然取得了不少成绩，但从总体上来看还需进一步加快步伐，主要体现在四个方面：一是瞄准国际先进水平标准，结合我国实际，提升标准水平。二是主导国际标准的能力需要进一步提升。三是在国际上推广中国标准的能力需要进一步提升。四是通过标准国际化促进国内建筑业高质量发展的能力需要进一步提升。

提升工程建设标准国际化需要着重关注以下方面：第一，推进工程建设标准化改革，瞄准国际先进水平自我提升。要加快构建国际化的、新型的工程建设标准体系，打造一批优秀的中国标准推向国际。要以标准促进技术创新，以科研带动标准进步，积极探索将重大工程和技术创新、自主知识产权标准化、国际化的方法和途径。第二，抓住新一轮科技革命和产业变革机遇，在国际标准化组织中争取主导地位。针对国际标准的空白领域，积极以我为主提出组建国际标准组织新技术领域和国际标准新提案的工作建议；针对既有标准，积极研究与新兴技术的结合，结合先进研究成果提出修订建议，取得在该项国际标准中的主导地位；在布局国内标准制修订的同时，要积极考虑同步推进国际标准项目的可行性。第三，加强国际交流与合作，推动标准与企业携手走出去。充分利用诸多双多边标准化交流合作机制，例如，与"一带一路"国家在标准领域的对接合作，金砖国家、亚太经合组织等标准化对话，亚太、泛美、欧洲、非洲等区域标准化合作，加强我国工程建设标准的推广应用，继而转化为区域标准，成为国际广泛使用的标准。第四，结合国情和经济技术可行性，提高与国际先进标准的一致性。持续开展中外标准对比研究，缩小我国标准与国外先进标准技术差距。第五，用好地方优势，发挥工程建设标准国际化示范效应。例如，上海以超高层建筑、轨道交通、自动化港口等优势技术领域先行推动工程建设标准国际化工作；广西通过发挥区位优势，推进在"一带一路"沿线东盟国家国际标准化的交流与合作。不断通过发挥产业优势、技术优势、地缘优势等，带动行业"走出去"、标准"走出去"。第六，发挥团体标准作用，创新工程建设标准国际化路径。积极发挥团体标准国际化途径灵活多样的优势，探索工程建设标准国际化路径，提升团体标准国际化水平，推广团体标准的国际应用。第七，加强人才培养，扩大标准国际化有生力量。不断完善符合国情、行业特色的国际标准化人才选培机制，开展针对性强的国际标准化人才交流和培训项目，实现个人、企业、行业多层面标准国际化能力的综合提升。

本 章 小 结

作为标准化工作的重要组成部分，我国工程建设标准化体制随着国家经济体制改革开展了一系列改革探索。国家始终重视标准化工作，特别从党的十八大以来，党中央和国务院把标准化工作看得更重，随着经济社会发展和政府职能转变，国家对标准化工作也提出了更高要求，标准在推进国家治理体系和治理能力现代化中的基础性、引领性作用更加显著，已成为国家基础性制度的重要方面。

工程建设标准化工作既是人民群众经济生活的重要安全保证，同时也是保障工程质量安全、实现节能降碳、强化生态文明建设、促进产业转型升级等方面的重要技术依据。工程建设标准化体制随着国家经济社会的发展而不断变革，为适应市场经济和技术的发展，不断探索精简强制性标准、制定《强制性条文》、编制全文强制性标准，探索建立以全文强制性工程规范为主体的中国特色技术法规。2015年以来，工程建设标准化改革进一步深化，在构建全文强制性工程规范体系、积极培育团体标准、提升国际化水平等方面开展了卓有成效的改革实践。

未来，我国工程建设领域将继续坚持新发展理念、坚持以人民为中心的发展思想，深入推进标准化改革，助力经济社会高质量发展、可持续发展，实现工程建设标准供给由政府主导向政府与市场并重转变、工程建设标准化对象由传统领域向新基建、新型城镇化等新领域转变、标准化发展由数量规模型向质量效益型转变、标准化工作由国内驱动向国内国际相互促进转变，开创中国式现代化新局面。

参 考 文 献

［1］韩丹丹，洪生伟．我国强制性标准的由来和发展趋势研究［J］.标准科学，2009（11）：59-64.

［2］李小阳，程志军．我国工程建设强制性标准发展研究［J］.工程建设标准化，2015（01）：64-67.

［3］罗海林，杨秀清．标准化体制改革与竞争问题研究［J］.西部法学评论，2010（02）：74-79.

［4］刘三江，刘辉．中国标准化体制改革思路及路径［J］.中国软科学，2015（07）：1-12.

　　[5] 刘东，梁东黎. 微观经济学 [M]. 江苏：南京大学出版社，2000：427-430.

　　[6] 刘彬，李铮，李颜强，等. 英美日技术法规体系对燃气标准化改革的启示 [J]. 煤气与热力，2019（2）：33-38.

　　[7] 杨瑾峰. 工程建设标准化实用知识问答 [M]. 第2版. 北京：中国计划出版社，2004.

附　　录

附录1：中华人民共和国标准化法（2017年修订版）

附录2：中共中央、国务院《国家标准化发展纲要》（2021.10.10）

附录3：国务院《关于印发深化标准化工作改革方案的通知》（国发〔2015〕13号）

附录4：国家标准化管理委员会、民政部关于印发《团体标准管理规定》的通知（国标委〔2019〕1号）

附录5：住房和城乡建设部《关于深化工程建设标准化工作改革意见的通知》（建标〔2016〕166号）

附录6：工程建设标准涉及专利管理办法（建办标〔2017〕3号）

附录7：住房和城乡建设部《关于培育和发展工程建设团体标准的意见》（建办标〔2016〕57号）

附录1~附录7全文电子版，可扫码阅读